FORMAÇÃO TERRITORIAL DO CENTRO-OESTE DE MINAS GERAIS

CONQUISTA, POVOAÇÃO, DINÂMICAS DEMOGRÁFICA E ECONÔMICA E ORDENAMENTO POLÍTICO-ADMINISTRATIVO: 1723-1860

Editora Appris Ltda.
1.ª Edição - Copyright© 2024 do autor
Direitos de Edição Reservados à Editora Appris Ltda.

Nenhuma parte desta obra poderá ser utilizada indevidamente, sem estar de acordo com a Lei nº 9.610/98. Se incorreções forem encontradas, serão de exclusiva responsabilidade de seus organizadores. Foi realizado o Depósito Legal na Fundação Biblioteca Nacional, de acordo com as Leis nºs 10.994, de 14/12/2004, e 12.192, de 14/01/2010.

Catalogação na Fonte
Elaborado por: Josefina A. S. Guedes
Bibliotecária CRB 9/870

C421f   Cesar, Ramon Victor
2024   Formação territorial do Centro-Oeste de Minas Gerais: conquista, povoação, dinâmicas demográfica e econômica e ordenamento político-administrativo: 1723-1860 / Ramon Victor Cesar. – 1. ed. – Curitiba: Appris, 2024.
           406 p. ; 23 cm. – (Ciências sociais).

           Inclui referências.
           ISBN 978-65-250-5913-6

           1. Minas Gerais – História. 2. Sociedade. 3. Economia. 4. Administração. I. Título.

                                                     CDD – 981.51

Livro de acordo com a normalização técnica da ABNT

Editora e Livraria Appris Ltda.
Av. Manoel Ribas, 2265 – Mercês
Curitiba/PR – CEP: 80810-002
Tel. (41) 3156 - 4731
www.editoraappris.com.br

Printed in Brazil
Impresso no Brasil

Ramon Victor Cesar

FORMAÇÃO TERRITORIAL DO CENTRO-OESTE DE MINAS GERAIS

CONQUISTA, POVOAÇÃO, DINÂMICAS DEMOGRÁFICA E ECONÔMICA E ORDENAMENTO POLÍTICO-ADMINISTRATIVO: 1723-1860

FICHA TÉCNICA

EDITORIAL	Augusto Coelho
	Sara C. de Andrade Coelho
COMITÊ EDITORIAL	Marli Caetano
	Andréa Barbosa Gouveia - UFPR
	Edmeire C. Pereira - UFPR
	Iraneide da Silva - UFC
	Jacques de Lima Ferreira - UP
SUPERVISOR DA PRODUÇÃO	Renata Cristina Lopes Miccelli
ASSESSORIA EDITORIAL	Miriam Gomes
REVISÃO	Ana Lúcia Wehr
PRODUÇÃO EDITORIAL	Daniela Nazario
DIAGRAMAÇÃO	Andrezza Libel
CAPA	João Vitor Oliveira dos Anjos
IMAGEM DA CAPA	Mapa do acervo do Arquivo Público Mineiro – SC – 012 ("Planta manuscrita aquarelada mostrando as freguesias de Piumhy, Tamanduá, Bambuy, os bispados, capelas, rios, córregos, etc").
REVISÃO DE PROVA	Sabrina Costa da Silva

COMITÊ CIENTÍFICO DA COLEÇÃO CIÊNCIAS SOCIAIS

DIREÇÃO CIENTÍFICA Fabiano Santos (UERJ-IESP)

CONSULTORES
- Alícia Ferreira Gonçalves (UFPB)
- Artur Perrusi (UFPB)
- Carlos Xavier de Azevedo Netto (UFPB)
- Charles Pessanha (UFRJ)
- Flávio Munhoz Sofiati (UFG)
- Elisandro Pires Frigo (UFPR-Palotina)
- Gabriel Augusto Miranda Setti (UnB)
- Helcimara de Souza Telles (UFMG)
- Iraneide Soares da Silva (UFC-UFPI)
- João Feres Junior (Uerj)
- Jordão Horta Nunes (UFG)
- José Henrique Artigas de Godoy (UFPB)
- Josilene Pinheiro Mariz (UFCG)
- Leticia Andrade (UEMS)
- Luiz Gonzaga Teixeira (USP)
- Marcelo Almeida Peloggio (UFC)
- Maurício Novaes Souza (IF Sudeste-MG)
- Michelle Sato Frigo (UFPR-Palotina)
- Revalino Freitas (UFG)
- Simone Wolff (UEL)

"Sem dúvida, a ação do homem se faz sentir sobre seu meio desde o dia em que sua mão se armou de um instrumento; pode-se dizer que, desde os primórdios das civilizações, essa ação não foi negligenciável."

Paul Vidal de la Blache (1845-1918)

"A incompreensão do presente nasce fatalmente da ignorância do passado. Mas é talvez igualmente inútil esgotar-se a compreender o passado, se nada se souber do presente."

Marc Bloch (1886-1944)

SUMÁRIO

1
INTRODUÇÃO 13

2
O CENÁRIO NATURAL DA CONQUISTA DO CAMPO GRANDE 17

3
EXPEDIÇÕES DA GENTE DE PITANGUI ÀS NASCENTES DO SÃO
FRANCISCO 29

4
A ABERTURA DA PICADA DE GOIÁS E A 'CONVERSÃO' DOS SERTÕES
DO CAMPO GRANDE 37

5
O COMBATE AOS QUILOMBOLAS E A RETOMADA DO
POVOAMENTO 43

6
AS INSTITUIÇÕES DE FREGUESIAS E CAPELAS E ABERTURAS DE
NOVOS CAMINHOS 51

7
AS POLÍTICAS DE POVOAMENTO E AS ENTRADAS DE PAMPLONA ... 61

8
COTIDIANO DA ENTRADA DE 1769 E NOTÍCIAS DAS POSTERIORES 69

9
PEQUENAS ENTRADAS NO SERTÃO ENTRE O LAMBARI E O SÃO
FRANCISCO 79

10
EXPANSÃO DOS DOMÍNIOS DA VILA DE SÃO JOSÉ 85

11
CRIAÇÃO DA VILA DE SÃO BENTO DO TAMANDUÁ 89

12
DISTRITOS E COMPANHIAS DE ORDENANÇAS DO TERMO DA VILA DO TAMANDUÁ. 99

13
SENHORES DA TERRA: SESMARIAS E SESMEIROS NO CAMPO GRANDE 111

14
TERRAS DE CULTURA E CAMPOS DE CRIAR NO INÍCIO DO SÉCULO XIX 137

15
POPULAÇÃO ENTRE 1776 E 1821: REARTICULAÇÃO DEMOGRÁFICA INTER-REGIONAL. 179

16
NATUREZA, GÊNEROS DE VIDA E CULTURA MATERIAL: O OLHAR DE QUATRO "VIAJANTES". 191

17
O PROCESSO DA INDEPENDÊNCIA: FATOS, FAUSTOS E REPERCUSSÕES NO CENTRO-OESTE DE MINAS 211

18
UMA MALOGRADA REORGANIZAÇÃO POLÍTICO-ADMINISTRATIVA DA PROVÍNCIA E A POSTERIOR CRIAÇÃO DOS DISTRITOS DE PAZ .. 223

19
DEMOGRAFIA NA DÉCADA DE 1830: LISTAS NOMINATIVAS E MAPAS DE POPULAÇÃO 229

20
OCUPAÇÕES E PADRÕES DE RIQUEZA EM UM DISTRITO AGRÍCOLA. 241

21
ORDENAMENTO ECLESIÁSTICO TERRITORIAL NAS PRIMEIRAS DÉCADAS DO SÉCULO XIX 257

22
ORGANIZAÇÃO POLÍTICO-ADMINISTRATIVA NA PRIMEIRA METADE DO OITOCENTOS 265

23
OUTRAS IMPORTANTES TRANSFORMAÇÕES NO ORDENAMENTO TERRITORIAL ATÉ A DÉCADA DE 1860 271

24
DEMOGRAFIA E DINÂMICA ECONÔMICA EM MEADOS DO OITOCENTOS 283

25
MEIOS DE COMUNICAÇÃO: IDAS E VINDAS E MUITA EXPECTATIVA FRUSTRADA 297

REFERÊNCIAS BIBLIOGRÁFICAS 313

ANEXO 1
CRONOLOGIA DAS CONCESSÕES DE SESMARIAS NOS SERTÕES DO CAMPO GRANDE E CARTOGRAMAS DA DENSIDADE ESPACIAL DE SESMARIAS POR HORIZONTE TEMPORAL – 1737 A 1820 327

ANEXO 2
IGREJAS MATRIZES E CAPELAS FILIAIS INSTITUÍDAS NOS SERTÕES DO CAMPO GRANDE E PICADA DE GOIÁS, POR FREGUESIA, ATÉ O INÍCIO DA DÉCADA DE 1780 331

ANEXO 3
RELAÇÃO DOS DISTRITOS DE ORDENANÇAS CRIADOS NO TERMO DA VILA DE SÃO BENTO DO TAMANDUÁ, EM 1802 333

ANEXO 4
RELAÇÃO DOS OFICIAIS DE ORDENANÇAS NOMEADOS PARA ALGUNS DISTRITOS SELECIONADOS DO TERMO DA VILA DE SÃO BENTO DO TAMANDUÁ, ATÉ 1807 335

ANEXO 5
NÚMERO DE FAZENDAS ESTABELECIDAS NO TERMO DA VILA DE SÃO BENTO DO TAMANDUÁ, COM O TAMANHO DE SEUS PLANTÉIS DE ESCRAVIZADOS, POR FREGUESIA E DISTRITO DE ORDENANÇAS, EM 1818... 339

ANEXO 6
RELAÇÃO DAS FAZENDAS ARROLADAS NOS DISTRITOS DE SANTO ANTÔNIO DO MONTE, DIAMANTE ABAIXO, SÃO LÁZARO DO MIRANDA E NAZARÉ DOS ESTEIOS, EM 1818, COM NOME DO PROPRIETÁRIO, ÁREA, NÚMERO DE ESCRAVOS E FORMA DE AQUISIÇÃO. 343

ANEXO 7
ORGANIZAÇÃO TERRITORIAL DO TERMO DA VILA DE SÃO BENTO DO TAMANDUÁ, VIGENTE NO ANO DE 1823 347

ANEXO 8
PLANO DE NOVA ORGANIZAÇÃO CIVIL E ECLESIÁSTICA DA PROVÍNCIA DE MINAS GERAIS.. 351

ANEXO 9
RELAÇÃO DOS DISTRITOS DE PAZ DO TERMO DA VILA DE SÃO BENTO DO TAMANDUÁ, SEUS RESPECTIVOS JUÍZES E POPULAÇÃO, NA PRIMEIRA METADE DA DÉCADA DE 1830......................... 355

ANEXO 10
QUADRO SINTÉTICO DO ORDENAMENTO TERRITORIAL CIVIL, ECLESIÁSTICO E JUDICIÁRIO DO CENTRO-OESTE DE MINAS GERAIS, EM 1850.. 357

ANEXO 11
QUADRO SINTÉTICO DO ORDENAMENTO TERRITORIAL CIVIL,
ECLESIÁSTICO E JUDICIÁRIO DO CENTRO-OESTE DE MINAS GERAIS,
EM 1860..359

NOTAS DE FIM..363

1

INTRODUÇÃO

Este livro aborda os processos de conquista, povoamento, evolução econômica e ordenação do território que hoje chamamos de Centro-Oeste de Minas Gerais.[1] Sua formação territorial começa nas primeiras décadas do século XVIII e se prolonga até o início da segunda metade da centúria seguinte. De fato, oriundos de diversos locais, seja da própria metrópole, seja de outros rincões da América portuguesa, personagens vários nele se estabeleceram com famílias, ou em grupos de aventureiros, com distintas motivações, a partir do começo da terceira década do Setecentos. Porém, a efetiva povoação dessa zona geográfica, primitivamente chamada de Campo Grande e caracterizada por "planícies mais ou menos extensas, enormes platôs, campos e campinas, que se estendem, às vezes, até perder de vista",[2] decorre de profundas transformações demográficas e econômicas que ocorreram na capitania a partir da crise da mineração.[3]

Sabe-se hoje que "a crise da produção aurífera se anunciava desde os anos de 1750, e na década seguinte já era realidade. A maior parte das jazidas conhecidas esgotava-se, e o fisco oprimia cada vez mais a população [das Minas]".[4] De fato, a arrecadação dos quintos vinha em queda livre desde 1748, e as reclamações contra a decadência da mineração eram perceptíveis muito antes de se chegar à metade daquela centúria.[5] A cada área mineradora que se esgotava, partiam os mineiros à procura de novos descobertos, o que se mostrou insustentável com o tempo.[6] De tal situação resultou o movimento de rearticulação econômica que levou à expansão da agricultura e da pecuária em áreas periféricas da capitania mineira, ainda pouco ocupadas, quando não mesmo desertas.

Segundo o barão de Eschwege, alemão mineralogista e empresário em Minas no início do século XIX, quando, passado o tempo da abundância do ouro, "se se pergunta, nesses lugares [vilas e arraiais da zona mineradora], sobre a causa dessa decadência, obtém-se como resposta ter sido a escassez do ouro [o] que impeliu uma parte da população a deixar o local e outra a cair na miséria, pelo abandono dos serviços de mineração".[7]

Em outra parte de seu *Pluto Brasiliensis*, Eschwege ressalta que "[os mineiros] viram-se, assim, na necessidade de abandonar a profissão, casas e bens, à procura de outras regiões onde pudessem experimentar a agricultura e a criação de gado [...]. O sertão do Rio São Francisco e [...], foram, desse modo, povoados continuamente [...]".[8]

José João Teixeira Coelho, então desembargador da Relação do Porto e antigo intendente da Casa de Fundição de Vila Rica, registrou em 1780, na *Instrução para o governo da Capitania de Minas Gerais*, que os mineiros "largaram os picões e as alavancas e correram para a agricultura" à medida que a crise se agravava.[9] Em uma outra memória, publicada em Lisboa, já no início do século XIX, João Manoel da Siqueira – também estudioso da crise da mineração – escreveu que, tendo passado o auge da exploração do ouro, em meados do século XVIII, "o mineiro já desesperado se passa a lavrador ou criador de gado ou erige um engenho de águas ardentes, açúcar [...]".[10]

Contudo, não se pode esquecer que, muito antes de a mineração dar os primeiros sinais de crise, ao meio do Setecentos, a agricultura já era bem explorada em Minas Gerais. Na verdade, segundo Roberto Martins, desde cedo, "o isolamento da região das minas tornava seu abastecimento muito difícil e a fome foi uma visita frequente nas primeiras décadas da ocupação". Assim, era natural que "núcleos de agricultura de subsistência e fazendas de gado começassem a se desenvolver ao redor das áreas mineradoras e ao longo das principais rotas comerciais".[11] O que o esvair progressivo da atividade mineradora provocou de fato, durante a segunda metade do século XVIII, foi contínua e paralela migração de muitos mineiros, que, até então, insistiam na busca do ouro, para a prática da agricultura e da pecuária em zonas periféricas da capitania, expandindo a fronteira agrícola em direção ao Sul e ao Oeste de Minas, principalmente.

Ao alvorecer das primeiras décadas do século XVIII, a zona das nascentes do rio São Francisco, onde se ergueriam, mais tarde, as povoações pioneiras do Tamanduá (hoje, Itapecerica), Piumhi, Formiga e Bambuí, era área de passagem de bandeirantes paulistas que, contornando as fraldas da Canastra, rumavam para Goiás, ou se dirigiam aos currais da Bahia, descendo, para isso, o vale sanfranciscano, depois de atravessar o rio Grande na altura de Piumhi, pelo que chamavam de Caminho Geral do Sertão.

Quando da criação das primeiras comarcas mineiras em 1714, dentre elas a do Rio das Mortes, o governador dom Brás Baltasar "decretou para esta, como limites ao sul a serra da Mantiqueira e a oeste o sertão desconhecido".[12] A ocupação territorial desse imenso sertão e seu povoamento, iniciados ainda nas primeiras décadas do século XVIII, avultaram-se a partir de 1750, devido ao progressivo deslocamento do "centro gravitacional da economia mineira para a florescente comarca do Rio das Mortes"[13], com outros elementos de vitalidade: a agricultura e a pecuária.

Segundo Caio Prado Júnior, esse deslocamento estava intimamente associado ao "movimento demográfico centrífugo daquela parte central [de Minas Gerais], em que dantes se adensava a população, para a periferia; invadindo mesmo em certos pontos o território de capitanias vizinhas".[14]

De fato, a "conversão" do espaço natural dos sertões do Centro-Oeste mineiro, o então Campo Grande, em território esquadrinhado, ordenado e institucionalizado, foi processo com muitas idas e vindas, dilatado no tempo e geograficamente complexo. Dele se encarregaram, nos primeiros tempos, reinóis advertícios e colonos estabelecidos nas Minas, que para lá se dirigiram, oriundos inicialmente do núcleo mais antigo da comarca do Rio das Mortes, em sua maior parte da vila de São José del Rei e do pequeno arraial de Prados, em busca de novas oportunidades econômicas de cunho agropastoril.[15]

Ciosos dos feitos de sua gente, os oficiais da câmara da Vila de São José del Rei não perdiam ensejo de enaltecê-los sempre, como fizeram em ofício enviado à Coroa portuguesa em 1806. Segundo eles, desde 1718, ano de criação da vila, "seus moradores, com ansiedade, procuravam dilatar seu Termo e semear a Religião no centro dos Sertões incógnitos [...]", amplamente reconhecidos como "asilos de negros fugitivos e domicílio de gentios bárbaros e ferozes"; desse modo, os seus "maiores foram rebatendo as fúrias dessa gente intratável até que, com muito custo, conquistaram a Picada de Goiás e o Campo Grande, assolando vários quilombos [...]".[16]

2

O CENÁRIO NATURAL DA CONQUISTA DO CAMPO GRANDE

Não é tarefa trivial ensaiar a precisa delimitação da zona geográfica que, na época colonial, foi primeiro chamada de sertões da Conquista do Campo Grande e Picada de Goiás. Um possível ponto de partida é uma carta escrita pelo mestre de campo Inácio Correia Pamplona em 1783. Nela, o desbravador relembrava que "da capela da Laje para dentro [na direção oeste], os antigos, a tudo que iam descobrindo e povoando, chamavam Campo Grande e Picada dos Goiazes, e assim do princípio, entrantes vieram lhe trazendo o nome de Campo Grande e Picada dos Goiazes, até o centro de Piumhi [...]".[17]

Quanto à caracterização do cenário natural dessa zona por ocasião da abertura da Picada de Goiás, uma boa síntese se encontra na carta enviada pela Câmara do Tamanduá à Rainha Maria I, em 20 de julho de 1793. Segundo os camaristas, há cerca de 60 anos, "o Campo Grande, pelo seu retiro até então desconhecido, pela falta de o haverem entrado, [era] aprazível, cheio de amenos rios e abundantes e esquisitos peixes e de imensas caças e de preciosos haveres e de fertilíssimas terras de agricultura [...]".[18]

Waldemar de Almeida Barbosa recupera e amplia a percepção dos antigos ao escrever que "a região do Alto São Francisco se caracteriza por vasta extensão de campos. Natural que recebesse a designação de Campo Grande [no século XVIII]", ressaltando, porém, que essa expressão "era bastante vaga e não designava determinado lugar [...]: tudo era Campo Grande"; contudo, "com o correr dos anos, o significado da expressão foi se restringindo [...].[19]

Quanto à ideia de pertencer essa zona ao que então era genericamente conhecido por sertão, o mineralogista José Vieira Couto, em uma memória de trabalhos por ele conduzidos em 1800, nos vales dos rios Abaeté e Indaiá, ressalta que:

> [...] chamam-se sertões nesta capitania [de Minas Gerais] as terras que ficam pelo seu interior, desviadas das populações das minas, e onde não existe mineração. Uma grande parte,

> porém, destes sertões é formada pelas terras chãs, que ficam da outra banda da Grande Serra [depois chamada de serra do Espinhaço] e ao poente dela; o rio de São Francisco corre pelo seu centro e recebe as águas por um e outro lado de ambas as suas extremidades.[20]

Alguns anos depois dessa escrita esclarecedora, o naturalista francês Auguste de Saint-Hilaire, que percorreu os quatro cantos de Minas Gerais em excursões científicas, registrou que "o nome de sertão ou deserto não designa uma divisão política do território; não indica senão uma espécie de divisão vaga e convencional determinada pela natureza particular do território e, principalmente, pela escassez de população".[21] Concordando com Vieira Couto, escreveu que, "para dar ao sertão de Minas uma divisão tão natural quanto possível, é necessário, creio, começar, do lado sul, nas nascentes do São Francisco, e, do lado do leste, na cadeia ocidental [do Espinhaço]".[22]

No primeiro semestre de 1819, pouco mais de 200 anos atrás, ao se dirigir à serra da Canastra, Saint-Hilaire anotou que "é mais além do povoado de Formiga, lugarejo situado cerca de 24 léguas de São João del Rei [de onde ele partira], que se encontram nessa parte os limites dos sertão, mas muito antes a região já se mostra escassamente povoada".[23] Todavia, em outro relato de viagens, o francês pondera que "assim como o disse [se referindo à posição de Formiga como "boca do sertão"], é difícil que não haja muita indeterminação nessa divisão, que não é o resultado de nenhum limite setentrional".[24]

Para o barão de Eschwege, naturalista alemão que percorreu o Campo Grande três anos antes de Saint-Hilaire, "a região, se bem que habitada em determinados lugares, tem o nome de *sertão*".[25] Em outra publicação, esclarece que eram chamadas de *sertões* aquelas "regiões onde há pouca cultura e que são, por causa disso, ou desabitadas ou muito esparsamente habitadas".[26] Ao apresentar seu roteiro de viagem às nascentes do rio São Francisco, Saint-Hilaire não deixou de reiterar a visão, então bastante comum, do sertão como imenso deserto: "à medida que me afastava de São João del Rei a região ia se tornando cada vez mais despovoada".[27] E, após descrever a vegetação vista ao longo do itinerário – "gramíneas e algumas outras ervas, no meio das quais aparecem árvores enfezadas e retorcidas de três a quatro metros de altura, casca quase sempre suberosa e folhas duras e quebradiças", completava dizendo que "esses trechos onde crescem esparsas e raquíticas árvores anunciam a aproximação do sertão ou região desértica".[28] De fato, nas primeiras décadas do século XIX, o Campo Grande ainda era vasto espaço de fronteiras abertas e cambiantes, com ocupação e povoamento inconclusos.

Figura 1 – "**Mappa de todo o Campo Grande, tanto da parte da Conquista que parte com a Campanha do Rio Verde, e S. Paulo, como de Piumhy, Cabeceiras do Rio de São Francisco e [Picada dos] Goyazes**"

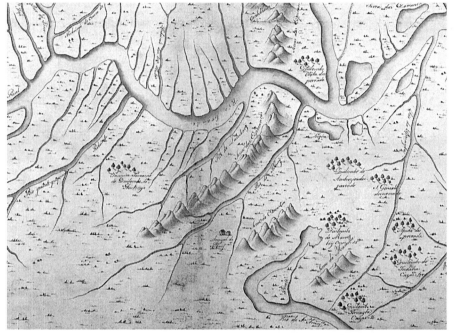

Fonte: mapa original pertencente ao Instituto de Estudos Brasileiros / USP. O recorte acima é da versão do Arquivo Histórico do Exército (AHE-CO-GO-10.01.2079, s.d.); mostra a área entre o Rio Grande, a Serra da Canastra e o curso inicial do Rio São Francisco.

Um pouco antes, em 1802, o antes citado Inácio Correa Pamplona mandou preparar um "Mapa dos números de Pessoas" que viviam "na dita Conquista [do Campo Grande]" em 1777. Somaram-se 15.660 "almas" ali residentes, nas aplicações de três matrizes que abarcavam 14 capelas filiais.[29] A distribuição espacial dessas igrejas é outra importante baliza para ensaiar os contornos geográficos do que era então chamado de sertões do Campo Grande.

O curso médio do rio Pará delimitava-os pela banda oriental, enquanto, pela oposta, se estendiam até as encostas da cadeia montanhosa conhecida por Mata da Corda, por onde passavam, então, os limites entre as capitanias de

19

Minas e Goiás; ao sul, iam até o rio Grande e, pouco mais a sudoeste, alcançavam o imenso maciço da Canastra, assentado na margem direita daquele rio; ao norte e a nordeste, o Campo Grande chegava às então imprecisas divisas dos termos de São José del Rei e Pitangui. Assim, é razoável afirmar que os sertões do Campo Grande se localizavam entre os atuais paralelos 19º 40' e 21º 00' de latitude sul e meridianos 44º 30' e 46º 35' de longitude oeste, correspondendo à boa parte do que hoje conhecemos por Centro-Oeste mineiro.

Para bem descrever o quadro geográfico natural dessa zona mineira, deve-se começar pelas múltiplas formas de seu relevo, abordando, em seguida, os aspectos hidrográficos, pedológicos e climáticos, e finalizar retratando sua rica vegetação. Se os terrenos se mostram, de início, mais elevados, as altitudes vão progressivamente se reduzindo à medida que se caminha rumo ao norte. Oscilam entre colinas suaves e formas escarpadas, sendo a serra da Canastra bom exemplo destas últimas. Destaca-se o vasto "planalto cristalino desgastado pela erosão em clima úmido e recoberto de espesso manto de decomposição, onde dominam o cerrado e matas de encostas [...]".[30]

O rio São Francisco, que nasce a 1 mil metros de altitude, no topo da dita Canastra, logo desce a 850 metros na cachoeira de Casca Danta, "entalhado no calcário Bambuí", e, não muito distante desta, já alcança patamares entre 550 e 650 metros, "onde também se encontram os cursos inferiores de seus afluentes [...]. Formações sedimentares recentes aparecem ao longo do curso do rio principal, constituindo a série de vazantes, de grande importância agrícola para a região" desde a época colonial.[31]

AS FORMAS DO RELEVO

A principal característica do relevo é a generalizada sucessão de planos, depressões e áreas dissecadas, abrangendo porções de quatro grandes compartimentos geomorfológicos. Estes exerceram forte influência sobre a gênese, a evolução e os aspectos marcantes da paisagem local. Em grande parte, correspondem a extensas superfícies rebaixadas, formadas por terrenos aplainados e dissecados, ou apenas suavemente ondulados, inseridas na Depressão Sanfranciscana. Esta ocupa todo o centro da zona em pauta, assentando-se sobre rochas do grupo Bambuí em altitudes que variam de 600 a 800 metros acima do nível do mar. Nela, "as formas aplainadas e superfícies onduladas decorrentes do processo de erosão areolar intercalam-se às formas fluviais de dissecação, ou seja, cristas e colinas com vales encaixados e/ou de fundo chato e vertentes ravinadas".[32]

Arranjos particulares do relevo ali aparecem, em terrenos do grupo Bambuí, com grandes afloramentos de calcários, ora na camada superficial, ora sob outras formações mais recentes, configurando modelados cársticos, como se vê na "Mata do São Francisco" (assim chamada na passagem do século XVIII para o XIX e, mais tarde, de "Mata de Pains"). Ao centro da dita depressão, destaca-se uma estreita faixa de planície aluvial, desdobrando-se por ambas as margens do São Francisco, desde a barra do rio São Miguel (margem direita) até a embocadura do ribeirão Jorge Grande (na esquerda).

Na extremidade ocidental, predominam relevos tabulares, antigas superfícies de aplainamento cobertas por sedimentos arenosos e recobertas pela vegetação do cerrado. Constituem partes expressivas do compartimento hoje chamado de Planalto do São Francisco. As altitudes oscilam entre 600 e 1 mil metros, e suas interfaces com a Depressão Sanfranciscana são marcadas pelo alinhamento de serras intercaladas por áreas rebaixadas e planaltos. É o domínio das serras do Urubu, da Marcela, da Saudade (ou do Indaiá) e do Abaeté, componentes de vasta cadeia montanhosa historicamente conhecida por serra da Mata da Corda.[33] Um pioneiro estudioso da geografia mineira, Henrique Gerber, escreveu, no início da década de 1860, que grande parte dessa cadeia, sobretudo suas ramificações, forma chapadões "às vezes muito extensos, os quais contribuem para dar a essa parte ocidental da província um caráter mais ameno do que é o do sistema da serra do Espinhaço, com seus vales escarpados".[34]

De outro lado, nas porções Sul e Sudeste da antiga zona do Campo Grande, assentam-se partes de outro compartimento do relevo, hoje chamado de Planalto Dissecado do Centro-Sul e Leste de Minas. Ocupando grande parte do interflúvio dos rios São Francisco e Grande, caracteriza-se por uma sucessão de cristas e pequenas colinas e pela presença de vales encaixados e/ou de fundo chato, resultantes de processos de dissecação fluvial sobre rochas predominantemente granito-gnáissicas. Ali, as altitudes variam entre 700 metros nos vales e 1 mil metros nas cristas. Foi nessa porção territorial que se principiou, ainda na primeira metade do século XVIII, a efetiva ocupação dos sertões do Campo Grande. Compreende as nascentes do rio Pará e do Jacaré, este, afluente do rio Grande.

Nos vales alargados e acentuadamente rebaixados dos rios Lambari e Itapecerica, ambos afluentes da margem esquerda do Pará, o vasto planalto é interpenetrado pela Depressão Sanfranciscana. Em direção contrária, adentrando a Depressão pelo lado esquerdo do rio Lambari, o planalto avança no sentido norte-noroeste, chegando a alcançar áreas dos atuais municípios de Santo Antônio do Monte e Pedra do Indaiá e, até mesmo, pequena parte do extremo sudeste do município de Lagoa da Prata. Nas bordas setentrionais dessas terras altas e dissecadas, a cavaleiro da vasta Depressão, nascem os ribeirões Diamante e Indaiá, que drenam para o Lambari, além dos rios Jacaré e Santana e dos ribeirões Santa Luzia e São Domingos. Estes quatro últimos, correndo rumo ao São Francisco, desaguam em sua margem direita.

Finalmente, a sudoeste, a monumental serra da Canastra compõe outro importante compartimento do relevo, incluindo planaltos, cristas e áreas dissecadas mais elevadas, que dividem as águas de rios e ribeirões que vão alimentar a bacia do rio São Francisco, daqueles que vertem para o Paranaíba, a norte-nordeste, e, ainda, de pequenos ribeiros direcionados ao próprio rio Grande, no sentido sul-sudoeste. A encosta oriental da Canastra conecta-se com porções mais elevadas do planalto dissecado, as quais se estendem e se elevam, gradativamente, rumo ao poente, margeando o rio Grande em sua banda direita. Como escreveu Gerber, essas terras altas da porção meridional do Campo Grande são aquelas que, em antigas cartas geográficas, recebiam o nome de serra das Vertentes.[35]

RIOS, LAGOAS E RIBEIRÕES

Sendo o modelado do terreno o fator determinante para o escoamento das águas superficiais, em âmbito mais amplo, a antiga zona do Campo Grande reparte-se entre as bacias do rio São Francisco, drenando cerca de dois terços de sua superfície, e do rio Grande (margem direita), abarcando o terço restante. O regime de alimentação desses dois grandes rios e de seus principais afluentes caracteriza-se pelo predomínio de cheias no verão e da estiagem na estação seca do outono-inverno.

O rio São Francisco nasce em extenso platô sobre a serra da Canastra. Ao todo, das nascentes até sua foz no Atlântico, percorre cerca de 2.800 quilômetros. Em sua *Corografia Brasílica*, publicada em 1817, o padre Aires de Casal o descreve como "maior [rio] da província [de Minas], e [aquele que] recolhe uma grande parte dos que a regam [...]", acrescentando que, não muito distante das nascentes, depois de "recolhe[r] vários ribeiros por um e outro lado, [o São Francisco] recebe pelo esquerdo o rio Bambuí, que vem da raia e traz consigo o rio Perdição, que principia na serra da Marcela: é este o primeiro [rio] abundante que o engrossa".[36] Fiando-se em mapas da época, que cometiam idêntico equívoco, Casal afirma que "obra de oito léguas abaixo, se lhe junta [ao São Francisco], pela margem direita, o rio Lambari, que rega o extenso termo da Vila do Tamanduá [...]".[37]

Após se afastar do maciço da Canastra e seus contrafortes, o São Francisco começa a se divagar entre lagoas formadas em terrenos paralelos, "algumas delas ligadas a fenômenos cársticos, outras são antigos meandros abandonados, relacionando-se as que que se encontram mais ao norte a depressões formadas em clima pretérito diferente do atual".[38]

Ilustrando a notável presença dessas lagoas marginais, Aires de Casal assinala que, junto à margem direita do São Francisco:

> [...] abaixo da confluência do Bambuí, está a lagoa Feia, com forma circular e perto de 300 passos de diâmetro, de água verde-negra, que é um viveiro de sucuris, sucuriús e jacarés. [...] Menos de meia légua para o norte há outra, com o nome de lagoa Verde, estreita, com mais de seis milhas de comprimento e habitada dos mesmos viventes; ambas desaguam para o mencionado rio [São Francisco].[39]

Figura 2 – "**Lagoa das aves no rio de São Francisco**"

Fonte: litografia colorida de C. Heizmann, a partir de esboço de Martius apresentado em "Viagem pelo Brasil (1817-1820)", de Spix e Martius [primeira edição publicada em Munique, no ano de 1823].

Retornando aos afluentes do São Francisco na antiga zona do Campo Grande, destacam-se os seguintes da margem esquerda: o Samburá, que recebe o rio Santo Antônio, ambos com cabeceiras na serra da Canastra; o ribeirão das Ajudas; o já citado Bambuí, vindo da serra da Gurita, com 128 quilômetros de extensão até sua foz, e tendo como confluentes principais os ribeirões da Perdição e do Limoeiro; e o ribeirão Jorge Grande, com nascentes na serra da Marcela e percurso da ordem de 80 quilômetros. Na margem direita: o ribeirão dos Patos e o rio São Miguel, ambos drenando a área cárstica da Mata de Pains; o rio Preto, para o qual converge o São Domingos; o rio Santana, que nasce em área de transição do Planalto Dissecado para a Depressão Sanfranciscana, e faz barra no São Francisco quase defronte à do rio Bambuí, após percorrer, aproximadamente, 60 quilômetros; e o rio Jacaré, com cabeceiras na mesma área de transição, onde também nascem seus confluentes Santa Luzia e Santo Antônio.

Maior destaque entre os afluentes sanfranciscanos merece o rio Pará, com 303 quilômetros de extensão. Em seu curso médio, servia, grosso modo, de limite oriental dos sertões do Campo Grande. Dois de seus confluentes da margem esquerda são os rios Itapecerica e Lambari, antes citados. O primeiro nasce nas imediações da antiga São Bento do Tamanduá (hoje, Itapecerica), na cota 1.070 metros, com o nome de ribeirão do Gama. Após receber a contribuição de outro ribeiro de nome Santo Antônio, passa a se chamar Itapecerica e vai desembocar no Pará, depois de percorrer quase 90 quilômetros. Já o rio Lambari, com nascentes em terras altas do Planalto Dissecado, tem extensão aproximada de 200 quilômetros e desagua no mesmo Pará, depois de receber pela margem esquerda os ribeirões Indaiá e Diamante.

Com cabeceiras na serra da Mantiqueira, a 1.980 metros de altitude, o "majestoso e soberbo Rio Grande, um dos principais da Província de Minas"[40], percorre cerca de 1.360 quilômetros, até se encontrar com o rio Paranaíba, para juntos formarem o extenso e caudaloso rio Paraná. Segundo Halfeld e von Tschudi, este rio Grande, "após um pequeno percurso rumo ao norte, se volta para noroeste, passando depois a oeste e mantendo essa direção dentro [do restante] da Província"[41] – portanto, tangenciando a franja meridional da antiga zona do Campo Grande. Os terrenos de sua margem direita, naquela parte do Centro-Oeste mineiro, caracterizam-se pelo relevo de colinas, cristas e vales, por onde correm outro rio de nome Jacaré (também chamado de rio Grande Pequeno em alguns mapas da época colonial), este com cabeceiras na serra das Vertentes, também outro Santana, além dos ribeirões da Formiga e do Pouso Alegre.[42]

SOLOS PARA PLANTAR, CRIAR E BEM COLHER

Quanto às distintas categorias de solos presentes na antiga zona do Campo Grande, o predomínio sempre foi daqueles profundos e bem antigos, hoje chamados de latossolos, espalhados, principalmente, nas superfícies planas ou levemente onduladas, a exemplo da Depressão Sanfranciscana. Com alta permeabilidade à água e pobres em nutrientes, correspondem a condições topográficas e climáticas bastante favoráveis ao manejo de culturas agrícolas sazonais e perenes ou para formar áreas de pastagem para o gado bovino.

Solos argilosos, maduros e moderadamente profundos são encontrados em porções inferiores de encostas montanhosas, onde o relevo se apresenta ondulado ou fortemente ondulado, a exemplo de porções várias na margem esquerda do rio Pará. Argilosos são também os solos da área cárstica da margem direita do São Francisco, entre as atuais cidades de Piumhi, Formiga Arcos e Iguatama. Na ausência de pedregosidades, costumam apresentar boa aptidão para a agricultura.

Uma terceira categoria de solo presente na antiga zona do Campo Grande, embora em menor proporção, são aqueles rasos, jovens e bastante sensíveis à erosão, hoje conhecidos por cambissolos. São encontrados em áreas de relevo ondulado ou, mesmo, montanhoso, aparecendo grandes manchas desses solos na serra da Canastra e nos vizinhos chapadões do Planalto do São Francisco. Em áreas planas, com maior fertilidade natural, apresentam aptidão para uso agrícola, o que não ocorre se estiverem localizados em relevos mais declivosos.

CLIMA E REGIME DE CHUVAS

Na zona em estudo, predomina um clima típico de áreas tropicais úmidas, com muita chuva no verão e temperatura anual média de 23 °C Durante a maior parte do ano, persistem temperaturas médias a altas, principalmente na primavera e no verão. Temperaturas mais amenas ocorrem na porção territorial ao Sul, drenada por afluentes da margem direita do rio Grande. Devido, principalmente, à influência orográfica, configura-se nessa porção um clima tropical de altitude.

Quanto ao regime pluviométrico, as chuvas são razoavelmente bem distribuídas por toda a zona do antigo Campo Grande. Como regra geral, quanto mais montanhoso o relevo, mais intensas são as precipitações chuvosas.

A VEGETAÇÃO NATURAL

A conjugação das distintas formas de relevo com as características próprias dos solos e do clima produziu diferentes tipos de vegetação, que, na zona em estudo, se desdobram entre dois biomas: o cerrado e a mata atlântica (se adotamos a terminologia atualmente em voga). Ao primeiro corresponde hoje cerca de dois terços da superfície; por óbvio, ao segundo, o terço restante. Remanescentes florestais de mata atlântica persistem na porção Sudeste, mais precisamente no hoje chamado Planalto Dissecado, outrora densamente recoberto por exuberantes formações vegetais. Já as áreas de cerrado sobrepõem-se aos outros três grandes compartimentos do relevo: a Depressão Sanfranciscana, o Planalto do São Francisco e a Serra da Canastra.

Entre o final do período colonial e os primeiros anos do Brasil independente, naturalistas que estudaram a vegetação primitiva de Minas Gerais repartiam-na entre dois grandes domínios fitogeográficos: os matos e os campos. Para Saint-Hilaire, "os primeiros [os matos] são as florestas virgens (matos virgens); as caatingas [...]; os carrascos, espécie de florestas anãs, compostas de arbustos de três ou quatro pés próximos uns dos outros; enfim, os carrasquenhos [...]"; neles, incluindo, também os capões, "bosques que se erguem nas propriedades rodeadas de todos os lados pelos campos", além das capoeiras, "que sucedem às plantações feitas nas florestas virgens, e os capoeirões, que pouco a pouco substituem as capoeiras, quando se passa um certo tempo sem cortar estas últimas".[43]

Por campo, o francês designava, o terreno coberto de ervas ou, melhor, "tudo o que não pertence a nenhuma das espécies de bosque que dei a conhecer há pouco", podendo ser um campo natural, "quando nunca apresentou florestas", ou um campo artificial, "quando ervas se sucederam aos bosques destruídos pelos homens".[44] Alertou que "muitas vezes se vê, nos campos naturais, árvores tortuosas, mirradas, esparsas aqui e ali; mas essa modificação não impede que os terrenos que a apresentam conservem seu nome de campos".[45] Esses dois domínios vegetais, os matos e os campos, estavam presentes no Campo Grande e Saint-Hilaire, depois de percorrê-lo na segunda década do dezenove, abordou-os detalhadamente em seu "Tableau de la Vegetacion Primitive de la Province".[46]

Algumas décadas depois, outro botânico, Eugenius Warming, se dedicou ao estudo dos "dois reinos importantes da geografia vegetal [de Minas Gerais]: a floresta costeira e o cerrado"; para ele, "as grandes planícies e as colinas nas áreas mais onduladas, são, portanto, constituídas pelo cerrado, ou *campo* [...]".[47] Mas não deixou de registrar que "as áreas florestadas – chamadas de *capões* pelos moradores – encontradas, sobretudo, nos vales ao longo dos riachos e nos declives das montanhas, são apenas posições avançadas das florestas costeiras".[48]

Uma descrição atual do cerrado brasileiro bem caracteriza a vegetação primitiva da maior parte da zona aqui abordada, não obstante as transformações antrópicas sofridas ao longo de quase dois séculos: "cerradões, cerrados e campestres nos interflúvios e florestas-galerias contínuas, ora mais largas ora mais estreitas, no fundo e nos flancos baixos dos vales. Cabeceiras de drenagem em *dales*, ou seja, ligeiros anfiteatros pantanosos, pontilhados de buritis", bem como "planícies aluviais estreitas e homogêneas, em geral não meândricas, incluindo galerias florestais, passíveis de ser transformadas em alinhamento de buritis após o desmatamento parcial feito pelo homem".[49] No meio dessa vasta paisagem, sobressaem "enclaves de matas em manchas de solos ricos ou em áreas localizadas de nascentes ou olhos d'água perenes [...], formando 'capões' de diferentes ordens de grandeza [...]".[50]

O cerrado era, de fato, a vegetação predominante nos sertões do Campo Grande e Picada de Goiás, desdobrando-se, de um lado, no sentido da calha do São Francisco e, de outro, acompanhando a margem direita do rio Grande, até se encontrar a leste, nas proximidades de Formiga e Candeias, com remanescentes florestais sobre o compartimento do relevo hoje chamado de Planalto Dissecado. As formações com fisionomias campestres são as que ali melhor caracterizam o cerrado. A oeste, sudoeste e sul, partes limitadas pelas cadeias montanhosas da Mata da Corda e da Canastra e pelo apertado vale do rio Grande, respectivamente, predominam formações gramíneo-lenhosas, compostas pela associação de ervas e arbustos com grande diferença de porte e densidade e em maior ou menor concentração.

Essa mesma formação aparece em terrenos da margem esquerda do trecho médio do rio Pará. Mais ao norte, envolvendo as duas bandas da calha do rio São Francisco, para além das barras dos confluentes Santana (pela direita) e Bambuí (à esquerda), predominam formações arbóreo-lenhosas, com árvores de pequeno e médio portes, troncos e galhos tortuosos e raízes profundas. Nessas formações, destacam-se, como espécies típicas, o pequizeiro, o araticum, a cagaita, o pau-santo, a gabiroba, o barbatimão, o jatobá do cerrado, as touceiras de indaiá, o jacarandá do campo e, em áreas molhadas, os elegantes buritis.

Entre as duas formações antes descritas, a noroeste da zona em estudo, em terras altas do Planalto do São Francisco (principalmente nos atuais municípios de Córrego Danta e Tapiraí), existe destacada área de contato entre o cerrado e a floresta estacional.[51] Esta última, embora menos frequente, apresenta distribuição espacial coincidente com porções de solos de média e alta fertilidade, posicionadas nos interflúvios e ao longo de alguns cursos da rede de drenagem. Esse é também o caso da mancha florestal do tipo decidual associada aos afloramentos calcários presentes na Mata de Pains.

Por outro lado, florestas estacionais semideciduais se apresentam, com mais frequência, como remanescentes de mata atlântica no Planalto Dissecado, a sudeste da zona em estudo, ocupando situações geográficas mais interiorizadas e apresentando inserções disjuntas do cerrado. Nelas, merecem destaque o jequitibá, a peroba, o jacarandá, a paineira, o angico, a candeia, o jatobá, o vinhático e o garboso ipê, com suas distintas tonalidades.

Há, ainda, que ressaltar a presença de veredas e dos campos rupestres. Estes últimos se sobrepõem a afloramentos rochosos, geralmente em altitudes superiores a 900 metros, bastante comuns em áreas como a serra da Canastra, onde os ventos são constantes e há fortes variações de temperatura. Já as veredas servem de cabeceiras de drenagem, principalmente na Depressão Sanfranciscana, com características próprias e importante significado estético-paisagístico.

3

EXPEDIÇÕES DA GENTE DE PITANGUI ÀS NASCENTES DO SÃO FRANCISCO

Com a descoberta do ouro no final do século XVII, iniciou-se, de fato, a ocupação territorial e o povoamento daquela porção da América portuguesa que, algum tempo depois, seria chamada de Minas Gerais. Entretanto, ainda em meados do primeiro século da colonização brasileira, essa área fora penetrada por aventureiros e exploradores, inicialmente a partir das costas baiana e capixaba, destacando-se, nesta primeira fase, as expedições de Espinosa e Navarro, Tourinho, Dias Adorno e Marcos de Azeredo. Numa segunda fase, foi a vez dos paulistas. O movimento bandeirantista começa com as expedições conduzidas no decorrer do Seiscentos por André Leão e Glimmer, Matias Cardoso, Lourenço Castanho Taques, Rodrigues Arzão, Bartolomeu Bueno da Siqueira e pelo padre Faria.

Porém, somente depois dos primeiros achados auríferos pelos paulistas, em meados da última década do século XVII, "constrói-se, progressivamente, um território [...] nos entornos do Caminho Geral do Sertão, cuja fronteira vai sendo progressivamente deslocada no decorrer de todo o período colonial".[52]

Digna de registro é a entrada pioneira que fez André de Leão, no segundo ano do século XVII, com o intuito de descobrir prata nos sertões das cabeceiras do São Francisco. A expedição por ele comandada, partindo da vila de São Paulo, chegou até a "forquilha" que fazem o rio Pará e "seu afluente o rio de São João, na passagem das serras na vizinhança da atual cidade de Pitangui", segundo hipótese levantada por Orville Derby ao estudar o roteiro de Leão.[53] Vencendo a barreira montanhosa da Mantiqueira pela garganta do Embaú, lugar já conhecido de transposição daquela serra, a bandeira de André de Leão atravessou montes, ribeiros e vales, percorreu antigas trilhas indígenas e, depois de dobrar ligeiramente à esquerda, cruzou as vertentes dos rios Grande e Sapucaí. De fato, assegura o mesmo Derby, sertanistas como André de Leão, e outros mais, "apenas seguiam caminhos já existentes pelos quais se comunicavam entre si os índios de diversas tribos relacionadas, ou grupos de uma mesma tribo".[54]

Dessa forma, depois de atravessar o rio Grande, próximo da foz que nele faz o rio das Mortes, André de Leão e companheiros chegaram "às cabeceiras do São Francisco, identificando como o Sabarabuçu uma serra que é provavelmente a de Pitangui".[55] Embora acompanhado de 70 ou 80 homens brancos, o bandeirante não chegou a ocupar as terras percorridas, pois "retornaram às pressas [a São Paulo], sem averiguar a existência de metais preciosos [...] e sem fazer o reconhecimento geográfico da região".[56] O mineralogista flamengo Wilhelm Glimmer, que fez parte desta expedição, justificou, em escrito coevo, esse retorno repentino e apressado pelo "medo desses bárbaros [referia-se aos indígenas] e por nos escassearem os viveres [...]".[57]

OS DESCOBERTOS DO PITANGUI

É certo que o vale do rio Pará, grande afluente da margem direita, no início chamado de rio Pitangui por influência de indígenas que assim o designavam, foi devassado primeiro que o sertão das nascentes do São Francisco, ainda no início do século XVIII. De fato, depois de explorarem minas na bacia do médio Paraopeba, alguns paulistas abriram uma picada na direção oeste e "continuando o caminho do Borba [Gato] e do Mateus Leme, atingiram o córrego da Ponte Alta, a Aparição Velha, os Guardas, o rio de São João e, finalmente, o morro do Batatal", sítio onde seria formado o arraial de Pitangui. Esta picada pioneira serviu, nos primeiros tempos, "de caminho que punha a vila de Sabará em comunicação com os novos descobertos" do Pitangui.[58]

Com a região central das Minas já bem povoada de gente saída tanto de Portugal quanto do restante da América portuguesa, começam as disputas com os paulistas pela sua posse e seu domínio. Uma sucessão de pequenos incidentes deu o pretexto para o conflito generalizado, ocorrido entre 1707 e 1709, chamado de guerra dos Emboabas. Envolvendo, de um lado, os paulistas pioneiros e, de outro, os reinóis e seus aliados baianos e pernambucanos recém-chegados, tem origem no "colapso da hegemonia política dos paulistas ante o avanço dos forasteiros" nas Minas. Com efeito, após a descoberta dos veios auríferos pelos paulistas, os então chamados emboabas – portugueses provenientes do continente europeu e das Ilhas e quaisquer outros adventícios estranhos ao partido dos descobridores – foram ter em massa aos lugares dos descobertos, buscando assenhorar-se dos cargos públicos, das datas minerais e do controle do comércio e de suas principais rotas, vitais para o abastecimento das áreas mineradoras centrais.[59] Indignados com a intromissão naquilo que julgavam somente seu, a grei dos paulistas comandou hostilidades aos "invasores", chegando, enfim, à contenda armada.[60]

A derrota na guerra por eles provocada, com consequente perda de supremacia no centro das Minas, "atirou [os] paulistas para Pitangui e para a beira do São Francisco".[61] De fato, terminada a peleja, os paulistas vencidos e tornados minoria na capitania, "em desgraça perante a Coroa, perderam o controle político da região [central] e partiram em busca de novos descobertos", principalmente nos dilatados vales do rio Pará e seus afluentes, a exemplo dos ribeirões São João e Lambari.[62]

Entre os "descobridores paulistas" daqueles vales, destacaram-se José de Campos Bicudo, que foi juiz ordinário de Pitangui em 1720, e seu genro, o capitão Antônio Rodrigues Velho – intitulado o Velho da Taipa, legendário potentado local, que "povoou fazendas, devassou os sertões do outro lado do rio de São Francisco e teve numerosa fábrica de minerar". Durante sua carreira de minerador e criador de gado (inclusive com vasta gleba junto às barras dos rios Bambuí e Santana no São Francisco, como se verá mais adiante), o Velho acumulou enormes cabedais e, por isso, foi incluído, em 1756, no rol dos homens mais ricos de Minas Gerais, listagem feita pelo então governador da capitania, por determinação da Coroa portuguesa, para lançamentos tributários.[63]

Mas a extração do ouro em Pitangui, é bom que fique claro, foi fenômeno passageiro, que rapidamente se esgotou, sendo logo sucedido por extensiva criação de gado vacum naqueles amplos sertões, destinada, principalmente, ao abastecimento das minas do centro da capitania; de início, em terras abaixo da confluência do rio Lambari com o Pará, rumo ao São Francisco, e depois, em sentido oposto, subindo o curso deste último.

ENTRADAS NAS NASCENTES DO SÃO FRANCISCO

Remontam a 1715 as primeiras concessões de terras pela Coroa portuguesa aos moradores de Pitangui. No ano seguinte, o governador da capitania de São Paulo e Minas do Ouro, dom Brás Baltasar da Silveira, em carta endereçada ao rei de Portugal, escrevia que "somente [as sesmarias] que [dei] nos sertões de Pitangui para os currais de gado foram com mais largueza, tanto porque naquelas partes era tudo inabitável, se fazia preciso convidar os homens com esta abundância a que as povoassem [...]".[64]

No mesmo ano de 1715, o arraial levantado junto ao morro do Batatal foi elevado à categoria de vila, com o título de Nossa Senhora da Piedade do Pitangui. Com esse ato, atendia-se aos constantes reclames de potentados paulistas estabelecidos naquele arraial, que buscavam a todo custo "escapar ao controle das autoridades da Vila Real de Sabará, dominada por reinóis [tidos por inimigos pelos derrotados na guerra dos Emboabas] e da qual o arraial de Pitangui dependia".[65]

Sempre inconformada com a derrota para os emboabas, quando não revoltosa e inquieta por natureza, a gente do Pitangui logo procurou organizar pequenas entradas nos sertões circunvizinhos, com o fito de buscar novos descobertos auríferos, expandir a fronteira agropastoril e, principalmente, ampliar o domínio territorial de seu termo e, por via de consequência, a jurisdição político-administrativa e o poder das autoridades de sua vila.

O paulista João Batista Maciel, tido como primeiro morador do sítio da Piraquara, na margem direita do São Francisco (divisa dos atuais municípios de Bom Despacho e Dores do Indaiá), partiu em 1731, com filhos, agregados e escravarias, para explorar as terras do São Francisco acima, em busca de faisqueiras no sertão do Piumhi. Retornando a Pitangui e dando notícia do descobrimento que teria feito, atiçou a cobiça dos maiorais do lugar, que trataram logo de organizar expedição numerosa, comandada pelo vigário Luís Damião e pelo procurador da Câmara, tendo como guia o próprio Maciel.

A nova expedição percorreu, esperançosa, o alto São Francisco com o intuito de chegar até a zona das cabeceiras propriamente dita, para tomar posse do *país do Piumhi*. Entretanto, "o ouro não foi achado com a grandeza que se esperava. Houve decepção, e Batista Maciel acabou preso como falso descobridor e causador da grande despesa que a bandeira fez".[66] Depois de um tiroteio que houve entre os chegados a Maciel e a gente dos maiorais de Pitangui, aquele foi libertado e, acompanhado de seus filhos, agregados e escravos, foi se estabelecer nas Perdizes, paragem próxima à barra do rio São Miguel no São Francisco (no atual município de Iguatama). Algum tempo depois, ali foi Maciel atacado por negros do quilombo do Queimado, perecendo no embate, como nos informa Carvalho Franco em seu *Dicionário de Bandeirantes e Sertanistas*.[67]

Outro sertanista, o capitão Tomás de Souza, natural dos Açores e residente em Pitangui, liderou expedição com o objetivo de chegar às minas de Goiás, depois de percorrer o alto São Francisco, o *país do Piumhi* e os contrafortes da serra da Canastra. Entretanto, perdeu-se naqueles matos entre as nascentes do São Francisco e o rio Grande, sendo encontrado por um tal alferes Moreira em 1732, que também adentrara naqueles sertões e encaminhou de volta o açoriano à vila de Pitangui, junto de seus companheiros de entrada.

Esse alferes Moreira, sempre partindo de Pitangui, percorreu a zona das nascentes do São Francisco em três ocasiões. Na primeira, como relatou na *segunda prática* ao padre-mestre Diogo Soares:

> [saiu] da Vila de Nossa Senhora da Piedade, no Pitangui, a 15 de agosto de 1731, com 20 armas, todas à minha custa. Cheguei ao [rio] Bambuí, que é a última fazenda do São Francisco, rio acima, depois de 20 dias de viagem, abrindo em todos eles picada por matos carrasquenhos, campos cobertos e catadupas: a poucas marchas passei o Lambari, que é um rio, que nascendo emparelhado com o Pitangui, entra nele oito léguas abaixo da Vila do seu mesmo nome [...].[68]

Mas, como depôs o próprio alferes Moreira, encontrando-se desnorteado e sem saber que rumo tomar e temendo a chegada das águas, decidiu retornar ao Pitangui pela mesma picada, no que gastou outros 15 dias. Contudo, não demorou a preparar uma segunda expedição, seguindo pela "picada antiga, que vai de Pitangui para São Paulo, mas abrindo-a de novo por estar já cerrada com o mato [...]".[69] Atravessou outra vez o Lambari e, depois de cortar ao poente, chegando às cabeceiras do São Francisco, foi além, em busca do rio Grande e do descobrimento do morro das Esperanças, onde pretendia encontrar ouro, empresa na qual se frustrou. Dali lançou uma bandeira, também sem maiores resultados práticos, que "se recolheu no fim de cinco meses de passados inumeráveis trabalhos, perigos, fomes, e todas as mais misérias".[70] Moreira retornou a Pitangui na véspera de São João do ano de 1732; foi nessa volta que encontrou, a meio do caminho, com a expedição do referido capitão Tomás de Souza, perdido na mata densa com seus companheiros.

Depois de descansar e ser abastecido de pólvora e mais munição, o alferes Moreira retornou, pela terceira vez, ao sertão das cabeceiras do São Francisco, tendo passado novamente pela barra do rio Bambuí e arranchado no Piumhi, de onde lançou nova bandeira em demanda do morro das Esperanças, que, para infelicidade do persistente explorador, não foi, mais uma vez, encontrado. Abandonado por parte de seus companheiros de jornada, que bandearam para o grupo de Batista Maciel, que por lá de novo se encontrava, e se vendo "sem gente, e sem meio para a desejada conquista", recolheu, "sem mais lucro", à vila de Pitangui.[71]

Segundo José Martins P. de Alencastre, que foi governador da província de Goiás no período imperial, de fato, no decorrer da década de 1730, foram muitas as explorações feitas por mineiros em todo o alto São Francisco e também "desde as cabeceiras do rio das Velhas [hoje chamado de Araguari] até as margens do Paranaíba e São Marcos", zona atualmente intitulada de Alto Paranaíba. Ocorreram, sobretudo, a partir de 1733, no mais das vezes "por ordem do governo de Minas", a instâncias do então contratador de entradas, José Alves de Mira, "que desejava abrir caminho de tropas para Goiás, a fim de aumentar as rendas do seu contrato".[72]

Conforme o referido memorialista, "por toda a extensão que percorriam iam [os exploradores] estabelecendo fazendas" e, assim, conquistando e tornando conhecidos aqueles sertões incultos até então. Foi nesta mesma época que, pela "necessidade de repelir a agressão dos índios e de destruir o grande número de quilombos [...], os quais muito incomodavam os moradores [pioneiros]",[73] se formou uma primeira força expedicionária para combatê-los, sob o comando de Urbano do Couto, um dos abridores da Picada de Goiás. Conforme o mesmo Alencastre, tal expedição "atravessou o rio de São Francisco e foi até o rio São Marcos, denominando os lugares por onde passava com os apelidos de Serra da Marcela, Glória, São Bento, Babilônia, Aragões, Pissarão [...] e outros".[74]

FAZENDAS DE CRIAR NAS BARRAS DOS RIOS BAMBUI E SANTANA

Pertencia a João Veloso de Carvalho a fazenda estabelecida por volta de 1723 junto à barra do rio Bambuí, ocupando terras nas duas margens do São Francisco. Conforme consta da "segunda prática" do alferes Moreira ao padre-mestre Diogo Soares, era a "última fazenda do rio de São Francisco, rio acima, depois de 20 dias de viagem", a partir de Pitangui.[75]

Português de origem e minerador em Pitangui, João Veloso de Carvalho havia sido procurador da Câmara daquela vila em 1720. Depois ocupou, por anos, o posto de capitão-mor de Ordenanças, eleito e nomeado em 1728. Genro de Antônio Rodrigues Velho – o já citado Velho da Taipa, Carvalho era um dos homens mais ricos de Minas Gerais naquela época. Em 26 de novembro de 1737 recebeu carta de sesmaria para legalização da posse da fazenda "que ele tem povoado e cultivado há quatorze anos" nos sertões "das cabeceiras do rio de São Francisco, em um riacho chamado Bambuí, que parte da banda do leste com o rio de São Francisco e do norte, oeste e sul com sertões despovoados".[76]

Na mesma data, também a Antônio Rodrigues Velho concedeu-se carta de sesmaria, para legitimação da posse das terras "que ele tem povoado e cultivado há anos [...] no sertão do rio de São Francisco, no riacho chamado Bambuí, que parte da banda do leste com Domingos Rodrigues Neves e do norte com o rio de São Francisco e do oeste e sul com sertões ainda por cultivar [...]".[77] Determinava aquele título régio que as terras de Antônio Rodrigues Velho no Bambuí não poderiam passar de três léguas", condição também imposta ao seu vizinho e genro – o dito João Veloso de Carvalho.

Vale relembrar ser bastante usual a apresentação do requerimento de carta de sesmaria bem depois de a fazenda se encontrar estabelecida pelo peticionário ou de este tê-la comprado de posseiro antigo. Serviria, assim, a carta de sesmaria, fundamentalmente, de documento legal de garantia da posse de terras que já se encontravam sob o domínio do peticionário.

Cerca de 50 anos depois dessas duas concessões de sesmaria, a câmara da vila de São Bento do Tamanduá, então recém-instalada, encaminhou ao governador da capitania longo e detalhado arrazoado, em que buscava esclarecer conflitos havidos e justificar a legalidade das pretendidas divisas de seu termo com o de Pitangui.[78] Entre outras provas, relembrava que, às antigas sesmarias dos capitães Veloso de Carvalho e Rodrigues Velho, correspondiam largas glebas ao redor da tríplice barra dos "grandes ribeiros que ali deságuam, em poucas distâncias um dos outros, Santana e São Simão, daquém, e o Bambuí, dalém o rio de São Francisco".[79] E o mais importante para a causa defendida: há muito aquelas fazendas não mais pertenciam aos dois capitães de Pitangui, nem mesmo se encontravam de posse de seus herdeiros.[80]

De fato, diziam camaristas de São Bento do Tamanduá, há muito tempo aquelas glebas pertenciam ao capitão Antônio Joaquim da Silva, um potentado estabelecido no recém-criado termo do Tamanduá. Esta propriedade era, certamente, estabelecimento de relevo, pois mereceu ser destacado com o signo de "fazenda" e a inscrição "*An^{to}. Joaq^{m}.*", junto à foz do rio Santana, tanto no "Mapa da Comarca do Rio das Mortes", elaborado por José Joaquim da Rocha em 1778, como em outras cartas geográficas coevas.[81]

4

A ABERTURA DA PICADA DE GOIÁS E A 'CONVERSÃO' DOS SERTÕES DO CAMPO GRANDE

A primeira fase de devassamento dos sertões das nascentes do São Francisco pela gente de Pitangui, nas primeiras décadas do Setecentos, foi, como visto, processo paulatino, geograficamente disperso e de resultados frustrantes. Constitui capítulo à parte na história da conquista das terras localizadas a oeste das Minas, como bem demonstrou Waldemar de Almeida Barbosa, para quem "a região onde estão propriamente as nascentes do rio São Francisco foi [de fato] povoada, na sua quase totalidade, por elementos [da comarca] do Rio das Mortes".[82], pessoas livres, muitas acompanhadas de seus pequenos plantéis de escravizados, vindas de São José e de São João del Rei ou de arraiais circunvizinhos, como Prados e Lagoa Dourada.

CONQUISTA DO ALTO SÃO FRANCISCO

Importante marco da conquista do Alto São Francisco, de princípio na margem direita, foi o "descoberto" do Tamanduá em 1739, junto do qual veio a se formar um arraial (núcleo inicial da atual cidade de Itapecerica). Já a ocupação da esquerda demorou mais tempo.

Com efeito, o mestre de campo Inácio Correa Pamplona, que foi o mais bem-sucedido entrante nos sertões do Centro-Oeste mineiro em meados do século XVIII, recordou em carta dirigida ao conde de Valadares, governador da capitania, ter sido a conquista e o povoamento daqueles sertões penosa empresa, que muitos tentaram, mas "sempre sem sucesso, graças a oposição do gentio bravo e a de negros que por todos os lados cercavam este continente".[83]

Vinte anos depois dessa carta de Pamplona, os camaristas do Tamanduá ainda recordavam, em uma longa e detalhada carta endereçada à rainha Dona Maria I, que, na década de 1730, "havia grassado no seu âmbito seio grande número de negros fugidos, os quais inquietavam os novos moradores com cruelíssimas mortes, façanhosos roubos e consideráveis hostilidades [...]".[84]

O ponto principal de passagem para a outra margem do São Francisco foi, segundo Waldemar Barbosa, a "passagem que alguns denominam das Perdizes, próxima a foz do rio Bambuí, justamente a passagem real da Picada de Goiás".[85] Importa, contudo, destacar que o avanço de sucessivas frentes de povoamento na zona das nascentes só se intensificou depois que os quilombolas e índios caiapó, ali presentes e, no mais das vezes, agindo em parceria, foram submetidos ou aniquilados[86], propiciando o que Cláudia Fonseca chamou de "a conversão dos sertões do Campo Grande".[87]

Para essa autora, no Brasil colonial, o sertão era um "espaço em perpétuo vir a ser: sua conversão em 'território' se faz à medida que o povoamento avança e se intensifica".[88] A ele estavam claramente associadas ideias de movimento, de deslocamento, cada vez mais para frente, e de continuada mutação, estruturando, pouco a pouco, uma realidade preexistente ao território; tratava-se, de fato, de uma fronteira indefinida, provisória e sempre movente.[89]

EM DIREÇÃO ÀS MINAS DOS "GOIASES"

Outro evento fundante, a marcar em definitivo a conquista do Campo Grande, foi a "tomada de posse", em 1744, do arraial de São Bento do Tamanduá pela câmara da vila de São José do Rio das Mortes. É verdade, contudo, que foi esse ato precedido de outro, também importantíssimo para a formação histórica da zona em estudo: a abertura da estrada a que chamaram de Picada de Goiás, empreendimento iniciado em 1736.

Essa estrada real se desdobrava, de fato, em dois caminhos distintos, ambos convergentes para Paracatu, o grande portão de entrada nos sertões "dos Goiazes". O primeiro, de maior interesse no presente estudo, se iniciava no entorno das duas vilas del Rei – São João e São José – e seguia serpenteando o espigão que divide a margem direita do rio Grande de ribeirões que se direcionam aos rios São Francisco e Pará. Depois de passar pelas paragens das Candeias e da Formiga, a picada tomava, nesta última, o rumo de Piumhi. Dali, ultrapassava a barra que faz no São Francisco o ribeirão dos Cabrestos e, seguindo da direção noroeste, contornava as nascentes dos rios Perdição e Bambuí. Depois de vencer a forte barreira natural representada pela serra da Marcela, assentava-se, então, no vasto chapadão das cabeceiras do Paranaíba para, em seguida, tomar o rumo do Paracatu.

O segundo caminho partia da vila de Pitangui e transpunha o rio São Francisco na passagem da Piraquara. Depois de ultrapassar as escarpas da serra da Saudade, seguia, após forte guinada à direita, pelo topo do chapadão onde se tem, de um lado, as vertentes do rio Paranaíba e, do outro, de três grandes afluentes do São Francisco – Indaiá, Borrachudo e Abaeté. Depois de um leve giro à esquerda, esse ramo da picada também rumava para as minas de Paracatu, para, só então, unindo-se ao primeiro caminho, se adentrar nos sertões goianos.

ABERTURA DA PICADA: OBRA DE PARTICULARES

A iniciativa de abertura de uma picada que facilitasse o tráfego entre Minas Gerais e as minas então descobertas em Goiás, cruzando transversalmente os sertões do Campo Grande, não partiu dos governantes da ocasião. Ao contrário, foi empreendimento privado, conduzido por duas sociedades, constituídas quase que simultaneamente, com participação de alguns contratadores. Estes concessionários da Coroa portuguesa defendiam que a construção dessa estrada real não só favoreceria o comércio entre duas regiões mineradoras, mas, principalmente, garantiria um severo controle fiscal, evitando extravios danosos tanto à Real Fazenda quanto aos próprios contratadores.[90]

Contudo, para Bustamante Lourenço, numa visão crítica atual, a abertura dessa estrada na década de 1730 visava, antes de tudo, a "tirar o ouro goiano da influência de São Paulo e dos contrabandistas, pondo-o diretamente sob o controle da fiscalização em Minas [Gerais] e drenando-o para o Rio de Janeiro".[91] Contudo, por trás desses objetivos, que Francisco Eduardo Andrade, também em estudo hodierno, chamou ironicamente de "virtuosos", havia interesses inconfessáveis, mas bem lucrativos no longo prazo. De fato, nos termos acordados com a Coroa, os empreendedores da Picada de Goiás "se apossaram de pontos estratégicos das vias comerciais (entroncamentos e passagens de rios), mantidos por meio de títulos de sesmaria, e ainda lucravam com o comércio praticado (ainda que ilegal) nas fronteiras do sertão".[92]

Foram duas as sociedades empreendedoras da Picada de Goiás. Uma, liderada pelo coronel Caetano Álvares Rodrigues da Horta e contando com a participação do importante contratador José Alves de Mira, optou pelo traçado que, partindo de São João del Rei, passava por Oliveira, Candeias e Formiga e atravessava o rio São Francisco mais próximo de suas nascentes. Para essa empresa, contratou-se Urbano do Couto como guia, premiado com 3 mil cruzados. A outra empresa optou por dobrar o São Francisco na passagem da Piraquara, tendo por marco inicial a vila de Pitangui. Seu líder era o paulista Domingos de Brito.

Esses dois líderes e seus respectivos sócios requereram, em 1736, as necessárias licenças régias para condução dos empreendimentos, sendo Martinho de Mendonça de Pina e Proença governador interino de Minas Gerais. É de se admirar que, no contexto administrativo da época, marcado por estrema burocracia, essas lhes tenham sido concedidas no mesmo ano!

Vale esclarecer que, até então, estava proibida, por ordem régia, a abertura de novas picadas para as minas de Goiás, além da que partia de São Paulo. As concessões para os caminhos mineiros só foram passadas aos requerentes porque, no ano anterior, fora extinto o regime de tributação do ouro pelo método dos quintos. Por este regime, todo o ouro extraído devia ser levado à casa de fundição mais próxima, onde era transformado em barras, retendo-se ali 20% da produção para a Coroa portuguesa. Depois disso, as barras restantes, devidamente marcadas, ficavam liberadas para livre circulação e comércio. Esse expediente fiscalista foi substituído em 1735 pelo método da capitação, tributo a ser pago pelos proprietários de plantéis escravistas, conforme o seu tamanho, estivessem ou não empenhados na exploração aurífera. Esse novo regime tributário perdurou até 1752, quando se restabeleceu o quinto do ouro.

Adotada a capitação, o impiedoso fisco metropolitano julgava não haver mais motivo para temer a indiscriminada abertura de picadas pelos sertões, que, na impossibilidade de abrangente controle fiscal e militar, terminava facilitando em muito o contrabando do ouro em pó, desviado da passagem prévia e obrigatória pelas casas de fundição.

Vale destacar que a liberdade de abertura de caminhos era vista, até então, como daninha não só à Fazenda Régia, mas também aos contratadores. Estes eram os encarregados da cobrança dos rendosos dízimos reais, incidentes sobre toda a produção agropastoril comercializável ou sobre prédios e terras, por si mesmas, sem trabalho ou cultura dos homens; ou dos direitos de passagem em "rios caudais", tanto em pontes quanto em embarcações, na verdade um pedágio incidente sobre viajantes, mercadorias e animais de carga; ou dos direitos de entrada, que taxavam secos e molhados, além de escravos, que chegavam às Minas Gerais pelos caminhos da Bahia, de São Paulo, do Rio de Janeiro e, depois, também às novas minas de Goiás.

No caso da Picada de Goiás, a premissa dos contratadores que se associaram ao empreendimento era que a arrecadação seria mais bem controlada por meio de guardas militares e registros alfandegários, que deveriam ser instalados em pontos estratégicos da nova rota viária. A propósito, recordando a abertura da estrada para Goiás, quase 60 anos dela passados, os vereadores do Tamanduá concluíam, em 1793, que "todos [os sócios] eram interessados na ação, contudo, muito mais era o contratador José Alves de Mira, por aumento de melhores lucros ao seu contrato, com a comunicação daquele país".[93]

Em contrapartida aos investimentos feitos, a Coroa portuguesa concedeu preferência aos sócios para recepção de sesmarias em terras adjacentes aos dois caminhos direcionados às minas de Goiás. Assim, ficou proibido, pelo tempo de um ano, a qualquer outra pessoa, que não os empreendedores da Picada, de junto dela lançar posses. Logo, garantindo seus direitos contratuais, foram os sócios se estabelecendo e logo requeriam cartas de sesmarias para legitimar aquelas posses. A contrapartida era "desbravar as suas concessões em pontos determinados para darem ranchos e pousos ao longo do caminho, obrigando-se a construir por aí casas e pastos para cômodo dos tropeiros e roças para o farto abastecimento dos itinerantes", no dizer do historiador Diogo de Vasconcelos.[94]

De fato, as fazendas estabelecidas pioneiramente nos sertões do Campo Grande, ao longo da Picada de Goiás, facilitaram sobremaneira a circulação de pessoas e mercadorias, por permitir aos viajantes serem servidos por roças e ranchos, principalmente nos cruzamentos estratégicos. Nos pontos de parada e descanso, também chamados pousos, comercializava-se milho, alimento precioso para os animais das tropas, além do feijão, rapadura e cachaça, galinhas e carne de porco, produtos da vizinhança, consumidos pelos que ali pernoitavam. Ademais, segundo Laura de Mello e Souza, o pernoite naqueles pousos era momento valorizado de sociabilidade, ocasião propícia "de se construir um ambiente de domesticidade e polidez, recuperando, talvez, o desejo de uma vida privada que os núcleos urbanos de Minas já conheciam, e que seus habitantes, com uma ponta de nostalgia, recriavam no sertão [ainda] por desbravar".[95]

5

O COMBATE AOS QUILOMBOLAS E A RETOMADA DO POVOAMENTO

Malgrado os esforços de conquista e ocupação pioneira dos sertões das cabeceiras do rio São Francisco, inicialmente em sua margem direta, principalmente, os primeiros resultados foram bastante pífios. A explicação é que muitas fazendas e roças ali plantadas tiveram que ser repentinamente abandonadas pelos colonos aterrorizados. Metiam-lhe intenso pavor os constantes ataques de quilombolas e de remanescentes dos bravios índios caiapó, além de roubos perpetrados por mestiços sem ocupação definida, chamados de vadios pelas autoridades coloniais, os quais perambulavam a esmo naquele meio agreste. Muitas vezes, atuavam em tríplice parceria e fazendo das matas fechadas, então numerosas na vasta zona sertaneja, seu refúgio seguro.[96]

Em 1741, o governador da capitania – Gomes Freire de Andrade –, primeiro conde de Bobadela, levando em conta essa situação frustrante, tratou logo de editar um bando ordenando que fosse dado feroz combate aos calhambolas e ao gentio caiapó. Amparadas por esse edito, várias expedições foram enviadas ao Campo Grande, ao longo de quase 20 anos, com destaque para as de 1743, 1746, 1757 e 1759. Algumas foram custeadas pelo governo da capitania, outras pelas câmaras, mesmo por particulares. Embora houvesse predominância de milicianos em seus contingentes, eram, quase sempre, engrossadas por gente livre pobre, brancos e mulatos, que sonhavam com um pedaço de terra e riqueza rápida; e, até mesmo, pelos chamados vadios, foragidos da justiça e esperançosos de conseguir a remissão de suas penas em troca de sua adesão à empresa. Delas também costumavam participar índios mansos e negros forros, então chamados de decentes. Toda essa gente interessada e, quase sempre, interesseira, se fazia soldado a combater os que resistiam ao "avanço civilizatório" perpetrado nos sertões do Campo Grande.

VÁRIAS EXPEDIÇÕES

De pronto, vale relembrar que, na década de 1730, ocorrera uma primeira expedição de combate aos índios e quilombolas instalados nas zonas das nascentes do São Francisco e do Paranaíba, sob o comando de Urbano do Couto, um dos abridores da Picada de Goiás.

Entretanto, pouco antes da expedição feita em 1746, as terras da margem direita do alto São Francisco ainda eram tidas como um "deserto sertão que até agora servira de couto a negros aquilombados, que ali se achavam em grande poder". Assim as descreveu o sargento-mor Manuel de Souza Portugal ao requerer sesmaria na Tapera do Piumhi, como mercê por ter participado do combate aos quilombolas naquela ocasião.[97]

Outro pioneiro, Domingos Vieira da Motta, requerendo, em 1754, uma sesmaria de duas léguas de comprido por uma de largo na "paragem do Campo Grande" (antes, portanto, da grande expedição de 1759), descreveu a gleba pretendida como "campos e matos devolutos, não povoados por causa de negros fugidos". Este Vieira da Motta, ao justificar seu pedido, deixou claro que, além de ter meios para "plantar mantimentos e criar gado vacum e éguas", pretendia "povoar as ditas terras não só para afugentá-los [os quilombolas], mas ainda para dar sentido à dita picada para Goiás".[98]

Ao tempo do governador conde de Valadares, o mestre de campo Inácio Correia Pamplona, líder de seis expedições que adentraram o Campo Grande nas décadas de 1760 e 1770, relembrava, em um dos muitos ofícios dirigidos àquele governante, seu particular amigo, que nos sertões "prenderão ou farão terras não só negros aquilombados [...] como também o gentio".[99] Em carta destinada ao mesmo Valadares, vangloriando-se de seus feitos (e de muitos não feitos, sabe-se hoje), Pamplona realçava "a difícil empresa de povoar estas terras desertas e incultas [...] desvanecida pela oposição do gentio bravo e quilombos de negros que por todos os lados cercavam este continente".[100]

Francisco Eduardo Pinto, em estudo recente, assevera que as inúmeras iniciativas voltadas ao povoamento e à ocupação territorial do Campo Grande, gigantesca empreitada conduzida no decorrer do Setecentos, só apresentaram resultados positivos, na perspectiva do colonizador, após a solução de quatro importantes questões: a recorrente infestação de quilombos naquela zona; a remanescente presença de índios hostis; a precariedade dos caminhos; e a conflituosa questão dos limites do termo da vila de São José, tanto com o termo de Pitangui, ao norte, quanto com a capitania de Goiás, a oeste.[101]

O esforço repressivo inicial, a cargo da expedição conduzida por um certo capitão Vicente da Costa Chaves em 1743, focou pequenos agrupamentos quilombolas espalhados pelo alto São Francisco. Três anos depois, teve lugar expedição de maior vulto, com centenas de homens fortemente armados, dispondo até mesmo de granadas. Essa foi comandada pelo capitão Antônio João Oliveira, que teve o concurso do já referido sargento mor Manoel de Souza Portugal, tido como seu braço direito.

Segundo Laura de Mello e Souza, com o objetivo de "alimpar o interior e dar continuidade ao povoamento de uma frente avançada", o acontecido em 1746 foi, de fato, "verdadeira guerra contra quilombos na região do alto São Francisco – zona de cerrados, mais ampla e própria à agricultura [...]", da qual, dentre outros resultados, destaca-se, como principal, a destruição do "primeiro quilombo do Ambrósio".[102]

Figura 3 – "**Mappa de todo o Campo Grande tanto da parte da Conquista, q' parte com a Campanha do Rio Verde, e S. Paulo, como de Piumhy, Cabeceiras do Rio de S. Francisco, e [Picada dos] Goyazes na entrada que se fez para os sertões das conquistas do Campo Grande por ordem do Ilmo. Sr. Conde de Bobadela como se ordenou ao Cap.am Antônio Francisco França**"

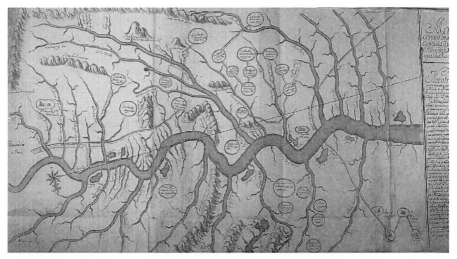

Fonte: Instituto de Estudos Brasileiros / USP. Reprodução do original elaborado entre 1760 e 1763 (por ordem do governador Gomes Freire de Andrade e entregue ao governador Luís Diogo). Fotografia: Tarcísio J. Martins (1992).

Com efeito, sabe-se hoje que foram dois os quilombos chamados do Ambrósio. O primeiro se localizava no território do atual município de Cristais, na margem direita do rio Grande; foi destruído durante a guerra generalizada contra os quilombolas feita em 1746. Já o segundo, também chamado de Quilombo Grande, estava situado além das serras da Marcela e da Saudade, no atual município do Ibiá. Este só foi destruído em 1759, como se verá adiante. As duas localizações estão assinaladas no mapa anterior.

A FORÇA EXPEDICIONÁRIA DE BUENO DO PRADO

Após as expedições feitas na década de 1740, depois de passar um bom tempo de paz, voltaram os quilombolas a se aglomerar no Campo Grande, dessa vez, principalmente na outra margem do rio São Francisco. Criavam ou retornavam aos antigos quilombos, quando não os recriavam em locais mais afastados, a exemplo do dito segundo quilombo do Ambrósio, plantado nas cabeceiras do Paranaíba. Segundo Laura de Mello e Souza, naquela ocasião, "os fazendeiros [estabelecidos no Campo Grande] se queixavam de não poderem tocar direito a vida nas suas terras, e a população em geral morria de medo, talvez fantasiando um pouco sobre a invasão de quintais, criação roubada, assaltos nos caminhos ou sobre a desonra de uma filha".[103]

Na década seguinte, depois de três anos gastos em sua organização, uma nova e poderosa expedição seguiu para o *front* em 1759, com o apoio material e logístico do governo da capitania e das câmaras de todas as municipalidades mineiras. Foi chefiada pelo experimentado sertanista Bartolomeu Bueno do Prado, especialmente nomeado como o "governador-comandante que vai para o Campo Grande e mais sertões a destruir quilombos de negros fugidos".[104] Essa força expedicionária, formada por mais de 400 homens e dividida em companhias, atuou simultaneamente em múltiplas frentes de combate. Seu comandante descendia do bandeirante, quase homônimo, Bartolomeu Bueno da Silva – o famoso Anhanguera.[105]

Nessa grande empreitada, Bueno do Prado foi coadjuvado por um parente seu, o sertanista Diogo Bueno da Fonseca, que, então, se encontrava estabelecido com sesmaria no Rio Grande, sertão das Lavras do Funil. Durante seis meses, os expedicionários atacaram os negros fugidos dispersos em múltiplos quilombos. Foram completamente arrasados, dentre outros, os quilombos do Queimado, do Careca, do Morro do Angola, do Bambuí, da Serra da Marcela, do Andaiá, do Paranaíba e da Serra da Canastra, além do temido Quilombo Grande, o recriado "quilombo do Ambrósio".

Aos 16 de setembro de 1759, o capitão Bartolomeu Bueno do Prado, acompanhado de "mais gente do exército da campanha do Campo Grande e suas Conquistas", retomou solenemente, para o governo da capitania de Minas Gerais, a posse "das terras do sertão em que entrou, até o quilombo chamado Bambuí".[106] Duas semanas antes, o padre João Correa de Melo, capelão da expedição, com o título de "vigário da vara das conquistas do sertão do Campo Grande", tomara posse "judicial e atual, por comissão e ordem do Ex.mo e Rev.mo Sr. Bispo da cidade de Mariana, de todas aquelas conquistas [na margem esquerda do São Francisco] e terras vertentes a elas, e as suas adjacentes, por pertencerem ao mesmo Bispado [...]".[107] Assinaram o respectivo auto de posse, datado de 1º de setembro de 1759, além do reverendo vigário da vara, o comandante Bartolomeu Bueno do Prado, o capitão Francisco Luiz de Oliveira e Marçal Lemos de Oliveira, os dois últimos como testemunhas.

Em 1º de novembro de 1759, junto ao recém-destruído quilombo do Careca, o reverendo João Correa de Melo realizou novo ato possessório de terras no mesmo sertão, situadas no "rio Grande abaixo, e desde o de Guapé até a barra do Sapucaí [...], por pertencerem ao mesmo Bispado [de Mariana]".[108] Os expedicionários se encontravam, portanto, naquela data, no extremo meridional dos sertões do Campo Grande.

A campanha comandada por Bueno do Prado só terminou ao final de dezembro de 1759, com dispêndios vultosos de mais de 30 mil cruzados. Anos depois, na Instrução que Martinho de Melo, secretário de Estado português, passou a Dom Antônio de Noronha, nomeado governador de Minas, não se esqueceu de ressaltar os feitos do Bueno e seus comandados, os quais, "depois de suportarem e padecerem com admirável constância os maiores trabalhos, fomes e fadigas, chegaram enfim aos quilombos e os destruíram, voltando passados seis meses, que tanto durou a expedição".[109]

Em retribuição aos seus serviços, Bartolomeu Bueno do Prado recebeu da Coroa imensa gleba de terras de três léguas de comprido por uma de largo, localizada na margem direita do rio Grande, entre as atuais cidades de Cristais e Formiga.[110] Comandantes de companhias, subordinados a Bartolomeu Bueno, também foram agraciados com cartas de sesmaria, apropriando-se, assim, de grandes glebas no Centro-Oeste mineiro.

RETOMADA DO POVOAMENTO NA MARGEM DIREITA

Iniciada a década de 1760, retomaram-se os fluxos migratórios para os sertões do Campo Grande e foram crescendo à medida que, imunes do perigo quilombola, aqueles sertões se consolidavam como zona de fronteiras abertas à expansão agropastoril. Segundo Waldemar Barbosa, foi então que o Campo Grande se repovoou com gente disposta a se (re)estabelecer ali em definitivo com negócios de fazenda. Essa nova etapa da conquista e ocupação territorial não se restringiu ao retorno de antigos sesmeiros que, amedrontados pelos quilombolas, haviam se retirado de suas fazendas. O grosso dos entrantes era constituído por gente novata, oriunda de áreas de mineração que entravam em decadência e buscando vida nova naquela vasta zona, com criação de gado e plantação de roças de mantimentos, fossem detentores de cartas de sesmaria ou simples posseiros de sobras de terras.

A grande afluência de gente que buscava desenvolver atividades agropastoris no Campo Grande foi, em certo momento, acrescida de pessoas atraídas pela fugaz, e nada alvissareira, corrida do ouro que, iniciada nas vizinhanças do Tamanduá, atingiu depois o Piumhi. Episódio que bem ilustra o que lá ocorreu foi a chegada ao *descoberto* do Tamanduá de dois paulistas descobridores das minas de Goiás – os primos Estanislau de Toledo Piza e guarda mor Feliciano Cardoso de Camargos.[111] Andarilhos "por ceca e meca", no dizer de Barbosa, abandonaram em 1739 suas lavras em área tradicional de mineração, fugindo das agruras do impiedoso fisco e de seus muitos credores, e foram estabelecer-se junto a dois córregos tidos como promissores – um de nome Tamanduá e outro que se chamou do Rosário, no "novo descoberto" que fica no "caminho que vem do mesmo Rio das Mortes para Goiás".[112] Um ano depois, estava formado, junto aos dois córregos, o arraial do Tamanduá, que logo se encheu de gente vinda de toda parte, mas, principalmente, dos arredores das duas vilas da comarca do Rio das Mortes, deixando para trás suas lavras esgotadas ou negócios estagnados.

Devido ao imperativo de pronta organização daquele surto populacional, naturalmente conflituoso, além do interesse manifesto dos camaristas da vila de São José de bem ordenar a posse das terras nos confins ocidentais de seu termo e as nascentes atividades mercantis, criadoras de oportunidades de enriquecimento rápido, aos 30 de maio de 1744 acordaram eles, "a bem desta república", de tomar posse do "sertão chamado o Tamanduá, por pertencer ao distrito desta Vila".[113]

O solene ato de posse deu-se em 18 de junho do mesmo ano. Na ocasião, tratou também a Câmara da vila de São José de estruturar o aparato administrativo do novo arraial, sendo nomeados, dentre seus habitantes "mais capazes", aqueles selecionados para os cobiçados postos de capitão de ordenanças, juiz de vintena, tabelião e escrivão de notas.

Dez anos depois, também o arraial do Piumhi passou a integrar o termo da vila de São José del Rei. Em três de março de 1754, escreveu o ouvidor da comarca aos camaristas da referida vila: "no sítio chamado o Piumhi, junto do rio de São Francisco, me diz [que] há agora umas minas novas onde já anda bastante gente [...]". Continuando a missiva, o ouvidor advertia-os que "consta-me que a câmara de Pitangui, que é da comarca do Sabará, quer vir tomar posse daquelas terras e como são desta câmara e do distrito dessa vila [de São José], não há razão que vossas mercês as deixem aos de Pitangui [...]".[114] Menos de 20 dias depois, os camaristas de São José, por seus procuradores, "depois de se procederem todas as solenidades da Lei", assentaram os marcos de posse do "novo descoberto do Piumhi".[115]

NOVAS FRONTEIRAS: A OUTRA MARGEM DO RIO

Passada a efêmera e pouco frutífera exploração aurífera nos novos descobertos de Tamanduá e Piumhi, prevaleceram e acentuaram-se as atividades agropastoris, mormente na margem direita do alto São Francisco. Quanto ao estabelecimento de fazendeiros e roceiros na outra margem, só tomou vulto em meados da década de 1760.[116]

Importa destacar que muito do esforço de ocupação e povoamento do Campo Grande coube a "casais de ilhéus [oriundos dos Açores], que, de fato, invadiram a região do alto e médio São Francisco na segunda metade do século XVIII",[117] como enfatiza Laura de Mello e Souza. Mas não se pode desconsiderar, nesse árduo processo de povoamento, o papel dos homens da terra, mestiços e até de índios cristianizados, que, no dizer de um conselheiro do marquês de Pombal, bem serviam para colonizar as periferias da América portuguesa, pois "todos são homens, e são bons quando bem governados".[118]

Pamplona, ao requerer à Coroa portuguesa várias mercês pelos serviços prestados durante a ocupação e o povoamento do Campo Grande, recorda, em documento anexo à petição, que, antes da primeira da série de entradas que conduziu a partir de 1765, houve outras, feitas entre 1733 e 1761, seis ao todo, sob distintas lideranças.[119]

Da primeira, feita em 1733, foi capelão o padre Leonardo Francisco Palhano, que deu seu nome ao morro que se destaca nas vertentes do Jorge Grande, ribeirão que faz barra no São Francisco (dividindo os atuais municípios de Luz e Estrela do Indaiá). Ademais, o reverendo, "que também foi grande aventureiro", no dizer de Diogo de Vasconcelos, associou-se a Salvador Jorge e seus filhos, "provenientes dos descobertos de Paracatu", na exploração dos ribeirões que receberam os nomes de Jorge Pequeno e Jorge Grande.[120]

A última das que precederam às de Pamplona aconteceu em 1761, com gente do arraial do Tamanduá. À frente, encontrava-se o sargento-mor Manuel Álvares Gondim, enquanto era capelão um seu irmão, o padre Gaspar Álvares Gondim, recém-nomeado vigário da freguesia. Dela resultou a fundação do arraial que primeiro se chamou do Bom Jesus do Rio das Abelhas e depois de Desemboque (sito no atual município de Sacramento).

Incorporada de início à freguesia de São Bento do Tamanduá, esta nova povoação passou à capitania de Goiás em 1766, depois da ocorrência de sérios conflitos de jurisdição civil e militar e de manobras de natureza eclesiástica acerca da posse do novo descoberto. Nos incidentes havidos, envolveram-se, além dos governos das capitanias de Minas e de Goiás, os bispos de Mariana e de São Paulo e o prelado goiano. Da conflagração no arraial resultou a expulsão dos tamanduaenses fundadores. Em 1766, o governo de Goiás instituiu o Julgado das Cabeceiras do Rio das Velhas, com sede no arraial do Desemboque, elevado, em 1768, à condição de freguesia.[121] Somente em 4 de abril de 1816 voltaria o julgado do Desemboque, junto ao do Araxá, a fazer parte de Minas Gerais, por decisão do príncipe regente (futuro dom João VI).

6

AS INSTITUIÇÕES DE FREGUESIAS E CAPELAS E ABERTURAS DE NOVOS CAMINHOS

Ainda na década de 1750, tratou o primeiro bispo de Mariana – dom frei Manoel da Cruz – de assegurar seu domínio sobre os "desertos" do Centro-Oeste mineiro, cobiçados à época pelo bispo da diocese de Olinda (que, em Minas, tinha jurisdição sobre a maior parte da margem esquerda do rio São Francisco) e pela então recém-criada prelazia de Goiás. Para tanto, além de atos possessórios que mandou fazer em distintos lugares e ocasiões, o antiste marianense criou as duas primeiras paróquias (ou freguesias, como então se dizia) nos sertões do Campo Grande e da Picada de Goiás: a de São Bento do Tamanduá, em 15 de fevereiro de 1757, e a de Nossa Senhora do Livramento do Piumhi, no ano seguinte.

Antes dessas instituições, os moradores daqueles sertões encontravam-se sob precários cuidados pastorais, inicialmente do vigário do longínquo arraial do Curral del Rei e, depois, do titular da freguesia da vila de São José. Ambos os párocos rapidamente declinaram do encargo, devido às grandes distâncias que tinham que percorrer até o arraial do Tamanduá. Depois, por algum tempo, ali esteve o padre Marcos Freire de Carvalho exercendo o ministério sacerdotal, "com uso de ordens e de altar portátil, no arraial de São Bento do Tamanduá, filial da Vila de São José, [porém] somente aos domingos e dias santos, ou em caso de necessidade".[122] Instituída a freguesia do Tamanduá, dom Frei Manoel da Cruz logo nomeou, para administrar o "pasto espiritual" na nova circunscrição eclesiástica, o reverendo Gaspar Álvares Gondim, português de nascimento. Sua família, contudo, há muito se encontrava estabelecida no Campo Grande – eram os Gondim, partícipes ativos da abertura da Picada de Goiás. O neófito vigário, ordenado em 1752, exercia, até então, o ofício de capelão do coro da Sé de Mariana.

Pouco mais de 30 anos depois de ter assumido a paróquia de São Bento do Tamanduá, o padre Gondim, em carta enviada a dom frei Domingos da Encarnação Pontével, então bispo de Mariana, relembrava que:

> [...] no ano de 1757 vim a criar esta freguesia, por ordem e provisão do Exmº. Sr. dom frei Manoel da Cruz, que então achei composta de 400 e tantas almas espalhadas por estes sertões quase incultos, que em indizível trabalho tenho continuado até o presente, em que se acha composta de 7 mil e tantas almas reduzidas a 9 aplicações.[123]

Na mesma ocasião, em petição enviada à rainha Maria I, de Portugal, o vigário Gondim informava que, ao tomar posse da freguesia do Tamanduá, no já distante 1757, ali encontrara apenas:

> [...] uma pequena [e] indecentíssima ermida, que era coberta de palha e desprovida de todos os paramentos necessários para a celebração dos Divinos Ofícios e administração dos Sacramentos e que é hoje uma boa Matriz, e assim mais sete capelas filiais decentemente paramentadas, em que pôs, e tem sempre conservado, os necessários curas [...].[124]

UMA VERDADEIRA REDE DE CAPELAS FILIAIS

Com efeito, após construir a primeira igreja matriz de São Bento, em substituição à primitiva e precária capela, cuidou logo o vigário Gondim, cujo pastoreio se estendeu de 1757 a 1791, de constituir uma rede de filiais em sua freguesia. Via de regra, a instituição de capelas naquela zona estava associada à formação de arraiais junto a entroncamentos e caminhos tributários da picada de Goiás, à medida que se expandiam as frentes de povoamento e se alargavam, por via de consequência, as fronteiras ainda móveis do então Campo Grande.

É certo que, na virada da década de 1760 para a seguinte, o conde de Valadares, governador da capitania, encontrava-se empenhado não apenas no povoamento dos sertões do Oeste, mas também em proporcionar assistência espiritual aos colonos neles estabelecidos, razão do grande incentivo dado à ereção de capelas naquelas paragens. Em carta ao vigário de Pitangui, datada de 17 de outubro de 1770, Valadares bem demonstra tal empenho:

> [...] pela utilidade que ao Real Serviço e aos Povos resulta da cultura das terras e descobrimento de boas faisqueiras, fiz entrar para o Campo Grande, Bambuí e suas vizinhanças, bastante pessoas, e os fiz arrancar nestas partes, mandando-lhes que todos concorressem para o estabelecimento de uma igreja, em cada um dos lugares onde se congregassem e assim se tem conseguido". E conclui afirmando que "esses entrantes foram do Rio das Mortes [...].[125]

Bem depois, ao final da década de 1780, quando a freguesia do Tamanduá rendia anualmente "mais de dezessete mil cruzados de Dízimos, considerável soma de Reais Direitos para V. Majestade"[126], como informou o vigário Gondim na citada petição à rainha de Portugal, eram sete as capelas filiais da igreja matriz de São Bento. Essas vão aqui discriminadas pela ordem crescente de data de sua instituição canônica: Nossa Senhora do Desterro (1754, com patrimônio doado dois anos depois), no atual distrito de Marilândia (município de Itapecerica); São Vicente Ferrer da Formiga (1765); São Francisco de Paula (1766); Divino Espírito Santo e São Francisco de Paula (1767, com patrimônio instituído em 1770), na paragem da Itapecerica (atual Divinópolis); Nossa Senhora das Candeias (1769); Senhor Bom Jesus da Pedra do Indaiá (1771); e Santo Antônio do Monte (sem data documentada, mas, fora de dúvida, instituída antes de 1780).

OUTRAS IGREJAS LEVANTADAS NO CAMPO GRANDE

Às sete capelas antes discriminadas, poderia acrescentar-se outra, dedicada à "Senhora Santana e sua filha Maria Santíssima". Sua edificação se principiou em 1768, concomitante à formação do arraial de Bambuí, o que mereceu elogio do conde de Valadares: "principiar pela Casa de Deus fez muito bem",[127] como se lê em carta que enviou ao comandante Pamplona, em 25 de setembro de 1769. Contudo, antes mesmo de estar concluída, a capela de Santana do Bambuí foi elevada a matriz da nova freguesia instituída em 1769, por provisão do Cabido *sede vacante* da Sé de Mariana. Seu primeiro vigário foi o reverendo José Rodrigues de Oliveira.

Quanto à freguesia de Nossa Senhora do Livramento do Piumhi, a segunda criada nos sertões do Campo Grande, esta cobria território de vastíssima extensão e ainda bastante despovoado. Segundo dom Frei José da Santíssima Trindade, que a visitou em 1825, "sua maior extensão de nascente ao poente é de 22 léguas, começando a sua divisa nos valos do Capetinga, além da Ponte Alta [fazenda na então aplicação de Formiga], até o ribeirão Grande além da serra dos Talhados, nas margens do rio Grande [...]"[128]. Para se ter uma ideia de quão rarefeita era a ocupação humana na freguesia de Piumhi, vale o registro do naturalista Saint-Hilaire ao percorrer, no final da segunda década do século XIX, a estrada que, do arraial de Piumhi, seguia em direção à cachoeira da Casca Danta: "[...] tínhamos feito mais de três léguas sem que encontrássemos uma única habitação, embora nos tivessem dito que havia várias pelo caminho. Também não vimos viajantes e nem sinal de gado. Era uma bela solidão, mas uma solidão profunda"! [129]

No extremo Sudeste dos sertões do Campo Grande, de ocupação primeva, assentavam-se outras sete capelas, filiais da matriz de Santo Antônio da vila de São José (atual Tiradentes). Eram elas, também ordenadas pela data de sua instituição canônica: Nossa Senhora do Bom Sucesso (anterior a 1754); Nossa Senhora da Oliveira (1757); Nossa Senhora Aparecida do Cláudio (1757); Senhor Bom Jesus dos Perdões (1770); Santana do Jacaré (1770); Nossa Senhora do Carmo do Japão (1771), na atual Carmópolis de Minas; e Santo Antônio do Amparo (sem data documentada, porém anterior a 1780).[130]

O PAPEL DAS CAPELAS NO POVOAMENTO DO SERTÃO

Segundo Francisco Eduardo Andrade, "mesmo que [uma capela no sertão] não correspondesse [ainda] a uma povoação com edificações e redes de relações locais visíveis", não significava inexistir um *lugar* – representado pelo "cruzamento de rotas, confluências de rios, passagens obrigatórias, fertilidade e salubridade locais, condições de acesso – onde pousos e ranchos, esporadicamente, permitiam trocas de algum nível de sociabilidade".[131] Para Andrade, o mais comum era o *lugar* onde se construía a capela preexistir à sua instituição canônica, em razão do movimento dos viajantes e da presença de colonos pioneiros. Só depois de construída a capela é que, de fato, o arraial se desenvolveria ao seu redor.

Nesse contexto, para Sergio da Mata "é a capela que *tem* um arraial", ao contrário do ocorrido nos antigos arraiais mineradores, possuidores de *sua* capela. O arraial sertanejo, segundo este historiador, era "a expressão das necessidades econômicas, religiosas e lúdicas de um grupo de vizinhança".[132] Decidida a instituição da capela, seu fundador ou seus patronos, geralmente fortes fazendeiros do *lugar*, ou, então, o chefe de uma entrada pelos sertões, como Pamplona no caso de Bambuí, constituía um patrimônio, formado por terras ou edificações, que deveriam gerar algum rendimento para a manutenção do culto divino. Ademais, buscava-se logo fazê-la filial da matriz mais próxima, para que não fosse apenas uma simples ermida, de caráter privado.

Bom exemplo é o da capela da Formiga, filial da matriz do Tamanduá. Em 1787, um grupo de moradores daquela paragem, importante entroncamento da picada de Goiás, encaminhou petição ao vigário da vara, relembrando-lhe que a haviam construído com recursos próprios, sob a invocação de São Vicente Ferrer, estando devidamente paramentada e ornada, "e também [construíram] umas casas com cozinhas separadas e seu quintal, tudo de pedra, para patrimônio da mesma, em que tem gastado o melhor de quatro mil cruzados".[133] E mais, que sua ereção, no ano de 1765, deu-se "em [um] tempo que não havia mais capelas nem ermidas da dita paragem para diante, por ser um sertão".[134] Logo ao seu redor se desenvolveu o arraial da Formiga. Com pequenas distinções, situações similares ocorreram, por ocasião da instituição de quase todas as capelas aqui abordadas.

Outro exemplo é o da capela de Santo Antônio do Monte, edificada em uma sorte de terras pertencente ao guarda mor Francisco Pereira Tavares. O terreno no entorno dessa capela – "terras de campo e não as de cultura" –, e mais uma casa de morada construída junto dela, foi doação do dito guarda mor e destinava-se à formação do "patrimônio do lugar". Contudo, esse só foi legalizado em 8 de junho de 1782, depois de já se encontrar concluída a capela do padroeiro Santo Antônio e do fim de arrastada contenda judicial que contrapôs, de um lado, fazendeiros vizinhos – Manoel Pereira de Araújo, Francisco de Oliveira Lima e Maria de Jesus – e, de outro, os herdeiros de Vicente Teixeira Lopes, irmão do doador: a viúva, Ana Maria Ferreira Lopes; a nora, Maria de Araújo Lima (viúva de Francisco Fernandes Lopes); e os filhos desta, Manoel de Oliveira [ou Fernandes] Lopes, Francisco Ferreira [Lopes] e Ana Fernandes Lopes (casada com Antônio da Costa Pimentel).[135]

Não obstante informações em contrário do Cônego Trindade, que, em "Instituições de Igrejas no Bispado de Mariana", diz datar de 16 de maio de 1802 a "concessão de pia batismal" para a capela de Santo Antônio do Monte, e de Waldemar de Almeida Barbosa, que, no "Dicionário Histórico e Geográfico", afirma possuir "elementos para supor que esta capela surgiu em 1799", é certo que a construção da referida capela data de antes de 1782. Este, vale relembrar, foi o ano em que ocorreu a legalização do "patrimônio" da capela. Em velhos livros de registros paroquiais da freguesia de São Bento do Tamanduá, há inúmeros assentos de batismo, bem como de casamento e de sepultamento, feitos por capelães atuantes no arraial de Santo Antônio do Monte durante toda a década de 1780.[136] Outro comprovante de tal datação é o mapa de população elaborado por ordem de Inácio Correa Pamplona em 1802, no qual os números de "povoadores, filhos e escravaturas" estabelecidos na "Conquista do Campo Grande e Picada de Goiás e suas Anexas", são distribuídos entre três matrizes e 14 capelas, dentre elas a "de Santo Antônio do Monte na ponte do Diamante", em cuja aplicação viviam "1.188 almas" no ano de 1777.[137]

No Anexo 2 deste livro, vão relacionadas as igrejas matrizes e capelas filiais estabelecidas nos sertões do Campo Grande e Picada de Goiás, em 1790, ano da instalação da vila de São Bento do Tamanduá, a primeira do Centro-Oeste de Minas.

ATALHOS E ENCRUZILHADAS, ENCONTROS E CONVIVÊNCIA

Na segunda metade do século XVIII, os colonos estabelecidos no Campo Grande também se dedicaram a abrir novos caminhos naquela zona, interligando capelas e novos arraiais que estavam se formando. Ou, então, procuravam criar atalhos no sinuoso traçado original da picada de Goiás, evitando, assim, a longa volta por Piumhi e os íngremes contrafortes da Canastra. Ademais, serviam para que paragens e fazendas mais afastadas do ramo principal daquela picada e dos atalhos que iam sendo abertos a eles tivessem melhor acesso. Tais intervenções facilitavam a saída de algum excedente agrícola ou das primeiras boiadas vendidas nos núcleos urbanos do centro da capitania. Permitiam também o recebimento de mercadorias não produzidas naquelas frentes pioneiras.

Neste contexto, destacam-se os atalhos abertos por Inácio Correia Pamplona entre pontos notáveis da Picada de Goiás, durante as duas primeiras entradas que fez no Campo Grande. O mais importante foi o que encurtou o percurso entre o arraial do Tamanduá e os sertões do Bambuí, situados do outro lado do São Francisco, pela passagem das Perdizes. Assim se alterou a configuração linear original da Picada de Goiás na travessia do Campo Grande, conformando uma primitiva malha viária naquelas terras.

Figura 4 – **"Mapa da Freguesia de São Bento do Tamanduá"**

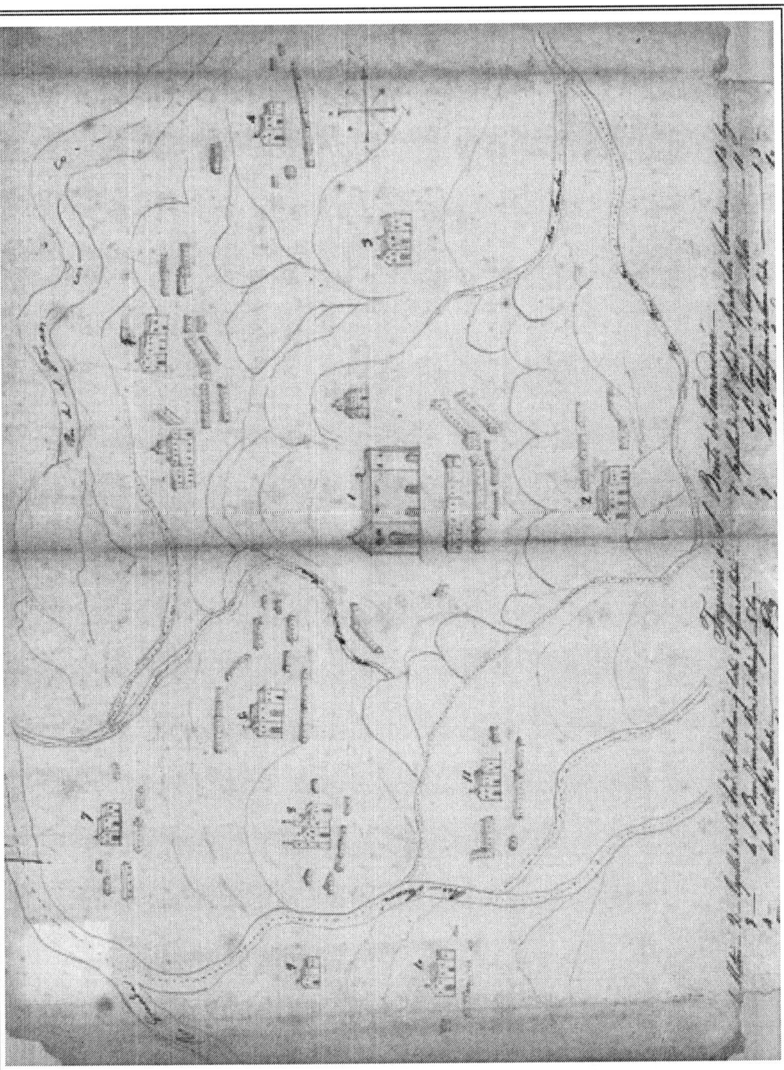

Legenda
1. Matriz de São Bento; 2. Capela de N. Sra. do Desterro; 3. Capela do Senhor Bom Jesus da Pedra do Indaiá; 4. Capela de Santo Antônio do Monte; 5. Capela de São Vicente Ferrer da Formiga; 6. Capela de N. Sra. das Candeias; 7. Capela de N. Sra. da Ajuda dos Cristais; 8. Capela do Senhor Bom Jesus do Campo Belo; 9. Capela do Senhor Bom Jesus da Cana Verde; 10. Capela de Santana do Jacaré; 11. Capela de São Francisco de Paula.

Fonte: Arquivo Público Mineiro – APM, Documentos cartográficos – SC 006 (data presumida entre 1789 e 1818).

Procuraremos, adiante, reconstituí-la, em singela síntese, com base em documentos descritivos e em mapas coevos, sobrepondo-os às cartas modernas, além do criterioso cotejo de acidentes geográficos e toponímias, antigos e atuais.

Destaca-se, de pronto, o caminho aberto em substituição ao velho, quase abandonado, que ligava a vila de Pitangui ao Tamanduá, conectando os dois ramos da Picada de Goiás. Ao comparar o "Mapa da Comarca do Rio das Mortes" com outras cartas também de José Joaquim da Rocha, publicadas por volta de 1778, torna-se possível reconstituir com clareza o seu itinerário. Depois de sair da vila de Pitangui, o viajante não demorava a chegar à capela de Nossa Senhora da Conceição do Pará. Depois desta, deveria prosseguir, fazendo leve inflexão para o sudoeste, em direção às fazendas da Boa Vista, do Motta e dos Macedo. Depois da travessia do rio Lambari, a próxima grande fazenda era a do Diamante Abaixo (no atual município de Santo Antônio do Monte), onde, antes das atividades agropastoris, existiu alguma exploração minerária de parcos resultados. Em seguida, vinha a capela dos Morais (ao redor da qual formou-se o arraial da Pedra do Indaiá) e, depois desta, a travessia do ribeirão Indaiá (na época, dito "Andaiá"). O viajante rumava, então, para a Formiga, de onde poderia seguir ou para o arraial do Tamanduá ou para a fazenda da Ponte Alta, dos pioneiros Gondim. Na Ponte Alta, tinha início o atalho que Pamplona mandara abrir na Picada de Goiás, para encurtar o percurso até o arraial do Bambuí.

Segundo Bustamante Lourenço, estradas como essas "funcionavam como vetores, a partir dos quais os fazendeiros iam se instalando às margens, criando caminhos colaterais, fundando povoados [...]".[138] De fato, vê-se em mapas antigos outros caminhos vicinais também abertos durante a segunda metade do Setecentos no Campo Grande. Vale aqui destacar dois deles.

O primeiro principiava na fazenda do Diamante Acima (também no atual município de Santo Antônio do Monte) e seguia rumo à sesmaria do Bom Sucesso (no atual distrito de Martins Guimarães, do município de Lagoa da Prata);[139] depois desta, o próximo ponto notável eram as Três Barras, nas vertentes do rio Santana (junto à atual divisa de Santo Antônio do Monte com Arcos/Japaraíba). Depois de atravessar este rio, o caminho seguia em direção à fazenda do Paraíso (no atual município de Arcos) e dali à Ponte Alta, grande fazenda antes citada. Tanto do Bom Sucesso quanto das Três Barras partiam atalhos para a fazenda das Perdizes, próxima à foz do ribeirão São Miguel no São Francisco. Nas Perdizes, ficava o principal porto de travessia do grande rio, se o destino do viajante fosse o arraial de Bambuí.

Um segundo caminho notável principiava nas Perdizes e seguia paralelo à margem direita do São Francisco, a partir da fazenda do capitão Antônio Joaquim, situada no entorno das barras que naquele rio fazem o Santana (na margem direita) e o Bambuí (na esquerda).[140] Dali, margeando o São Francisco (em terras dos atuais municípios de Lagoa da Prata, Moema e Bom Despacho), seguia esse caminho até a fazenda do padre Agostinho, situada depois da passagem da Piraquara, junto ao córrego da Extrema.[141] O estabelecimento desse clérigo podia também ser alcançado por via alternativa, que também começava no ribeirão Diamante e para lá seguia, no sentido noroeste, depois de cruzar as terras dos Camargos, na fazenda da Chapada.[142]

Embora aqui destacadas umas poucas estradas, na verdade, havia no Campo Grande uma profusão de caminhos, trilhos e atalhos, mutantes às vezes, estreitos e naturalmente precários, paulatinamente abertos pelos povoadores pioneiros, como se vê em recorte, a seguir, da Planta Geral da Capitania de Minas Gerais (c. de 1800). A importância dessa rede primitiva crescia à medida que, junto das principais encruzilhadas ou próximo de capelas ou sedes de grandes fazendas, iam surgindo ranchos para pernoite dos viajantes. Esses pousos facilitavam em muito o encontro de pioneiros agricultores "com intermediários para a comercialização da produção na porta da fazenda [tropeiros, mercadores, etc.]".[143] Ademais, geravam fonte de renda extra para colonos do Campo Grande que os levantavam e cobravam "a estadia de quem ali se hospedava e os artigos consumidos por estes e por seus animais [neste caso, principalmente o milho cultivado no entorno]".[144]

Figura 5 – **"Planta geral da Capitania de Minas Gerais"**

Fonte: Biblioteca Nacional – Rio de Janeiro (CEH 3162). Detalhe a oeste da carta de cerca de 1800 (litografia de Mannheim Schlicht).

7

AS POLÍTICAS DE POVOAMENTO E AS ENTRADAS DE PAMPLONA

Em meados de 1765, o açoriano Inácio Correia Pamplona, natural da cidade de Angra, na ilha Terceira, mas há muito estabelecido com negócios de fazenda e comércio no entorno da vila de São José, fez a primeira de seis entradas nos "Sertões da Conquista do Campo Grande", por ele assim chamados em dezenas de cartas, ofícios e requerimentos às autoridades régias de então. A primeira expedição contou com o irrestrito apoio e incentivo do então governador da capitania, capitão-general Luís Diogo Lobo da Silva.

No ano anterior, este governante convocara Pamplona para formar "uma companhia de pessoas idôneas, gente de valor, a fim de penetrarem com ânimo de se estabelecerem na zona do Campo Grande e além da serra da Marcela, obrigando-se o governo a lhes conceder por sesmarias as terras que escolhessem [...]".[145] Teve Pamplona o concurso de 16 companheiros que dele se tornaram sócios na empreitada. Acompanhava-os, como capelão, o padre Antônio Pereira Henriques, "para o qual se passou em Mariana a provisão de vigário da vara com poderes de consagrar as igrejas que fossem levantadas [...]".[146] Contudo, não se tem registro da construção de qualquer capela no Centro-Oeste mineiro durante a entrada feita no ano de 1765.

Importa destacar que tal convocação ocorreu após a demorada excursão que o governador Luís Diogo, com grande comitiva, fizera pelas bandas Oeste e Sul da comarca do Rio das Mortes, entre meados de agosto e início de dezembro de 1764. Foram cerca de 400 léguas de marcha para reconhecimento de novos *descobertos* no Sul de Minas e tomada de posse dos mais produtivos e dos arraiais que junto deles estavam se formando. Partindo de Vila Rica, Luís Diogo esteve primeiro em São João del Rei, onde o ouvidor da Comarca integrou-se à excursão. Dalí, partiram no dia 5 de setembro a percorrer o espigão que se estende entre a margem direita do rio Grande e as cabeceiras dos rios Pará e São Francisco. A primeira parada foi no arraial de Nossa Senhora da Oliveira, boca de entrada nos sertões do Campo Grande. Ali chegaram no dia 8 de setembro. Estiveram também nos arraiais de Tamanduá, Formiga e Piumhi. Depois deste último, atravessaram o rio Grande, em ponto próximo à barra do Sapucaí, e, fazendo forte giro à esquerda, chegaram, em 26 de setembro, ao "novo descoberto do Jacuí". Durante a longa marcha de quatro meses, Luís Diogo passou por vários "arraiais, registros e lugares do continente da dita Comarca [do Rio das Mortes], até se recolher a mesma vila de São João, e dela à capital [...]",[147] não sem antes cruzar os contrafortes da serra da Mantiqueira, divisa então imprecisa de Minas Gerais com a capitania de São Paulo.

Ao percorrer vasta área do Campo Grande, pode o governador Luís Diogo entrar em contato com seus habitantes e tomar conhecimento direto e preciso de suas condições de vida e da situação de suas fazendas e negócios. Ademais, durante estadia no arraial do Tamanduá, onde concedeu duas patentes de alferes e uma de tenente a "homens bons" do lugar, Luís Diogo obteve "informações relativas ao vasto sertão do Oeste, por onde seguia a picada do Goiás, atravessando um imenso país deserto".[148]

Já apresentando a margem direita do alto São Francisco razoável povoamento, devido ao sucesso das expedições de combate aos quilombolas, era natural que o governador da capitania se preocupasse com o alargamento da frente de ocupação na outra margem do grande rio, principalmente nos sertões do Bambuí, até a serra da Marcela e, se possível, mais além, atingindo os vastíssimos chapadões que dividem águas vertentes aos rios Paranaíba e São Francisco. Naquelas paragens, situadas em larga e fluida fronteira, ainda com rarefeita ocupação branca e com remanescentes de quilombolas e do gentio *caiapó*, mantinham-se controversos os limites entre Minas e Goiás, causa de recorrentes conflitos de jurisdição entre autoridades das duas capitanias.

AS DUAS PRIMEIRAS ENTRADAS: 1765 E 1769

Expedições de entrada e exploração dos sertões eram instrumentos efetivos da política metropolitana de incentivo à ocupação das periferias da América portuguesa – política então formulada pelo próprio marquês de Pombal, que o governador Luís Diogo se imbuiu de aplicar com bastante zelo na capitania mineira. Com efeito, a metrópole portuguesa estava bem interessada e incentivava de todo modo a ocupação das "áreas ainda desconhecidas ou pouco ocupadas pelos brancos, nas quais a cobrança dos impostos era deficiente e onde os contrabandistas agiam com toda liberdade", no dizer de Cláudia Fonseca.[149]

Em interessante ensaio voltado a desvendar as "práticas cotidianas" da expedição dessa natureza que Pamplona comandou em 1769, Laura de Mello e Souza enfatiza que o decidido empenho em povoar a vasta fronteira que se abria a oeste das Minas não era decisão voluntariosa e isolada do governador Luís Diogo. Era, de fato, resultado de precisas orientações vindas da metrópole, "devendo ser [melhor] compreendido no quadro mais amplo do esforço pombalino em povoar a América Portuguesa a qualquer preço [...]".[150] Tal política, em curso não só em Minas, mas também em outras áreas de fronteira da colônia, era, segundo Mello e Souza, em tudo o contrário do que até então faziam os ingleses na América do Norte, ainda isolados na costa Leste, e os espanhóis satisfeitos com o controle dos altiplanos andinos conquistados no Novo Mundo durante o primeiro século da colonização.

Em seu testamento, redigido em 1810, Pamplona deixou bem claro que os resultados da expedição de 1765 não foram o "bastante para tirar o terror a entrada das ditas bandeiras e entrantes".[151] Contudo, não relutou, logo após fazê-la, em requerer (sendo atendido dois anos depois), como prêmio "por seus feitos", oito sesmarias "na Conquista do Bambuí e Campo Grande e suas anexas da Comarca do Rio das Mortes, a saber, da parte de lá e de cá do rio de São Francisco".[152] Verdadeiramente, foram-lhe concedidas seis sesmarias de três léguas e duas de meia légua, que, somadas, perfaziam colossal área de 80,5 mil hectares! A sesmaria do Desempenhado, no sertão do Bambuí, Pamplona pediu para si e as outras sete em nome de seu filho, das cinco filhas e de seu genro. Na margem esquerda do São Francisco, além do Desempenhado, ficavam as sesmarias de São Simão e Santo Estevão e parte das Perdizes, sesmaria que se estendia pelas duas margens do grande rio (no atual município de Iguatama). Na margem direita, ficavam a sesmaria da Tapada, as denominadas Lagoa dos Cervos e Arcos, estas duas com meia légua de terras cada uma, além da sesmaria de São Julião (que ocupava grande parte do território dos atuais municípios de Arcos e Japaraíba).

Com essas dádivas, Pamplona formou extraordinário patrimônio de terras, beneficiado pela passagem por elas da Picada de Goiás ou de seus atalhos; patrimônio esse que administrou com mãos de ferro, negociando, mais tarde, algumas dessas colossais fazendas, como se fossem todas coisas suas, ainda que apenas uma das cartas de sesmaria estivesse em seu próprio nome, como, aliás, determinava a legislação vigente. Em seu testamento, Pamplona esclarece que a sesmaria de São Simão havia sido vendida em 1801 ao alferes Antônio Luís de Noronha (depois, tenente coronel), por 800 mil réis; a do Desempenhado, comprada pelo alferes João Crisóstomo de

Magalhães em 1806, por 1 conto e 600 mil réis; e a sesmaria das Perdizes vendida à dona Maria Alves de Souza, viúva de Alexandre Ferreira, por 1 conto e 200 mil réis, em 1808.

Em 1769, na segunda e mais conhecida das entradas de Inácio Correia Pamplona, o mestre de campo partiu de sua fazenda do Capote, situada na freguesia de Prados, munido da provisão de "regente dos distritos de Piumhi, Bambuí, Campo Grande e Picada de Goiás e suas anexas".[153] Ademais, nessa ocasião, teve suas funções de guarda mor substituto ampliadas, o que lhe permitiu conceder cartas de sesmarias aos que as requeriam naquela zona. Esta patente e mais provisões que lhe foram dadas pelo conde de Valadares, sucessor de Luís Diogo no governo de Minas, fizeram de Pamplona, por bastante tempo, o todo poderoso chefe civil e militar da vastíssima zona do Campo Grande. Alguns anos depois, em carta enviada ao comandante de Ordenanças do Tamanduá, capitão José Paes de Miranda, Pamplona fazia questão de realçar os dilatados limites de sua regência: "da capela da Senhora da Oliveira para dentro, tudo que for da sobredita capela, aplicação do termo da vila de São José, e, para a parte da vila de Pitangui, da Itapecerica, Serra Negra, Calhau de Cima, Passagem Velha, correndo rumo a Serra da Saudade".[154]

A segunda força expedicionária, sob o comando direto de Pamplona, se compunha de uma centena de homens livres e era integrada por capelão, cirurgião e escrivão, além de 58 escravos do próprio plantel do comandante, todos devidamente providos de "armas de espingarda, clavinas, facões, patrona, pólvora, chumbo e bala".[155] Cinquenta e duas bestas de carga acompanhavam os entrantes, transportando formidável estoque de alimentos e bebidas, além de farta botica de medicamentos.

Entre 18 de agosto e o final de dezembro de 1769, a expedição avançou bem além dos sertões do Bambuí. Percorreram uma vastidão de terras de campinas, altas, férteis, que se estendiam, depois das serras da Marcela e da Saudade, até os pés de outra, que chamaram do Salitre. Eram terras drenadas pelos rios Paranaíba, Quebra-Anzol e Misericórdia e pelas cabeceiras de outros tão ou mais caudalosos, como o Indaiá, o Borrachudo e o Abaeté (afluentes da margem esquerda do São Francisco). Todos eles engrossados por copiosos ribeiros nascidos nas vertentes da Canastra e da Mata da Corda, em grande parte, na ocasião, sob o domínio da capitania de Goiás.

De todo modo, Pamplona privilegiou o reconhecimento e a conquista de terras localizadas nos chapadões a noroeste, evitando as que ficavam para os lados do arraial do Desemboque, cabeceiras do rio das Velhas (antes chamado de rio das Abelhas e hoje de Araguari). Nas terras evitadas, como se sabe, inúmeros, acentuados e perigosos foram os conflitos de fronteira e jurisdição, a contrapor mineiros entrantes com autoridades goianas ali estabelecidas com guarnições armadas, e com as de São Paulo, que lançavam suas vistas cobiçosas sobre aquelas terras tidas como minerais.

REPERCUSSÕES NA OCUPAÇÃO TERRITORIAL

No ano de 1767, em 1º de dezembro, o governador Luís Diogo assinou 21 cartas de sesmarias destinadas aos principais sócios de Pamplona na entrada de 1765.[156] Em todas elas, a justificar a outorga das terras requeridas, repetia-se (com mínimas variantes) a frase seguinte:

> [...] por necessitar de terras de criar gado vacum, e cavalar, para seu estabelecimento, entrou [vinha o nome do requerente] com grande risco, em companhia de Inácio Correia Pamplona, a povoar o sertão do segundo braço do rio de São Francisco, para dentro do mesmo Rio, serra da Marcela e quilombo do Ambrósio, termo da vila de São José [...].[157]

É a que se lê, por exemplo, na carta de sesmaria de três léguas em quadra concedida a Antônio Afonso Lamounier na serra da Marcela, em área hoje pertencente ao município de Córrego Danta.

Depois da farta distribuição de sesmarias ao comandante, à sua parentela e aos companheiros da expedição de 1765, levada a efeito pelo governador Luís Diogo, o próprio Pamplona, durante a de 1769, além de distribuir terras para mais de 200 entrantes e posseiros, estes já ocupando pequenas glebas desprovidas de título que as legitimasse, aproveitou para efetivamente tomar posse das oito sesmarias destinadas a ele e seus familiares.[158] Para que se tenha ideia da repercussão da entrada de 1769 no processo de desbravamento e ocupação do território percorrido, o escrivão da jornada arrolou, no que chamou de *Notícia Diária,* exatos 234 pretendentes à concessão de cartas de sesmaria no Oeste mineiro.[159]

O conde de Valadares, governador da capitânia, em carta endereçada ao vigário de Pitangui, datada de 1770, fez questão de destacar que:

> [...] pela utilidade que ao Real Serviço e aos povos resulta da cultura de terras e descobrimento daquelas boas faisqueiras, fiz entrar para o Campo Grande, Bambuí e suas vizinhanças, bastante pessoas e os fiz arranchar nestas partes, mandando-lhes que todos concorressem com o estabelecimento de uma igreja [...].[160]

O governador aproveitou para advertir o reverendo que não tivesse ele qualquer pretensão de domínio sobre a nova igreja de Santana, que se construía no Bambuí, lembrando-lhe que, antes mesmo de pronta, fora elevada à dignidade de matriz de uma nova freguesia instituída 1768 nos sertões sob o domínio da vila de São José del Rei. Com efeito, com a conquista e posse dos sertões do Bambuí, o termo daquela municipalidade alargara-se em demasia, chegando aos então limites de Minas com Goiás.

Dentre as pessoas interessadas em terras no Campo Grande e que naquela época ali se estabeleceram ou, com o beneplácito de Pamplona, puderam legitimar posses já tomadas, é possível identificar no rol mostrado na *Notícia Diária*, pelo menos, as seguintes: 1) Frutuoso Domingues, com fazenda na Maravilha, entre o rio Bambuí e a margem esquerda do São Francisco;[161] 2) João Teixeira Camargo, também estabelecido na margem esquerda, entre os ribeirões Jorge Pequeno (o "Jorginho") e Jorge do Meio[162], filho de Tomás Teixeira Camargo e Ana Maria Cardoso, antigos sesmeiros no Diamante, ribeirão afluente do rio Lambari, com carta recebida ainda em 1769;[163] 3) José Teixeira Basto, casado com Joana da Silva Medeiros e formador da fazenda da Barra de São Simão, próxima à confluência do rio Santana no São Francisco (eram pais de Bernardo Teixeira Basto, que recebeu carta de sesmaria de parte desta grande fazenda em 1801);[164] 4) Manoel Marques de Carvalho, confrontante de José Teixeira Basto na Barra de São Simão; 5) José Correa de Mesquita, também com fazenda próxima à foz do rio Santana, confrontante dos Teixeira Basto e, posteriormente, sucedido em suas terras pelo parente Francisco José de Mesquita; 6) José Pinto Viseu, que foi depois se estabelecer, associado a João José do Vale, nas cabeceiras do ribeirão Santo Antônio e de seus afluentes, os córregos dos Cedros e Cipó, origem da grande sesmaria do Bom Sucesso (nos atuais municípios de Lagoa da Prata e Santo Antônio do Monte),[165] vendida posteriormente a Manoel José da Silveira;[166] 7) Antônio Rodrigues da Rocha, que entrara, onze anos antes da segunda expedição de Pamplona, em terras banhadas pelos ribeirões Santo Antônio e Santa Luzia, na margem direita do São Francisco, onde estabeleceu fazenda;[167] 8) padre Agostinho Ferreira de Melo, que foi se estabelecer junto ao córrego da Extrema, pequeno afluente da margem direita do rio São Francisco, abaixo da passagem da Piraquara (no atual município de Bom Despacho); 9) os irmãos Marques da Costa – Antônio, José e João Garcia – estabelecidos, de início, na Caiçara, fazenda situada entre o ribeirão da Forquilha e o córrego do Espinho (a leste da atual cidade de Moema);[168] 10) Manoel Afonso Gonçalves, com fazenda adquirida de Antônio Marques da Costa em 1770, "para criação de éguas, gado e porcos, sita nas cabeceiras do mesmo ribeirão da Forquilha";[169] 11) Domingos Gonçalves Viana, companheiro de Antônio Rodrigues da Rocha na entrada feita em 1758, estabelecido na Chapada (águas vertentes ao ribeirão Santo Antônio), confrontante da sesmaria de Manoel Afonso Gonçalves; 12) João Gomes de Carvalho, também confrontante da fazenda que Manoel Afonso Gonçalves comprou dos Marques da Costa; 13) José de Souza Ferreira, outro vizinho do dito Manoel Afonso.

Interessante notar que, exceto os seis primeiros arrolados nessa listagem, os demais entrantes, embora com consentimento e sob a alçada de Pamplona, foram estabelecer-se em terras que, naquela época de fronteiras fluídas e mutantes, se encontravam sob o domínio da câmara da Vila de Pitangui, e não da câmara de São José, termo municipal ao qual o mestre de campo se encontrava vinculado.

8

COTIDIANO DA ENTRADA DE 1769 E NOTÍCIAS DAS POSTERIORES

O cotidiano da segunda entrada feita por Pamplona e seus sócios no Centro-Oeste mineiro foi minuciosamente relatado pelo escrivão Manoel Ribeiro Guimarães em volumoso manuscrito ao qual se deu o barroco título de:

> Notícia diária e individual das marchas e acontecimentos mais condignos da jornada que fez o Senhor Mestre de Campo, Regente e Guarda-mor Inácio Corrcia Pamplona, desde que saiu de sua casa e fazenda do Capote às conquistas do Sertão, até se tornar a recolher à mesma sua dita fazenda do Capote, etc., etc., etc.[170]

Não se conhece o verdadeiro motivo que o levou a mandar redigir detalhada descrição do dia a dia da expedição. A respeito escreveu Laura de Mello e Souza que "cabe conjeturar que tenha a ver com a gabolice de Pamplona, um obcecado em autopromoção".[171]

Ao manuscrito, o escrivão anexou um mapa, na verdade um mero croqui, por muito simplificado, no qual assinalara diversos lugares do itinerário percorrido, "principiando e fazendo ponta central na Vila de São João". Não obstante a singeleza do mapa, "de cuja diligência [escreveu Manoel Ribeiro] me encarreguei, mais por obediência [a Pamplona] que por conceito próprio que fizesse de minha inteligência para poder desempenhar [...]"[172], vê-se nele quase uma centena de objetos geográficos, incluindo, povoações, capelas, paragens diversas, fazendas, quilombos, rios, ribeiros e serras.

Mereceu destaque, dentre os muitos aldeamentos quilombolas assinalados, o local do segundo quilombo do Ambrósio, aonde os entrantes de 1769 chegaram em 16 de outubro, encontrando-o praticamente abandonado. Contudo, não deixou o escrivão da esquadra de registrar a admiração de todos ao visualizar a estrutura do aldeamento, seus "arruinados edifícios e multiplicados fojos, todos crivados de estrepes", bem como a roça de milho, "todo bem-nascido e bem bonito"[173].

Dentre os muitos relatos de episódios marcantes ocorridos nos quatros meses da campanha, vale destacar o dia a dia da construção da ponte levantada sobre o rio São Francisco na passagem das Perdizes, com "mais de trezentos palmos de comprimento e setenta de altura", como asseverou o mestre de campo Pamplona, anos mais tarde, em ofício encaminhado ao governo português com os costumeiros pedidos de mercês e benefícios por esses e outros serviços prestados durante suas campanhas nos sertões.[174]

Em terreno próximo à ponte recém-construída, à margem do atalho que Pamplona abrira desde a fazenda da Ponte Alta, situada entre Tamanduá e Formiga, até as Perdizes, levantou-se grande cruzeiro, "para ser reverenciado naquele lugar de todos os passageiros, como sinal de nossa redenção"[175], e foi edificada uma capelinha dedicada a Santa Maria. Nela foi cantado o hino *Te Deum* em regozijo pela abertura da ponte ao tráfego. Dali partiu uma procissão de Nossa Senhora da Conceição, com Pamplona e seu capelão à frente dos expedicionários alinhados em dupla, animada por pequena banda de tambores, trompas e flautas. Inaugurada a ponte, partiu a expedição em direção ao novo arraial de Bambuí, para onde, segundo a "Notícia diária e individual [...]", foram "bastantes pessoas para abrirem caminhos de carros nos matos vizinhos, cortarem esteios e lavrar madeiras para o levantamento da capela mor da dita Matriz da Senhora Santa Ana".

ENTRE A BARBÁRIE E A CIVILIZAÇÃO

Segundo Laura de Mello e Souza, "o contraste entre barbárie e civilização marca todo o relato [da entrada feita em 1769], [...] mostrando uma face insuspeitada do cotidiano dos caçadores de quilombolas". Ressalta a historiadora que "não eram apenas homens destemidos e sertanistas semifacinorosos que entravam pelo sertão na busca de novos achados de ouro e mocambos de escravos fugidos, ou na esperança de sesmarias obtidas como recompensa". Junto desses, seguiam "também um capelão – no caso, o padre Gabriel da Costa Resende, um cirurgião e uma companhia de oitos músicos, dos quais um só era branco [...]". Com base no relato do escrivão da jornada, Mello e Souza escreve que, "enquanto uns andavam atrás de córregos auríferos e outros batiam matos na demanda de quilombos, o capelão confessava homens [...] e batizava tanto as crianças de colo como uma já 'bastantemente grande' [...]".[176]

Anos depois, em 1794, o padre Gabriel, já à frente da paróquia de Aiuruoca, passou atestado dizendo ter acompanhado como capelão a expedição de Pamplona em 1769, oficiando diversos atos possessórios nos sertões penetrados e celebrando missas no arraial do Bambuí, quilombo do Ambrósio, fazenda da Babilônia, Quebra Anzol, Salitre, Paranaíba, Dourados e numa capelinha existente na velha passagem da Piraquara.[177] Em documento anterior, datado de 1790, o mesmo vigário Gabriel da Costa Resende escreveu que integrou a entrada de 1769 no Campo Grande para "dizer missas e administrar os mais sacramentos aos que deles precisavam [...]", tendo celebrados noventa e três missas (!) nos "três meses e tantos dias" que durou aquela expedição.[178]

As medidas tomadas por Pamplona nessa segunda entrada, sob o beneplácito do conde de Valadares, governador da capitania, que também despachava sesmarias para requerentes na zona do Campo Grande, objetivavam, de fato, como bem resumido por Francisco Eduardo Pinto:

> [...] incorporar o território ao domínio régio, disciplinar os brancos que já se encontravam instalados pelos caminhos da estrada [de Goiás], impedir o surgimento de novos quilombos, atacar os pequenos que fossem encontrados, erigir arraiais e capelas, abrir novos caminhos, construir pontes, pesquisar minerais preciosos e, sobretudo, distribuir as férteis terras em sesmarias [...].[179]

DERRADEIRAS ENTRADAS

Entre 1765 e os últimos anos do Setecentos, no decurso de, aproximadamente, três décadas, Pamplona foi presença marcante nos sertões do Oeste de Minas, neles realizando, como fez questão de registrar em seu testamento, seis entradas ao todo. Da feita em 1773, quase nada se sabe, mas, das duas últimas levadas a cabo nos anos de 1781 e 1782, ficaram algumas poucas, porém preciosas, notícias. Sabe-se que, com fiéis companheiros e 12 negros bem armados, Pamplona esteve em 1781 pelos lados do Araxá, de onde chegavam notícias da descoberta de ouro num vizinho ribeiro chamado Indaiá. Na verdade, era rebate falso que o mestre de campo pode pessoalmente constatar e que servira apenas para desviar a atenção de faiscadores que agiam livre e impunemente nas cabeceiras do Dourados, explorando, sem o controle das autoridades, o ouro que ali fora descoberto no ano anterior. Na volta dessa expedição ao Araxá, o mestre de campo mandou parte de seu pessoal, sob o comando do capitão João Pinto Caldeira, ir explorar o ribeirão da Noruega, que deságua no São Francisco, e as vizinhanças da Piraquara.[180]

No ano seguinte, Pamplona voltou à margem esquerda do São Francisco, onde continuavam "brotando quilombos" e os índios caiapó, mesmo dispersos e quase dizimados, horrorizavam a população, ainda que, muitas vezes, apenas no imaginário de colonos assustados. Contudo, o mestre de campo, para se valorizar, não deixava de relatar nos ofícios que recorrentemente enviava às autoridades coloniais, repetidas queixas acerca de ataques que sofrera dos gentios ou de quilombolas remanescentes, bem como os seus "feitos" para enfrentá-los. Waldemar de Almeida Barbosa assim resumiu tais ocorrências: "mataram quatro pessoas na estrada para Paracatu; atacaram a fazenda dos Medeiros, vizinha de Bambuí; estão se avizinhando da Piraquara, onde os moradores estão alarmados".[181]

IMPORTANTE LEGADO: O "MAPPA DA CONQUISTA"

Certamente, um dos mais importantes legados da grande expedição de 1769 foi o interessantíssimo "Mappa da Conquista do Mestre de Campo(s) [e] Regente Chefe da Legião, Ignacio Correya Pamplona". Desenhado em 1784, destinava-se a presentear o governador da capitania, Luiz da Cunha Menezes – Conde de Lumiares –, então recém-instalado em Vila Rica. Uma cópia fiel e única dessa peça cartográfica encontra-se no Arquivo Histórico Ultramarino (AHU), em Lisboa, Portugal.[182]

Sabe-se hoje que foi elaborado pelo mesmo Manoel Ribeiro Guimarães, autor da "Notícia diária e individual [...]". Trata-se de trabalho cartográfico, ainda que feito por amador, de dilatada abrangência geográfica, desenhado em folha retangular com dimensões de 32 x 42 cm. Mostra-se bastante detalhado quanto aos acidentes geográficos e estabelecimentos humanos nele representados, se o compararmos com o primitivo croqui incluso na "Notícia diária e individual [...]".

De pronto, nota-se a excentricidade da inversão do indicativo do norte geográfico, em relação às práticas usualmente aceitas. No canto noroeste, as principais referências assinaladas são o "Arrayal do Paracatu" e as cabeceiras dos rios Indaiá e Abaeté. Ao Sul, vê-se a grande serra da Canastra, com seus contrafortes em direção aos então limites de Minas com a capitania de Goiás. Do lado leste, aparece o curso do rio Pará, até sua barra no São Francisco, além da capela da Senhora da Oliveira. Finalmente, no limite oeste, vê-se o rio Paranaíba, das cabeceiras até a foz do tributário São Marcos e, no extremo sudeste, é dado destaque ao então nascente "arraial do Rio das Velhas", depois intitulado Desemboque.

Na área delimitada por esses pontos extremos do "Mappa da Conquista [...]", foram assinalados os caminhos e as estradas mais importantes, as três igrejas paroquiais – Tamanduá, Piumhi e Bambuí – então existentes no Campo Grande, muitas capelas e arraiais, os cursos de diversos rios e ribeirões, destacando-se as cabeceiras e barras tidas como mais relevantes, mais de oito serras, os lugares dos diversos marcos de tomada de posse pela câmara da Vila de São José e de divisão de comarcas e termos, além de 13 quilombos. Destes últimos, sete são indicados como "destruídos pelo Mestre de Campo", quais sejam: o quilombo da mata da Tapada; o das cabeceiras do São Miguel; aquele que ficava entre os rios Samburá e Santo Antônio; um na margem esquerda do ribeirão Jorge Grande; outro às margens do Quebra Anzol e do Santa Fé; um junto ao ribeirão Santo Hipólito; e, outro nas cabeceiras do Salitre. Três quilombos aparecem como "destruídos pelos Buenos" (durante a campanha de 1759), sendo um entre os rios Bambuí e Perdição; outro junto à foz do mesmo Perdição; e outro nas cabeceiras do rio Dourados. Ademais, o "Mappa da Conquista [...]" localiza o quilombo do Ambrósio, o segundo, do outro lado do São Francisco, e de dois outros, um chamado do Indaiá, próximo da estrada para Paracatu, entre a Guarda dos Ferreiros e a cabeceira do ribeirão da Palestina; e o segundo, junto à foz do rio Piumhi no Grande.

ESTRADAS, RIOS E RIBEIRÕES ASSINALADOS

Sobressaem no "Mappa da Conquista [...]" os traçados de estradas e caminhos que cruzavam o Campo Grande, notadamente a Picada de Goiás, com seus múltiplos atalhos e variantes. O caminho velho dessa, vindo do rio das Mortes, aparece logo junto à capela do Bom Sucesso, dali seguindo para a da Senhora das Candeias e estendendo-se, depois, até a de São Vicente Ferrer da Formiga, antes de se direcionar para a matriz da Senhora do Livramento de Piumhi. Depois do arraial de Piumhi, o caminho primitivo atravessava o rio São Francisco junto da barra do ribeirão dos Cabrestos, tangenciava as cabeceiras do rio Perdição e ia alcançar, sucessivamente, o segundo quilombo do Ambrósio, a serra do Salitre e, depois de forte guinada à direita, chegava à fazenda da Babilônia (não muito distante da atual Patos de Minas). Depois de passar o rio Paranaíba e tangenciar a fazenda dos Aragões e o ribeirão da Batalha, tomava o rumo de sertões mais fechados, até o arraial de Paracatu, principal portão de entrada nas minas de Goiás.

Por ocasião das duas primeiras expedições sob o seu comando, Pamplona abriu novos caminhos que serviram, inicialmente, de atalho para se chegar mais rápido ao Bambuí. Entrelaçados com segmentos do caminho velho, consolidaram uma variante que, durante o Oitocentos, se tornaria a rota mais conhecida da Picada de Goiás. Vejamos o percurso dessa variante que depois se tornou caminho principal: em Bom Sucesso, iniciava um primeiro atalho que, passando por Oliveira e São Bento do Tamanduá, e não mais por Candeias, como no caminho velho, alcançava o arraial da Formiga. A partir do Tamanduá, Pamplona mandou abrir outro atalho, na direção noroeste, até alcançar a barra do rio São Miguel na margem direita do São Francisco, terras da sesmaria das Perdizes, onde se assentou aquele que passou a ser principal porto de travessia para a outra margem do São Francisco. Dali, o atalho que vinha do Tamanduá prosseguia com algumas léguas a mais até o arraial de Bambuí. Passado este, abriu-se um novo caminho que acompanhava a margem esquerda do Perdição, galgando as ramificações da Marcela, até se encontrar, nas cabeceiras daquele ribeiro, com o caminho velho que vinha do Piumhi.

Outra estrada também assinalada no "Mappa da Conquista [...]" é a que, partindo do Tamanduá, se dirigia, rumo norte, primeiro à capela dos Moraes (depois, Bom Jesus da Pedra do Indaiá) e, em seguida, à capela de Santo Antônio do Monte. A partir desta última, convergia bruscamente à esquerda para seguir pela margem direita do rio Santana até a fazenda do capitão Antônio Joaquim, junto às barras dos rios Santana e Bambuí no São Francisco. Na foz do Santana, tinha começo um caminho secundário que, margeando São Francisco abaixo, seguia até a fazenda da Piraquara, próxima da foz do ribeirão Jorge Grande, na margem oposta. A estrada que vinha da capela de Santo Antônio do Monte é mostrada cruzando o São Francisco, no que veio a ser o porto do Escorropicho. Depois dessa travessia, inflexionava-se à direita, contornando as cabeceiras dos três ribeirões chamados do Jorge, para, em seguida, alcançar o topo da serra da Marcela. Tomava, então, o rumo da fazenda da Babilônia, depois de tangenciar a Guarda dos Ferreiros, antigo ponto de apoio aos que viajavam entre as minas goianas e as duas vilas da comarca do Rio das Mortes.[183] Na fazenda da Babilônia, esse caminho se encontrava, depois de longo percurso, com o eixo principal da Picada de Goiás.

Mostra também o "Mappa da Conquista [...]" uma estrada que, partindo da passagem da Piraquara, seguia pela margem esquerda do São Francisco, passando primeiro pelas encostas do morro do Palhano (no atual município de Estrela do Indaiá), para depois cruzar sucessivamente os rios Marmelada, Indaiá e Abaeté, este último já nas proximidades de sua barra. Dalí tomava o rumo, bem destacado no referido mapa, do distante arraial de São Romão, nos confins do Norte de Minas.

Outra via de destaque é aquela que, do Tamanduá, seguia para a vila de Pitangui, ao longo dos vales dos rios Itapecerica (então intitulado "ribeirão do Espírito Santo") e Pará. Desdobrava-se em um caminho principal, direcionado à "capela do Espírito Santo e São Francisco de Paula" (hoje, a cidade de Divinópolis), e um secundário, que, depois de passar pelos arraiais do Cláudio e do Desterro (atual Marilândia), também chegava ao arraial da "capela do Espírito Santo". Ali reunidos, atravessavam o rio Pará junto à foz do rio Itapecerica, de onde, pelo vale do Pará, tomava o rumo de Pitangui.

Ainda no tocante às estradas e aos caminhos, mostra o "Mappa da Conquista [...]" também a "estrada para o arraial do Rio das Velhas". Este, que inicialmente se chamou "do Rio das Abelhas", fora fundado, por volta de 1760, junto às minas do Desemboque (no atual município de Sacramento) e, em seu começo, esteve sujeito, no eclesiástico, ao vigário da freguesia de São Bento do Tamanduá. A estrada que para lá se dirigia desenvolvia-se inicialmente sobre o espigão da margem direita do rio Grande. Depois de passar pelas capelas dos Perdões e de Santana do Jacaré, tomava o rumo de Piumhi, onde se conectava com o caminho velho da Picada de Goiás. A partir de Piumhi, até o Desemboque, prosseguia sobre vastos chapadões, no topo da serra da Canastra.

Quanto aos rios e ribeirões representados no "Mappa da Conquista [...]", além dos principais, São Francisco, Grande, Pará e Paranaíba, este último com seus afluentes Quebra-Anzol (à época, rio Santa Fé), Dourados e rio das Velhas (atual rio Araguari), é dado bastante destaque aos sucessivos cursos d'água que desembocam, de fato, muito próximos um dos outros, do lado direito do São Francisco, em terras hoje pertencentes aos municípios de Lagoa da Prata, ao norte, e Arcos e Japaraíba, ao sul. O cartógrafo amador do "Mappa da Conquista [...]", contudo, identificou-os erroneamente, como se os ribeirões "do Paraíso", "do Arco", "de São Julião" e, até mesmo, o "ribeirão de São Miguel", fossem todos eles confluentes do "ribeirão de Santa Ana" (hoje, chamado de Santana).[184] Este, por sua vez, faz barra no São Francisco, assinalada com grande imprecisão geográfica, pois situada bem em frente às barras que, do outro lado, fazem juntos os três ribeirões ditos "do Jorge", o "Menor", o "do Meyo" e "Mayor", assim designados "Mappa da Conquista

[...]". Verdadeiramente, esses três ribeiros desembocam na margem esquerda do São Francisco, bem abaixo da barra do Santana e em pontos distintos e bem espaçados um do outro, depois de descerem das encostas da serra da Marcela, em terras do hoje município de Luz. Verdadeiramente, a barra do "ribeirão de Santa Ana" dá-se na margem direita, em ponto bastante próximo e quase fronteiriço – neste caso sim – da foz do rio "Bamboy", essa, porém na margem esquerda.

Vale ainda destacar que, na ampla área do "Mappa da Conquista [...]", que se estende das cabeceiras do rio Santana até a foz do rio Pará no São Francisco, estão assinaladas as capelas "do Senhor Bom Jesus dos Moraes" (hoje, Pedra do Indaiá), "de Santo Antônio do Monte do Diogo Lopes" (Santo Antônio do Monte) e "do Espírito Santo e São Francisco de Paula" (Divinópolis), além das terras da "serra Negra" e o "marco posto pela Câmara de S. José", próximo à passagem da Piraquara. Contudo, essa antiga e bem conhecida travessia do São Francisco não se encontra ali assinalada. Aliás, tudo que era objeto de controvérsias de jurisdição, se da vila de Pitangui ou da de São José, foi deliberadamente excluído da pormenorizada carta geográfica que Pamplona mandou fazer para agrado ao governador Cunha Menezes.

Figura 6 – **"Mappa da Conquista do Mestre de Campo Regente Chefe da Legião, Ignácio Correya Pamplona. Por Manoel Ribeiro Guimarães"**

Fonte: Arquivo Histórico Ultramarino – AHU, Lisboa (n. 258/1165). Cópia de 1784. 32 x 40 cm, desenho e aquarela. Imagem disponível em Projeto Resgate.

9

PEQUENAS ENTRADAS NO SERTÃO ENTRE O LAMBARI E O SÃO FRANCISCO

Ao contrário do ocorrido nas décadas iniciais do século XVIII, na segunda metade deste, não se tem notícia de entradas feitas por gente de Pitangui com envergadura e objetivos similares aos das conduzidas por Bartolomeu Bueno do Prado, em 1759, e Inácio Correia Pamplona, este 10 anos depois daquele. A que mais delas se aproxima foi a que fez Inácio de Oliveira Campos nos anos de 1771 e 1772. Este, capitão de Milícias em Pitangui e neto do antes referido Velho da Taipa, fora incumbido pelo conde de Valadares de ir explorar ribeiros e córregos nos sítios do Bromado e Esmeril, combater quilombos na Serra Negra e fazer roças no Salitre, onde o capitão estabeleceu fazenda, depois repassada a terceiros.[185] Contudo, essa incursão do capitão Inácio de Oliveira Campos foi na zona hoje chamada de Alto Paranaíba, tendo pouca ou nenhuma relação com o povoamento do Campo Grande, ao contrário de outra, de menor porte, é verdade, que ele fizera em 1762, adentrando em terras mais próximas de sua Pitangui, situadas entre os rios Lambari e São Francisco.

Com efeito, na segunda metade do Setecentos, a gente de Pitangui apenas insistia em pequenas entradas nas terras de campos e campinas, desdobradas em imensos chapadões que vão do Lambari até o São Francisco, seguindo, depois da Piraquara, até as cabeceiras do Indaiá e Abaeté, na outra margem do grande rio. Entretanto, concorriam pela conquista e posse desses mesmos sertões outros entrantes, oriundos do Tamanduá ou mesmo das minas cansadas do Rio das Mortes e de Paracatu. Ademais, documentos coevos dão conta da persistência de pequenos quilombos em paragens ainda cobiçadas pelos pitanguienses, o que constituía sério entrave ao estabelecimento de roças e, principalmente, de fazendas de criar, tão ao gosto daquela gente.[186]

Francisco Ferreira Fontes, açoriano da Ilha Terceira e morador na paragem da Itapecerica (onde hoje se localiza Divinópolis), foi um dos primeiros que entraram a devassar terras entre o Lambari e o São Francisco.

Sua entrada tinha "o oneroso encargo de desinfestar daqueles sertões incultos [...] o gentio negro chamado calhambola", registro que ficou no auto de medição de sua sesmaria, depositado no Arquivo Judiciário de Pitanguí.[187]

Outro entrante na mesma área foi Antônio Rodrigues Rocha. Associado a três parceiros – sargento-mor Gabriel da Silva Pereira, Antônio Dias Nogueira e Domingos Gonçalves Viana –, liderou expedição com o fim de expulsar quilombolas e apossar de terras para criar gado e cultivar roças, ainda na margem direita do rio São Francisco. O próprio Rodrigues da Rocha, certa vez, fez questão de frisar sua condição de pioneiro, escrevendo que a sua entrada naqueles sertões ocorrera antes da grande expedição oficial de extermínio de quilombos, que havia sido comandada por Bartolomeu Bueno do Prado (na verdade, apenas um ano antes!). Este Rodrigues da Rocha e seus companheiros partiram de Pitanguí, em 2 de maio de 1758, em direção às barrancas do São Francisco. Com eles seguiram escravos e guias experientes, bem abastecidos de mantimentos levados por boa tropa de carga, tudo sob a proteção de 14 armas de fogo.

NOMEANDO RIOS E RIBEIRÕES

Segundo Tarcísio José Martins, que aprofundou a análise da documentação pioneiramente divulgada por Laércio Rodrigues, antes de chegar ao sítio onde veio a se estabelecer, Antônio Rodrigues da Rocha e seus companheiros fizeram primeiro o reconhecimento de um afluente do São Francisco, hoje chamado de ribeirão dos Machados (no atual município de Bom Despacho). Deram-lhe, na ocasião, o nome de "ribeirão de Todos os Santos". Depois de devassar toda a área que vai das cabeceiras até a foz deste ribeirão, dirigiram-se mais ao sul, onde descobriram outro ribeirão que corre, ainda que distante, quase em paralelo ao primeiro. O chamaram de ribeirão Santo Antônio, topônimo ainda hoje conservado. Depois de atravessá-lo, a expedição seguiu explorando terras à sua esquerda. Descobriram, então, um terceiro ribeirão, que lhes pareceu, à primeira vista, ser tributário do Santo Antônio, ao qual deram o nome de "ribeirão Santa Luzia". Contudo, logo perceberam os entrantes que o curso d'água, com quase uma légua de extensão, que pensaram ser a porção derradeira do Santa Luzia era, de fato, parte de outro rio, de extensão e caudal maiores que os dos três ribeirões.

As cabeceiras desse quarto ficavam em terras localizadas mais a sudeste, já pertencentes ao distrito do Tamanduá. Tendo uma visão de conjunto, puderam constatar que não apenas o Santa Luzia era afluente daquele rio, mas também o Santo Antônio, com barra bem próxima à sua confluência com o São Francisco. Por isso, chamaram-no, de pronto, de "engano do Santa Luzia". Algum tempo depois, em 1762, o capitão Inácio de Oliveira Campos, depois do completo reconhecimento de seu curso, deu ao dito "engano" o nome de "rio Jacaré", que hoje ainda se mantém.[188]

A toponímia aqui apresentada permite-nos facilmente constatar que as terras exploradas pela expedição de Antônio Rodrigues da Rocha em 1758, nas quais se estabeleceu com fazenda, situavam, desdobrando-se por dois lados, ao norte, na área hoje fronteiriça entre os municípios de Santo Antônio do Monte e Moema (tendo o ribeirão Santo Antônio por divisa) e, ao sul, entre Santo Antônio do Monte e Lagoa da Prata (divididos que são pelo ribeirão Santa Luzia).

CONFLITOS FUNDIÁRIOS NOS VALES RIBEIRINHOS

Em terras até então povoadas de "feras e negros do mato", capturados e postos a ferro em sua maior parte durante a expedição antes referida, enquanto uns poucos dali fugiram, Antônio Rodrigues da Rocha estabeleceu fazenda com três léguas de campos e pastagens, "criando gado e lavoura de roça" e instalando curral, senzalas, monjolo, além de "quatro casas de vivenda". A chamou de "O Ribeirão Santo Antônio". Depois de seu estabelecimento – a informação é do próprio Antônio Rodrigues da Rocha –, entrou e "veio entrando mais gente e hoje se acham vinte e quatro fogos" naquela paragem.[189] Para legitimar suas posses, foi-lhe passada uma carta de sesmaria em 21 de março de 1763.[190]

Estabelecimento bem-sucedido, logo a fazenda de Antônio Rodrigues da Rocha tornou-se objeto da cobiça do capitão Inácio de Oliveira Campos. Em novembro de 1762, ele invadiu aquela ampla área delimitada ao poente pelo rio São Francisco, ao norte pelo ribeirão dos Machados e ao sul pelo rio que seria batizado de Jacaré. Apossou, assim, de grande parte da gleba que, há cerca de quatro anos, era ocupada pelo Rocha. De fato, aproveitando que este se encontrava em negócios em Vila Rica, o capitão Inácio "intrometeu nas ditas terras a derrubar mato virgem [...], e depois lhe botou gado nos pastos [...]", de acordo com uma petição depositada no Arquivo Judiciário de Pitangui.[191]

Ao retornar, indignado com a invasão de suas terras, Antônio Rodrigues da Rocha apresentou veemente protesto à Justiça de Sabará, cabeça da comarca à que pertencia Pitangui, provocando a abertura de contencioso. O argumento usado e repisado por Inácio de Oliveira Campos, para contrapor à queixa do Rocha, era ser aquelas terras "capoeiras de seu avô" – Antônio Rodrigues Velho, o Velho da Taipa, que pioneiramente as teria ocupado ainda na primeira metade do Setecentos.[192]

Ainda com a demanda em curso, o governo da capitania concedeu ao invasor Inácio de Oliveira Campos, em 6 de abril de 1764, uma carta de sesmaria de:

> [...] três léguas de terras no sertão do rio de São Francisco, termo da vila de Pitangui, principiando a correr a medição do ribeirão chamado Jacaré, correndo rio de São Francisco [abaixo] a findar no ribeirão chamado dos Machados, e finda[ndo] por um lado no mesmo rio de São Francisco e por outro na Chapada do caminho do Tamanduá [...].[193]

Essas delimitações eram quase idênticas às constantes da carta de sesmaria concedida no ano anterior a Antônio Rodrigues da Rocha.

Assim, a querela se estendeu, entre idas e vindas, por cerca de cinco anos. Neste interim, o Rocha tentou, em várias ocasiões, demarcar a sua sesmaria, no que sempre se viu frustrado pelo continuado embargo posto pelo capitão Inácio, sempre muito próximo das autoridades judiciais de Pitangui e mesmo dos da sede da comarca do Rio das Velhas (a vila de Sabará). Somente em 16 de julho de 1767, fez-se a pretendida demarcação. Por ordem judicial, tomou-se por referência, ao norte, um marco de madeira de lei levantado junto ao ribeirão dos Machados, do lado esquerdo, e, a oeste, uma vargem de mato às margens do rio São Francisco. A linha de medição, partindo do marco norte, ultrapassou:

> [...] nesse rumo [sul] um ribeirão chamado Santo Antônio e outro chamado ribeirão de Santa Luzia e, no fim da dita medição, meteram um marco de pau chamado jacarandá [...] em uma língua de campo limpo, ao pé de um pantanal grande de um buritizal, que fica desta parte divisando e confrontando com terras do capitão Inácio de Oliveira Campos [...].[194]

Dois dias depois de feita essa demarcação, o juiz de sesmarias da vila de Pitangui finalmente lavrou sentença determinando que a sesmaria do Ribeirão Santo Antônio caberia a Antônio Rodrigues da Rocha, enquanto, ao capitão Inácio de Oliveira Campos, eram destinadas as:

> [...] terras que ficam do chamado [rio] Jacaré, ou "engano", para cima, correndo São Francisco acima, porque tinha ele, [o] dito capitão, carta de sesmaria das terras que correm do

> ribeirão chamado Jacaré, ou 'engano', para baixo, as quais ficam nas terras [...] mais próprias para ele, [o] dito sesmeiro Antônio Rodrigues da Rocha [...].[195]

É quase certo, por sua conhecida trajetória de vida, que o capitão Inácio de Oliveira Campos nunca esteve mais tempo na sesmaria da barra do rio Jacaré, onde certamente apenas praticou criação extensiva de gado de corte, como usual nas margens do alto São Francisco daquele tempo. Tendo adentrado aquelas terras no final de 1762, ainda solteiro, obteve sua carta de sesmaria em abril de 1764, pouco antes de se casar aos 20 de agosto com Joaquina Bernarda da Silva de Abreu Castelo Branco, ele com 30 e ela com 12 anos de idade. Sua esposa ficaria famosa, mais tarde, como a dona Joaquina do Pompéu. Os recém-casados logo se instalaram na fazenda Lava-pés, que ficava nos arredores da vila de Pitangui. Dez anos depois, quando a contenda pelas terras dos ribeirões Santo Antônio e Jacaré era coisa do passado e o capitão voltava da longa incursão feita nos sertões do Paranaíba (Salitre, Serra Negra, Dourados etc.), o casal obteve, por herança do pai de Inácio, fazendas no Paracatu, às quais ele muito se dedicou. Passados outros 10 anos, ou um pouco mais, o casal adquiriu, por compra, o enorme latifúndio do Pompéu, com 23 léguas de extensão e composto por oito fazendas situadas entre os rios Pará e Paraopeba. Para o Pompéu, Inácio e Joaquina se mudaram em definitivo e lá viveram até suas mortes, provavelmente esquecidos da sesmaria do rio Jacaré.[196]

10

EXPANSÃO DOS DOMÍNIOS DA VILA DE SÃO JOSÉ

No final da década de 1760 e início da seguinte, a câmara da Vila de São José del Rei mantinha ambiciosa, e muitas vezes desmedida, política de progressivamente ampliar seus domínios no Centro-Oeste mineiro. Seus procuradores estavam sempre a instalar marcos de posse pelos quatro cantos do Campo Grande, *pari passu* ao avanço das frentes de povoamento naquela zona ainda de fronteiras abertas. Assim, em 5 de julho de 1769, 25 anos depois da fundação do arraial do Tamanduá e antes mesmo de Inácio Correa Pamplona dar partida à sua segunda entrada nas terras do outro lado do São Francisco, "obrando todas as cerimônias da Lei" os representantes da câmara de São José tomaram posse "de todo o território [...], nesta paragem que é do Bambuí [...], São Francisco, abaixo da passagem velha da picada de Goiás, serra da Marcela e suas vertentes, de uma e outra parte, cabeceiras do Paranaíba, quilombo do Ambrósio, cabeceiras do rio de São Francisco e Canastra [...]".[197]

Após a segunda entrada de Pamplona nos sertões da margem esquerda do São Francisco, voltaram os mesmos procuradores ao arraial de Santana do Bambuí, onde celebraram ato de retificação, no dia 27 de agosto de 1770. Com este, abriu-se ampla expansão de domínio "[...] neste continente da parte de cá do rio de São Francisco [margem esquerda]", nele incluindo "[...] todo o território que se compreende deste arraial [de Bambuí] até o lugar chamado *Barba de Bode*, que fica adiante da serra da Canastra, servindo de divisa deste termo [da vila de São José] com a capitania dos Goiazes [...]".[198]

Foi nessa mesma ocasião que, para a construção da capela de Santana do Bambuí, Pamplona "concorreu com a esmola de 200 mil réis e com a laboração de dezesseis escravos, bois e carros", como ficou registrado na "Carta da Câmara de Tamanduá à Rainha Maria I acerca dos limites de Minas Gerais com Goiás".[199]

Em 6 de outubro de 1770, foi a vez de ser instalado o marco de posse na "passagem da Piraquara, passagem velha do rio de São Francisco chamada a Boa Vista", no qual foram esculpidas "as letras da Câmara de São José –

TVSJ".[200] Não contentes com a conquista da Piraquara, deslocaram-se os procuradores a lançar marcos possessórios no "rumo da serra da Marcela e Pedra Menina, fazenda da Babilônia, cabeceiras do rio da Prata [...]".[201] Uma semana antes, fez-se nova retificação do termo lavrado em 1769, deixando claro que, no território antes apossado, estavam inclusas as "cabeceiras do [rio] Bambuí, a barra do dito de um e outro lado", bem como a "fazenda de João Jorge, até os dois rios chamados Jorge Grande e Jorge Pequeno, por serem do Termo da dita Vila de São José [...]".[202]

Depois de ampliar sobremaneira seus domínios nas franjas Oeste e Noroeste do Campo Grande, direcionaram os camaristas da Vila de São José a sua política expansionista para a franja Leste daquela zona. Ali, as divisas com o termo da vila de Pitangui eram bastante imprecisas e, por isso, palco de recorrentes conflitos entre autoridades e empregados das duas municipalidades e desses com os povos há muito estabelecidos, oriundos alguns de São José, outros de Pitangui. Para a tomada de posse, os procuradores de São José seguiram no "rumo da Serra Negra, dividindo o rio Pará até o Calhau de Cima [...]"[203]. Em 22 de outubro de 1770, chegaram "na paragem do Calhau de Cima, sítio do furriel Antônio da Silva Camargo [...]", onde levantaram "um marco de pau de lei de quatro faces, e na face virada para o dito Termo [esculpiram] estas letras – TVSJ [...]"[204]. Com similar procedimento, ainda no mês de outubro, os alferes Antônio Pereira da Silva e o aludido furriel, munidos das devidas procurações, assumiram a posse da "paragem chamada Serra Negra [...]" para a câmara da Vila de São José.[205]

CONTENDAS DE JURISDIÇÃO

Todas as tomadas de posse antes mencionadas, que ampliaram sobremaneira a soberania territorial de São José del Rei no Centro-Oeste mineiro, foram objeto de autos circunstanciados, parcialmente transcritos nas *Ligeiras Memórias sobre a Vila de São José nos Tempos Coloniais*, de autoria de Herculano Velloso. De outro lado, os oficiais da câmara da Vila de Pitangui, insatisfeitos com o que julgavam escancarada invasão de territórios que tinham como seus há décadas, impetraram sucessivas ações contestando aqueles atos possessórios, mormente os das paragens da Serra Negra, Itapecerica e Calhau de Cima, sem se esquecer da passagem da Piraquara e do morro da Pedra Menina. Esses eram os principais acidentes geográficos a balizar a linha imaginária defendida por Pitangui como limite entre o seu termo e o da Vila de São José.

Mas os camaristas de São José revidaram-nas tenazmente, seguros de suas práticas expansionistas, com as quais buscavam incrementar as rendas de seu termo, pelo acréscimo de contribuintes, além de ampliar seu poderio político e econômico. Sem obter sucesso na justiça da capitania, partiu Pitangui para a reclamatória junto à Coroa. Assim, no final de 1775, endereçou à rainha de Portugal veemente protesto pela posse que fizera a Vila de São José das terras da Itapecerica e Serra Negra. Os camaristas de São José, por seu turno, contra-argumentavam que, desde que tomaram posse, "no ano de 1744, do Tamanduá, arraial de São Bento, dele são dependências, como terras contíguas, a Itapecerica e a Serra Negra".[206]

Passaram oito anos até que os camaristas de São José fossem advertidos por carta régia acerca dos conflitos havidos na zona contestada. E mais: ordenava a rainha na mesma carta régia que os ouvidores do Rio das Mortes e do Sabará refizessem, em iniciativa conjunta, "a divisão dos termos, atendendo mais que tudo a comodidade dos povos, fazendo-lhes o mais curto que puder ser [...]".[207]

Não resignados, apelaram os camaristas de São José, alegando, com veemência, que as suas posses, contestadas por Pitangui, se justificavam devido à "grande despesa [que fizeram] em afugentar [...] os quilombos dos negros fugidos que se achavam refugiados naqueles matos [...]", e que, só "depois que se foram povoando e cultivando estes distritos, quis a Câmara de Pitangui, sem outro título mais que o despotismo, exercer autos de posse e jurisdição naqueles territórios [...]".[208]

Agravos de um lado, reiterados reclames de outro, interpelações várias, descumprimento da ordem régia de se fazer a imediata remarcação das divisas, a demanda se prolongou. Só terminou quando as áreas contestadas já haviam sido transferidas do termo de São José para o novo do Tamanduá, instalado em 1790. Mesmo depois do desfecho, a câmara de São José del Rei não perdia a oportunidade de se gabar do papel que tiveram os moradores de seu Termo na conquista e colonização dos sertões do Oeste. Em uma representação de 1798, diziam seus camaristas que "a diligência de nossos antecessores rebate sempre os insultos dessa gente bárbara [gentios e negros fugidos], até que a poder de forças e despesas chegou a conquistar a Picada de Goiás e Campo Grande, destruindo vários quilombos de escravos fugidos e facinorosos" (APM – SG, Cx. 41, Doc. 26).

Figura 7 – "**Mappa da Capitania de Minas Gerais com a divisa de suas Comarcas**"

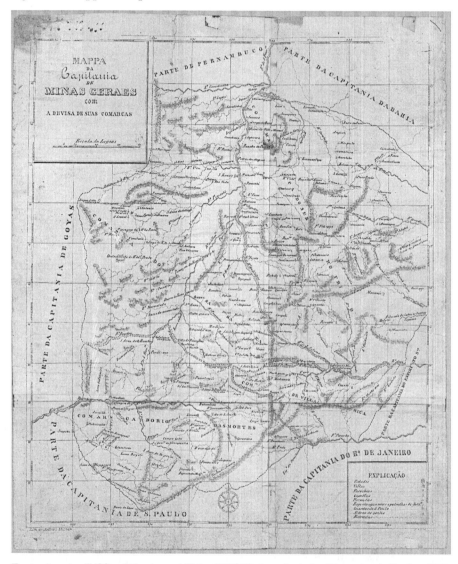

Fonte: Arquivo Público Mineiro – APM – 085 (01). Autoria de José Joaquim da Rocha, 1778.

11

CRIAÇÃO DA VILA DE SÃO BENTO DO TAMANDUÁ

As três primeiras municipalidades mineiras, instituídas em 1711, por ordem de Antônio de Albuquerque Coelho de Carvalho, governador da capitania de São Paulo e Minas do Ouro, tiveram por sedes a Vila Rica do Albuquerque (atual Ouro Preto), a de Nossa Senhora do Ribeirão do Carmo (atual Mariana) e a Vila Real de Nossa Senhora da Conceição do Sabará. Dois anos depois, seria criada a Vila de São João del Rei e, em 1714, mais duas, a Vila Nova da Rainha e a Vila do Príncipe (atuais Caeté e Serro, respectivamente). Em seguida, foi a vez da Vila de Nossa Senhora da Piedade do Pitangui, instituição pioneira nos sertões a oeste das minas. Com a instalação da Vila de São José del Rei (atual Tiradentes) em 1718, fechou-se o ciclo inicial de instituição de sedes municipais em território mineiro. É verdade que, como medida isolada, 12 anos depois, seria elevado à vila o novo descoberto de Nossa Senhora do Bom Sucesso das Minas Novas, no distante vale do Jequitinhonha.[209]

A instituição dessas primeiras vilas, com jurisdição sobre vasto termo (o equivalente hoje a município), foi o modo encontrado pela Coroa portuguesa "para fazer com que os braços da justiça e do fisco chegassem até os arraiais mais longínquos, fundados nos confins das terras conhecidas e colonizadas", no dizer de Cláudia Fonseca.[210]

Contudo, depois da extemporânea criação da vila de Minas Novas, seguiu-se longo interlúdio, de, aproximadamente, seis décadas, sem que novas municipalidades fossem criadas. Somente em 1789 uma nova vila seria criada em Minas Gerais, por ordem do então governador – o visconde de Barbacena.

EM TEMPO DE CONSPIRAÇÃO, NOVAS VILAS NAS FRONTEIRAS

Por ordem datada de 20 de novembro do referido ano, o visconde determinou que "a nova vila que se manda criar na Conquista do Campo Grande e Picada de Goiás há de ser no arraial do Tamanduá, da freguesia e matriz de São Bento, e conservará o mesmo nome, denominando-se São Bento do Tamanduá".[211] É a atual cidade de Itapecerica. Um ano depois, em 1790, o mesmo governador criou a Vila Real de Queluz (atual Conselheiro Lafaiete), no então arraial dos Carijós. No seguinte, foi a vez de o arraial da Igreja Nova, na chamada Borda do Campo, se transformar na Vila de Barbacena.

De pronto, importa notar que essas três povoações elevadas à categoria de vila no curto intervalo de 1789 a 1791 estavam localizadas na comarca do Rio das Mortes, a mais dinâmica na época sob as óticas demográfica e econômica. Um pouco mais tarde, também nesta comarca, por alvará régio de 1798, seria o arraial da Campanha do Rio Verde elevado à categoria de sede municipal, com a denominação de Vila da Campanha da Princesa, abrangendo seu termo praticamente todo o território que hoje conhecemos por Sul de Minas. Pelo mesmo alvará régio, foi criada a Vila de Paracatu do Príncipe, no Noroeste mineiro, pertencente, porém, à comarca do Rio das Velhas. Paracatu foi a décima quarta vila mineira e a última instalada no século XVIII.

Reiterando, importa destacar que, no período mais longo, que vai de 1789 até 1814, já no século XIX, todas as novas vilas mineiras, à exceção de Paracatu, estavam localizadas em áreas de expansão da fronteira agrícola, enquanto nas zonas centrais mais antigas da capitania a atividade mineradora apresentava franco declínio.[212]

A partir da hipótese levantada por João Pinto Furtado em sua tese sobre a Inconfidência Mineira, Cláudia Fonseca especula se a criação sequencial das vilas de Tamanduá, Queluz e Barbacena, em curto espaço de tempo, concomitante ao desenrolar da devassa da conjuração, não seria parte de estratégia decidida pelo visconde de Barbacena para aplacar os ânimos das elites locais em pé de guerra, principalmente as da comarca do Rio das Mortes, verdadeiro epicentro da revolta. Vale lembrar que a instalação de novas municipalidades dava aos "homens bons" do lugar a chance de obtenção de cargos e privilégios nos aparatos burocrático e militar locais, dissuadindo-os de conspirar contra a Coroa portuguesa.[213]

Ainda que Fonseca ressalte que tal associação não oferece uma explicação completa para a questão levantada, não é possível, no caso da elevação do arraial do Tamanduá à categoria de vila, deixar de associá-lo ao protagonismo político e militar de Inácio Correa Pamplona na zona do Campo Grande.[214] Ademais, o mesmo tinha forte ligação, não só por estreita amizade, mas também por interesses políticos e de negócios, com o padre Toledo, rico e poderoso vigário da Vila de São José e um dos cabeças do movimento revoltoso na comarca do Rio das Mortes. Pamplona, se não um dos partícipes principais da conjuração, certamente conhecia bastante da trama que se urdia na capitania. Contudo, ante à clara perspectiva de seu malogro, rapidamente assumiu o papel de delator da conjura.[215]

De fato, o visconde de Barbacena justificou a elevação de São Bento do Tamanduá à categoria de vila "por ser o [arraial] mais considerável daquele território" e pelo "aumento que tem tido a cultura, povoação e comércio da nova Conquista do Campo Grande e Picada de Goiás e pela grande distância que fica da Vila de São José, sofrendo por esta causa os habitantes dela graves incômodos, tanto no regime econômico de suas povoações, como na administração da justiça e arrecadação dos bens dos órfãos [...]".[216] Segundo o primeiro Diogo de Vasconcelos, contemporâneo dos fatos aqui narrados, no caso da vila do Tamanduá, "o fundador [visconde de Barbacena] teve em vista a boa administração da justiça, movido dos clamores públicos que acusavam a impunidade de grandes crimes e os frequentes extravios que se faziam pela estrada próxima de Goiás [...]".[217] Por sua vez, Cláudia Fonseca, realça que grande parte dos habitantes do Campo Grande eram, naquela altura, essencialmente "fazendeiros instalados ao longo das diversas trilhas que formavam a Picada de Goiás e que se encontravam a grandes distâncias da Vila de São José, da qual, de fato, dependiam em matéria de justiça de primeira instância".[218]

Porém, não resta dúvida de que a iniciativa de criação da Vila Nova do Tamanduá encontrava-se imersa no contexto geopolítico e econômico do último quartel do Setecentos; significa dizer que era parte do projeto reformista de reorganização administrativa e judicial conduzido na América portuguesa desde o governo de Pombal (1750-1777), projeto este com clara repercussão em Minas. Era também parte do esforço do governo da capitania para garantir a posse das terras da fronteira oeste, objeto de controvérsias que resultaram algumas vezes em conflitos armados entre mineiros e a gente de Goiás.[219]

Cinco anos antes da instituição da vila do Tamanduá, a preocupação com as divisas com Goiás havia levado o governador Luís da Cunha de Meneses a criar uma legião de Milícias destinada à "conservação do social sossego público" na "Conquista do Bambuí, Campo Grande, Picada de Goiás e suas Anexas". Tropa de segunda linha, sem vencimento de soldo, fora colocada sob o comando geral do mestre de campo e regente Inácio

Correa Pamplona, abarcando 1.500 homens armados, distribuídos em oito companhias de cavalaria, com 50 praças cada; seis companhias de infantaria, cada uma com 150 praças; e, mais, 14 esquadras de pedestres, formadas, cada uma delas, por 20 soldados.[220] Com essa imensa força sob as suas rédeas, pode-se aquilatar o poderio político alcançado por Pamplona no Centro-Oeste mineiro.

INSTALAÇÃO DA VILA NOVA DO TAMANDUÁ

A ordem do visconde de Barbacena, datada de 20 de novembro de 1789, mandava que o desembargador Luiz Ferreira de Araújo Azevedo, ouvidor geral e corregedor da comarca do Rio das Mortes, fosse logo ao arraial do Tamanduá para ali instalar a nova vila, conduzir a eleição do juiz e dos oficiais da câmara e tomar outras providências pertinentes àquela instituição. Mandava também que, além de não levantar o pelourinho, marco simbólico da soberania da nova vila, antes de se obter o "de acordo" de Pamplona, fossem os limites do termo coincidentes com os "da freguesia [de São Bento], ou, [então, com] os da regência e distrito do terço [de Milícias] e comando do mestre de campo Inácio Correa Pamplona".[221] Prevaleceu a segunda opção, que, além da freguesia do Tamanduá, incluía no novo termo as de Piumhi e Bambuí.

Em 18 de janeiro de 1790, ao lado de Pamplona e mais a "nobreza e povo", conduziu o ouvidor geral da comarca os rituais de fundação da Vila de São Bento do Tamanduá. Além da ereção do pelourinho no centro da povoação, na ocasião ocorreram a eleição e posse dos camaristas, escolhidos pelos e entre os "homens bons" da Conquista do Campo Grande e Picada de Goiás, ou seja, o povo "qualificado", seus principais fazendeiros e notabilidades locais, que figuravam em listas especialmente confeccionadas para esse fim.[222]

Vale lembrar que, no período colonial, as câmaras municipais se compunham de cinco membros: um juiz que a presidia, podendo ser magistrado togado, de nomeação régia, ou cidadão leigo, eleito entre os locais, como os demais camaristas, nesse caso, dito juiz ordinário; e os oficiais: três vereadores e um procurador, este com função de tesoureiro. Todos, exceto o juiz, se fosse togado, serviam sem remuneração alguma, a não ser a do "prestígio e poder" inerentes ao posto, e se reuniam ordinariamente em "sessão de vereança" duas vezes por semana, às quartas e aos sábados. Os primeiros cidadãos eleitos camaristas (hoje, diríamos vereadores) do

Tamanduá foram: Domingos Rodrigues Gondim, este como juiz ordinário, e, como oficiais, Antônio Garcia de Melo, José Joaquim Carneiro, José Ferreira Gomes e Antônio Joaquim de Ávila, cabendo ao último a função de procurador da Câmara.

DEMARCAÇÃO DE LIMITES E CONFLITOS COM PITANGUI

Ao ser instalada a vila de São Bento do Tamanduá, adotaram para demarcação das divisas de seu termo com o da vila de Pitangui os já controversos marcos plantados pela câmara da vila de São José na década de 1770. Inconformados, logo foram os camaristas de Pitangui reclamar ao governador acerca daquela divisão. Na petição encaminhada, insistiam que, se reconhecidos aqueles marcos divisórios, ficaria a vila de Pitangui "despida de suas colônias, que a mais de 40, 50 anos descobriu, conquistou e povoou", mas que o prejuízo não seria só dela, pois os ditos marcos atingiram até mesmo o distrito do arraial do Paracatu, da mesma comarca de Sabará (a que também pertencia Pitangui), que "não deixará também de ser molestado".[223]

Um dos principais pontos de discórdia era o estabelecimento da divisa com Pitangui no morro do Calhau de Cima [no atual município de Carmo do Cajurú], e não no porto velho do rio Pará,

> [...] que é [segundo a câmara de Pitangui] onde fizeram no ano de 1744 a sua extrema conosco os camaristas da vila de São José, seus antecessores, procurando, pela capela da Senhora do Bom Despacho, filial de nossa matriz, a passagem velha do rio de São Francisco, a que eles chamam Piraquara, e daí a Pedra Menina e a serra das Saudades, até encontrar com [os] Goiazes [...].[224]

Com esse estabelecimento demarcatório, argumentavam que a câmara do Tamanduá usurpava de Pitangui:

> [...] o território da Itapecerica, capela do Divino Espírito Santo [atual Divinópolis], filial de nossa matriz e colônia nossa, [a] Serra Negra, Lambari, Diamante [no atual município de Santo Antônio do Monte], o rio de São Francisco, Indaiá, e todo o mais sertão das costas de nossa vila, e de onde dela devem os provimentos com os quais se sustenta [...].[225]

Defendiam os camaristas de Pitangui que a divisa estabelecida em comum com os da vila de São José, no já distante 1744, correspondia a

> [...] uma linha [imaginária, que ia] do porto velho do rio Pará à passagem velha do rio de São Francisco, a qual fica na barra do rio Bambuí, que entra naquele pela parte do poente, aí é que foi e ainda é hoje [em 1790] a passagem real [...]. Na Piraquara [onde os do Tamanduá diziam ser a passagem real], que dista doze léguas abaixo, nunca houve, nem há ainda hoje [insistiam os de Pitangui], passagem alguma real, exceto algum particular de moradores [...].[226]

Do lado da câmara do Tamanduá, a defesa repisava os velhos argumentos dos causídicos de São José del Rei, que valorizavam a ideia de legitimidade derivada da antiguidade e do mérito da posse tomada daquelas terras, fruto do grande esforço de conquista feito, com destemor, em anos passados, por sua gente, em prol do bem comum.[227] A essa tese contrapunham os de Pitangui uma outra, mais racional, argumentando que a demarcação das circunscrições político-administrativas deveria ser feita, antes de tudo, para facilitar o acesso de seus habitantes aos tribunais e a outras repartições públicas e eclesiásticas, pela menor distância a percorrer. Segundo eles, isso se aplicava plenamente aos povos das paragens do Espírito Santo da Itapecerica, Serra Negra e Calhau de Cima[228].

Os conflitos entre a primeva e a nova vila instalada no Oeste mineiro (vide Figura 8) só se abrandaram quando o visconde de Barbacena, em célere tomada de decisão, mandou que representações das duas câmaras se reunissem logo em conferência conciliatória, a ser mediada pelo alferes Bento Joaquim de Almeida Grant, comandante da guarnição de Sete Lagoas. Esse evento de fato ocorreu na capela do Espírito Santo e São Francisco de Paula, situada no arraial da Itapecerica (atual Divinópolis), em meados de 1790.

Os procuradores do Tamanduá, depois de insistirem na argumentação de todos já conhecida, propuseram, apesar de "seus direitos", que a divisão entre os dois termos partisse de outra linha imaginária, que fosse de um pelourinho a outro, ficando o ponto médio sendo o principal marco divisor.

Figura 8 – "**Mostrace neste mapa o Julgado das Cabeceiras do Rio das Velhas [Rio Araguari] e parte da Capitania de Minas Gerais com a diviza de ambas as capitanias**"

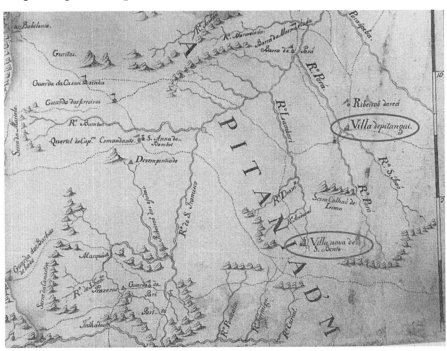

Fonte: Mapoteca do Itamaraty (Inv. N. 1590), por José Joaquim da Rocha. 1780. 48 x 41 m; manuscrito e aquarela (fragmento).

Esse, propunham, seria demarcado

> [...] com pedra esquadrejada, para se pôr em rumo e face competente – Vila de Pitangui – e no conferente – Vila de São Bento – de cujo marco central correrá pelo mesmo agulhão a linha divisória, na qual mais só demarcará onde parecer necessária [...], os quais todos serão postos por piloto que bem saiba botar o agulhão, com aceitação de ambas as câmaras ou seus procuradores e assistência destes mesmos e seguidos, assim como dois homens andam com a corda, e quem haja de picar o mato que se encontre no rumo de uma à outra vila [...].[229]

Os representantes da câmara de Pitangui bateram o pé, recusando terminantemente a rebuscada proposta dos procuradores do Tamanduá. Depois de apaziguados os ânimos, passaram então os representantes dos litigantes a discutir e a deliberar a respeito de cada um dos muitos pontos controversos, servindo o comandante de Sete Lagoas como moderador das contendas.[230]

O relatório conclusivo, apresentado pelo moderador em 12 de setembro de 1790, consolidou as decisões consensuais das duas câmaras, e, quando o consenso não foi possível, Almeida Grant deu a última palavra, pondo fim, dessa forma, à contenda a respeito dos limites entre os dois termos.[231]

O certo é que as paragens do Calhau de Cima e da Itapecerica, nesta inclusa o arraial da capela do Divino Espírito Santo e São Francisco de Paula [atual Divinópolis], a capela de Nossa Senhora do Bom Despacho, todo o baixo Lambari, a passagem da Piraquara, o Indaiá e a Pedra Menina, ficaram sob o domínio da vila de Pitangui. Na circunscrição do termo de São Bento do Tamanduá, permaneceram as paragens da Serra Negra e do Desterro (correspondentes, grosso modo, aos atuais município de São Sebastião do Oeste e distrito de Marilândia, respectivamente), as cabeceiras do rio Lambari, a paragem do Diamante e a capela de Santo Antônio do Monte e sua aplicação, entendendo-se essa na direção noroeste até as barras do ribeirão Santo Antônio no rio Jacaré e deste no São Francisco (que ficam no extremo norte do atual município de Lagoa da Prata). Na outra margem do grande rio, permaneceram com Tamanduá todo o distrito da Conquista do Bambuí, desde as cabeceiras do rio de mesmo nome, na serra da Marcela, até a sua foz, de um e outro lado de seu curso, incluindo a passagem real, bem como as terras que margeiam o São Francisco abaixo, desde a barra do Bambuí, pelo lado esquerdo, até os banhados dos ribeirões Jorge Pequeno e Grande, também afluentes do mesmo São Francisco.

PASSAR AO TAMANDUÁ OU FICAR COM SÃO JOSÉ: A ESCOLHA DE OLIVEIRA

No tocante à divisa do termo do Tamanduá com o da vila de São José, do qual o primeiro se desmembrara, a instrução do visconde de Barbacena ao ouvidor geral do Rio das Mortes foi clara: que, por ocasião de sua ida ao Tamanduá para instalar a nova municipalidade, passasse antes no arraial de Nossa Senhora da Oliveira e ali se reunisse com os "moradores e vizinhos" e ouvisse deles mesmos o que melhor lhes conviria acerca dos limites, "por aquela parte", entre o velho e o novo termo.

Os habitantes de Oliveira e de seu distrito deveriam, portanto, decidir se permaneceriam sob a jurisdição da vila de São José (atual Tiradentes) ou se passariam ao termo da nova vila do Tamanduá (atual Itapecerica). Reunidos em 7 de janeiro de 1790, os principais do lugar decidiram, por ampla maioria, "ser muito conveniente ficar a divisa do termo da nova vila do Tamanduá com o da vila de São José pelo rio Lambari [...], até onde [este] deságua no rio Jacaré" e, dali por diante, até a foz do Jacaré no rio Grande.[232]

Dessa forma, optaram os aplicados da capela de Oliveira por permanecerem sob a jurisdição da vila de São José, com a justificativa de que o rio Lambari, tributário do Jacaré, já era a divisa entre as freguesias daquela e a de São Bento, sendo a capela de Oliveira filial da primeira. Ademais, apresentaram razões outras de ordem administrativa e econômica. Dentre elas, a de ficar o arraial de Oliveira mais próximo da cabeça da comarca, que era São João del Rei; de os "particulares" da Igreja lhes ficar mais perto, por ser a capela de Nossa Senhora de Oliveira filial da freguesia de Santo Antônio da vila de São José; porque os povos da aplicação de Oliveira valiam-se dos viveres que vêm do ultramar; porque os excedentes de suas lavouras destinam-se a povoações situadas a leste, com sua maior parte indo para a Vila Rica.

Assim decidido, restaram sob a jurisdição civil e eclesiástica da Vila de São José as aplicações das capelas de N. Sra. de Oliveira, N. Sra. do Bom Sucesso, N. Sra. do Carmo do Japão (atual Carmópolis), N. Sra. da Aparecida do Cláudio, Santo Antônio do Amparo, da Senhora Santa Ana do Jacaré e do Senhor Bom Jesus dos Perdões.

Por outro lado, no termo da nova vila do Tamanduá, ficaram as freguesias de São Bento, de Piumhi e do Bambuí, englobando a primeira as aplicações das capelas filiais de São Vicente Ferrer da Formiga, São Francisco de Paula, N. Sra. do Desterro (atual distrito de Marilândia), Bom Jesus da Pedra do Indaiá, N. Sra. das Candeias, Santo Antônio do Monte e Divino Espírito Santo da Itapecerica (atual Divinópolis). Porém, esta última, pouco depois, passou, por um bom tempo, à jurisdição da freguesia e do termo de Pitangui, como visto antes.

12

DISTRITOS E COMPANHIAS DE ORDENANÇAS DO TERMO DA VILA DO TAMANDUÁ

Logo após a instalação da vila de São Bento do Tamanduá, os camaristas recém-empossados se voltaram à resolução do contencioso territorial com o termo de Pitangui e à velha questão da defesa da fronteira ocidental de Minas com Goiás, problemas herdados da câmara da Vila de São José. Resolvido o primeiro, como visto no capítulo anterior, o segundo se arrastou até 1816, só sendo solucionado com a transferência dos julgados de Araxá e Desemboque, da capitania de Goiás, para a de Minas Gerais, por alvará do príncipe regente. Os diferentes pareceres que orientaram tal decisão da Coroa, preparados pelo ouvidor da comarca do Rio das Mortes e pelas câmaras de São João del Rei e de São Bento do Tamanduá, constituem, segundo Barbosa, "um histórico de como a gente de Minas povoou aquele sertão, combateu e destruiu seus quilombos, fundou povoações, e ainda historiam a maneira como as autoridades goianas se apossaram da região [que hoje corresponde ao Alto Paranaíba e Triângulo Mineiro]".[233]

Em seguida, os camaristas do Tamanduá dedicaram-se à organização militar de seu termo, assunto premente devido à persistência, até 1816, de conflitos na divisa com Goiás. Na época, a organização militar em Minas Gerais, como de resto na América portuguesa, estava estruturada no conhecido tripé: tropas de primeira linha, milícias auxiliares e companhias de ordenanças. Segundo Francis Albert Cotta, "nas Minas, a tropa paga, regular ou de primeira linha, recebia soldo, fardamento, armamento, farinha, azeite, cavalos e assistência médico-hospitalar"; era, portanto, uma tropa constituída por militares profissionais, chamados de Dragões da Capitania. Já as milícias e as ordenanças eram tropas auxiliares, não remuneradas; serviço só de honra, importa dizer. Aliás, Francis Albert Cotta, faz questão de sublinhar que "as indicações e eleições para os postos de oficiais [das tropas auxiliares] estavam inseridas em uma lógica clientelar, baseada em critérios de amizade, parentesco, fidelidade, honra e serviço".[234]

Os regimentos de ordenanças atuavam quando convocados para auxílio à tropa paga de primeira linha ou às milícias auxiliares, em casos de necessidades como ataques externos ou comoções internas, mas apenas no plano local, ou seja, estritamente no território de sua circunscrição. Quanto à sua organização, o velho Diogo de Vasconcelos, autor de memória coetânea, registra que:

> [...] em cada um dos termos da capitania existe [um] capitão-mor das ordenanças. Os termos dividem-se em diferentes distritos e, cada um dos quais, tem a sua companhia de ordenanças, com capitão comandante, alferes ajudante, [dois] sargentos [ditos, um "do número" e, outro, "supra"] e cabos.[235]

O capitão-mor de ordenanças, com autoridade sobre todo o termo, e os capitães comandantes de distritos, subordinados ao primeiro, eram escolhidos pelo governador e capitão general da capitania, dentre os incluídos em listas tríplices preparadas pela respectiva câmara. Era daquela autoridade maior que recebiam suas cartas patentes. Já os ocupantes dos postos de alferes, sargento e cabo eram indicados pelos capitães dos distritos, aprovados pelo capitão-mor e, depois, confirmados pelo governador. O alferes era a "mão direita" do capitão do distrito, responsabilizando-se pela guarda e pelo porte da bandeira de sua companhia, enquanto os sargentos se ocupavam da disciplina da tropa e da transmissão das ordens superiores.

Uma companhia de ordenanças podia incorporar até 250 moradores no respectivo distrito, se tantos homens em condição houvesse, dividindo-se em esquadras de 25 componentes cada, sob o comando de um cabo. Dessa forma, cada companhia de ordenanças contava, no máximo, com 10 cabos de esquadra, considerados oficiais inferiores.

Para Almeida Barbosa, "os elementos que constituíam as tropas auxiliares eram bem definidos: são os que cultivam as terras, criam gado e enriqueciam o país com seu trabalho e indústrias. E, em tempo de guerra são os que com as armas na mão, defendem os seus bens, as suas casas e as suas famílias das hostilidades inimigas"[236] Ao contrário dos terços de milícias (a exemplo daquele dos sertões do Bambuí), também forças auxiliares, as companhias de ordenanças agiam apenas na defesa local, não podendo se afastar do distrito em que se formavam e no qual residiam seus efetivos. Excluídos os fidalgos e eclesiásticos, para as ordenanças, poderia ser convocado qualquer homem do lugar com idade entre 18 e 60 anos, desde que já não estivesse na tropa paga ou nas milícias. Ensina Caio Prado Júnior que, "além das suas funções militares, que são, dadas a sua constituição, necessariamente restritas, as ordenanças têm um papel considerável na administração geral da colônia", mesmo que não previsto nas leis que as criaram; assim, mais pelo costume que pela normativa então vigente, foram elas "que tornaram possível a ordem legal e administrativa neste território imenso, de população dispersa e escassez de funcionários regulares".[237]

A ELEIÇÃO DO CAPITÃO MOR DO TAMANDUÁ

Em ofício datado de 1798, o governador Bernardo José de Lorena recomendava aos camaristas do Tamanduá que tomassem logo providências para constituição das companhias de ordenanças de seu termo:

> [...] atendendo a representação que me fez o coronel regente Inácio Corrêa Pamplona, na forma de seu regimento de infantaria de Milícias e dentro de sua Regência, [de que] se acham muitos moradores em número suficiente para se formarem companhias de ordenanças nos distritos seguintes, a saber – distrito desta Vila [do Tamanduá], capela de São Vicente Ferrer da Formiga, capela do Senhor Bom Jesus do Indaiá, capela da Senhora das Candeias, capela de Santo Antônio do Monte, capela do Senhor Bom Jesus do Campo Belo, distrito da [freguesia da] Senhora do Livramento do Piumhi, distrito da freguesia da Senhora Santana do Bambuí [...].[238]

Em pronta resposta, para atender a tal recomendação, os camaristas requereram, em 29 de setembro de 1798, a assistência do dito coronel regente para o preparo de "propostas dos homens que hão de ocupar os postos de capitães das novas Ordenanças desta Vila e Termo [...]".[239]

Entretanto, entre idas e vindas de ofícios e petições, como usual na burocracia da época, cerca de um ano se passou e ainda não haviam sido constituídas as companhias de ordenanças dos distritos do termo da vila do Tamanduá. Além de entraves vários, a leitura de documentos da época sugere que uma controvérsia política logo se instalou, entre os camaristas do Tamanduá e o onipresente Pamplona, acerca das prerrogativas e da posição que caberiam ao futuro ocupante do posto de capitão-mor. É importante dizer que, naquela ocasião, Pamplona, comandante do terço de milícias dos sertões do Bambuí, antes tão poderoso, perdia prestígio e as boas graças do governo da capitania, desde que voltara a Portugal o visconde de Barbacena, seu amigo particular e protetor. Certamente temeroso de futuros conflitos de competência e jurisdição (dos quais poderia sair com seu prestígio ainda mais arranhado), decorrentes da nomeação de um capitão-mor empoderado, como pretendiam os camaristas do Tamanduá, Pamplona, depois de ter advogado a rápida constituição de companhias de ordenanças "dentro [do território] de sua Regência", passara a protelar tal iniciativa.

Por seu turno, resistentes, aqueles camaristas recorreram ao governador da capitania, em primeiro de julho de 1799, nos seguintes termos:

> [...] na ordem que V. Ex^{cia}. foi servido dirigir a esta Câmara [...], determinava V. Ex^{cia}. que tudo o que pertencesse às Ordenanças ficassem estas debaixo da jurisdição do Capitão-mor competente e como este posto ainda se não tinha criado pelas causas contempladas na mesma ordem, representamos a V. Ex^{cia}. a necessidade que temos de um capitão-mor e [um] sargento mor das ordenanças e humildemente imploramos e rogamos a Ex^{cia}. haja por bem de mandar nos proceder a competente proposta para, com mais prontidão, se fazerem executar as saudáveis providências [...].[240]

Poucos dias antes do Natal de 1801, ainda sem ter recebido a autorização requerida, a câmara do Tamanduá volta a insistir com Bernardo José de Lorena acerca da necessária criação de companhias de ordenanças em seu Termo. Somente em 11 de fevereiro de 1802, oficiou o governador àquela edilidade para que lhe fosse remetida "a competente proposta de três pessoas que lhes parecerem idôneas, para eu escolher a que me parecer melhor".[241]

Demoradas foram e intrincadas devem ter sido as confabulações entre os camaristas e outros "homens bons" da vila de São Bento e seu termo, até chegarem a um denominador comum que lhes permitisse encaminhar ao governador a requerida lista tríplice. Esta, anexa ao ofício datado de 27 de outubro de 1802 e assinado pelo juiz ordinário e pelos demais oficiais da câmara, foi encaminhada nos seguintes termos:

> Ilmo. e Exmo. Senhor [Governador]: em vereança de 26 do presente mês de outubro, a que presidiu a Câmara desta Vila, por ordem de V. Ex^{cia}, propôs a mesma Câmara para Capitão-mor deste Termo em primeiro lugar o sargento-mor Domingos Rodrigues Gondim, em segundo o capitão João Quintino de Oliveira e, em terceiro, o ajudante José Ferreira Gomes; pessoas da melhor qualidade, estabelecimento e conduta deste Termo, o que pomos na respeitável presença de V. Ex^{cia}. para determinar o que for servido.[242]

JOÃO QUINTINO DE OLIVEIRA: O ESCOLHIDO

Menos de 30 dias depois, o governador fez a sua escolha. Tendo optado pelo segundo da lista, Bernardo José de Lorena mandou passar, com data de 23 de novembro de 1802, carta patente para "bem prover ao dito capitão João Quintino de Oliveira no posto de Capitão-mor de Ordenanças do termo da vila de São Bento do Tamanduá". Estabelecia a carta patente que o escolhido deveria servir no dito posto "enquanto Sua Alteza Real o houver por bem e não mandar o contrário". Na mesma, o governador ordenava "a todos os comandantes de Milícias, cabos e soldados das Ordenanças da mesma Vila e seu Termo, [que] o [re]conheçam por Capitão-mor e como tal o tratem, respeitem, estimem e em tudo lhe obedeçam e cumpram suas ordens [...]".[243]

Possuidor da grande fazenda da Cachoeirinha, situada a duas léguas do Tamanduá, na estrada do Camacho, João Quintino de Oliveira era homem de prestígio que ultrapassava os estreitos limites da freguesia e do termo.[244] O doutor Diogo de Vasconcelos, em sua *Breve Descrição Geográfica, Física e Política da Capitania*, escrita em 1807, o incluiu no rol das "pessoas célebres existentes nas Minas Gerais". Em 12 de outubro de 1828, sexto aniversário da aclamação do imperador Pedro I, este condecorou João Quintino de Oliveira com a Ordem de Cristo, pelos relevantes serviços prestados à causa da Independência,[245] passando o capitão-mor a também ostentar o vistoso título de comendador.

A escolha de João Quintino, e não de Domingos Rodrigues Gondim, também figura de proa no Tamanduá, pode ter sido parte da estratégia de diversificação que a Coroa portuguesa costumava adotar ao conceder benefícios e mercês aos maiorais da colônia, visando a ampliar a fidelidade e obediência dos povos. Afinal, o referido juiz ordinário e sargento mor estava em vias de se tornar um *nobilitado* local por outro mecanismo de concessão de mercês. Com efeito, Domingos Rodrigues Gondim fora incluído pelo mesmo Bernardo José de Lorena na "Relação dos nomes dos empregados das câmaras da Capitania de Minas Gerais em o ano de 1799, que podem merecer os hábitos das três Ordens Militares com que o Príncipe Regente Nosso Senhor tem a intenção de condecorá-los", apresentada ao príncipe regente em 1801. De 16 pessoas propostas para o agraciamento, o governador recomendava que a mercê do hábito da Ordem de Cristo, a de maior grandeza, fosse concedida a apenas três, por ele expressamente indicadas. Os demais, dentre eles o Gondim, deveriam ser agraciados ou com o hábito da ordem de Santiago ou com o da ordem de Avis.[246]

Importante lembrar que, no Antigo Regime português, se tornar cavaleiro de uma dessas três ordens militares honoríficas implicava, para o nobilitado, deveres poucos e privilégios muitos. Os deveres eram basicamente de caráter cerimonial; dentre os privilégios, além da isenção de certos tributos, destacava-se a prerrogativa de foro, pois o agraciado somente podia ser julgado no Juízo dos Cavaleiros e em nenhum outro, além de ter o direito de apelação em três instâncias.[247]

Vale também abrir um parêntese para ressaltar que o posto de capitão-mor de Ordenanças, de exercício vitalício na América portuguesa desde 1749, era um dos mais cobiçados pelos maiorais da terra, não só por ser importante elo a vincular o poder local às autoridades da Coroa, mas, sobretudo, pelos "privilégios" de que também dispunham e gozavam os capitães de ordenanças, especialmente se capitão-mor. Com efeito, as cartas patentes dos altos oficiais de Ordenanças rezavam expressamente, como se lê naquela passada a João Quintino de Oliveira em 1802, que "como o dito Posto não vencerá Soldo algum, [o provido] gozará de todas as honras, graças, privilégios, liberdades, isenções e franquezas que, em razão dele [o provimento no posto] lhe pertencem".[248]

Para Christiane Figueiredo Pagano de Mello, ser capitão de ordenanças no Antigo Regime significava fazer parte de um estamento que a literatura histórica convencionou chamar de "nobreza da terra". Para confirmar tal assertiva, a autora recuperou uma publicação de 1816, na qual se diz expressamente que "os capitães-mores, e mais capitães [de Ordenanças]", detinham, na prática, "os privilégios de Cavaleiros Fidalgos".[249] Caio Prado Júnior tem percepção similar ao escrever que "revendo os nomes que encontramos nos postos de comando dos corpos de ordenança, vamos descobrir neles a nata da população colonial, os seus expoentes econômicos e sociais [...]".[250]

Quanto ao capitão-mor João Quintino de Oliveira, o naturalista francês Auguste de Saint-Hilaire não só o conheceu durante a viagem feita em 1819 ao Oeste mineiro, como foi seu hóspede na fazenda da Cachoeirinha. Em seu relato de viagem, Sain-Hilaire diz que, depois de deparar com muito gado vacum, porcos e carneiros à entrada da vasta propriedade, foi recebido pelo capitão-mor "com perfeita cortesia", por ser ele "um homem educado e cuja mesa atestava de sobra a sua riqueza". No entanto, não deixou de reparar que a casa grande da fazenda da Cachoeirinha "era quase tão malcuidada e modesta" quanto as inúmeras que visitara em seu longo percurso pelos sertões do Oeste mineiro.[251]

Outro viajante que se hospedou na Cachoeirinha foi o militar e político Raimundo José da Cunha Matos, quando, recém-nomeado governador e comandante d'armas de Goiás, seguia do Rio de Janeiro para aquela província. Registrou em seu Itinerário que chegou ao engenho da Cachoeirinha, "um grande estabelecimento com engenho de açúcar movido por bois", em um sábado, dia 10 de maio de 1823, sendo recebido pelo administrador, pois o capitão-mor lá não se encontrava. No domingo, Cunha Matos conheceu João Quintino, que chegou à Cachoeirinha ao meio da tarde para fazer as honras da casa, estando acompanhado do vigário João Antunes Corrêa, "antigo conhecido" do viajante ilustre.[252]

Cunha Matos escreveu que "o Sr. João Quintino me tratou com a mais urbana civilidade e aprovou a obsequiosa hospedagem que me deu o administrador". Apesar de ser domingo, "o engenho está trabalhando", o que denota certo dinamismo econômico da região nas primeiras décadas do Dezenove. Na segunda feira, Cunha Matos se despediu do anfitrião, seguindo viagem pela "larga e aprazível estada real", por "entre morros cobertos de densas matas". O governador indicado de Goiás também observou que, no Centro-Oeste mineiro, "bem poucas pessoas conhecem o luxo e bons cômodos da vida: habitam muitos anos em uma propriedade como quem está para abandoná-la a cada hora".[253]

REPARTIÇÃO DO TERMO DO TAMANDUÁ EM DISTRITOS DE ORDENANÇAS

No início do século XIX, o termo da vila de São Bento do Tamanduá já se encontrava "mui povoado, quando se compara com outros lugares da Província".[254] Eram muitas as "fazendas de agricultura e de criar", a maior parte delas "de uma prodigiosa fertilidade e produção".[255] Seus possuidores se dedicavam sobremaneira à criação de gado vacum e de porcos, ainda que os campos não abrigassem "a milionésima parte do gado que poderiam sustentar".[256] Comercializavam parte de sua produção em outros termos da capitania e, alguns, até mesmo fora dela. Neste contexto, havia número suficiente de pessoas capacitadas para formar companhias de Ordenanças.

Os cidadãos investidos da função de oficial de Ordenanças prestavam juramento ao capitão-mor de bem defender os lugares de sua morada, favorecer a justiça e ajudar em todos os casos em que fossem requeridos pela autoridade superior. Em virtude de tais compromissos, se, por um lado, passavam a condição de braço auxiliar da política administrativa metropolitana em nível local, por outro, fortaleciam seus poderes de senhores da terra, ao dispor de tropa armada para impor sua própria ordem e resguardar seus interesses nos distritos que comandavam.[257]

Caio Prado Júnior foi sucinto e direto ao dizer que, "revestidos de patentes e de uma parcela da autoridade pública, eles [os oficiais de Ordenanças] não só ganharam em prestígio de força, mas se tornaram em guardas da ordem e da lei que lhes vinham ao encontro".[258] Nesse mesmo sentido, Maria José e Arno Wehling ressaltam que os corpos de milícias e ordenanças foram "significativo instrumento de capilaridade social, à medida que os postos de oficiais de ambas as linhas se constituíam em meios formais de prestígio e de reconhecimento social, [...] em um meio no qual a mobilidade era restrita".[259]

Certamente, tudo isso foi considerado pelos camaristas da vila de São Bento do Tamanduá quando dividiram o seu termo em mais de 30 distritos, para neles constituir companhias de ordenanças.[260] Consensada a repartição, comunicaram por ofício ao governador da capitania, em 29 de dezembro de 1802, que "na vila de São Bento do Tamanduá e seu termo não há um só capitão de ordenanças, [embora] admitindo, esta e seu termo, trinta e duas companhias para os distritos contidos na relação inclusa, [nos quais] há gente superabundante para estas [companhias] [...]". Sabe-se que a população somada dos 32 distritos, "calculada pelos róis de confissão do ano passado, compreende vinte mil almas, por um cálculo muito favorecido, ocupando extensão de terreno de quarenta léguas de longitude e quarenta e oito de latitude [...]". Concluindo, os camaristas rogavam a "V. Ex[cia]. para que nos mande as ordens necessárias [para] procedermos a eleição destes postos".[261]

No Anexo 2 deste livro, estão relacionados os 32 distritos de ordenanças que compunham, em 1802, o termo da vila de São Bento do Tamanduá, agrupados por freguesia ou aplicação de capela.[262]

Apresenta-se, em seguida, a título de exemplo, as descrições e divisas de alguns distritos selecionados, transcritas de documento coevo custodiado pelo Arquivo Público Mineiro (APM). Em conjunto, as circunscrições distritais aqui descritas correspondiam, grosso modo, aos atuais municípios de Arcos, Córrego Danta, Iguatama, Japaraíba, Lagoa da Prata, Luz, Pedra do Indaiá e Santo Antônio do Monte.

> [...] [iii] ***Aplicação da Capela do Senhor Bom Jesus da Pedra do Indaiá*** = no *Distrito da mesma capela* há necessidade e gente suficiente para uma Companhia, partindo desta com

o distrito da Água Limpa e com o da Serra Negra = 10ª Cia. [...]. [iv] *Aplicação de Santo Antônio do Monte e sua Capela* = no *Distrito da Capela* e seus subúrbios há necessidade e gente suficiente para uma Companhia, partindo essa com o distrito do Indaiá e com o [distrito do] Rio do Diamante = 12ª Cia.; no *Distrito e Ermida do Miranda do Rio de São Francisco* há necessidade e gente suficiente para uma Companhia, partindo essa com o Distrito da mesma Capela [de Santo Antônio do Monte] e com o [distrito do] Rio de São Francisco da parte de cá = 13ª Cia.; no *Distrito do Rio de São Francisco Acima* há necessidade e gente suficiente para uma Companhia, partindo deste com o Distrito da Ermida do Miranda e com a Capela de São Julião = 14ª Cia.; no *Distrito do Diamante* há necessidade e gente suficiente para uma Companhia, partindo essa com o Distrito da Capela de Santo Antônio do Monte e com os da Serra Negra e Indaiá = 15ª Cia. [v] *Aplicação da Capela de São Vicente Ferrer da Formiga* = [...]; no *Distrito da Ermida de São Julião* há necessidade e gente suficiente para uma Companhia, partindo essa com o Distrito de Nossa Senhora da Conceição e com o do Rio de São Francisco Acima = 18ª Cia. [...] [vii] *Freguesia de Santana do Bambuí* = [...]; no *Distrito da mesma Matriz* há necessidade e gente suficiente para outra Companhia, sendo essa formada entre o rio de Bambuí e o Jorge Pequeno, com o nome denominado de *Distrito da Boa Vista* = 24ª Cia.; no *Distrito da Ermida de Nossa Senhora de Nazaré* há necessidade e gente suficiente para uma Companhia, partindo essa com o Distrito da Boa Vista e com o ribeirão Jorge Pequeno e com o Jorge do Meio, que entra no Jorge Grande, partindo com o Termo da Vila de Pitangui = 25ª Cia.; [...].[263]

PRIMEIRAS CONCESSÕES DE PATENTES

Devidamente autorizados pelo governador, Pedro Maria Xavier de Athayde e Mello, foram logo os camaristas preparar as listas tríplices de cidadãos indicados para os postos de capitão de ordenanças dos distritos do termo do Tamanduá. Tal providência se deu em sessão de vereança no dia 10 de junho de 1803, com a assistência do capitão-mor João Quintino de Oliveira.

Decididas as listas tríplices de 25 dos 32 distritos do termo, restaram pendentes as de sete, que seriam apresentadas posteriormente.[264] Dentre os 25 distritos incluídos na primeira remessa de listas ao governador da capitania, seis pertencem ao grupo de oito distritos detalhados na seção anterior do presente capítulo, quais sejam: Boa Vista do Bambuí, Bom Jesus da Pedra do Indaiá, Nossa Senhora de Nazaré do Bambuí, Santo Antônio do Monte, São Julião e São Lázaro do Miranda.[265] No caso, ficaram para a segunda remessa as listas dos distritos do Diamante Abaixo e do Rio de São Francisco Acima.

Para o distrito da Boa Vista do Bambuí (que correspondia, aproximadamente, a ampla parcela do atual município de Luz e ao de Córrego Danta), foram indicados Joaquim da Silva Rosa, Antônio Joaquim da Silveira e João Vieira da Veiga, nesta ordem. Para o da capela da Pedra do Indaiá, os indicados eram Manoel Pereira de Vasconcelos, José Pereira de Vasconcelos e Antônio Gonçalves. Para o distrito de Nazaré do Bambuí (correspondente ao hoje distrito de paz de Esteios, no atual município de Luz), foram propostos Sebastião José Cordeiro, João Teixeira Camargos [filho] e José dos Santos Marques. Para capitão do distrito de Santo Antônio do Monte, os indicados eram David de Amorim Coelho, Antônio Borba da Fonseca e Alexandre Correa de Lacerda. Para o da ermida de São Julião (praticamente o atual município de Arcos e uma parte do de Japaraíba), foram propostos Dâmaso José da Silveira, José Lopes da Costa e Anselmo Lopes da Costa. Finalmente, para capitão de Ordenanças do distrito de São Lázaro do Miranda (grosso modo, o atual município de Lagoa da Prata, uma pequena parte do de Santo Antônio do Monte e a outra parte do município de Japaraíba), os indicados eram José Cotta Pacheco, Manoel José da Silveira e Joaquim José da Silveira.[266]

Em regra, o governador decidia pelo primeiro dos nomes indicados e, ato contínuo, mandava o secretário de Governo passar a respectiva patente de capitão de ordenanças. Tal procedimento foi seguido pelo governador Pedro de Athayde e Mello na escolha dos capitães de 22 dos 25 distritos listados inicialmente, mas, estranhamente, não observou o costume ao escolher os comandantes de São Lázaro do Miranda, da Serra Negra e de São Francisco de Paula. Ademais, os aprovados pelo governador para estes três distritos nem sequer constavam das respectivas listas tríplices encaminhadas pela câmara de São Bento do Tamanduá.

Como de se esperar, não tardou enérgico protesto dos camaristas, que diziam, em ofício remetido ao governador em 25 de julho de 1803, estar "bem persuadidos da infalibilidade do provimento de um dos três nomeados para cada distrito", mas, surpreendentemente, constataram "que para os dois primeiros [distritos] passaram patentes a Manoel da Silva Cardoso e Bento José de Magalhães [respectivamente] e, para o terceiro, a Simão José Ferreira, que não foram contemplados, como da referida Certidão se observa [anexa ao ofício]". De forma veemente, cônscios de suas prerrogativas, procuraram demonstrar ao governador Athayde e Mello que "se há Lei ou Direito que os habilita para servir nestes Postos sem dependência de permissão da Câmara, quem não entenderá que se faz supérflua a determinação pela qual passamos [...]". Referiam-se ao demorado e melindroso processo de escolha dos candidatos, conduzido pela câmara local em estrita observância ao expressamente predeterminado pelo governador.[267]

Prosseguindo na reclamatória, salientavam que:

> [...] os dois primeiros [o nomeado para São Lázaro do Miranda e o outro para a Serra Negra] nunca moraram nesta Vila ou [em] seu Termo, nem a ele vieram em algum tempo e, portanto, não podiam, e nem deviam, ser nomeados e, menos [ainda] providos em capitães daqueles Distritos, em que devem ter sua atual residência.[268]

Quanto ao terceiro nomeado, embora com "suposta residência atual no distrito de São Francisco de Paula, não o propusemos por não ser conforme as Ordens de Sua Real Alteza e, sobretudo, pela odiosa e vingativa condição com que já, muito antecipadamente, se atestava flagelar os moradores".[269]

Depois de detalhar todos os argumentos contrários aos inoportunos provimentos, concluíam o arrazoado deixando claro que:

> [...] por todas estas razões e incontestáveis fatos que a necessidade de sossego público e quietação dos Povos nos faz, como seus Representantes, pôr na Presença de Vossa Excelência [e] nos faz conceber a esperança de ver providos para os Sobreditos Distritos os neles propostos, e cassadas as Patentes que, em fraude e abuso da Lei, se passaram àqueles temerários [...].[270]

Não se conhece os motivos do que os camaristas do Tamanduá chamaram de "fraude e abuso da Lei". Mas certo é que o governador Athayde e Mello reviu sua decisão, mandando cassar as patentes já expedidas e provendo nos postos de capitão dos três citados distritos os cidadãos arrolados em primeiro lugar nas respectivas listas tríplices.

Foi então provido, como primeiro capitão comandante das Ordenanças do distrito de São Lázaro do Miranda, em 1803, o abastado fazendeiro José Cotta Pacheco. Curiosamente, os três integrantes da lista tríplice apresentada para esse distrito pertenciam ao mesmo núcleo familiar. O eleito era genro do segundo indicado (Manoel José da Silveira) e cunhado do terceiro (Joaquim José da Silveira, filho de Manoel e futuro sacerdote, ordenado em 1806), sendo todos os três proprietários de fazenda na antiga sesmaria do Bom Sucesso.[271]

Os nomes dos oficiais de ordenanças de oito distritos do termo de Tamanduá pré-selecionados para estudo de caso são apresentados no Anexo 3, discriminados por distrito. Para o distrito de São Lázaro do Miranda, mostra-se a seguir uma reprodução de parte de documento custodiado pelo Arquivo Público Mineiro.

Figura 9 – **Relação dos postos de oficial da companhia de ordenanças do distrito de São Lázaro do Miranda e nome de seus respectivos ocupantes, no início do século XIX**

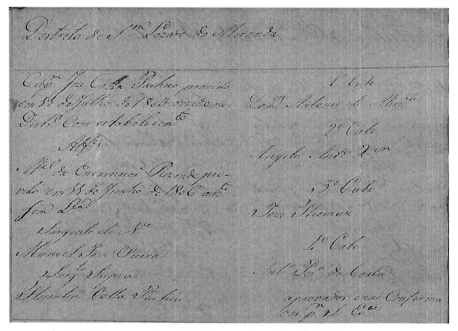

Fonte: Arquivo Público Mineiro - APM-CC, planilha 10.456, doc. 25 (1807 a 1811).

SENHORES DA TERRA: SESMARIAS E SESMEIROS NO CAMPO GRANDE

Em 17 de julho de 1822, por decisão do príncipe regente, futuro imperador D. Pedro I, foram suspensas as concessões de sesmarias no Brasil, até que a futura Assembleia Constituinte decidisse pela sua continuidade ou não. Contudo, houve uma exceção: em Minas Gerais, nos 10 anos que se seguiram à Independência, continuaram sendo passadas cartas de sesmarias em consonância com o regimento específico para o "aldeamento e civilização dos índios" no vale do rio Doce, restritas, porém a "indivíduos civilizados" que as requeriam apenas nessa zona de colonização tardia.

Segundo Henrique Gerber, ao todo, entre 1710 e 1832, foram concedidas 6.642 cartas de sesmarias em Minas Gerais.[272] Durante muito tempo, esse foi o montante considerado na literatura especializada, até o *Catálogo de Sesmarias do Arquivo Público Mineiro*[273], publicado em 1988, demonstrar ser aquele montante bem maior. De fato, em Minas Gerais, foram concedidas 7.985 cartas de sesmaria, no mesmo período.

O instituto jurídico da sesmaria aparece em Portugal por volta de 1375, com o intuito de conceder terras inexploradas a quem se dispusesse a cultivá-las. Este instituto se transportou para a América portuguesa ao tempo de Martim Afonso de Souza (entre 1530 e 1534), passando por sucessivas adaptações, em consonância com as especificidades temporais do empreendimento colonial. No caso de Minas, as concessões de sesmaria iniciaram-se em 1710, e, a princípio, predominavam glebas de três ou mais léguas quadradas. No auge do ciclo do ouro, a legislação foi modificada, reduzindo a área máxima das concessões à meia légua quadrada, na zona mineradora, e a uma légua de testada por três de fundo, ou de largo, como se dizia à época, para aquelas dadas nos sertões da capitania.

Para que se tenha ideia de tais dimensões, vale lembrar que uma sesmaria de uma légua em quadra corresponde, no vigente sistema métrico decimal, a 43,56 km^2 (ou 4.356 hectares ou 900 alqueires mineiros).

Nas Minas, buscava-se, com a concessão de sesmarias, o "aquecimento da produção interna de alimentos", pois, para a exploração mineral, o regime de distribuição de terras era outro, o das "datas". Segundo Flávio Marcus da Silva, a política adotada estimulou a agricultura "porque legitimava a posse da terra". O requerente de sesmaria, ao receber o título régio, passava a ser o legítimo proprietário "de um sítio ou fazenda com limites definidos, podendo até mesmo, posteriormente, vender sua propriedade no mercado [de terras]".[274]

Contudo, não se pode esquecer que concessões de sesmarias eram expedientes de caráter francamente clientelista, acessível apenas aos ditos "homens bons", excluída, assim, a "arraia miúda" do acesso formal à posse da terra. Para se tornar concessionário, o suplicante deveria ser ou ter ascendência portuguesa e tradição familiar, além de cabedais e "fábrica de escravos" suficiente para permitir a exploração econômica das terras pretendidas.

Além do moroso trâmite burocrático, de resultado incerto pelo risco do indeferimento da petição de sesmaria, o pretendente a sesmeiro incorria em despesa que podia chegar a 100 mil réis. Ademais, tornando-se sesmeiro, ficava obrigado, dali por diante, a pagar o dízimo anual sobre o valor da produção comercializável de sua fazenda. Esse quadro foi, muitas vezes, a razão de existir apreciável número de glebas sem o correspondente título de sesmaria, não passando, do ponto de vista legal, de simples posses, ainda que de grande extensão e fruto de transação formal de compra e venda.

Todavia, muitos foram os que se empenharam em obter carta de sesmaria, pois ser senhor de terras tituladas e de apreciável plantel de escravos dava ao sesmeiro o reconhecimento e o prestígio social que, no Antigo Regime português, ampliava sobremaneira seus poderes de maioral, principalmente em zonas de expansão da fronteira agrícola, como era o Centro-Oeste mineiro naquela época.

Depois de 1822, suspensas as concessões de sesmarias (com a exceção daquelas localizadas no vale do rio Doce, como dito antes), a forma predominante de apropriação de terras ainda não ocupadas passou a ser o apossamento, até o ano de 1854, pelo menos, quando foi regulamentada a Lei de Terras, promulgada quatro anos antes. O novo diploma legal reconheceu a legitimidade das antigas sesmarias e ratificou formalmente o regime das posses (tanto anteriores quanto posteriores ao ano de 1822), mas instituiu que, a partir de então, a compra passava a ser única forma legal de aquisição de terras no Brasil. Para Maurício de Almeida Abreu, mesmo com a brecha da posse:

> [...] muitos colonos acabaram também não tendo acesso à terra. Os que possuíam recursos puderam adquirir ou aforar antigas sesmarias ou parte delas. Grande parte, entretanto, acabou se transformando em meeiros, rendeiros ou simples agregados dos proprietários rurais [estabelecidos], formando toda uma classe de pobres livres que habitavam o campo, mas não tinha bens de raiz.[275]

PERIODIZAÇÃO DAS CONCESSÕES

Na zona do Campo Grande, as primeiras concessões de sesmarias estiveram associadas à abertura da Picada de Goiás, por volta de 1737. Com efeito, aberto esse caminho, a partir de São João del Rei, "pelos territórios de Formiga, Piumhi e para frente, instalaram-se efetivamente alguns dos abridores: André Rodrigues Elvas, Caetano da Silva, José Álvares de Mira, Francisco Rodrigues Gondim, José de Faria Magalhães, Manoel Martins da Barra, Manoel Álvares Gondim, etc.".[276] Às sesmarias concedidas aos seus empreendedores, em número de 32, todas com três léguas de extensão, foram se acrescentando, paulatinamente, outras tantas, outorgadas aos novos entrantes que se estabeleceram para além das bordas da Picada, pois as terras a ela adjacentes destinavam-se, por acordo prévio com o governo da capitania, aos que concorreram diretamente para o êxito do empreendimento.

Consultando minuciosamente o *Catálogo de Sesmarias do APM*, nos foi possível identificar, ao menos, 348 concessões feitas nos sertões do Campo Grande entre 1737 e 1820 (ano da última carta identificada). O cotejo de acidentes geográficos e topônimos, constantes tanto de mapas da época quanto de folhas topográficas atuais, com as referências locacionais contidas no texto de cada carta de sesmaria, permitiu-nos localizar e georreferenciar 316 glebas concedidas em sesmaria, dentre aquelas identificadas (vide quadro seguinte).[277]

Quadro 1 – Quantidade de cartas de sesmaria concedidas nos sertões do Campo Grande e Picada de Goiás entre 1737 e 1820, por faixa temporal

Faixa temporal	Cartas de Sesmarias Concedidas	Cartas de Sesmarias Mapeadas	% das mapeadas	Média anual de concessões
1737 a 1759	73	41	56,2%	3,3
1760 a 1765	20	20	100,0%	4,0
1766 a 1769	47	47	100,0%	15,7
1770 a 1790	74	74	100,0%	3,7
1791 a 1804	114	114	100,0%	8,8
1805 a 1820	20	20	100,0%	1,3
Total	348	316	90,8%	4,2

Fonte: o autor, com base no *Catálogo de Sesmarias*, em: **Revista do APM**, ano XXXVII, v. 1-2, 1988.

A cada uma das 316 cartas de sesmaria com sua localização identificada, foram associadas suas respectivas coordenadas geográficas (latitude e longitude), além do ano da concessão. Isso nos permitiu plotá-las em um cartograma, distinguindo os pontos por cor, segundo a faixa temporal da concessão (vide Figura 10, adiante). Esta representação esquemática nos possibilita, ainda que em abordagem exploratória, maior e melhor compreensão dos intrincados processos de ocupação territorial e acesso formal à posse da terra na zona do Campo Grande, em suas dimensões temporal e espacial.

No gráfico seguinte, verifica-se o ritmo anual das concessões dadas no Campo Grande ao longo de mais de 80 anos. Vê-se que, em três faixas temporais – de 1737 a 1759, de 1760 a 1765 e de 1770 a 1790 –, foram, em média, concedidas cerca de quatro cartas de sesmaria por ano. Entretanto, em duas outras faixas – de 1766 a 1769 e de 1791 a 1804 –, as concessões aconteceram em montantes bem superiores: na primeira, foram, em média, quase 16 cartas de sesmaria por ano; e, na segunda, a média foi de, aproximadamente, nove concessões anuais.

Gráfico 1 – Distribuição temporal das cartas de sesmaria concedidas anualmente na zona do Campo Grande e Picada de Goiás, entre 1737 e 1820

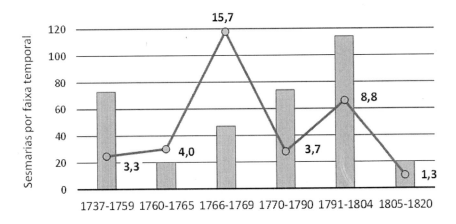

Fonte: o autor, com base em: **Revista do APM**, ano XXXVII, v. 1-2, 1988.

O grande número de sesmarias concedidas entre 1766 e 1769 foi certamente um resultado da política de incentivo ao povoamento das periferias da capitania mineira, conduzida por Luís Diogo. No caso, beneficiando colonos que atenderam ao chamado desse governador para ir povoar os sertões das nascentes do São Francisco. Exemplificando, vale relembrar aqueles pioneiros que integraram as duas primeiras expedições comandadas por Inácio Correa Pamplona nos anos de 1765 e 1769. Apenas aos entrantes de 1765 – Pamplona e mais 16 sócios –, foram concedidas 24 cartas de sesmaria, dois anos depois, sendo que o comandante amealhou, na ocasião, oito sesmarias naquela zona, para si e sua numerosa parentela.

O segundo pico de concessões, verificado entre 1791 e 1804 (cerca de 9 cartas de sesmaria por ano), parece estar mais relacionado à busca de garantia jurídica da propriedade, que o título régio oferecia, de terras já ocupadas e cultivadas, inclusive de benfeitorias nelas feitas. De fato, glebas originárias de posses antigas ou de compras feitas bem antes de o interessado encaminhar seu requerimento ao governo da capitania. Em segundo plano, certamente, encontravam-se certas concessões decorrentes da demanda por terras devolutas, para novos estabelecimentos agropastoris na fronteira ainda em expansão.

Uma evidência, mesmo parcial, a corroborar tal hipótese resulta da análise de uma amostra de 17 cartas de sesmarias concedidas entre 1791 e 1804 no território hoje correspondente aos municípios de Santo Antônio do Monte e Lagoa da Prata e ao distrito de Esteios (do atual município de Luz). Cerca de dois terços referiam-se a glebas já cultivadas e adquiridas pelos peticionários bem antes da emissão do título régio, enquanto um terço correspondia efetivamente a terras devolutas, que foram cultivadas só após a obtenção da carta pelos requerentes.

É bem possível que o maior interesse por legitimar a posse de terras ocupadas e já cultivadas, que se verificou entre 1791 e 1804, estivesse associado ao esforço de institucionalização e regulação de relações sociais e econômicas que se seguiu à criação do termo da vila de São Bento do Tamanduá. Não se pode esquecer que o título de sesmaria era também um ativo simbólico, capaz de permitir ao seu detentor (re)posicionar-se na hierarquia social local como senhor de terras e escravos. Por outro lado, para os oficiais da câmara, ser partícipe de processos de concessão de sesmaria inseria-os no conjunto "de rituais e de procedimentos de cunho civil" que fundamentavam os "atos de jurisdição e posse" próprios de pessoas empoderadas.[278]

O próximo gráfico mostra os montantes de cartas de sesmarias concedidas em Minas Gerais, entre 1740 e 1820, agrupados por década, bem como o percentual correspondente àquelas localizadas na zona do Campo Grande e Picada de Goiás. É bem provável que o menor número de cartas de sesmaria concedidas em Minas, nas décadas de 1770 e 1780, reflita a crítica situação econômica vivenciada naquelas ocasiões, devido à crise da mineração de ouro. Já na década de 1790, a dinâmica econômica havia se modificado, com expansão das atividades agropastoris, principalmente nas frentes de povoamento ao sul e ao oeste da capitania. Com isso, o volume de concessões de sesmaria retorna ao patamar médio vigente até 1769. Já na primeira década do século XIX, a retração das concessões parece refletir uma acomodação do processo de expansão das áreas de fronteira na capitania mineira.

Dinâmica relativamente diversa foi a das concessões na zona do Campo Grande, com números absolutos de cartas de sesmarias sempre crescentes e em ritmo mais célere até o final do Setecentos, com sucessivos ganhos de participação relativa no computo geral das concessões dadas em Minas Gerais (exceto na década de 1780). De fato, a proporção das sesmarias concedidas na referida zona, de pouco mais de 1% no início da série, aproxima-se de 9% na década de 1770. Depois se retrai, oscilando entre 5% e 7% nas duas décadas seguintes e atinge seu máximo, de quase 13%, nos anos iniciais do século XIX.

Gráfico 2 – Distribuição temporal das cartas de sesmaria concedidas em Minas Gerais, por década, e percentual daquelas sitas na zona do Campo Grande e Picada de Goiás, entre 1740 e 1820

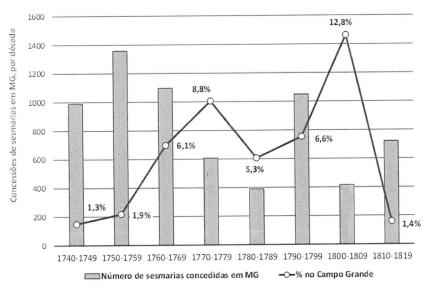

Fonte: o autor, com base em: **Revista do APM**, ano XXXVII, v. 1-2, 1988.

DISTRIBUIÇÃO ESPACIAL DAS CONCESSÕES DE SESMARIA

Concluída a análise temporal da distribuição de cartas de sesmaria no Centro-Oeste de Minas, no decorrer de oito décadas, importa prosseguir com o estudo de sua distribuição espacial, como nos mostra esquematicamente a Figura 10, adiante.

De pronto é visível que dinâmica das concessões foi geograficamente orientada. Não é difícil perceber que, desde o princípio da conquista e povoamento do Campo Grande, foi se configurando um vetor de expansão que, partindo do arraial de Oliveira, portão de entrada naqueles sertões, seguiu no rumo noroeste, balizado pelo traçado da Picada de Goiás. Portanto, as frentes de povoamento do Centro-Oeste mineiro, assentadas de princípio no planalto do interflúvio dos rios São Francisco e Grande, terras altas da então chamada serra das Vertentes, convergiram, com o tempo, para a depressão Sanfranciscana, de terras mais férteis e largos campos de criar. Primeiro alcançaram as planícies da margem direita, para, só depois, ocuparem as da esquerda do São Francisco, até as fraldas das serras do Urubu, da Marcela e da Saudade, em cujas cumieiras corria a então linha divisória das capitanias de Minas e Goiás.

Figura 10 – **Distribuição espacial das concessões de sesmaria na zona do Campo Grande, entre 1740 e 1820**

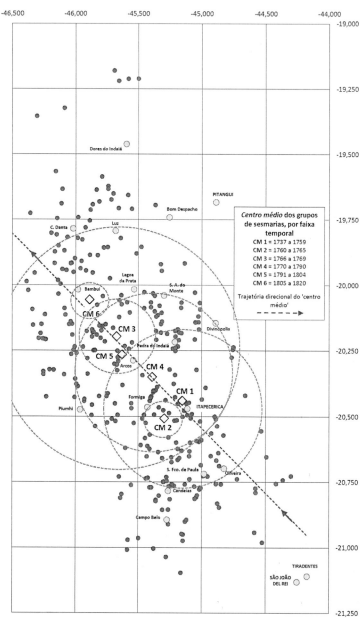

Fonte: elaboração própria. Os menores círculos em cor escura são os locais das sesmarias, enquanto aqueles um pouco maiores indicam as sedes de alguns municípios atuais da zona em estudo.

Esse vetor principal de ocupação não se estruturou a partir de etapas precisamente sequenciadas naquele espaço que se convertia progressivamente em território. Na verdade, houve avanços e recuos geográficos, porém, mantendo sempre o direcionamento do sudeste para o noroeste. Representações gráficas das densidades espaciais dessas concessões de sesmaria podem ser apreciadas no Anexo 1, realçando temporalidades e espacialidades mutantes ao longo de quase um século.

Numa etapa inicial, que vai até o final da década de 1750, a distribuição espacial das sesmarias mostra nítidos agrupamentos geográficos (ou *clusters*). O primeiro e mais dilatado abarca o entorno do "lugar e distrito do descobrimento do Tamanduá e seu arraial de São Bento", posicionando-se tanto nas cabeceiras dos rios Itapecerica e Lambari, que correm em direção ao rio Pará, quanto às margens dos rios Santana e Jacaré, ambos afluentes do rio Grande. Um nítido segundo *cluster* assenta-se no "sertão do Piumhi", com sesmarias agrupadas às margens dos ribeirões Piumhi, Araras e dos Patos. Um pouco mais distantes, tem-se dois pequenos agrupamentos: o primeiro ao redor das barras opostas que fazem no São Francisco os rios Bambuí, à esquerda, e Santana, à direita; outro, junto do ribeirão Jorge Grande, afluente da margem esquerda do São Francisco. O "centro médio" dessa primeira distribuição espacial de pontos (no caso, sesmarias) ficava a curta distância de São Bento do Tamanduá (hoje, Itapecerica), no sentido noroeste.[279]

Na primeira metade da década de 1760, foram 20 sesmarias concedidas no Campo grande, também posicionadas, a maior parte delas, no entorno do arraial do Tamanduá, sobretudo nas direções de Formiga e Candeias. Por isso, o "centro médio" dessa segunda distribuição estava ao meio do caminho que, do arraial do Tamanduá, se dirigia ao "sertão chamado da Formiga". Um pouco excêntricas, destacavam-se duas grandes sesmarias situadas próximas da foz do ribeirão Santo Antônio no rio Jacaré e, deste, no São Francisco, na, ainda mutante, divisa dos termos das vilas de São José (hoje, Tiradentes) e Pitangui.

Na segunda metade da década de 1760, foram concedidas mais 47 cartas de sesmaria na zona do Campo Grande. Pela primeira vez, destacam-se, pelo maior número, as concessões feitas na margem esquerda do rio São Francisco, "sertões do Bambuí". Mas ainda continuavam a ser dadas concessões de terras na margem direita, seja na confluência dos ribeirões da Formiga e do Pouso Alegre (convergentes em direção ao rio Grande), seja na área levemente montanhosa que fica entre os então arraiais de Oliveira, Tamanduá e São Francisco de Paula. Nessa mesma ocasião, também ocorrem concessões no vale do ribeirão Indaiá (confluente do rio Lambari, que desce para o rio Pará), entre dois arraiais então principiantes – Bom Jesus da Pedra do Indaiá e Santo Antônio do Monte. Com a maior dispersão geográfica dessa leva de sesmarias, o "centro médio espacial" do *cluster* correspondente afastava-se abruptamente das posições anteriores, indo se posicionar mais à frente, entre as atuais cidades de Arcos e Iguatama, mantido, porém, sempre o rumo noroeste do vetor de ocupação territorial. Tal posição, embora ainda ficasse na margem direita do São Francisco, já era fortemente influenciada pelas primeiras sesmarias concedidas na outra margem do rio, a Inácio Correa Pamplona, aos seus parentes e 16 sócios na entrada de 1765.

Ao longo dos quase 20 anos transcorridos entre 1770 e 1789, foram concedidas outras 74 sesmarias na zona do Campo Grande, relativamente dispersas na margem direita do São Francisco. Configuravam quatro manchas de maior densidade (*clusters*) na ocasião: i) entre as capelas de São Francisco de Paula e de Nossa Senhora das Candeias; ii) ao longo da estrada que ia do Tamanduá para a capela de São Vicente Ferrer da Formiga e, dali, ao arraial de Piumhi; iii) na então chamada "mata do São Francisco", em terras calcarias drenadas, principalmente, pelo rio São Miguel; e iv) em terras da margem esquerda dos ribeirões Indaiá e Diamante, no entorno da capela de Santo Antônio do Monte e, não longe desta, nas cabeceiras do outro rio Jacaré (este, afluente do São Francisco), onde se formaram as grandes fazendas do Bom Sucesso e do Novo Pouso Alegre (hoje, correspondentes ao extremo sudeste do município de Lagoa da Prata). Com tal distribuição geográfica, o "centro médio espacial" do aglomerado de sesmarias retraiu-se, indo se posicionar entre as atuais cidades de Arcos e Itapecerica. Manteve-se, contudo, mais uma vez, alinhado com o vetor expansionista de sentido sudeste-noroeste, antes descrito.

No quinto estágio temporo-espacial, entre 1791 e 1804, foram concedidas 114 cartas de sesmaria – uma média de quase nove por ano. É cerca de um terço do total de sesmarias concedidas entre 1737 e 1820 na zona do Campo Grande e Picada de Goiás. Embora distribuídas pelas duas margens do São Francisco, a densidade locacional se mantinha mais intensa na direita: i) no planalto ao sul, de ocupação primeva, entre os rios Santana e Jacaré, ambos afluentes do rio Grande, vizinhança das capelas de Candeias e São Francisco de Paula; ii) entre a vila do Tamanduá e a capela da Formiga; iii) nos vales do ribeirão Indaiá e do Lambari, em terras da Serra Negra e Pedra do Indaiá; e iv) nas cabeceiras dos ribeirões Diamante, Santana e Jacaré (os dois últimos, afluentes do São Francisco; o primeiro, do Lambari). Na outra margem do São Francisco, as concessões de sesmarias concentravam-se ao sul do arraial de Bambuí, pelo vale do ribeirão das Ajudas, rumo à fazenda dos Medeiros. Este novo padrão de distribuição geográfica levou ao retorno abrupto de seu "centro médio" para um ponto entre as atuais cidades de Arcos e Iguatama, mantido o sentido sudeste/noroeste do vetor de ocupação territorial no Centro-Oeste mineiro.

Finalmente, no sexto e último estágio de concessão de sesmarias, que se estende de 1805 a 1820, tem-se registro de apenas 20 cartas na zona em estudo. Assim, a média se reduz drasticamente para pouco menos de duas sesmarias por ano. Uma primeira concentração geográfica configura um eixo ao longo da margem direita do São Francisco, das imediações da atual Doresópolis até a barra que nesse rio faz o ribeirão Santana (na divisa dos atuais municípios de Japaraíba e Lagoa da Prata), incluindo os baixos vales do ribeirão dos Patos e dos rios São Miguel, Preto e São Domingos. Na margem esquerda do São Francisco, as novas concessões de sesmaria continuaram concentradas ao sul do então arraial de Bambuí e, mais além desse, na direção da fazenda do Córrego Danta, fraldas da serra da Marcela. O "centro médio" desta nova distribuição geográfica de sesmarias foi, assim, posicionar-se, pela primeira vez, do outro lado do rio São Francisco, entre as suas barrancas e a margem direita do confluente Bambuí.

Concluindo a análise da ocupação geográfica da zona em estudo, um processo dilatado no tempo e no espaço, ressalta-se que, apesar dos distintos arranjos locacionais das sesmarias ali concedidas, há um elemento material comum que direciona todo esse esforço de territorialização, o itinerário da Picada de Goiás. Com efeito, percebe-se facilmente que os "centros médios" de cada distribuição temporo-espacial de sesmarias sobrepõem-se sempre, mesmo com idas e vindas, à diretriz daquela estrada real, desde o então arraial de Oliveira até alcançar o sopé da cadeia montanhosa da Mata da Corda.

ADENDO 1

Caracterização das sesmarias concedidas nos distritos do Diamante Abaixo, Nazaré dos Esteios, Santo Antônio do Monte e São Lázaro do Miranda

Das 348 sesmarias concedidas na Conquista do Campo Grande e Picada de Goiás, entre 1737 e 1820, pouco menos de 10% localizavam-se nos quatro distritos de Ordenanças do termo do Tamanduá, aqui selecionados a título de caso em estudo, quais sejam: Diamante Abaixo, Nazaré dos Esteios, Santo Antônio do Monte e São Lázaro do Miranda. Em número absoluto, são 33 as sesmarias localizadas neste recorte geográfico. Embora duas cartas de sesmaria tenham sido pioneiramente concedidas ainda em 1737, somente na década de 1760 retomou-se ali a concessão de terras pelo governo da capitania. O pico das concessões – 17 sesmarias (praticamente a metade do total) – ocorreu entre 1791 e 1804, a exemplo do que também se verificou na zona do Campo Grande como um todo. A última concessão de sesmaria no recorte geográfico selecionado foi em 1805, destinada a Geraldo José da Silveira e situada próximo à foz do rio Santana no São Francisco, imediações da passagem que ficou conhecida como porto do Escorropicho.

Os concessionários que receberam cartas de sesmaria entre 1737 e 1805, nos quatro distritos selecionados, são apresentados a seguir, pelos seus nomes próprios, ano da concessão das terras e informações disponíveis acerca de suas origens, familiares, localização, confrontantes e características da gleba e de suas benfeitorias:

Antônio Rodrigues Velho (intitulado, o *Velho da Taipa*) – **1737** – morador na vila de Pitangui, ao requerer carta de sesmaria, alegou haver "povoado e cultivado há anos uma fazenda de gados no sertão do rio de São Francisco, no riacho chamado o Bambuí [...]". A gleba divisava pela banda Leste com Domingos Rodrigues Neves, ao norte com o rio de São Francisco e a oeste e sul com "sertões ainda por cultivar". A concessão foi de "três léguas [de terra] de comprido e uma de largo", no entorno das barras que fazem no São Francisco, quase defronte uma da outra, os rios Bambuí e Santana [conf. códice APM-SC 42, p. 100].

João Veloso de Carvalho – **1737** – também morador em Pitangui e genro do Velho da Taipa, declarou, em sua petição de sesmaria, que "tem povoado [e] cultivado há quatorze anos uma fazenda de gados no sertão das cabeceiras do rio de São Francisco, em um riacho chamado o Bambuí, que parte da banda do leste com o rio de São Francisco e do norte, oeste e sul com sertões despovoados [...]", desejando "possuí-la com justo título para viver livre de contendas". Também lhe foram concedidas três léguas de terras, sendo três de comprido e uma de largura, divisando com as de seu sogro [conf. códice APM-SC 42, p. 99].

Antônio Rodrigues da Rocha – **1763** – a carta de sesmaria passada a este povoador, em 21 de março de 1763, visava à titulação de terras que ocupava desde 1758, quando nelas se estabeleceu com fazenda de três léguas de campos e pastagens, "criando gado e lavoura de roça", e construindo curral, senzalas, monjolo e "quatro casas de vivenda". Chamou-a de "fazenda do Ribeirão Santo Antônio". Entrando em conflito fundiário com o capitão Inácio de Oliveira Campos, que invadiu a dita fazenda alegando ser terras suas, por herança de família, Rodrigues da Rocha só conseguiu demarcar sua sesmaria após sentença judicial de 16 de julho de 1767. Essa sesmaria se estendia, no sentido norte-sul, de um marco assentado junto ao ribeirão dos Machados até "um ribeirão chamado Santo Antônio e outro [mais a frente] chamado ribeirão de Santa Luzia", findando "ao pé de um pantanal grande de um buritizal, que fica desta parte divisando e confrontando com terras do capitão Inácio de Oliveira Campos". A oeste, era banhada pelo rio São Francisco. Tempos depois, por volta de 1790, grande parte dessas terras foi adquirida pelo capitão Manoel da Costa Gontijo, casado com dona Francisca Romana de Mendonça, que ali formou grande fazenda, em território que, atualmente, se desdobra entre os municípios de Moema e Santo Antônio do Monte [conf. Códice APM-SC 129, p. 149].

Inácio de Oliveira Campos – 1763 – morador em Pitangui, em 1762, invadiu e apossou de grande parte das terras que, há cerca de quatro anos, eram possuídas e cultivadas por Antônio Rodrigues da Rocha. Tal invasão gerou turbulento conflito fundiário que foi parar nas Justiças de Pitangui e Sabará. Não obstante ainda se encontrar em curso a ruidosa demanda, Inácio de Oliveira Campos recebeu, em 6 de abril de 1764, uma carta de sesmaria de "três léguas de terras no sertão do rio de São Francisco", cuja medição devia se iniciar junto ao "ribeirão chamado Jacaré, correndo rio de São Francisco [abaixo] a[té] findar no ribeirão chamado dos Machados, e finda[ndo] por um lado no mesmo rio de São Francisco e por outro na chapada do caminho do Tamanduá [...]". É notório que essa imensa gleba coincidia, quase totalmente, com as terras antes concedidas a Antônio Rodrigues da Rocha, o que exacerbou a contenda de terras. Este só foi se encerrar depois que o juiz de sesmarias de Pitangui confirmou ser de Antônio Rodrigues da Rocha a sesmaria do Ribeirão Santo Antônio e destinou ao capitão Inácio de Oliveira Campos as "terras que ficam do chamado [rio] Jacaré [...], para cima, correndo São Francisco acima". Da descrição constante dos autos do processo (custodiados no Arquivo Judicial de Pitangui), chega-se fácil à conclusão de que a sesmaria do Ribeirão Santo Antônio correspondia a partes significativas dos atuais municípios de Moema e Santo Antônio do Monte, divisando com o extremo norte do hoje município de Lagoa da Prata. Por outro lado, as terras que couberam ao capitão Inácio de Oliveira Campos, depois da decisão judicial de 1767, situavam-se na parte baixa da bacia do rio Jacaré e desdobraram-se, em anos subsequentes, em várias fazendas: Forquilha, Pantaninho, Potreiro, Urubu, Lagoa Verde, Ribeirão Santa Luzia, Brejo do Curral e, até mesmo, parte da fazenda das Grotadas. Correspondiam, no conjunto, a quase um terço da área do atual município de Lagoa da Prata [conf. Códice APM-SC 129, p. 216].

José Paes de Miranda – 1768 – morador da freguesia de São Bento do Tamanduá, este sesmeiro afirmou, em petição dirigida ao governador da capitania, que conservava, "por título de compra, há vários anos, umas terras de cultura, que consta de meia légua, sitas no rio de Santo Antônio, na estrada que vai para Tamanduá [...]". Informou ainda que elas "partem, pelo nascente com as de José Jaques Raposo, pelo poente com as do tenente Domingos Ferreira da Costa, e, pelo Sul com as de Antônio Rodrigues Paes do Rego [...]". Por pretender titulá-las em seu nome, requereu e foi-lhe concedida, em 25 de novembro de 1768, carta de sesmaria de "meia légua de terra, que houve por título de compra, na paragem acima dita" [conf. códice APM-SC, 156, p. 140]. Este capitão José Paes de Miranda foi figura de destaque na freguesia de São Bento do Tamanduá, no início da década de 1780, quando comandava a companhia de ordenanças do distrito. No ano de 1783, entrou em disputa de jurisdição com o poderoso mestre de campo Inácio Correa Pamplona, que, segundo Paes de Miranda, "estava avançando demais em suas atribuições e que Tamanduá estava fora de sua regência".[280]

José de Moraes Ferreira – 1769 – morador na freguesia de São Bento do Tamanduá, declarou, em petição ao governador, possuir "umas terras de matos, campos e capões na paragem denominada Santo Antônio do Monte, por compra que havia feito a Caetano da Silva [...]". Informou ter por vizinhos, de uma parte, Manoel Alves e Domingos Gonçalves Beirigo, e, de outra, Manoel Teixeira e Manoel Gomes. Por não ter título régio de posse de suas terras, requereu "carta de sesmaria de meia légua em quadra [...]". O título de sesmaria foi-lhe passado em 8 de abril de 1769 [conf. códice APM-SC 156, p. 175v].

Felix de Araújo Lima e sua filha Maria de Araújo Lima – 1769 – então moradores no arraial do Tamanduá, pai e filha (ela, então viúva de Francisco Fernandes Lopes) compraram de Luiz da Silva e seu sócio Bento Alves Pinto uma grande gleba de terras, situada às margens do ribeirão Diamante, "sertão do rio Lambari". Anteriormente, essa gleba fora de Antônio Dias Nogueira, integrante da expedição que, em 1758, devassou as terras banhadas pelos ribeirões Santo Antônio e Santa Luzia. O pioneiro Dias Nogueira executou os vendedores Bento Alves e Luiz da Silva por falta de pagamento pela compra que inicialmente lhe fizeram. Depois desse imbróglio, a carta de sesmaria recebida por Felix e Maria de Araújo Lima, em 11 de abril de 1769, serviu para regularizar a aquisição que fizeram de três léguas de terras "de campinas e capões", sendo "duas de comprido e uma de largo". Confrontavam com a sesmaria dos Araújo Lima as propriedades de Francisco Ferreira Fontes, ao sul; de dona Florência Cardoso de Camargo (esta, viúva do sargento mor Gabriel da Silva Pereira, nascido no Minho e falecido em 1762), ao norte; de João Soares, a oeste; e de João Borges [de Mendonça], ao poente [conf. códice APM-SC 129, p. 94].

Thomas Teixeira de Camargo – 1769 – Uma declaração dada pelo vigário de Pitangui, reverendo Domingos Soares Torres Brandão, em 27 de novembro de 1780, "para bem de sua justiça e conservação dos limites de sua freguesia", informava que "o sargento mor Gabriel da Silva Pereira e Thomas Teixeira [de Camargo] foram os primeiros povoadores do Diamante, ribeirão que desagua no rio Lambari, e no mesmo ribeirão botara também posses José Vieira Fajardo [...]".[281] No requerimento em que pediu carta de sesmaria, Thomas Teixeira de Camargo declarou estar "cultivando umas terras de matas virgens com seus logradouros, na paragem denominada a Forquilha, cabeceiras do ribeirão Diamante, termo da vila de Pitangui". O título de sesmaria de meia légua em quadra dessas terras foi-lhe concedido em 22 de abril de 1769. Eram confrontantes pelo Sul e nascente a propriedade de José Lopes Teixeira, pelo poente a de João Gonçalves Beirigo e pelo Norte a de Felix de Araújo Lima [conf. códice APM-SC 156, p. 177v].

Vale destacar que, naquela ocasião de fluídas e conflituosas fronteiras, em "sertões desertos infestados de negros quilombolas" (como eram os vales do rio Lambari e seu afluente Diamante), as terras de Thomas Teixeira de Camargo foram dadas como se estivessem na jurisdição da vila de Pitangui, e não da vila de São José, a que pertencia a freguesia do Tamanduá.

O sesmeiro foi casado com Maria Cardoso de Camargo. Eram pais, dentre outros, de Thomas Filho (que se manteve, depois de adulto, estabelecido no Diamante), do guarda-mor João Teixeira de Camargo (sesmeiro na paragem dos ribeirões Jorge do Meio e Jorge Pequeno, no atual município de Luz) e do padre José Teixeira de Camargo (que foi capelão da Pedra do Indaiá na década de 1790). Depois de viúva, Maria Camargo se uniu, em segundas núpcias, ao português e também pioneiro Antônio Dias Nogueira.

Francisco Ferreira Fontes – 1770 – açoriano, natural da Ilha Terceira e morador na paragem da Itapecerica (sítio onde veio a se desenvolver, mais tarde, a atual Divinópolis), recebeu carta de sesmaria de três léguas de terras em 9 de julho de 1770. Como era comum, a concessão ocorreu bem depois da posse, pois nela se diz que "haverá quinze anos, entrou [Ferreira Fontes] para o sertão do rio de São Francisco com portaria do Exmo. Sr. Gomes Freire de Andrade, a dar em quilombos de negros, onde achou o referido sertão todo despovoado". De fato, o requerente se intitulou "primeiro povoador e descobridor daquele sertão [entre os rios Lambari e São Francisco] nunca antes trilhado" [conf. códice APM-SC 172, p. 43].

As terras tituladas em 1770, banhadas pelo ribeirão Santa Luzia e riacho das Pedras (antigo Sete Riachos), haviam sido por ele ocupadas em 1755. A carta de sesmaria de 1770 permitiu-lhe legalizar a cessão de seus direitos a João Lopes Teixeira Chaves, ocorrida em 1764. Algum tempo depois, este João Lopes, acompanhado da mulher e dos filhos, abandonou, repentinamente, sua fazenda, ainda em formação, e foi morar, para tratamento de moléstia que lhe acometera, em São João del Rei, onde terminou falecendo.

Durante essa ausência, Francisco Ferreira Fontes trespassou a fazenda do riacho das Pedras a um parente seu, Domingos Fernandes dos Santos, que logo a ocupou. Ocorre que, após a morte de João Lopes, feito o inventário de seus bens, essa fazenda foi a leilão em São João del Rei, sendo arrematada por terceiros. Neste interim, Domingos Fernandes dos Santos, buscando resguardar a posse da dita fazenda, providência, em 1784, a medição e demarcação daquelas terras, orientando o piloto a fincar o pião "no alto de um cerrado que faz vertentes para o córrego da Boa Vista e para o riacho das Pedras". Indicou como confrontantes, além dos proprietários da fazenda da Chapada, os vizinhos Manoel Gomes de Carvalho, José Gonçalves de Oliveira, João Borges de Mendonça, Joana Francisca Xavier Toledo e Manoel Teixeira Dias. Tal medição se frustrou ao ser embargada judicialmente em 1786, a pedido de José Gonçalves de Oliveira e João Garcia Pereira, em rumorosa demanda contra os atos de Francisco Ferreira Fontes e Domingos Fernandes dos Santos. Os embargantes alegaram em juízo que as terras vendidas por Fontes a João Lopes Teixeira Chaves e, após a ausência deste, cedidas a Domingos Francisco dos Santos pertenciam desde sempre a João Garcia Pereira e que este as havia vendido a José Gonçalves de Oliveira, que era, assim, seu verdadeiro possuidor. No decorrer da querela, que durou mais de dois anos, outros tentaram invadir as mesmas terras, como José da Rosa Fontes (irmão de Francisco Ferreira Fontes), Tomás de Abreu Guimarães e José Marques da Costa (irmão de João Garcia Pereira). Entretanto, José Gonçalves de Oliveira conseguiu o ganho de causa, assumindo em definitivo a posse daquela fazenda (depois chamada das Barreiras), mas não sem antes expulsar um certo Tomás Francisco, que ali se arranchara dizendo tê-la "comprado" de José Marques da Costa.[282]

Manoel Afonso Gonçalves – 1770 – este foi outro que participou da expedição de 1758, devassando terras entre os rios São Francisco e Lambari. Em petição dirigida ao conde de Valadares, governador da capitania, Manoel Afonso afirmou haver comprado de Antônio Marques da Costa "uma fazenda para criação de éguas, gados e porcos, sita nas cabeceiras do ribeirão da Forquilha, encosta da picada da Piraquara, vertentes pela parte de cá do rio de São Francisco [...]". Disse mais: que a fazenda adquirida "confronta de uma parte com terras de Francisco Marques da Costa, José Marques da Costa, João Gomes de Carvalho, José de Souza Teixeira, Domingo Gonçalves [Viana] e, pela outra, com a sesmaria de Antônio Rodrigues da Rocha". Compreendia, assim, "três léguas de campos bravios e incapazes de cultura, com alguns capões de matos capazes de plantar [...]". Após longo arrazoado justificativo, requereu a concessão de "três léguas de terra por título régio de carta de sesmaria, fazendo-se pião aonde mais conveniente for [...]", naquela dita paragem. Aos 14 de setembro de 1770, lhe foi concedida a sesmaria pedida, perfazendo "três léguas de terra de comprido e uma de largo e meia, em quadra, por ser sertão devoluto de criar éguas, gados, porcos e ser fora dos Registros" [conf. códice APM-SC 172, p. 57].

José Pinto Viseu e seu sócio João José do Vale – 1772 – estes dois pioneiros declararam, ao requerer concessão de sesmaria, "que se acham possuindo umas terras de matos virgens, capoeiras e campos, sitas pelo rio e cabeceiras do Santo Antônio acima e suas vertentes e córregos que a ele vêm, chamados um do córrego dos Cedros e outro o Cipó [...]", na freguesia de São Bento do Tamanduá, termo da vila de São José. Declararam, ainda, que suas posses confrontam, "de uma parte, com o alferes José Paes de Miranda, de outra parte com o sítio de José Jacques Raposo e, de outra, com Manoel Furtado de Mendonça [...]". Com a justificativa de que "têm fábrica e escravos para as cultivar", requereram que lhes fosse concedida "naquela paragem meia légua de terra em quadra por legítimo título de carta de Sesmaria [...]" [conf. códice APM-SC 206, p. 41-42] Esta foi passada em 18 de outubro de 1772 e constitui o documento fundante da grande sesmaria do Bom Sucesso.

André Rodrigues Chaves – 1785 – português natural de Santa Marta de Pinho, freguesia no arcebispado de Braga, era "homem casado, morador na Lagoa Dourada, onde é comerciante". Pretendendo tornar-se agricultor, em "fazenda sita no Bom Sucesso, da freguesia de São Bento do Tamanduá, vertentes ao rio de São Francisco, que foi de José Pinto Viseu [...]", declarou em petição ao governador que naquela paragem "se acham terras devolutas para a barra do Jacaré, e partem pela parte do poente com Francisco da Costa e pela outra com Antônio de Miranda [Varela] e pela outra com João Borges [de Mendonça]". Alegando querer "cultivar as ditas terras", requereu e lhe foi concedida, em 16 de dezembro de 1785, "meia légua por sesmaria, fazendo pião onde mais conveniente for" [conf. códice APM-SC 234, p. 164]. Contudo, não se encontra registro do estabelecimento e da permanência de André Rodrigues Chaves no Bom Sucesso. Ao contrário, é certo que, em 1797, 12 anos depois daquela concessão, Rodrigues Chaves ocupava o posto de capitão de ordenanças do distrito da Lagoa Dourada, do termo da vila de São José, tendo, naquele distrito, feito testamento em 1802 e falecido em 1810 (conforme "Projeto Compartilhar").

Manoel José da Silveira – 1785 – açoriano da ilha do Pico, nascido na vila das Lages, bispado de Angra, chegou ao Brasil em março de 1769. Depois de breve estada no Rio de Janeiro, estabeleceu-se no arraial de Lagoa Dourada, freguesia de Prados, onde se casou com dona Antônia Maria de Freitas, filha de também açoriano Amaro de Freitas Almada, ali morador. No início da década de 1780, Manoel José da Silveira adquiriu uma "fazenda de matas e matos sita no Bom Sucesso, da freguesia de São Bento do Tamanduá, vertentes ao rio de São Francisco, [...] por título de compra [que] fez a José Pinto Viseu", e para lá se transferiu com a mulher, os filhos e a escravaria. Para legitimar a compra dessas terras, requereu ao governador Luiz da Cunha Menezes a concessão de carta de sesmaria de meia légua em quadra, indicando as confrontações, "pela parte do nascente, com João Borges de Mendonça e, por outra, com Antônio de Miranda Varela". O título régio lhe foi passado aos 16 de dezembro de 1785 [conf. códice APM-SC 234, p. 166]. Intitulando-se "homem branco que vive de seu negócio de fazenda" [como consta de seu testamento, em SJT – 00734 – IPHAN, Cx. 132, 1822], Manoel José da Silveira esteve à frente do grande estabelecimento agropastoril por cerca de três décadas, até a sua morte, ocorrida em cinco de janeiro de 1817. Foi assistido com todos os sacramentos e, depois, acompanhado e encomendado por dois sacerdotes e pelo reverendo capelão, sepultado dentro da capela de Santo Antônio do Monte, da qual foi benemérito benfeitor.

João Bernardes Pacheco – 1785 – também açoriano, natural da freguesia de Nossa Senhora de Assunção, ilha de Santa Maria, bispado de Angra. Transferindo-se às Minas, casou-se com Inocência Maria de Freitas (irmã de Antônia Maria de Freitas, mulher de Manoel José da Silveira) no arraial de Lagoa Dourada, freguesia de Prados. Assim como o concunhado Silveira, requereu carta de sesmaria de terras devolutas na "fazenda sita no Bom Sucesso", da freguesia de São Bento do Tamanduá, rogando a titulação delas para si. Segundo declara na petição feita ao governador, as terras pretendidas "partem pela parte do nascente com terras do guarda mor Francisco Pereira Tavares e, pela outra parte, com [as de] José do Couto Pereira e com quem mais deva partir [...]". Em 16 de dezembro de 1785, foi-lhe concedida a carta requerida, correspondente à "meia légua em quadra, fazendo pião onde mais conveniente for" [conf. códice APM-SC 234, p. 165]. Também não se tem notícia do efetivo estabelecimento de João Bernardes Pacheco no Bom Sucesso. O que se sabe é que ele continuou a morar no arraial de Lagoa Dourada, freguesia de Prados, onde faleceu em 14 de maio de 1811, na sua fazenda da Mutuca, deixando viúva e 11 filhos vivos, além de vultosos bens de raiz naquela freguesia [conforme "Projeto Compartilhar"]. É provável que Manoel José da Silveira tenha adquirido as terras concedidas a João Bernardes Pacheco e a André Rodrigues Chaves, antigos vizinhos na Lagoa Dourada, ampliando, assim, consideravelmente suas posses iniciais na sesmaria do Bom Sucesso.

Domingos de Miranda da Silva – 1787 – morador na freguesia de São Bento do Tamanduá, do termo da vila de São José, declarou, em petição de carta de sesmaria, que, "na fazenda de Antônio de Miranda Varela, do Novo Pouso Alegre, vertentes do rio São Francisco, nas cabeceiras da fazenda do dito Varela, se acham terras devolutas". Ademais, por "se acha[r] com escravos para as cultivar", requereu ao governador a concessão, por título régio, de "meia légua em quadra de terras de cultura", que confrontavam, pela "parte do nascente", com a fazenda de Manoel José da Silveira. A concessão requerida lhe foi passada em 15 de maio de 1787 [conf. códice APM-SC 234, p. 204].

José Gonçalves de Oliveira – 1793 – morador no termo da vila do Tamanduá, declarou, em requerimento dirigido ao governador da capitania, datado de 19 de abril de 1793, ser:

> [...] senhor e possuidor de suas terras, que consta de campos, capões e capoeiras, sitas na paragem chamada o Riacho das Pedras, margem do rio de São Francisco, distrito da Regência do mestre de campo e guarda mor Inácio Corrêa Pamplona, cujas terras houve por compra que delas fez a João Garcia Pereira.

No mesmo requerimento, informou que suas terras confrontavam, pela parte "do nascente, com Manoel Teixeira Dias e Tomás de Abreu e, [pel]a parte do poente, com José da Silva Fayal, e da parte do norte com João Borges de Mendonça e da parte do sul com Antônio Marques da Costa, Manoel Gomes de Carvalho e Antônio Lopes de Carvalho". Finalizou dizendo que, por se achar "com escravos e criações para as poder cultivar, sem embargo dos referidos títulos, as quer possuir por carta de sesmaria de meia légua em quadra". Uma atestação firmada pelos vereadores da vila do Tamanduá, em 18 de maio do mesmo ano, confirmou que José Gonçalves de Oliveira possuía e cultivava terras no Riacho das Pedras desde 10 de setembro de 1781 (portanto, 12 anos antes do pedido de sesmaria), "tempo em que as comprou de João Garcia Pereira, que antes as cultivava e as possuía também" [conf. códice APM-SG, Cx. 24, Doc. 23]. Aos 6 de junho de 1793, foi passada ao suplicante a pretendida carta de sesmaria [em códice APM-SC 256, p. 184]. Da minuciosa leitura desse título régio, é fácil concluir que se refere à fazenda objeto da demanda movida por José Gonçalves, adquirente, e João Garcia, vendedor, contra as pretensões possessórias de Francisco Ferreira Fontes e Domingos Fernandes dos Santos, ainda hoje conhecida por fazenda das Barreiras (na atual divisa entre Lagoa da Prata e Santo Antônio do Monte).

Antônio Pereira de Vasconcelos Guimarães – 1794 – morador na freguesia de São Bento do Tamanduá, requereu ao governo da capitania, "por legítimo título de sesmaria", umas terras devolutas localizadas "na paragem chamada o Bom Jardim, sita entre o rio de São Francisco e o Lambari [...]". Essas divisavam com as de Antônio Monteiro Braga, José do Couto Pereira (pelo poente) e Manoel de Moraes Ferreira. Aos 21 de agosto de 1794, foram-lhe concedidas três léguas de terra, sendo "três de comprido e uma de largo" [conf. códice APM-SC 256, p. 274].

Gabriel Mendes de Carvalho – 1798 – depois de ser reformado como cabo de esquadra da tropa de linha estacionada no Porto Real do São Francisco, requereu carta de sesmaria de "terras devolutas que se compõem de matas de cultura e campos de criar", situadas "na paragem chamada o Quiabo Assado, vertentes do rio de São Francisco, da parte de cá do termo da Vila Nova de São Bento do Tamanduá". Declarou que as terras pretendidas "confrontam pela parte do nascente com as de José do Couto Pereira, de José Ângelo Machado e de Antônio José do Rego, e, pela parte do poente, com as de Antônio Rodrigues Paes do Rego". Aos 5 de novembro de 1798 lhe foi concedida, "na dita paragem, [sesmaria de] meia légua de terra em quadra" [conf. códice APM-SC 286, p. 196-197]. Dedicado à atividade agropastoril,

Gabriel Mendes de Carvalho esteve à frente da fazenda do Quiabo Assado até a sua morte, em 15 de agosto de 1817. Sem filhos, deixou viúva dona Francisca Romeira da Silva. Foi sepultado no dia seguinte, no interior da capela de Santo Antônio do Monte, "do arco para cima".

Vitória Maria Ferreira – 1799 – filha do sesmeiro José de Moraes Ferreira, requereu uma sesmaria de terras devolutas "na paragem denominada o Indaiá, do termo da Vila Nova de São Bento do Tamanduá". Declarou que elas "confrontam com dona Caetana Maria de Jesus e Manoel Martins de Oliveira, o capitão Tomé Francisco da Fonseca, o tenente Antônio Pereira de Vasconcelos [Guimarães], José Rodrigues da Silva e [com] a fazenda dos Raposos". Por querer possuí-las, rogou ao governador que "lhe concedesse na dita paragem meia légua de terra de quadra". O título régio de sesmaria foi-lhe passado aos 27 de abril de 1799 [conf. códice APM-SC 286, p. 208].

José Pereira de Vasconcelos [Guimarães] – 1799 – requereu sesmaria de meia légua em quadra de terras devolutas na paragem chamada Cachoeira, situada entre as capelas do Bom Jesus da Pedra do Indaiá e de Santo Antônio do Monte, termo da vila de São Bento do Tamanduá. Sua gleba confrontava com as terras de João Martins dos Santos, ao norte; de dona Josefa de Abreu, ao sul; de José Rodrigues da Silva, a leste; e ao poente, com as de Antônio Pereira da Silva. A carta de sesmaria foi concedida ao requerente aos 6 de junho de 1799 [conf. códice APM-SC 286, 226v].

Manoel Antônio de Melo – 1799 – açoriano da ilha do Pico, morador na aplicação de Santo Antônio do Monte, termo da vila de São Bento do Tamanduá, Manoel Antônio de Melo possuía umas "terras de cultura que as houve por título de compra ao guarda mor Francisco Pereira Tavares". Em 16 de novembro de 1797, requereu concessão de carta de sesmaria de meia légua em quadra, por "ter fábrica de escravos com que trabalhar" e querer possuir sua gleba "por legítimo título". Na ocasião, listou seus confrontantes: "pelo poente, com as [terras] de José do Couto [Pereira], pela parte do sul com as de Antônio Pereira [de Vasconcelos] Guimarães, da parte do nascente com as de João Martins dos Santos, da parte do norte com as de Manoel José da Silveira" [conf. códice APM-SG Cx.34, Doc.36]. Por despacho de cinco de outubro de 1799, Bernardo José de Lorena, governador de Minas, mandou passar-lhe carta de sesmaria [conf. códice APM-SC 289, p. 59].

Matheus de Melo – 1799 – irmão do sesmeiro anterior, era também natural da ilha do Pico, bispado de Angra, arquipélago dos Açores, e morador em Santo Antônio do Monte, do termo da vila de São Bento do Tamanduá.

Em petição dirigida ao governador da capitania, aos 16 de novembro de 1797, afirmou possuir "umas terras de cultura que as houve por título de compra ao guarda mor Francisco Pereira Tavares", além de "escravatura com que possa cultivar as ditas terras [...]". Por não querer mantê-las sem o devido título régio, Matheus de Melo requereu que "nas ditas terras se lhe conceda [sesmaria de] meia légua de terras em quadra". Informou que sua gleba confrontava, "pelo poente, com as terras de José do Couto [Pereira], e da parte do sul com terras de Antônio Pereira [de Vasconcelos] Guimarães, e da parte do nascente com as terras de João Martins dos Santos e da parte do oeste com terras de Manoel José da Silveira" [conf. códice APM-SG Cx.34, Doc.41]. Quase dois anos depois, em 5 de outubro de 1799, mandou o governador Bernardo José de Lorena passar ao suplicante a carta de sesmaria requerida [em códice APM-SC 289, p. 57v]. Matheus de Melo sesmeiro não ficou muito tempo de posse de seu título régio, pois faleceu em 26 de maio de 1803, sendo sepultado dentro da capela de Santo Antônio do Monte. Homem branco, era viúvo de dona Rita Maria de Araújo e foi acompanhado e encomendado pelo reverendo capelão.

Manoel José Vieira – 1800 – morador na aplicação da capela de Santo Antônio do Monte, termo da vila de São Bento do Tamanduá, declarou, em seu requerimento, datado de 9 de julho de 1799, que, "na paragem chamada o Jacaré, tem o suplicante terras que as houve por compra, as quais são nos fundos da fazenda de José Cotta Pacheco [...], confrontando [também] com José da Silva Fayal [este, estabelecido em terras hoje ditas do Capinal e Bom Jardim dos Cristais] e com quem mais deva e haja de partir". Por querer "possuí-las por título legítimo", pedia ao governador da capitania "conceder-lhe sesmaria de uma légua em quadra, atendendo a serem campos de criar, poucas matas e ser sertão" [conf. códice APM-CC, Cx.155 - 21545]. Em despacho de 25 de junho de 1800, Bernardo José de Lorena determinou que fosse concedida ao suplicante "carta de sesmaria de meia légua em quadra", e não de uma légua como a pedira, determinação cumprida no dia seguinte pelo secretário de Governo [em códice APM-SC 289, p. 145].

Joaquim José da Silveira – 1800 – então com 20 anos de idade, o peticionário, filho do sesmeiro Manoel José da Silveira, declarou, em sua petição ao governador de Minas, que na aplicação de Santo Antônio do Monte, do termo da vila do Tamanduá, "se acham terras devolutas, as quais confrontam com as de André Pereira Lima, com as de Manoel Pereira de Araújo, com as de André Nunes e com as de Manoel José da Silveira". Por querer possuí-las por título legítimo, requeria carta de sesmaria "na dita paragem,

[de] meia légua de terra em quadra, fazendo pião onde mais conveniente for". A gleba pretendida era parte da grande fazenda do Fundão. O título régio lhe foi concedido pelo governador Bernardo José de Lorena em 26 de junho de 1800 [conf. códice APM-SC 289, p. 143v]. Em 1806, este jovem sesmeiro foi ordenado sacerdote pelo então bispo da diocese de São Paulo.

Joaquim Afonso – 1801 – em petição ao governador datada de 18 de outubro de 1800, Joaquim Afonso, morador na freguesia de Santana do Bambuí, afirmou encontrar-se "com escravaria suficiente para poder cultivar terras e criar gado vacum" na fazenda do Bom Jardim, tendo por confrontantes a fazenda do capitão Antônio Joaquim [da Silva], ao norte; o rio Bambuí, ao sul; e, "pelos mais lados", o rio São Francisco e a fazenda da Maravilha, de Frutuoso Domingues [conf. códice APM-SG, Cx. 49, Doc. 29]. Por pretender legitimar suas posses, requeria carta de sesmaria, sendo atendido com três léguas de terras na dita fazenda, em 27 de abril de 1801 [conf. códice APM-SC 289, p. 216]. Joaquim Afonso foi cabo de esquadra da companhia de Ordenanças do distrito de Nossa Senhora de Nazaré dos Esteios.

Frutuoso Domingues – 1801 – identificando-se como "morador na freguesia de Santa Ana do Bambuí e Campo Grande", declarou, em sua petição, datada de 5 de abril de 1801, que "na fazenda chamada a Maravilha, no termo da vila de São Bento do Tamanduá, se acham terras devolutas, as quais confrontam pela parte do nascente com terras do capitão Antônio Joaquim [da Silva] e pela parte do norte com os herdeiros do defunto Luiz Moreira dos Reis". Por querer possuí-las por legítimo título régio, Frutuoso Domingues requeria que fosse "servido mandar lhe passar carta de sesmaria de meia légua de terras, fazendo pião onde mais conveniente for" [conf. códice APM-SG, Cx.20, Doc.09]. Em trâmite bastante célere, não usual à época, foi lhe concedida a pretendida carta de sesmaria aos 28 do mesmo mês de abril de 1801 [conf. códice APM-SC 293, p. 57]. Tal rapidez pode ter sido resultante da interferência do capitão Antônio da Silva Brandão, comandante da 3ª companhia do Regimento de Cavalaria Regular e filho do poderoso coronel Manoel da Silva Brandão, chefe das Milícias de Bambuí, o que dispensou a demorada consulta que deveria ser feita à câmara do Tamanduá. O próprio capitão atestou, por escrito, em Vila Rica, aos 26 de abril de 1801:

> [...] que Frutuoso Domingues tem escravos para cultivar as terras que pede no seu requerimento e não tem outra sesmaria que lhe fosse concedida por este Governo, o que certifico

debaixo de juramento se necessário, até pelo conhecimento que tenho do mesmo ao tempo em que estive no destacamento de Bambuí (APM-SG, Cx.50, Doc.09).

Manoel Pereira de Araújo – 1801 – morador na paragem da Cachoeira, termo da vila de São Bento do Tamanduá, declarou, em petição dirigida ao governador da capitania em 1798, que "tem suas terras de cultura, as quais as não pode possuir sem título régio [...], e que nas ditas terras quer o suplicante fazer medir sua sesmaria de meia légua de terras em quadra". Afirmou que suas posses "partem de um lado com [as de] João Martins dos Santos, pela parte do nascente, e pela parte do poente com [as de] Matheus de Melo e Manoel José da Silveira, pela parte do sul com as de Manoel José Ferreira e dona Joaquina e André Pereira [Lima]" [conf. Códice APM-SG, Cx. 36, Doc.06]. A pretendida carta de sesmaria foi-lhe concedida em 28 de abril de 1801 [conf. códice APM-SC 293, p. 58v]. O sesmeiro Manoel Pereira de Araújo era casado com dona Floriana Rodrigues de Jesus. No final da segunda década do século XIX, o casal ainda vivia na aplicação de Santo Antônio do Monte, o que é confirmado pelo assento de batismo de sua filha Ana, recém-nascida, celebrado em 18 de junho de 1819, na capela da dita aplicação.

Francisco Martins dos Santos – 1801 – em requerimento apresentado ao governador da capitania, afirmou "que na paragem denominada O Diamante, da aplicação de Santo Antônio do Monte [onde estava estabelecido há alguns anos], na freguesia e termo da vila de São Bento do Tamanduá [...]", encontram-se terras devolutas, as quais queria "possuir por legítimo título de sesmaria", contemplando "na dita paragem, meia légua de terra em quadra". As confrontações eram, "de um lado, com as [terras] de André Pereira Lima e, de outro lado, com as de João Martins dos Santos, e com quem mais deva e haja de partir [...]". Recebeu a pretendida carta de sesmaria em dois de junho de 1801 [conf. códice APM-SC 293, p. 89v]. Esse Francisco Martins dos Santos, ao que parece, era irmão do também sesmeiro João Martins dos Santos.

João Martins dos Santos – 1801 – em requerimento datado de 28 de agosto de 1799, declarou ser "morador na aplicação de Santo Antônio do Monte, freguesia da nova vila do Tamanduá", bem como "senhor e possuidor de uma porção de terras de cultura e de criar, sitas na paragem chamada o Diamante [de Cima], na dita aplicação". E que ele as havia comprado do "falecido guarda mor Francisco [Pereira] Tavares, há mais de treze anos". Assim sendo, João Martins dos Santos, casado com dona Ana Francisca de

Jesus, nelas havia se estabelecido por volta de 1786. Rogava ao governador que "se digne conceder-lhe meia légua das sobreditas terras em quadra por sesmaria, para assim as possuir por título régio", com a justificativa de "ter suficiente número de escravos para as cultivar, sem que tenha outra sesmaria [...]". Esclarecia ainda que a aludida gleba confrontava, "por um lado, com terras de Antônio Pereira Vasconcelos Guimarães, e por outro com as de Manoel Cabral de Melo, por outro com as de José Felix de Abreu e por outro com as de Matheus de Melo" [conf. códice APM-SG, Cx.44, Doc.63]. A pretendida carta de sesmaria foi-lhe passada em dois de junho de 1801 [conf. códice APM-SC 293, p. 88].

João Martins Borges – 1801 – declarando que "na paragem chamada o Diamante, do termo da vila de São Bento do Tamanduá, comarca do Rio das Mortes, se acham terras devolutas [...]" e que as querendo possuir "por legítimo título de sesmaria", requeria a concessão de carta de sesmaria, "na dita paragem, [de] meia légua de terra em quadra [...]". Informou ainda que as terras pretendidas confrontavam com as de Antônio Pereira de Vasconcelos [Guimarães], Antônio Cabral de Melo, José Felix de Abreu e Matheus de Melo. Em 2 de junho de 1801, ao suplicante, foi concedida sesmaria de meia légua em quadra, junto ao córrego da Areia, na paragem do Diamante, "na forma das Ordens, fazendo pião onde mais conveniente lhe for" [conf. códice APM-SC 293, p. 86v].

Bernardo Teixeira Basto – 1801 – alegou, em requerimento ao governador datado de 22 de maio de 1801, ser "senhor e possuidor das terras de agricultura e campos que constam de títulos de compra que o suplicante fez das mesmas terras" na fazenda de São Simão, do termo da vila de São Bento do Tamanduá. Declarou ainda que, "para melhor as poder possuir, as quer por título de sesmaria [...]", compreendendo uma légua em quadra [conf. códice APM-SG, Cx.52, Doc.82]. A fazenda de São Simão confrontava, como rezava o dito requerimento, com os estabelecimentos de José Correa de Mesquita e de Miguel Carvalho da Cunha, com o rio de São Francisco e com as sesmarias do coronel Inácio Correa Pamplona. Aos 27 de agosto de 1801, Bernardo Teixeira Basto recebeu a pretendida carta de sesmaria [conf. códice APM-SC 293, p. 111v].

José Cotta Pacheco – 1801 – originário do arraial de Oliveira e genro do sesmeiro Manoel José da Silveira, o requerente dizia, em petição datada de 17 de junho de 1801, ser morador na aplicação de Santo Antônio do Monte, termo da vila de São Bento do Tamanduá, e possuidor de "umas terras de cultura e campos de criar, e como ao pé da sesmaria de Joaquim José da

Silveira [seu cunhado e futuro sacerdote] se acham as ditas terras devolutas, que por outra parte partem com José Gonçalves de Oliveira, as quais quer possuir por título de sesmaria". Finalizava sua petição solicitando que "se sirva conceder-lhe meia légua de terras em quadra" [conf. códice APM-CC Cx.12 - 10243]. Em 28 de agosto de 1801, o governador Bernardo José de Lorena despachou favoravelmente o requerimento do Cotta, mandando que lhe fosse passada, no mesmo dia, a pretendida carta de sesmaria [conf. códice APM-SC 293, p. 113].

Geraldo José da Silveira – 1805 – em requerimento datado de 1º de outubro de 1805, este filho mais velho do sesmeiro Manoel José da Silveira, intitulando-se morador no termo da vila de Bento do Tamanduá, informava ao governo da capitania que, junto à foz do ribeirão de Santana [no rio São Francisco], aplicação de Santo Antônio do Monte, daquele mesmo termo, "se acham umas terras devolutas". Desejando possuí-las por legítimo título, requeria a concessão de uma carta de sesmaria de meia légua em quadra. Confrontavam com as terras de Francisco José de Mesquita e de Bernardo Teixeira Basto "e com quem mais deva e haja de partir, fazendo pião onde mais convier" [conf. códice APM-SG, Cx. 66, Doc. 27]. A requerida carta de sesmaria foi passada ao Silveira com data de 5 de novembro de 1805, sendo assinada pelo novo governador de Minas, dom Pedro Maria de Athayde e Melo [conf. códice APM-SC 305, p. 12].

14

TERRAS DE CULTURA E CAMPOS DE CRIAR NO INÍCIO DO SÉCULO XIX

O Arquivo Público Mineiro (APM) custodia documento avulso assaz precioso para a história do Centro-Oeste de Minas; trata-se da "Relação das pessoas que se acham estabelecidas com fazendas no Termo da Vila de São Bento do Tamanduá, no qual se compreendem as Freguesias de São Bento do Tamanduá, de Santana do Bambuí e de Nossa Senhora do Livramento de Piumhi", manuscrito datado de 15 de janeiro de 1818.[283] Constitui fonte imprescindível para o estudo da estrutura fundiária da referida zona no final da época colonial. Arrola 633 fazendas, de distintos tamanhos, espalhadas pelos então 37 distritos de Ordenanças do termo da vila do Tamanduá. O referido documento foi elaborado pelo capitão-mor João Quintino de Oliveira, que, certamente, nele consolidou informações recebidas dos capitães dos distritos.

Analisando minuciosamente tal "Relação", percebe-se logo que, dos 633 estabelecimentos arrolados, apenas quatro foram classificados como "não cultivados". Assim, de pronto, se apresenta a seguinte indagação: quais as atividades agropastoris a que se dedicavam os possuidores daquelas fazendas? Infelizmente, dessa fonte não se obtém resposta, por nada registrar acerca do assunto específico.

Antes de buscar outras fontes, ainda que indiretas, não se deve esquecer que, mesmo após o declínio da produção do ouro, Minas Gerais continuava a ser a maior economia regional do Brasil, sustentada na primeira metade do século XIX pela agricultura mercantil de subsistência, ou seja, pela "produção de alimentos básicos destinados ora ao autoconsumo, ora ao mercado interno, dentro e fora da província", com a definiu Douglas Libby. Para o historiador, enquanto "agricultores sem escravos dela participassem apenas ocasionalmente", é certo que "fazendeiros senhores de escravos nela se inseriam regularmente".[284]

Sabe-se também que, "em Minas, a pecuária desde muito cedo constituiu-se como atividade econômica fundamental", no dizer de Ângelo Alves Carrara, para quem, "de fato, as primeiras luzes do século XIX encontraram em Minas Gerais uma pecuária já secular e para a qual o rio São Francisco havia se consolidado como rota de comércio entre os diferentes sertões brasileiros".[285] Importa relembrar que, ainda nas primeiras décadas do Setecentos, esgotada a fase de obstinada procura por ouro no termo da vila de Pitangui, parte mais setentrional do Oeste mineiro (e fora do foco específico do presente livro), muitos de seus moradores passaram à criação extensiva de gado vacum em enormes fazendas que se formavam no alto-médio São Francisco e no vale do rio Pará.

Na própria zona das nascentes do São Francisco, o quadro não se diferenciava muito do pintado no parágrafo anterior. Como já relatado, ainda na década de 1720, dois potentados de Pitangui – Antônio Rodrigues Velho e João Veloso de Carvalho – estabeleceram-se com fazendas de criar gado ao longo dos "grandes ribeiros que ali desaguam, em poucas distâncias um dos outros, Santana e São Simão, daquém, e o Bambuí, dalém o rio de São Francisco".[286]

Para Caio Prado Júnior, o conceito de economia mercantil de subsistência correspondia, de fato, a um arranjo produtivo agropastoril diversificado e independente, em oposição à grande lavoura que produzia para a exportação em larga escala (como a *plantation* açucareira, no Nordeste).[287] Tal arranjo ocupou progressivamente lugar de realce nas faixas de expansão da fronteira agrícola pelos sertões mineiros, a partir das últimas décadas do século XVIII.

Neste contexto, as mesmas barreiras impostas pela geografia às facilidades de comunicação, encarecendo os custos de transporte e reduzindo a competitividade das fazendas mineiras mais distantes dos mercados consumidores, encorajavam a diversificação econômica e incentivaram a autossuficiência de agricultores e pecuaristas instalados ao sul e a oeste da zona de ocupação mais antiga de Minas Gerais.

É importante relembrar que a expansão das atividades agrícolas e pastoris garantiu, na passagem do século XVIII para as primeiras décadas do XIX, o crescimento populacional dirigido para as franjas periféricas da capitania. Abarcavam não só grandes, mas também médios e pequenos possuidores de terras, escravos e gado, dedicados tanto à produção de subsistência quanto, e cada vez mais, àquelas voltadas à comercialização crescente no mercado interno, intra e interprovincial.

Tanto na franja Sul quanto no Oeste da capitania mineira, terras de cultura e campos de criar combinavam-se em distintas proporções – as primeiras, mais apropriadas ao cultivo de subsistência, em razão de sua fertilidade natural. Formadas por solos de matas ao meio dos cerrados, chamadas matas virgens, capões de mato e capoeiras, sendo estas últimas menos valorizadas, pela perda de parte da fertilidade original. Já os campos de criar destinavam-se ao pastejo dos rebanhos, formados pelos ditos campos sujo ou limpo, campo cerrado ou o cerrado propriamente dito, mais ralo que o cerradão e tão característico do Centro-Oeste mineiro. Segundo Bustamante Lourenço, "a fazenda típica [situada a oeste das Minas] era formada por extensões relativamente vastas de campos, com algumas áreas de matas ou solos de matas, usados nos cultivos de subsistência".[288] Em estabelecimentos menores, mais afeitos à lavoura, era comum proporção relativamente maior de terras de cultura, aliás, as mais valorizadas. Nos maiores, predominavam os campos de criar, sempre mais extensos que as terras destinadas à produção de gêneros alimentícios.

ATIVIDADES AGROPASTORIS E COMERCIAIS

Originários de fazendas das zonas de Paracatu, Araxá, Pitangui e Tamanduá e destinados à Corte e às adjacências e, em menor volume, à capitania de São Paulo, os fluxos dos produtos da pecuária estruturaram, no início do Oitocentos, vigorosa rota comercial de longo percurso, hoje chamada por Mário Rodarte de "rota oeste". O arraial de Formiga e, principalmente, a vila de São João del Rei eram os entrepostos comerciais dessa rota. A partir de São João, esses fluxos de carga seguiam pelo alternativo Caminho do Comércio (ou Caminho do Rio Preto), aberto na segunda década do século XIX para encurtar o percurso e reduzir custos, pois as taxas aduaneiras nele cobradas, ao se adentrar a província fluminense, eram menores que as praticadas na rota tradicional pelo Caminho Novo.[289]

Além dos produtos da pecuária, à pauta do comércio feito por essa "rota oeste" acrescentavam-se outros da lavoura, a exemplo do algodão e do fumo, que "seguiam o mesmo destino, embora nem sempre conduzidos pelos mesmos mercadores".[290] Exemplificando aqueles da pecuária, Laird Bergad escreveu que "na estrada para Tamanduá os criadores de porcos salgavam a carne, que em seguida era embalada em cestas e carregada nos onipresentes comboios de mulas com destino à [então] capital brasileira".[291]

Uma fonte relevante para bem conhecer o cenário econômico regional de então é uma memória estatística das atividades agropastoris praticadas no termo da vila do Tamanduá no primeiro quartel do século XIX. Foi produzida a partir de respostas dadas ao questionário enviado em 1825 à câmara daquela municipalidade pelo presidente da província. De pronto, diziam os camaristas do Tamanduá que "todo o terreno [de seu termo] é fertilíssimo, com muitas limitadas exceções", nele predominando culturas de milho, feijão, arroz, cana, algodão e mamona, sendo, assim, autossuficiente em gêneros alimentícios básicos, pois "não precisa de importação de mantimentos; antes, quando há bom mercado nas vilas de Sabará, Pitangui e São João [del Rei], exporta para estas as suas sobras". Não deixaram, contudo, de lembrar que, apesar da existência de muitos engenhos, "a maior parte deles [se encontra] em decadência, pela falta de força de seus donos".[292]

Informaram também que, no termo do Tamanduá, "criam-se gado vacum, cavalar e lanígero, e estes e aqueles fazem a parte mais considerável do comércio do país". Quanto aos fluxos mercantis internos e interprovinciais, salientaram que:

> [...] as produções da [agri]cultura e criações deste Termo [do Tamanduá] conduzem-se, cavalos, porcos e gado de toda qualidade, de pé para o Rio de Janeiro, Imperial Cidade de Ouro Preto, São João [del Rei] e Sabará; e os mantimentos e porcos mortos, em tropas e carros, para todos os lugares da Província e, para o Rio [de Janeiro], somente em tropas.[293]

Não se esqueceram de informar que "mantimentos e toucinhos de Bambuí" eram, muitas vezes, transportados "em canoas e pequenas barcas" que desciam o rio São Francisco, até Pirapora, na comarca de Paracatu.

Na visão dos camaristas do Tamanduá, a comercialização dos produtos da agropecuária regional só não alcançava melhores resultados devido a sérios obstáculos com que se defrontavam produtores e comerciantes de seu Termo, quais sejam: a "falta de boas estradas, pontes e livre navegação, falta de numerário e forças e, não menos [importante], a falta de circulação das Notas do Banco [do Brasil]". Devido a tudo isso, e porque parcela considerável de seu comércio era feita na praça do Rio de Janeiro, registraram que os mercadores do termo do Tamanduá se viam "na necessidade, ou de sofrerem grande rebate em câmbio, ou de empregarem o produto de suas vendas nos gêneros do comércio daquela Corte".[294]

De fato, além do precioso sal e dos imprescindíveis escravos africanos, os moradores do Centro-Oeste adquiriam na praça do Rio de Janeiro, por meio de negociantes estabelecidos em São João del Rei ou no arraial da Formiga, mercadorias importadas da Europa de toda sorte, como panos, chitas e rendas, grande variedade de ferragens – machados, enxadas, foices, cravos e ferraduras, freios para animais, moendas etc., além do vinho, cerveja e licores. Quanto ao "nefando comércio", ou seja, o tráfico de escravos, era principalmente feito por alguns mercadores do arraial de Oliveira.

Exemplificando obstáculos ao comércio interprovincial, Alcir Lenharo afirma que a "câmara de Tamanduá, importante centro pecuarista e exportador do interior mineiro, [ao responder a um pedido de envio de gêneros feito pela câmara do Rio de Janeiro] coloca com propriedade a dificuldade que os produtos de sua zona – gados, porcos, toucinho, queijos – encontravam para alcançar o mercado carioca". Com efeito, a resposta dos tamanduaenses aos edis cariocas, datada de 13 de agosto de 1823, enfatizava que "a condução de tudo isto [os gêneros solicitados] mostra um grande obstáculo que vem a ser os péssimos caminhos por onde necessariamente tem de transitar, perdendo os condutores inumeráveis bestas e muitas reses, além de outros prejuízos incalculáveis".[295]

Ademais, em abordagem mais ampla, sabe-se que, quanto mais distantes dos mercados consumidores as fazendas do Centro-Oeste mineiro se encontravam, mais necessária era a intermediação de mercadores e, portanto, menor o retorno auferido pelos produtores locais, que deviam repartir com intermediários parcela expressiva de seus rendimentos. De outro lado, escravos e artigos importados, principalmente os que vinham do estrangeiro, lhes chegavam bastante onerados pelo alto custo do transporte e pelos "rebates em câmbio", que costumavam ser repassados aos preços pelos mesmos atravessadores.

ESTRUTURA FUNDIÁRIA E POSSE DE CATIVOS

Para cada estabelecimento inscrito na dita "Relação [...]", foram registradas as seguintes informações: nome do possuidor(a); denominação do estabelecimento; extensão em léguas; medida dos fundos e da testada da gleba, em braças; nome dos confrontantes; se cultivada ou não; tamanho de seu plantel de escravos; local de morada do(a) possuidor(a); e modalidade de aquisição da propriedade.

Segundo Francisco Eduardo Pinto, que "descobriu" o referido manuscrito entre os papéis avulsos do fundo "Casa dos Contos" do Arquivo Público Mineiro (APM) e foi o primeiro a estudá-lo, arrolamentos dessa natureza costumavam ser produzidos para auxiliar o governo no ordenamento da ocupação fundiária da capitania, sendo "também razoável percebê-lo como um [instrumento de] controle fiscal sobre as propriedades, com o fim de submetê-las à taxação".[296]

O Quadro 2, a seguir, quantifica as fazendas estabelecidas e a escravaria nelas empregada, distribuídas entre as três freguesias que então compunham o termo do Tamanduá. Na freguesia de São Bento, a mais extensa e antiga, formada por 27 distritos de Ordenanças, encontravam-se pouco mais de 70% das fazendas arroladas. As localizadas na freguesia do Bambuí respondiam por cerca de 17%, enquanto as situadas na de Piumhi correspondiam a 12% do total. Estas duas últimas freguesias, localizadas na margem esquerda do São Francisco, de ocupação mais recente, se caracterizavam pelo menor número de fazendas, porém bem mais extensas que as situadas na freguesia de São Bento, assentada na margem direita.

No cômputo global do Termo, a média era de seis escravizados por fazenda, contabilizando também as não escravistas. Excluídas estas, a média chegava a 7,5 cativos. Do total de 633 fazendas, pouco menos de 20% não contavam com a mão de obra escravizada. Utilizavam apenas a força de trabalho livre, normalmente o proprietário, seus familiares, além de um ou outro agregado. Quanto às fazendas com apenas um cativo, correspondiam a 8,5% do total. Provavelmente, nestas predominavam atividades pouco dependentes do elemento servil, a exemplo da pecuária extensiva ou da agricultura familiar de subsistência, ou, então, o único cativo era empenhado no serviço doméstico.

Quadro 2 – Termo da Vila de São Bento do Tamanduá – 1818. **Distribuição do número de fazendas e da escravaria empregada, por freguesia**

Freguesia	N°. de Distritos	Fazendas estabelecidas N°.	Fazendas estabelecidas %	Escravaria empregada N°.	Escravaria empregada %	Média de escravos por fazenda
São Bento do Tamanduá e seus Distritos	27	448	70,8	2.707	70,7	6,0
Santana do Bambuí e seus Distritos	7	109	17,2	502	13,1	4,6
N. Sra. do Livramento do Piumhi e seus Distritos	3	76	12,0	619	16,2	8,1
Total do TVSBT	37	633	100,0	3.828	100,0	6,1

Fonte: APM, Fundo Casa dos Contos - CC, rolo 526, caixa 84, planilha 20.207 (15/01/1818).

Importa lembrar que, no final do período colonial, os escravos constituíam, junto das glebas de terra, a maior parcela da riqueza dos fazendeiros estabelecidos em zonas de expansão de fronteira agrícola, a exemplo do Centro-Oeste de Minas.

Como se vê no quadro seguinte, ao fim da segunda década do século XIX, predominavam no termo do Tamanduá os pequenos e médios senhores de escravos. Em cerca de 60% das fazendas escravistas, empregavam-se menos de 10 cativos, sendo uma metade desta proporção composta por pequenos plantéis, de até três escravos, e a outra por plantéis médios, entre quatro e nove escravos. Plantéis de maior porte (acima de 10 cativos) existiam em apenas um quinto das 633 fazendas, com ínfima participação dos plantéis ditos muito grande.[297]

Estes números estão bem alinhados com o padrão médio das posses escravistas existentes em Minas Gerais na primeira metade do século XIX, demonstrado por Douglas Cole Libby, para quem a literatura histórica mais recente faz "referência a posses de escravos de tamanho pequeno ou médio quando se trata de descrever os sítios e roçadas mineiras [...]".[298]

Quadro 3 – Termo de São Bento do Tamanduá - 1818. **Distribuição das fazendas por faixa de tamanho dos plantéis de escravizados**

Tamanho do plantel	Nº. de fazendas	%
Sem escravos	120	19,0
Pequeno: 1 a 3 escravos	186	29,3
Médio: 4 a 9	203	32,1
Grande: 10 a 49	120	19,0
Muito grande: >= 50	4	0,6
Total	633	100,0

Obs.: inclui as freguesias do Tamanduá, Piumhi e Bambuí.
Fonte: o autor, com base em: APM, Fundo Casa dos Contos - CC, rolo 526, caixa 84.

Porém, quanto à estrutura fundiária, não se pode dizer que esses senhores de poucos escravos do termo do Tamanduá fossem também possuidores de pequenas glebas. Ao contrário, uma leitura atenta da referida "Relação [...]" revela-nos a predominância dos estabelecimentos de médio e grande portes nas três freguesias do termo, com expressiva parcela de glebas com mais de 400 alqueires, ainda que abrigando plantéis de, no máximo, nove cativos.

Segundo o brasilianista Laird W. Bergad, uma explicação para a concentração da propriedade fundiária nas fronteiras agropastoris em expansão, como no Oeste mineiro, era o avanço da pecuária, normalmente extensiva, que requeria glebas maiores. Para Bergad, a criação de gado foi, no início do século XIX, importante atividade no Sul e no Oeste de Minas, não pairando dúvida de que, "na busca de grandes áreas de pastagens para seu gado, porcos ou cavalos, os criadores acumularam terras". Quase sempre, seus rebanhos eram mantidos soltos em pastagens naturais, e não havia maior preocupação com a reprodução, cercas ou quaisquer tipos de manejo e controle. Com esse padrão pastoril, segundo o mesmo Bergad, "a demanda de trabalho humano é mínima, a não ser para reunir o gado [...]", o que explica o emprego de mínimos plantéis de cativos ou, até mesmo, a sua dispensa, ficando a lida no campo a cargo do núcleo familiar do pecuarista ou de poucos vaqueiros agregados.[299]

Sobre essa estrutura, escreveu Auguste de Saint-Hilaire, que viajou pelos quatro cantos de Minas, entre 1816 e 1822: "colonos existem que, só possuindo dois escravos, têm, no entanto, vários milhares de cabeças de gado". Para o francês, uma explicação era que, entre os colonos, "não se gosta[va] de confiar as funções de vaqueiro a escravos, porque os que as exercem vivem ordinariamente longe das vistas do senhor". E, mais, ressaltou, que "os vaqueiros são muito comumente os próprios filhos do proprietário, ou então homens livres a quem se dá o terço do produto do rebanho".[300]

TAMANHOS DAS GLEBAS E DOS PLANTÉIS ESCRAVISTAS

Feita essa abordagem geral da estrutura fundiária e posse escravista no Centro-Oeste de Minas, mais precisamente no termo do Tamanduá, na segunda década do Oitocentos, o foco analítico agora se desloca, à guisa de estudo de caso, para quatro distritos de Ordenanças previamente selecionados, quais sejam: Diamante Abaixo, Nazaré dos Esteios, Santo Antônio do Monte e São Lázaro do Miranda.[301]

Como se vê no Quadro 4, neles predominavam os pequenos e médios plantéis escravistas, fato já constatado para o termo do Tamanduá como um todo. A essas duas categorias de plantéis correspondiam quase 68% das 62 fazendas e 56% da mão de obra cativa. Nesse conjunto de distritos, a média era de cinco escravos por fazenda (considerando estabelecimentos escravistas e não escravistas), aquém da média geral do termo a que pertenciam. Excluídas as fazendas não escravistas (10 ao todo), a média de cativos chegava a seis por estabelecimento, ainda inferior à do Tamanduá como um todo.

Nenhuma das 62 fazendas possuía plantel muito grande (ou seja, com 50 ou mais cativos). Apenas 16% delas contavam com grandes plantéis (entre 10 e 50 escravizados), que são discriminadas adiante. Ressalta-se que o maior plantel não passava de 20 escravos, pertencente ao alferes Manoel Caetano de Almeida, possuidor da fazenda do Retiro, situada no distrito de ordenanças de São Lázaro do Miranda (vide Quadro 5). De toda forma, pode-se afirmar que, naqueles quatro distritos, assim como as terras, a escravaria se concentrava em algumas poucas fazendas, com 16% delas abrigando 44% dos escravizados.

No tocante à estrutura fundiária, esta pode ser mais bem avaliada no Quadro 6, que distribui por classe de tamanho das glebas a quantidade de estabelecimentos localizados nos quadros distritos selecionados, bem como a soma de suas áreas, medidas em alqueires mineiros.

O conjunto de fazendas arroladas nos quatro distritos aqui estudados correspondia a cerca de um décimo do total das cadastradas no termo da vila do Tamanduá pelo capitão-mor. As propriedades de pequeno porte, com área de até 41 alqueires, ou cerca de 200 hectares (incluindo alguns minifúndios), eram pouco mais de um quinto do total, porém suas extensões somadas equivaliam a apenas 1% da área total de terras ocupadas naqueles distritos.

Quadro 4 – Distritos do Diamante Abaixo, Nazaré dos Esteios, Santo Antônio do Monte e São Lázaro do Miranda (todos do Termo do Tamanduá) – 1818. **Distribuição das fazendas e da escravaria segundo o tamanho do plantel**

Tamanho do plantel de escravizados	Nº. de fazendas	%	Nº. de escravos	%
Sem escravos	10	16,1	0	0,0
Pequeno: 1 a 3 escravos	20	32,3	40	12,7
Médio: 4 a 9	22	35,5	136	43,3
Grande: 10 a 49	10	16,1	138	44,0
Muito grande: >= 50	0	0,0	0	0,00
Total	62	100,0	314	100,0

Fonte: o autor, com base em: APM, Fundo Casa dos Contos - CC, rolo 526, caixa 84.

Por outro lado, cerca de um terço eram fazendas com mais de 400 alqueires de área, podendo, uma delas, classificar-se como latifúndio (pela métrica de hoje), por seus mais de 1 mil alqueires (ou 5 mil hectares) de terras. As grandes glebas, somadas, respondiam por 83% da área ocupada com atividades agropastoris no conjunto dos quatro distritos. Entre os dois extremos, posicionavam 26 estabelecimentos de médio porte (cerca de 42% das propriedades), com suas áreas somadas perfazendo 16% das terras ocupadas com a agricultura.

Esses números evidenciam a forte concentração das terras entre poucos senhores, característica marcante da estrutura fundiária daquela época na zona estudada. De fato, no recorte geográfico em pauta, predominavam fazendas cujas extensões oscilavam, na métrica da época, entre meia e duas léguas, sendo a metade com mais de 200 alqueires (equivalentes a cerca de 1 mil hectares).

As 16 maiores fazendas, quanto à escravaria, do conjunto de quatro distritos aqui estudados, são discriminadas no Quadro 5, seguida do nome do respectivo possuidor e do distrito em que se localizava.

Quadro 5 – Termo do Tamanduá – 1818; distritos do Diamante Abaixo, Nazaré dos Esteios, Santo Antônio do Monte e São Lázaro do Miranda. **Relação das fazendas com plantéis de 10 ou mais escravos, em ordem decrescente do número de escravizados**

Nome da Fazenda	Proprietário	Distrito	N°. de escravos
Retiro	Manoel Caetano de Almeida	São Lázaro do Miranda	20
Olho D'água	José Simões de Oliveira	Nazaré dos Esteios	17
Fundão	Antônia Maria de Freitas	São Lázaro do Miranda	16
Boa Vista	Sebastião José Cordeiro	Nazaré dos Esteios	15
Forquilha	Manoel Fernandes Lopes	S. Antônio do Monte	13
Bom Sucesso	José Cotta Pacheco	São Lázaro do Miranda	12
Estiva	Euzébio Antônio de Mesquita	São Lázaro do Miranda	12
Diamante	João Martins Borges	S. Antônio do Monte	12
Diamante	Inácio Joaquim de Camargo	Diamante Abaixo	11
Rib. dos Patos	Vicente Cabral de Melo	Diamante Abaixo	10
Total			138

Fonte: o autor, com base em: APM, Fundo Casa dos Contos - CC, rolo 526, caixa 84.

Quadro 6 – Termo do Tamanduá – 1818: distritos do Diamante Abaixo, Nazaré dos Esteios, Santo Antônio do Monte e São Lázaro do Miranda. **Distribuição das fazendas e de suas extensões somadas, por classe de tamanho**

Classe de tamanho das fazendas	N°.	%	Área total (alq. m.)[1]	%
Minifúndio: até 2,1 alq. m. (= 10 ha)	2	3,2	2,3	0,0
Pequena: > 2,1 a 41,3 alq. m. (= 200 ha)	12	19,3	226,2	1,0
Média: > 41,3 a 413,2 alq. m. (= 2.000 há)	26	41,9	3.473,6	16,1
Grande: > 413,2 a 1.033,1 alq. m. (= 5.000 ha)	21	33,9	16.795,1	77,7
Latifúndio: > 1.033,1 alq. m. (> 5.000 ha)	1	1,6	1.125,0	5,2
Total	62	100,0	21.622,2	100,0

(1) alq. m. = alqueire mineiro; ha = hectare.
Fonte: o autor, com base em: APM, fundo Casa dos Contos - CC, rolo 526, caixa 84.

Exceto a fazenda de Manoel Fernandes Lopes, intitulada Forquilha e situada no distrito de Santo Antônio do Monte, com quase 1.200 alqueires de área, as demais eram estabelecimentos de uma légua em quadra (em torno de 900 alqueires). Embora representassem por volta de um quarto das fazendas estabelecidas naqueles quatro distritos, somavam, aproximadamente, 70% da extensão total de terras ocupadas com atividades agropastoris e abrigavam cerca de 40% da mão de obra escravizada.

Correlacionando as áreas das 62 fazendas aqui analisadas com os tamanhos dos respectivos plantéis escravistas, conclui-se que, apesar da profusão dos pequenos plantéis, a maior parte do contingente mancípio estava concentrada nas grandes fazendas. Havia, contudo, exceções à regra: as fazendas do Bom Jardim, de Antônio Xavier Borges, e do Olho D´Água, de Euzébio Antônio de Mesquita, por exemplo, ambas extensas, localizadas no distrito de Nazaré dos Esteios, não dispunham, na época, nem sequer de um escravo. Cinco outros estabelecimentos do mesmo porte abrigavam plantéis com menos de quatro escravizados, sendo que, na fazenda do Pântano, distrito de São Lázaro do Miranda, havia sido arrolado apenas um cativo.

Segundo Francisco Eduardo Pinto, com os recursos disponíveis naquela época, a única justificativa para um fazendeiro possuir e explorar estabelecimentos de grande extensão com o concurso de pequenos plantéis de cativos, ou até mesmo sem eles, era a prática exclusiva da pecuária extensiva, por sua pouca ou nenhuma dependência do elemento servil.[302]

Em igual linha de pensamento, Laird Bergad destaca que explorar culturas agrícolas em fazendas não escravistas seria algo bastante improvável, pois, "sem equipamento moderno para lavrar a terra e fazer colheitas, o nível da produção é determinado pelo número de braços que trabalham a terra".[303] Assim, prevalecia um círculo vicioso em que a carência de capital impedia a aquisição de escravos e, na falta destes, não se ia além da pequena lavoura, impotente para produzir com regularidade e fins comerciais em mercados mais amplos, condição necessária para qualquer fazendeiro obter retorno financeiro apreciável.

O barão de Eschwege, engenheiro que viajou pelo Oeste mineiro na segunda década do século XIX, bem percebeu que o reduzido aproveitamento de vastas glebas levava à baixa lucratividade, característica marcante dos negócios de fazendeiros daquela zona. O alemão escreveu que "o lucro do lavrador cresce quanto mais escravos possui e, mesmo que sua fazenda tenha léguas de extensão, sem os escravos nada vale, pois há grande falta de homens que trabalhe a jornal" [ditos jornaleiros].[304]

No Quadro 8, a seguir, pode se constatar que as áreas somadas das fazendas localizadas no distrito de São Lázaro do Miranda correspondiam a cerca de 40% da extensão total das fazendas dos quatro distritos analisados. Já os estabelecimentos agropastoris dos distritos de Santo Antônio do Monte e Diamante Abaixo, juntos, respondiam por um terço de toda a extensão. Na margem esquerda do São Francisco, o distrito de Nazaré dos Esteios, com menos fazendas (11 ao todo), respondia por pouco mais de um quarto da área ocupada pela agropecuária no conjunto de quatro distritos.

Quadro 7 – Termo do Tamanduá – 1818: distritos do Diamante Abaixo, Nazaré dos Esteios, Santo Antônio do Monte e São Lázaro do Miranda. **Relação das maiores fazendas, segundo a extensão, com suas áreas em alqueires mineiros**

Nome da Fazenda	Proprietário	Distrito	Área (alq. min.)
Barra do São Simão	Bernardo Teixeira Basto	São Lázaro do Miranda	900
Bom Jardim	Antônio Xavier Borges	Nazaré dos Esteios	900
Bom Sucesso	José Cotta Pacheco	São Lázaro do Miranda	900
Buritis	Maria de Araújo Lima	Santo Antônio do Monte	900
Diamante	Inácio Joaquim de Camargo	Diamante Abaixo	900

Nome da Fazenda	Proprietário	Distrito	Área (alq. min.)
Diamante	João Martins Borges	Santo Antônio do Monte	900
Esteios	Leonarda Rodrigues	Nazaré dos Esteios	900
Forquilha	Manoel Fernandes Lopes	Santo Antônio do Monte	1.125
Noruega	Antônia Clara de Marim	Nazaré dos Esteios	900
Fundão	Antônia Maria de Freitas	São Lázaro do Miranda	900
Montevideo	Geraldo José da Silveira	São Lázaro do Miranda	900
Olho d'Água	Euzébio Antônio de Mesquita	Nazaré dos Esteios	900
Olho d'Água	José Simões de Oliveira	Nazaré dos Esteios	900
Pântano	Manoel Antônio de Azevedo	São Lázaro do Miranda	900
Retiro	Manoel Caetano de Almeida	São Lázaro do Miranda	900
São Simão	Manoel Dias de Carvalho	São Lázaro do Miranda	900
Total (16 fazendas)			14.625

Fonte: o autor, com base em: APM, Fundo Casa dos Contos - CC, rolo 526, caixa 84.

Embora a área média das 62 fazendas desse conjunto de quatro distritos fosse de, aproximadamente, 350 alqueires, havia distinções marcantes entre eles nesse quesito, como mostra o Quadro 8. Em Nazaré dos Esteios e São Lázaro do Miranda, a área média dos estabelecimentos era superior à do conjunto. Ao contrário, nos distritos de Santo Antônio do Monte e do Diamante Abaixo, encontravam-se aquém.

São Lázaro do Miranda era o mais escravista dos quatro distritos, seguido por Santo Antônio do Monte. Em números absolutos, no primeiro havia 118 cativos (37,5% do contingente total), enquanto, no segundo, eram 92 (quase 30%). Os distritos de Nazaré dos Esteios e do Diamante Abaixo, com suas peculiaridades fundiárias, detinham menores proporções: 15% e 18% da mão de obra cativa, respectivamente.

Ainda no tocante ao elemento servil, a média nesse conjunto de distritos era de cinco cativos por fazenda, mas também com notáveis diferenças entre eles. Em São Lázaro do Miranda, o plantel médio era de sete escravos (superior à média), enquanto no Diamante Abaixo, de pouco mais de três cativos (abaixo da média). Em posição intermediária, encontrava-se o distrito de Santo Antônio do Monte, com seu plantel médio de 5,5 escravos. Em Nazaré dos Esteios, não obstante abrigar, predominantemente, fazendas de maior tamanho, havia pouco mais de quatro cativos por plantel, em média.

Também merece destaque a modalidade de aquisição de terras (ou melhor, a natureza do título aquisitivo) por parte dos fazendeiros. Consultando a "Relação [...]", conclui-se que, no termo do Tamanduá como um todo, assim como nos quatro distritos aqui analisados, predominou a compra, por si só ou combinada com uma outra (vide Quadro 9). Com efeito, pouco mais da metade das fazendas arroladas no termo em 1818 havia sido objeto de compra por seus então possuidores, enquanto nos quatro distritos selecionados, pouco menos da metade. Adicionando as combinações de compra e herança e de compra e sesmaria, a compra já era a modalidade mais adotada, no todo ou em parte de quase 70% das fazendas listadas, nos dois recortes geográficos.

Quadro 8 – Termo do Tamanduá – 1818: distritos do Diamante Abaixo, Nazaré dos Esteios, Santo Antônio do Monte e São Lázaro do Miranda. **Número de fazendas, áreas total e média e contingente escravista, por distrito**

Distrito de Ordenanças	Nº. de fazendas	%	Área (em alqueire mineiro) Total	%	Média	Nº. de escravos	%
Sto. Antônio do Monte	17	27,4	4.490	20,8	264,1	92	29,3
Diamante Abaixo	17	27,4	2.786	12,9	163,9	57	18,2
São Lázaro do Miranda	17	27,4	8.446	39,1	496,8	118	37,5
Nazaré dos Esteios	11	17,8	5.878	27,2	534,4	47	15,0
Total	62	100,0	21.610	100,0	348,5	314	100,0

Fonte: o autor, com base em: APM, fundo Casa dos Contos, CC, rolo 526, caixa 84.

É interessante observar que, em 1818, pouco menos de um décimo das fazendas arroladas no termo do Tamanduá haviam sido adquiridas pelos então proprietários por meio de carta de sesmaria, assim mesmo se consideramos as combinações deste título régio com a compra ou mesmo com a posse. Nos quatro distritos em pauta, a proporção era bem menor, menos de 2%. Quanto às fazendas recebidas em herança, correspondiam a um quarto do total arrolado no termo e a pouco mais de um quarto no âmbito dos quatro distritos. Acrescentando aquelas em que uma parte da gleba viera por herança e a outra adquirida por compra, chega-se às proporções de 36% no termo e de 47% no conjunto dos quatro distritos – Diamante Abaixo, Nazaré dos Esteios, Santo Antônio do Monte e São Lázaro do Miranda.

Analisando a distribuição dos meios de aquisição de terras no termo do Tamanduá, Francisco Eduardo Pinto destacou os "fortes indícios da existência de um mercado de terras [ainda] no final do período colonial na região estudada" e concluiu que a aquisição por títulos de sesmaria "estaria caindo em desuso" na virada do século XVIII para o XIX. Para o citado autor, o recorrente registro do mecanismo da "compra" na "Relação" de 1818 indicava que "as propriedades mudaram das mãos dos pioneiros [sesmeiros ou, mesmo, posseiros] para as de forasteiros adventícios".[305] Nessa abordagem da questão, Pinto comete um equívoco parcial, pois a compra e venda de terras na zona do Campo Grande era prática bem antiga. De uma amostra de três centenas de cartas de sesmaria que identificamos na referida zona, cerca de 40% haviam sido concedidas durante as três décadas que se seguiram à criação da vila de São Bento do Tamanduá, ou seja, entre 1791 e 1820. Na última destas décadas, é certo que o povoamento já se encontrava consolidado. Ocorre, contudo, que grande parte das cartas de sesmaria costumavam ser requerida "como garantias às posses já lançadas ou a terras já compradas" há muito tempo atrás, como bem demonstrou Ângelo Alves Carrara para o caso mais geral de Minas Gerais.[306]

Um bom exemplo dessa prática na zona em estudo é a carta de sesmaria concedida em 1774 a José Pinto Viseu e seu sócio, que se achavam "possuindo umas terras de matos virgens, capoeiras e campos, sitas pelo rio e cabeceiras do Santo Antônio acima e suas vertentes" [conforme consta do códice APM, SC 206, p. 41]. Também é o caso de carta sucedânea a essa, passada em 1785 a Manoel José da Silveira para regularizar a "fazenda de matas e matos sita no Bom Sucesso, da freguesia de São Bento do Tamanduá [...]", adquirida "por título de compra que [o dito Manoel] fez a José Pinto Viseu" [conf. códice APM, SC 234, p. 166]. A grande sesmaria de Manoel José da Silveira desdobrou-se, após a sua morte e repartição da herança, nas fazendas do capitão José Cotta Pacheco – seu genro, mantida com a denominação de Bom Sucesso; de sua viúva – dona Antônia Maria de Freitas –, em sociedade com um dos filhos – o padre Joaquim –, chamada Fundão; e a denominada Montevideo, que ficou com o filho mais velho – Geraldo José da Silveira.

A referida "Relação [...]" registra que as fazendas do Bom Sucesso e do Fundão haviam sido adquiridas por compra, enquanto a do Montevideo, por herança, apesar da marca sesmarial na origem de todas as três. Aliás, o capitão Cotta Pacheco e seu cunhado Geraldo José da Silveira foram agraciados com carta de sesmaria de meia légua em quadra, ainda antes da morte de Manoel José da Silveira, sogro e pai dos citados. A sesmaria do Cotta, com título datado de 1801, confrontava com a própria fazenda do sogro [conf. códice APM, SC 293, p. 113], enquanto a de Geraldo, concedida em 1805, correspondia a terras devolutas situadas no entorno da foz do rio Santana no São Francisco [conf. códice APM, SC 305, p. 12], próximo da passagem do Escorropicho e do Bom Jardim, onde veio a se estabelecer posteriormente, deixando a fazenda do Montevideo para os filhos que iam se casando, que dela receberam partes como dote ou adiantamento de herança.

Quadro 9 – Termo do Tamanduá – 1818: distritos do Diamante Abaixo, Nazaré dos Esteios, Santo Antônio do Monte e São Lázaro do Miranda. **Distribuição das fazendas segundo o modo de aquisição**

Meio utilizado ou combinação de meios para aquisição	Termo da VSBT Nº.	%	Distritos selecionados Nº.	%
Compra	331	52,3	30	48,5
Herança	152	24,0	17	27,4
Herança e compra	77	12,2	12	19,3
Sesmaria	16	2,5	0	0,0
Sesmaria e compra	23	3,6	1	1,6
Sesmaria e posse	3	0,5	0	0,0
Posse	17	2,7	0	0,0
Posse e compra	3	0,5	0	0,0
Outras	11	1,8	2	3,2
Total	633	100,0	62	100,0

Fonte: o autor, com base em: APM, Fundo Casa dos Contos - CC, rolo 526, caixa 84.

Caso semelhante se verifica com outra fazenda ainda mais antiga, cuja carta de sesmaria fora passada, em 1769, a José de Moraes Ferreira, que dizia possuir "umas terras de matos e campos e capões na paragem denominada Santo Antônio do Monte, por compra que havia feito a Caetano da Silva [...], e [que] por não ter as mesmas por título régio, me pediu lhe mandasse fazer carta de sesmaria" [conforme consta do códice APM-SC 156, p. 175v].

Assim como nesta, em muitas outras cartas de sesmaria concedidas no Centro-Oeste mineiro, fica clara a existência pretérita de um mercado de terras que alguns estudiosos, como Francisco Eduardo Pinto, julgam ter surgido apenas no final do período colonial.

ENSAIO DE TIPOLOGIA DAS UNIDADES PRODUTIVAS AGROPASTORIS

Não sendo conhecidas fontes documentais específicas acerca das atividades produtivas nas fazendas estabelecidas no termo da vila do Tamanduá no final da segunda década do século XIX, somente podemos conjecturar a respeito delas. Um ponto de partida é o conhecimento acumulado acerca das estruturas fundiária e escravista mais gerais então prevalecentes, sem desconsiderar, contudo, fontes indiretas disponíveis, a exemplo de relatos de "viajantes" e outras memórias coevas, que trataram de aspectos geográficos e econômicos da zona em pauta.

Desenvolvemos adiante, em abordagem exploratória, um segundo estudo de caso contemplando os mesmos quatro distritos de Ordenanças: Diamante Abaixo, Nazaré dos Esteios, Santo Antônio do Monte e São Lázaro do Miranda. Certas informações da citada "Relação das pessoas [...]" nos permitirão ensaiar uma primeira tipologia de unidades produtivas prevalecentes nos citados distritos.

Nossa tipologia resulta da combinação cruzada de dois atributos relevantes das fazendas: a extensão das glebas e o tamanho do plantel de cativos. No eixo "extensão da gleba", são considerados três classes de tamanho: i) pequena (incluindo alguns minifúndios); ii) média; iii) grande (incluindo um único latifúndio). No eixo "tamanho do plantel", elas são divididas em quatro classes: i) não escravista; ii) pequeno plantel; iii) médio plantel; iv) grande plantel.

Combinando essas classes caracterizadoras, resultaram seis categorias (ou tipos) de unidade produtiva, nas quais foram enquadradas as 62 fazendas dos quatro distritos, como apresentado no Quadro 10, a seguir.

Na *primeira categoria,* enquadram-se oito grandes fazendas, com área média de 894 alqueires e detentoras dos maiores plantéis (14,5 cativos por estabelecimento, em média). É razoável pensar que seus possuidores fossem os fazendeiros de maior poder econômico daqueles distritos. Certamente se dedicavam a atividades agropastoris diversificadas e integradas, praticadas em escala mercantil. Comumente, produziam milho, principal fonte de carboidratos para o sertanejo e suas criações, além de algodão, cana-de-açúcar ou fumo; criavam gado bovino para corte; e cevavam porcos, não só para consumo familiar e da população da redondeza, mas também para abastecer mercados relativamente distantes, na província e mesmo fora dela.

Quadro 10 – Termo do Tamanduá – 1818: distritos do Diamante Abaixo, Nazaré dos Esteios, Santo Antônio do Monte e São Lázaro do Miranda. **Tipologia de unidades produtivas agropastoris, segundo a extensão da gleba e tamanho do plantel de escravizados**

ID	Categorias tipológicas – Extensão da gleba e tamanho do plantel	Categorias tipológicas – Características hipotéticas das atividades produtivas	Fazendas Nº.	Fazendas %	Área média (alq.)	Plantel médio (n.º)
1ª	Grande gleba e grande plantel	Atividades agropastoris diversificadas e integradas, com escala mercantil	8	12,9	893,8	14,5
2ª	Grande gleba e pequeno plantel ou não escravista	Pastejo extensivo de gado vacum e ou uso para invernadas	8	12,9	845,3	1,3
3ª	Gleba média ou grande e grande ou médio plantel	Atividades agrícolas diversas com comercialização do excedente	8	12,9	557,2	7,8
4ª	Gleba e plantel de médios portes	Fazendas escravistas com lavoura e suinocultura de porte médio	12	19,3	134,2	6,3
5ª	Gleba média e pequeno plantel ou não escravista	Fazendas com lavoura de subsistência ou pequena suinocultura comercial	12	19,3	117,8	1,4
6ª	Gleba pequena e pequeno plantel ou não escravista	Sítios e roças com pequena agricultura familiar e produções caseiras	14	22,7	16,3	2,4
Total			62	100,0	348,7	5,1

Fonte: o autor, com base em: APM, Fundo Casa dos Contos, CC, rolo 526, caixa 84.

As oito fazendas da *primeira categoria* (grandes glebas e grandes plantéis escravistas) são discriminadas no quadro seguinte, por ordem alfabética de sua denominação, seguidas pelos nomes do distrito em que se localizavam e de seu possuidor em 1818.

Quadro 11 – Termo do Tamanduá – 1818: distritos do Diamante Abaixo, Nazaré dos Esteios, Santo Antônio do Monte e São Lázaro do Miranda. **Fazendas da primeira categoria: grandes glebas e grandes plantéis de escravizados**

Fazenda	Distrito	Possuidor	Gleba (alq. min.)	Plantel (n.º)
Boa Vista	Nazaré dos Esteios	Sebastião José Cordeiro	625	15
Bom Sucesso	São Lázaro do Miranda	José Cotta Pacheco	900	12
Diamante	Diamante Abaixo	Inácio Joaquim de Camargos	900	11
Diamante	Sto. Antônio do Monte	João Martins Borges	900	12
Forquilha	Sto. Antônio do Monte	Manoel Fernandes Lopes	1.125	13
Fundão	São Lázaro do Miranda	Antônia Maria de Freitas	900	16
Olhos d'Água	Nazaré dos Esteios	José Simões de Oliveira	900	17
Retiro	São Lázaro do Miranda	Manoel Caetano de Almeida	900	20

Fonte: o autor, com base em: APM, Fundo Casa dos Contos, CC, rolo 526, caixa 84.

A comercialização da produção dessas fazendas em outros mercados era quase sempre feita por intermediários do arraial da Formiga, então o "principal centro de produção e comércio de suínos da colônia", segundo Caio Prado Júnior. Tal especialização se explica "porque sendo aí [no centro-oeste mineiro] os pastos nativos mais pobres, o porco, cujo alimento consiste sobretudo no milho, se avantaja ao gado vacum, que pede mais e não dispensa forragem herbosa".[307]

Na *segunda categoria*, enquadraram-se outras oito grandes fazendas, com extensão média de 845 alqueires de terra, porém servidas por pequenos plantéis de cativos ou mesmo carentes desta mão de obra. Em média, contavam com menos de dois cativos. A maior parte se encontrava às margens ou não muito distante do rio São Francisco, sendo certamente bem providas de fartas aguadas. É de se esperar a predominância de campos sujos ou limpos, campos cerrados ou do cerrado propriamente dito, portanto, terras mais propícias ao pastejo extensivo de rebanhos vacum e cavalar, atividades menos dependentes da faina do elemento servil. Nelas, quase sempre, o pecuarista e seus filhos compartilhavam a lida no campo, com a ajuda de um ou outro vaqueiro, agregado ou jornaleiro.

As oito fazendas da *segunda categoria* são discriminadas no quadro seguinte, em ordem alfabética de sua denominação, seguidas pelos nomes do distrito em que se localizavam e de seu possuidor.

Quadro 12 – Termo do Tamanduá – 1818: distritos do Diamante Abaixo, Nazaré dos Esteios, Antônio do Monte e São Lázaro do Miranda. **Fazendas da segunda categoria: grandes glebas e pequenos plantéis (ou não escravista)**

Fazenda	Distrito	Possuidor	Gleba (alq. min.)	Plantel (n.º)
Bom Jardim	Nazaré dos Esteios	Antônio Xavier Borges	900	0
Buritis	Sto. Antônio do Monte	Maria de Araújo Lima	900	2
Esteios	Nazaré dos Esteios	Leonarda Rodrigues	900	2
Noruega	Nazaré dos Esteios	Antônia Clara Marim	900	2
Olhos d'Água	Nazaré dos Esteios	Euzébio Antônio de Mesquita	900	0
Pântano	São Lázaro do Miranda	Manoel José Vieira	900	1
Pataratá	Diamante Abaixo	Manoel Joaquim da Silva	462	0
São Simão	São Lázaro do Miranda	Manoel Dias de Carvalho	900	3

Fonte: o autor, com base em: APM, Fundo Casa dos Contos, CC, rolo 526, caixa 84.

Importa lembrar que partes das fazendas desta categoria poderiam estar sendo alugadas para invernada (no todo ou em parte), devido aos bons pastos para descanso e engorda, pois se posicionavam ao meio do caminho de boiadas vindas dos sertões do Araxá e da Farinha Podre, ou mesmo dos vales do Paracatu e Urucuia, e destinadas ao comércio na Corte carioca. As fazendas do Bom Jardim (sem cativo algum) e do Pântano (com um único), cruzadas por uma variante da Picada de Goiás que passava o São Francisco no porto do Escorropicho, são exemplos de estabelecimentos que, por suas então características, podiam alugar extensos pastos para "invernadas".

Na *terceira categoria*, enquadraram-se outras oito fazendas, sendo seis de grande extensão e servidas por plantéis de porte médio e duas de médio tamanho médio, mas detendo plantéis de maior porte. A extensão média era de 560 alqueires e plantéis compostos, em média, por oito cativos. Estão discriminadas no Quadro 13, a seguir, por ordem alfabética da denominação, seguidas pelos nomes do distrito e de seu possuidor.

Ainda que em menor escala, na comparação com as fazendas da primeira categoria, comumente diversificavam suas atividades agropastoris, com caráter mercantil. Pode-se conjecturar que, se algumas focavam a culturas de gêneros alimentícios, com geração de excedentes, em outras devia predominar a pecuária de corte, conjugada, às vezes, com a leiteira, que visava ao consumo próprio e à fabricação caseira de queijos.

Quadro 13 – Termo do Tamanduá – 1818: Distritos do Diamante Abaixo, Nazaré dos Esteios, Antônio do Monte e São Lázaro do Miranda. **Fazendas da terceira categoria: grande glebas e médios plantéis ou glebas de médio tamanho com grandes plantéis de cativos**

Fazenda	Distrito	Possuidor	Gleba (alq. min.)	Plantel (n.º)
Barra do S. Simão	S. Lázaro do Miranda	Bernardo Teixeira Basto	900	5
Barreiras	S. Antônio do Monte	Ana Clara G. de Carvalho	689	6
Estiva	S. Lázaro do Miranda	Euzébio Antº. de Mesquita	225	12
Forquilha	S. Lázaro do Miranda	Zeferino José de Mesquita	506	8
Grotadas	S. Antônio do Monte	Alexandre Correa de Lacerda	506	7
Montevideo	S. Lázaro do Miranda	Geraldo José da Silveira	900	8
Rib. Dos Patos	Diamante Abaixo	Vicente Cabral de Melo	225	10
São Simão	S. Lázaro do Miranda	Francisco José de Mesquita	506	6

Fonte: o autor, com base em: APM, Fundo Casa dos Contos, CC, rolo 526, caixa 84.

No primeiro grupo, enquadram-se estabelecimentos com predominância dos campos de criar (Barreiras, Forquilha, Grotadas, São Simão etc.), enquanto, no segundo, fazendas com maior proporção de terras ou matas de cultura, com fertilidade natural (Estiva e Ribeirão dos Patos). De modo geral, segundo diferentes estudiosos, a diversificação de atividades produtivas em fazendas do Sul e do Oeste de Minas, nas primeiras décadas do Oitocentos, era bastante comum, assegurando o sustento econômico de seus proprietários, seja satisfazendo-lhes necessidades básicas, seja aumentando a renda fundiária, visando a cobrir gastos extras do estabelecimento ou a crescer o patrimônio familiar.[308]

Doze fazendas de porte médio e servidas por plantéis de igual porte estão enquadradas na *quarta categoria*. Situadas em áreas de ocupação mais antiga, haviam sido, em grande parte, recebidas em herança por seus então proprietários ou adquiridas de familiares mais velhos. Duas delas pertenciam a viúvas, que as exploravam com o concurso do elemento servil e de um administrador de confiança – as Três Barras, de dona Francisca Romeira (viúva do sesmeiro Gabriel Mendes de Carvalho), com seu plantel de nove escravizados, e uma das muitas chamadas Diamante, de dona Ana Francisca de Jesus (viúva do também sesmeiro João Martins dos Santos [pai]), com oito cativos ao seu dispor. Duas fazendas pertenciam à família Gonçalves Leonardo, outra de nome Diamante, pertencente a Mateus (rico proprietário de raízes açorianas e originário da região mineradora), e a Santa Clara, de Antônio, filho do primeiro e então começando a sua própria família). Também de um clã familiar, as fazendas dos irmãos Antônio de Miranda da Silva e Domingos Antônio de Miranda, que, junto de um terceiro irmão, mais moço, Silvestre (com propriedade enquadrada na quinta categoria), prosseguiram (e progrediam) com os negócios agropastoris herdados de seus pais, Antônio de Miranda Varella e dona Ana Maria, pioneiros estabelecidos na paragem do Novo Pouso Alegre, margem direita do rio Santana, onde faleceram no início do século XIX.

Na *quinta categoria,* classificam-se 12 fazendas de médio porte que contavam com pequenos plantéis, quando não escravistas. Dividiam-se em dois grupos: um com cinco propriedades de pouco mais de 200 alqueires, em média, servidas por plantéis de até três cativos; e outro com sete estabelecimentos bem menores (cerca de 60 alqueires, em média) e com apenas um escravizado por unidade. Representativas do primeiro grupo eram a fazenda da Cachoeira, de Antônio Caetano de Oliveira, situada no distrito de São Lázaro do Miranda, e a Maravilha, de dona Maria Angélica, no distrito dos Esteios. Bem típica do segundo grupo era outra também chamada da Cachoeira [do Córrego Alheio], propriedade do caçula dos irmãos Miranda – Silvestre Antônio –, que posteriormente a vendeu aos mais velhos e foi estabelecer-se na aplicação da Formiga.

É razoável presumir que, do primeiro grupo, pelo menos duas fazendas – Maravilha e Mata das Canoas (ambas no distrito de Nazaré dos Esteios) – estivessem voltadas à criação extensiva de gado vacum, padrão típico daquele distrito. Quanto aos perfis produtivos das demais, é bem possível que fossem semelhantes aos da quarta categoria, porém em menor escala. É provável que as do segundo grupo fossem fazendinhas dedicadas à lavoura de subsistência, gerando pouco excedente, e ou à suinocultura mercantil de pequeno porte.

Na *sexta categoria,* enquadram-se 14 fazendas de pequeno porte: 10 providas de plantéis de 2,4 cativos, em média, e quatro que não contavam com o elemento servil. A área média dessas propriedades era da ordem de 16 alqueires (entre o mínimo de um e o máximo de 38 alqueires). Proprietários de estabelecimentos dessa categoria eram, na época, chamados *roceiros*, ou seja, donos de pequenas glebas exploradas com o concurso da família nuclear, um ou outro agregado e, às vezes, pouquíssimos escravos.[309] Cultivavam gêneros alimentícios para consumo familiar ou cuidavam de reduzidos rebanhos. As mulheres da família dedicavam-se a atividades produtivas domésticas, de reduzido potencial econômico. Exemplares típicos são o sítio no distrito de Santo Antônio do Monte chamado da Cachoeira, que José Martins de Araújo recebeu por dádiva, com apenas 1,3 alqueire de terra e nenhum escravo; também em Santo Antônio do Monte, a pequena fazenda do Palmital, de Manoel José da Andrade, com cerca de 11 alqueires de terras e três cativos. No distrito do Diamante Abaixo, a fazendinha de João Teixeira da Cunha, de oito alqueires e desprovida de escravos; ou, no distrito de São Lázaro do Miranda, a pequena fazenda de nove alqueires, também denominada da Cachoeira, de Serafim Simões Senteio, que dispunha de um cativo para ajudá-lo na lida da roça.

ADENDO 2

Caracterização das fazendas dos distritos do Diamante Abaixo, Nazaré dos Esteios, Santo Antônio do Monte e São Lázaro do Miranda, distribuídas por categoria de unidade produtiva, em 1818

1ª Categoria – Glebas de grande porte com grandes plantéis de escravizados

Boa Vista, do capitão Sebastião José Cordeiro – localizada no distrito de Nazaré dos Esteios, com duas léguas de extensão, era servida por 15 escravizados. Banhada, ao sul, pelos rios Perdição e Bambuí e, a oeste, pelo ribeirão Limoeiro, confrontava, pelos fundos, com a fazenda do sargento José Simões de Oliveira. Recebida em herança pelo seu então proprietário, ele lhe acrescentou uma parte de terras comprada de terceiros. O capitão Cordeiro, natural de Pitangui, era neto materno do capitão-mor João Veloso de Carvalho e bisneto de Antônio Rodrigues Velho (o "Velho da Taipa"), que estiveram estabelecidos (na primeira metade do Setecentos) com fazendas de criar junto as barras dos rios Bambuí e Santana no São Francisco. Em outro momento, foi também proprietário da fazenda do Calambau, no mesmo distrito. Comandou a companhia de Ordenanças do distrito dos Esteios, foi benfeitor da capela de Nossa Senhora de Nazaré e muito contribuiu para a conclusão da capela de Nossa Senhora da Luz do Aterrado em 1822. Casado com dona Ana Silvéria dos Santos, faleceu em 1823, sem descendência.[310]

Bom Sucesso, do capitão José Cotta Pacheco – também chamada de Nossa Senhora do Bom Sucesso, estava localizada no distrito de São Lázaro do Miranda. Era estabelecimento agropastoril com duas léguas de extensão, abrigando um plantel de 12 cativos. Confrontava, pela frente, com a fazenda de Antônio da Costa Pimentel (situada no distrito de Santo Antônio do Monte) e, pelos fundos, com a do Fundão, então de propriedade da sogra do capitão Cotta. Este, comandava a companhia de ordenanças de São Lázaro do Miranda desde 1803. Nascido em São José del Rei, no ano de 1776, José Cotta Pacheco era filho do açoriano Francisco Cotta Pacheco e de Catarina Maria de Jesus (que se estabeleceram nos arredores do arraial de Oliveira) e casado com dona Justiniana Maria da Silveira, filha de Manoel José da Silveira e dona Antônia Maria de Freitas. No testamento do sogro, feito em 1817, ficou estabelecido "que a Fazenda do Bom Sucesso, onde se acha o capitão José Cotta Pacheco, será avaliada por louvados inteligentes e de sã consciência e pelo valor que aprovarem ficará com ela o dito Cotta" [conf. Arquivo IPHAN, SJDR, SJT-00734, Cx. 132, 1826]. Porém, desde 1801 (ano de seu casamento), José Cotta Pacheco já era possuidor de meia légua em quadra de terras de cultura e campos de criar, na vizinhança da fazenda de seu sogro. Nessa primeira propriedade, tinha como confrontantes, de um lado, seu cunhado Joaquim José da Silveira (depois ordenado padre pelo bispo de São Paulo) e, de outro, a fazenda das Barreiras, então de José Gonçalves de Oliveira. José Cotta Pacheco faleceu em 1828, sendo sepultado dentro da capela de Santo Antônio do Monte.

Diamante, do capitão João Martins Borges – era fazenda de uma légua em quadra, pertencente ao então comandante de ordenanças do distrito de Santo Antônio do Monte. Abrigava um plantel de 12 cativos. Fazia divisa, pela testada, com terras do furriel Manoel José de Andrade e, pelos fundos, com a fazenda do Ribeirão dos Patos, do capitão Vicente Cabral de Melo. As terras de João Martins Borges, banhadas pelo córrego da Areia, na paragem do Diamante, foram adquiridas parte por herança e parte por compra. Foram titularizadas, posteriormente, por carta de sesmaria datada de 1801. Nascido em 1770, o capitão era casado com dona Maria Tereza de São Joaquim, filha de João Martins dos Santos e Ana Francisca de Jesus, também sesmeiros no vale do ribeirão Diamante, na margem esquerda do rio Lambari.

Diamante, do alferes Inácio Joaquim de Camargo e seus sócios – também de uma légua em quadra, esta outra fazenda, também chamada do Diamante, ficava no distrito do Diamante Abaixo. Nela eram empregados 11 escravizados. Foi recebida em herança pelo seu então possuidor, alferes de ordenanças daquele distrito desde 1805 e marido de dona Francisca Maria do Nascimento. Inácio Joaquim pertencia à pioneira família dos Camargo, que, em 1769, já se encontrava estabelecida na "paragem da Forquilha, cabeceira do ribeirão Diamante" [conf. códice APM, SC 156, p. 177v].

Forquilha, de Manoel Fernandes Lopes e seu irmão – era a maior fazenda dos quatro distritos incluídos nesse estudo de caso, possuindo uma extensão de 1.100 alqueires (latifúndio pela métrica atual). Localizada no distrito de Santo Antônio do Monte, abrigava, então, um plantel de 13 escravos. Divisava, pela testada, com o pequeno sítio de Quitéria Francisca e, pelo fundo, com a fazenda da Cachoeira, de Joaquim da Costa Paes. Manoel Fernandes Lopes, que havia recebido terras na Forquilha por herança, era filho de uma antiga sesmeira, dona Maria de Araújo Lima (proprietária da fazenda Buritis, em 1818), e de seu primeiro marido, o português Francisco Fernandes Lopes (falecido no final da década de 1760). Depois de se enviuvar do primeiro casamento, este Manoel Fernandes Lopes se casou em 1821 com dona Francisca Romeira, também viúva e proprietária da fazenda das Três Barras, no distrito de São Lázaro do Miranda. Uma filha do primeiro casamento de Manoel Fernandes Lopes, dona Delfina, casou-se com Manoel Martins Borges, filho do referido capitão de ordenanças e fazendeiro João Martins Borges.

Fundão, de dona Antônia Maria de Freitas e seu sócio – era fazenda de uma légua e meia de extensão e abrigava, então, um plantel de 16 escravizados. Confrontava pelos fundos com a fazenda do Palmital, de Manoel Fernandes Vieira e herdeiros de José da Silva Fayal (enteados do primeiro), e, pela testada, com a das Barreiras, dos sucessores de José Gonçalves de Oliveira. Dona Antônia, viúva com 60 anos de idade na época, nasceu na aplicação da Lagoa Dourada, freguesia de Prados, onde se casou em 1776 com o açoriano Manoel José da Silveira e nasceram seus filhos[311]. A família Silveira – marido, mulher e filhos pequenos – se transferiu para a sesmaria do Bom Sucesso no início da década de 1780. Após a morte do sesmeiro Manoel, em janeiro de 1816, coube à viúva, na partilha dos bens, a fazenda do Fundão, compartilhada, segundo a "Relação [...]", com um sócio, certamente seu filho, o padre Joaquim José da Silveira.[312] O reverendo possuía, desde o ano de 1800, pelo menos, antes, portanto, de sua ordenação sacerdotal (que se deu em 1806), meia légua de terras em quadra, anteriormente devolutas. Confrontavam, então, com a fazenda de seu pai e a de Manoel Pereira de Araújo. Legalizadas por carta de sesmaria, as terras possuídas pelo padre Silveira, acrescidas das partes que recebeu em herança paterna e das que ficaram para sua mãe, formaram a grande fazenda do Fundão. Dona Antônia viveu até 1835, tendo sido sepultada aos 3 de junho, na capela de Santo Antônio do Monte.

Olho D'água, de José Simões de Oliveira e seus sócios – fazenda recebida em herança por seu então possuidor, com légua e meia de extensão e plantel de 17 cativos. Situada no distrito de Nossa Senhora de Nazaré dos Esteios, margem esquerda do rio São Francisco, divisava, pela testada, com a fazenda do capitão Sebastião José Cordeiro. José Simões de Oliveira era um dos dois sargentos da companhia de ordenanças do distrito de Esteios. Desde 1800, possuía uma sesmaria de terras nas vertentes do ribeirão Mandassaia, no atual município de Luz [conf. códice APM, SC 289, p. 132v].

Retiro, de Manoel Caetano de Almeida e seu sócio – localizada em posição central no distrito de São Lázaro do Miranda, as vezes chamada de Bom Retiro, era propriedade com duas léguas de extensão, servida pelo maior plantel dos quatro distritos aqui considerados: 20 escravizados. Adquirida por compra, confrontava, pela testada, com a fazenda da Estiva e, pelos fundos, com a do Pântano. Mais tarde foi se subdividindo, dando origem ao Retiro de Cima, Retiro de Baixo, Capão Vermelho, Retiro do Pântano, Monjolinho e Engenho de Serra. Certamente nela eram praticadas atividades agropastoris integradas, de cunho mercantil, pois o alferes Manoel Caetano de Almeida se intitulou "lavrador e criador", ao assinar, em 6 de janeiro de 1822, junto de outros fazendeiros e autoridades do termo do Tamanduá, uma petição ao príncipe regente requerendo a supressão da cobrança do dízimo sobre a produção da pecuária e, em troca, propondo a volta do quinto do sal. Nascido em 1763, na freguesia de Bonfim, comarca de Ouro Preto, Manoel Caetano era filho de João Afonso de Almeida e de Ana Francisca de Novais. Antes de adquirir a fazenda do Retiro, esteve estabelecido, por algum tempo, no distrito da Pedra do Indaiá, onde se casou com dona Vitória Maria da Silva e ali nasceram seus primeiros filhos. Na Pedra do Indaiá, travou relações de amizade e negócios com David de Amorim Coelho, então cabo de esquadra da companhia de ordenanças local e, posteriormente, capitão da de São Lázaro do Miranda. David era, muito provavelmente, o sócio de Manoel Caetano a que se refere a citada "Relação", pois ele, sua mulher, dona Maria da Conceição de Moraes, e seus filhos também se transferiram para o distrito de São Lázaro do Miranda, estabelecendo-se no Capão Vermelho. Na década de 1830, o alferes Manoel Caetano de Almeida era, como também seus filhos Joaquim Caetano de Novais e Manoel Caetano de Almeida Júnior, membro da Sociedade Defensora da Liberdade e da Independência Nacional, estabelecida em São João del Rei. Faleceu em sua fazenda do Retiro, em abril de 1840, deixando viúva e vasta descendência, além de vultosos bens. Foi sepultado dentro da capela de Santo Antônio do Monte.[313]

2ª Categoria – Glebas de grande porte com pequenos plantéis de escravizados ou estabelecimento não escravista

Bom Jardim, do tenente Antônio Xavier Borges – situado no distrito de Nazaré dos Esteios, era estabelecimento de uma légua em quadra, mas desprovido do elemento servil, em 1818. Fora adquirido por compra, sendo seu proprietário residente na vila de Pitangui. Muito provavelmente estava voltada à criação extensiva de gado bovino, sob os cuidados de um vaqueiro de confiança do fazendeiro absenteísta. A fazenda do Bom Jardim confinava, ao norte, com as fazendas da Maravilha e do Olho D'água, sendo banhada, de um lado, pelo São Francisco e, de outro, pelo rio Bambuí. Anteriormente pertencera ao cabo de Ordenanças Joaquim Afonso, que requereu carta de sesmaria para titulação de sua posse (concedida em 1801), alegando possuir "escravatura suficiente para poder cultivar terras e criar gado vacum" [conf. códice APM, SC 289, p. 216]. No extremo Sul da fazenda do Bom Jardim, ficava o "porto" do Escorropicho, velha travessia do rio São Francisco situada pouco abaixo da barra que nele faz o rio Santana, pela margem direita daquele.

Buritis, de dona Maria de Araújo Lima e seus sócios – grande estabelecimento, com duas léguas de extensão, localizado no distrito de Santo Antônio do Monte e atravessado pelo córrego desse mesmo nome. A fazenda, posicionada junto à divisa deste distrito com o da Pedra do Indaiá, se estendia, no rumo noroeste, até divisar com a fazenda de Domingos Antônio de Miranda, essa já no distrito de São Lázaro do Miranda. Apesar de sua imensa área, a fazenda dos Buritis empregava apenas dois cativos em 1818, quando sua proprietária já estava idosa. Pode-se supor que, na ocasião, estivesse voltada à criação extensiva de gado vacum e ou à ceva de porcos em maior escala. Dona Maria de Araújo Lima, que veio a falecer em 1827, era filha do sesmeiro Félix de Araújo Lima, oriundo do arraial do Tamanduá e que se estabeleceu no sertão do ribeirão Diamante. Ficou viúva duas vezes: na primeira, de Francisco Fernandes Lopes e, na segunda vez, de José do Couto Pereira. A fazenda dos Buritis teve origem na compra que Felix de Araújo Lima e essa sua filha fizeram de "umas terras de campinas e capões, que mediram três léguas de terra, duas de comprido e uma de largo" [conf. códice APM, SC, 156, p. 176], nas cabeceiras do ribeirão Diamante. Haviam sido de Bento Alves Pinto e seu sócio Luís da Silva, e a aquisição feita pelos Araújo Lima foi legalizada por carta de sesmaria que lhes foi concedida em 1769.

Noruega, de dona Antônia Clara de Marim – localizada no distrito de Nazaré dos Esteios, era banhada pelo ribeirão de igual nome e pelo córrego da Capetinga, confluentes do São Francisco. Com duas léguas de extensão, dispunha então de escasso plantel escravista, com dois cativos apenas. Adquirida por compra, confrontava com as fazendas do Olho D'água, de Euzébio Antônio de Mesquita, e do Estreito, de Francisco Xavier Rodrigues, ambas com características fundiária e de posse escravista bem similares às da fazenda da Noruega.

Esteios, de dona Leonarda Rodrigues – fazenda de uma légua de terras em quadra, também servida por apenas dois escravos, em 1818. Assentava-se nas cabeceiras do ribeirão da Noruega, distrito de Nazaré dos Esteios. Adquirida por compra, divisava, pela testada, com a grande fazenda da Boa Vista, do capitão Sebastião José Cordeiro, e, pelo fundo, com um pequeno estabelecimento situado no Olho D'água, de dona Mariana Rosa de Jesus.

Olho D'água, de Euzébio Antônio de Mesquita – adquirida por compra e vizinha, pela frente, da fazenda Maravilha e, pelos fundos, da Noruega, era outra fazenda do distrito de Esteios com o nome de Olho D'água. Apesar de seus 900 alqueires de terras, não foi arrolado nem sequer um escravo neste estabelecimento. Vale, porém, lembrar que Euzébio Antônio de Mesquita era possuidor de outra fazenda, a da Estiva, na outra margem do São Francisco (distrito de São Lázaro do Miranda), onde ficava sua casa de morada. Acontece que, na Estiva, foram arrolados 12 escravos, segundo a mesma "Relação [...]". Assim, é de se supor que Mesquita remanejava seus cativos com relativa facilidade entre as duas glebas, para a faina numa ou noutra, dependendo da necessidade. Rico e influente, Euzébio Antônio de Mesquita foi doador de uma gleba de terras, nas cabeceiras do ribeirão da Noruega, para patrimônio da capela de Nossa Senhora de Nazaré dos Esteios, instituída por provisão de 30 de maio de 1822, a pedido de Sebastião José Cordeiro, possuidor da fazenda da Boa Vista e capitão das Ordenanças daquele distrito.

***Pântano*, de Manoel José Vieira** [?] – localizada no distrito de São Lázaro do Miranda, com extensão de uma légua em quadra, divisava, pela testada, com a fazenda do Retiro e, pelos fundos, com a margem direita do rio Santana. No rumo do poente, a fazenda do Pântano estendia-se até as barrancas do rio São Francisco. Além do meio geográfico característico desta extensa propriedade – vasto chapadão, coberto por campos e campinas, entremeados de veredas pantanosas e esparsos afloramentos calcários –, o registro de apenas um escravo que nela se empregava em 1818 leva-nos a supor que estivesse então voltada primordialmente à criação extensiva de gado bovino. Manoel José Vieira, sargento das ordenanças do distrito, é quem aparece na citada "Relação [...]" como seu possuidor, que a teria recebido por herança. Nesse ponto, é bem provável que o encarregado do arrolamento dos possuidores de fazenda no distrito de São Lázaro do Miranda tenha se equivocado. Manoel José Vieira era, sim, antigo sesmeiro, porém fora estabelecido na paragem do Jacaré. Recebera carta de sesmaria, em 1800, para titular as terras que já lhe pertenciam na referida paragem [conf. códice APM, SC 289, p. 145], e não na fazenda do Pântano. Verdadeiramente, antes mesmo da virada do século XVIII para o seguinte, o grande possuidor de terra nesse grande estabelecimento agropastoril era um homônimo do Vieira, mais precisamente, Manoel da Costa de Azevedo (um dos avós da esposa do dito Vieira).

Este Azevedo, casado em primeiras núpcias com dona Tereza Maria da Silveira (ou de Jesus, como aparece em alguns registros) e depois com dona Maria Vitória da Silveira, chefiava numerosa família, incluindo filhos, genros, noras e netos, há muito voltada às atividades agropastoris no então distrito de São Lázaro do Miranda.[314] De fato, quando foi feito o arrolamento das fazendas do termo do Tamanduá, a titularidade da fazenda do Pântano, ao menos de grande parte dela, se encontrava *sub judice*. Acontece que o referido Manoel da Costa Azevedo vendera, no início do século XIX, a metade de suas terras a um certo Luiz José de Abreu, que lhe pagou "a vista duzentos e trinta mil réis, porém faltou os pagamentos [a prazo] e outras condições [...]".[315] Nesse ínterim, o tal Abreu revendeu a gleba comprada, e ainda não completamente quitada, a outro Manoel, o rico sesmeiro do Bom Sucesso – Manoel José da Silveira. Este, em seu testamento, feito dois meses antes de morrer no início de 1817, declarou que, pela compra que fizera da metade da fazenda do Pântano, havia passado crédito ao Abreu "de tanto quanto constar o mesmo e ainda não paguei por se terem movido dúvidas sobre a [propriedade] mesma fazenda".[316] Contudo, 10 anos antes da morte do Silveira, o velho Manoel da Costa de Azevedo, nada satisfeito com a inadimplência do Abreu, "fez o depósito desta quantia [os 230 mil réis], que na verdade foi na Vila de São Bento do Tamanduá, para ficar de nenhum efeito [valendo] essa venda, e, de fato, levantou o dito Abreu esse dinheiro [...]", no Juízo da referida vila, o que ocorreu em 1806.[317] Foi esse o teor de uma resposta que deram os herdeiros e mais sucessores de Manoel da Costa Azevedo, em 1822, quando este já era falecido, à indagação que lhes fora feita pelo juiz provedor de defuntos e ausentes da comarca do Rio das Mortes, onde a demanda judicial se arrastava.

Ao fazer o seu testamento no final de 1816, Manoel José da Silveira deixou expressa determinação ao testamenteiro, que foi o seu genro, capitão José Cotta Pacheco, para que, "depois de abatidas despesas que me deram para se defender", fosse separada uma verba afim de "pagar o mais a quem de direito for" pela compra por ele feita da metade da fazenda do Pântano, ressaltando que, entre suas últimas vontades, essa providência serviria "para desencargo da minha consciência e para salvação de minha Alma".[318] Porém, entre idas e vindas do moroso processo, filhos e herdeiros de Manoel da Costa Azevedo (entre eles um de seus genros, que era filho do próprio Silveira) terminaram por retomar a posse das terras do Pântano, antes parcialmente vendidas, porém nunca pagas, nem por um nem por outro dos compradores. Por tudo isso, o testamenteiro José Cotta Pacheco requereu ao provedor de defuntos e ausentes da comarca do Rio das Mortes que fosse encerrado o longo litígio, por não haver razão prática para subsistir, pois "dessa dívida nada deve a testamentaria", devendo o dito provedor indagar aos filhos e demais herdeiros de Azevedo "se há ou não verdade no exposto [em sua petição] e saber se acham ou não de posse e senhores da referida fazenda".[319] Os indagados confirmaram ao provedor ser "certo também que nós estamos senhores da dita fazenda [do Pântano], que é a mesma e a própria que relata a Petição [do testamenteiro Cotta]", acrescentando, ainda, que, "por isso, nada nos deve a testamentaria [do falecido Silveira] e nem a outro [o já quase esquecido Abreu] pode dever [...]".[320] Assinaram a resposta ao provedor da comarca, datada de 22 de novembro de 1822, os seguintes então possuidores da fazenda do Pântano: Manoel Antônio de Azevedo (filho de Manoel da Costa de Azevedo); Antônio José da Silveira (também filho do Manoel da Costa); Geraldo José da Silveira (como "cabeça" de sua mulher, dona Francisca Maria Rosa, também herdeira de Manoel da Costa Azevedo); e, Florentino Cotta Pacheco (como comprador e possuidor da parte que ficou para Bento José de Azevedo, outro filho de Manoel).

À medida que essa gente foi sendo sucedida na grande fazenda do Pântano por filhos, netos e compradores, em anos posteriores, foi sendo ela subdividida, dando origem ao Pântano de Cima, Pântano de Baixo, Capoeira da Cana, Olaria, Ilha, Catingueiro, Caiçara, Coqueiro do Espinho, Gentio, Batatas e Retiro do Marques.

Pataratá, de Manoel Joaquim da Silva – fazenda de três quartos de légua (450 alqueires, aproximadamente), situada aos pés do morro de igual nome, a segunda maior do distrito do Diamante Abaixo. Posicionada entre a margem esquerda do rio Lambari e o ribeirão dos Patos (afluente do primeiro), fora adquirida por Manoel Joaquim por compra feita a terceiros. Em 1818, Pataratá estava completamente desprovida de mão de obra cativa, assim como os três pequenos estabelecimentos que a circundavam.

São Simão, do capitão Manoel Dias de Carvalho e seus sócios – propriedade recebida em herança. O dito capitão, possuidor principal, era filho de Manoel de Carvalho e dona Francisca Dias de Miranda. Fora casado, em primeiras núpcias, com Lucidora Maria de Jesus (ou da Silva); enviuvando, ele se casou com Bernardina Soares dos Santos. A fazenda do São Simão, com uma légua de terras em quadra (cerca de 900 alqueires), contava à época com apenas três escravos. Localizada no distrito de São Lázaro do Miranda, junto à margem esquerda do ribeirão Santana, confinava pela frente com a fazenda do São Domingos (esta, já no distrito de São Julião), de propriedade do capitão Joaquim Gonçalves Rios e, pelos fundos, com as terras de Francisco José de Mesquita. Posteriormente, o capitão Manoel Dias de Carvalho e sua família se mudaram para o "sertão dos Goiazes", estabelecendo na fazenda do Morro Agudo, no atual município de Catalão.

3ª Categoria – Glebas de portes médio ou grande dotadas de plantéis escravistas grandes ou médios (respectivamente)

Barra do São Simão, de Bernardo Teixeira Basto – também chamada de "São Simão de Baixo", era banhada pelos rios São Francisco (ao norte), Preto (a sudoeste) e Santana (a nordeste). Localizada no então distrito de São Lázaro do Miranda, confrontava pela testada, em 1818, com a fazenda de Francisco José de Mesquita. Com extensão de uma légua em quadra (cerca de 900 alqueires), compunha-se de duas partes de terras, uma mais antiga, titulada por carta de sesmaria em 1801 [conf. códice APM, SC 293, p. 111v], e outra adquirida posteriormente, por compra. Apesar da grande extensão, abrigava, na ocasião, um plantel de apenas cinco cativos. O proprietário, Bernardo Teixeira

Basto, nascido em 1761, era casado com dona Maria de Souza Ferreira (da família dos sucessores dos Pamplona na posse da sesmaria das Perdizes). Ao requerer o título régio, Bernardo alegou ser então "senhor e possuidor das terras de agricultura e campos [de criar] que constam de títulos de compra que [...] fez das mesmas terras", confrontantes das de José Corrêa de Mesquita e de Miguel Carvalho da Cunha, com o rio São Francisco e com as terras do coronel Inácio Corrêa Pamplona [conf. códice APM, SG, Cx. 52, Doc. 82]. Foi desta propriedade que, por subdivisões sucessivas, originou, mais tarde, a fazenda chamada "da Souza", existente até a década de 1970 (certamente, alusão ao sobrenome da depois viúva e sucessora de Bernardo Teixeira).

Barreiras, de dona Ana Gomes de Carvalho e seus filhos – com área de 700 alqueires, ficava entre as fazendas do Fundão, de dona Antônia Maria de Freitas, e das Grotadas, de Alexandre Corrêa de Lacerda. Na referida "Relação [...]", os então possuidores desta fazenda foram identificados como herdeiros de José Gonçalves [de Oliveira]. Este antigo sesmeiro deve ter falecido do meio para a frente da década de 1810, pois ainda aparece como padrinho, na companhia de sua esposa, dona Ana Gomes de Carvalho, em assentos de batizados feitos na capela de Santo Antônio do Monte, em 1812 e 1813. Os então possuidores acrescentaram, às terras recebidas por herança, outra parte, adquirida por compra. Dispunham de um plantel de seis cativos. Vale lembrar que a fazenda das Barreiras teve origem na sesmaria de meia légua concedida em 1793 ao citado José Gonçalves de Oliveira [conf. códice APM, SC 256, p. 184], que, ao requerê-la, informou ser "senhor e possuidor de umas terras que constam de campos, capões e capoeiras ciliares", adquiridas "por compra que delas fez a João Garcia Pereira", possuindo também "escravos e criações para as poder cultivar sem embargo" [conf. códice APM, SG, Cx. 24, Doc. 23]. Este João Garcia Pereira, vendedor de posses situadas nas cabeceiras do ribeirão Santa Luzia (à época, às vezes chamado de Ribeirão Grande), pertencia à família Marques da Costa, então estabelecida nas paragens da Chapada e Caiçara (a leste da atual cidade de Moema), entre o ribeirão da Forquilha e o córrego do Espinho, na época sob jurisdição da vila de Pitangui.

Estiva, de Euzébio Antônio de Mesquita – também conhecida por fazenda da Estiva da Lagoa Verde, desdobrava-se pelas duas margens desta extensa lagoa marginal ao rio São Francisco – "estreita, com mais de 6 milhas de comprimento, e habitada dos mesmos viventes [sucuris, sucuriús e jacarés]", como a descreveu o padre Aires de Casal.[321] Abrigando um plantel de 12 cativos em 1818, a Estiva confrontava pela testada com a fazenda do Retiro e pelos fundos com a da Forquilha. Seu possuidor, Euzébio Antônio de Mesquita, a recebeu por herança em data que não podemos precisar, mas é certo que nela já se encontrava estabelecido um pouco antes do início da década de 1790, pelo menos.[322] Filho de Manoel Corrêa de Mesquita Pimentel e Ana Pedrosa de Mendonça, Euzébio fora batizado em 1º de janeiro de 1764, na capela do Desterro (atual Desterro de Entre Rios), filial da freguesia de São José del Rei. Faleceu solteiro, com 75 anos de idade, no dia 21 de maio de 1839, em sua outra fazenda, a do Olho D'água, no distrito de Esteios. Como herdeiro universal que foi de sua irmã Francisca Maria de Mesquita e do cunhado Francisco da Costa Azevedo (casal falecido sem descendência), coube a Euzébio a fazenda do Ribeirão Santa Luzia. Esta não foi incluída na "Relação" de 1818, talvez por se encontrar em fase de inventário naquele ano.[323] Em novembro de 1827, antes mesmo da morte do celibatário Euzébio, seu sobrinho Zeferino José de Mesquita transferiu sua casa de morada da fazenda da Forquilha para a da Estiva, onde principiou a construir um engenho em 1831, colocando-o "no ponto de moer em 1832".[324] Zeferino também instalou na mesma ocasião uma tenda de ferreiro na Estiva, certamente para atender, além de suas próprias necessidades, às de vizinhos, diversificando seus negócios, como era usual, para aumentar a renda do estabelecimento.

Forquilha, de Zeferino José de Mesquita – então com 500 alqueires de extensão, essa fazenda estava situada no extremo Norte do distrito de São Lázaro do Miranda, sendo banhada pelo rio São Francisco, de um lado, e, de outro, pelo Jacaré, afluente daquele. Em 1818, Zeferino empregava na Forquilha um plantel de oito escravos. Suas terras, que fizeram parte da sesmaria concedida em 1764 ao capitão Inácio de Oliveira Campos, foram adquiridas por herança, uma parte, e outra por compra. Confrontavam com a Forquilha, pela testada, a fazenda do Palmital, de Manoel Fernandes Vieira e órfãos de José da Silva Fayal (enteados do primeiro) e, pelos fundos, a do Ribeirão Santo Antônio, do capitão Manoel da Costa Gontijo, remanescente da antiga sesmaria de Antônio Rodrigues da Rocha, localizada no termo de Pitangui. Nascido em 1783, Zeferino José de Mesquita era filho de Francisco José de Mesquita e de dona Joana Silvéria da Cruz, que foram proprietários da fazenda do São Simão. Contraiu núpcias com Ana Joaquina da Conceição, em 1807. Em seu caderno de serventia, "com assentos de coisas que só servem para lembrança no futuro", registrou ter se estabelecido "[n]este rio de São Francisco em fevereiro de 1809 [após ter morado, depois de casado, dois anos na casa de seu pai], quando vim com o gado de criar, que foram 42 vacas e três marruases"; transferiu sua residência para a Forquilha "em dezembro do mesmo ano, quando vim com o carro de bois".[325] Na década de 1830, Zeferino José de Mesquita era membro da Sociedade Defensora da Liberdade e da Independência Nacional, que funcionava em São João del Rei. Faleceu em 1848, sendo sepultado na capela de Santo Antônio do Monte.

Grotadas, de Alexandre Corrêa de Lacerda – com meia légua de extensão (cerca de 500 alqueires de terras), esta fazenda, adquirida por compra, ficava nas cabeceiras do ribeirão Santa Luzia, distrito de Santo Antônio do Monte. Suas confrontações eram, pela testada, com a fazenda de João da Silva Camargo e, pelos fundos, com a do capitão Manoel da Costa Gontijo (ambas já em território sob jurisdição da vila de Pitangui). Em 1818, a Grotadas abrigava um plantel de sete escravizados. Seu possuidor, Alexandre Corrêa de Lacerda, "que vive de lavoura de roça e de criar [gado]", nasceu em 1753 na freguesia de Santa Bárbara do Mato Dentro.[326] Foi casado com Tecla Maria de Mesquita, também nascida em 1753 e batizada na capela da Laje (atual Resende Costa), filial da freguesia da Vila de São José. Dona Tecla era irmã de Euzébio Antônio e de Francisco José de Mesquita e tia de Zeferino José de Mesquita, então proprietários das fazendas da Estiva, São Simão e Forquilha, respectivamente. Alexandre faleceu com avançada idade, em 1840, já viúvo de dona Tecla de Mesquita, mas casado em segundas núpcias com a jovem Emiliana Perpétua de Faria.

Montevideo, de Geraldo José da Silveira – recebida em herança, Montevideo era, de fato, uma subdivisão da grande fazenda do Fundão. Com área de 900 alqueires, pouco mais ou menos, contava com um plantel de oito escravos em 1818. Localizada no distrito de São Lázaro do Miranda, confrontava com as propriedades de Matheus Gonçalves Leonardo e de dona Antônia Maria de Freitas (esta, mãe de Geraldo José da Silveira). Seu possuidor, então com 42 anos de idade, era casado com dona Francisca Maria Rosa, filha de Manoel da Costa de Azevedo e Tereza Maria Vitória da Silveira. Também era possuidor de uma parte de terras na fazenda do Pântano, havidas por herança paterna de sua mulher, e de mais terras nas proximidades da confluência dos rios Santana e Bambuí com o São Francisco, vizinhas do porto do Escorropicho e da fazenda do Bom Jardim. Embora não arroladas na "Relação" de 1818, essas terras ribeirinhas foram tituladas por carta de sesmaria datada de 1805. É certo que, ao menos, parte delas ainda pertenciam à viúva e a alguns filhos de Geraldo José da Silveira em meados da década de 1850 (conforme consta do Registro Paroquial de Terras de Bambuí). As terras do Montevideo foram divididas, ainda em vida do casal, entre filhos e genros, a título de adiantamento de herança ou dote, respectivamente, por ocasião de seus casamentos.

Ribeirão dos Patos, do capitão Vicente Cabral de Melo – comandante da companhia de ordenanças do Diamante Abaixo desde 1803, Vicente Cabral de Melo formou sua fazenda junto ao ribeirão dos Patos, afluente da margem esquerda do rio Lambari, com uma parte de terras havidas por herança e outra adquirida por compra. Com meia légua de extensão, seu estabelecimento confrontava pela frente com a fazenda do capitão João Martins Borges (então comandante do distrito de Santo Antônio do Monte) e, pelos fundos, com a de Manoel Corrêa. Em 1818, casado com dona Tereza Clara das Mercês, Vicente Cabral de Melo era senhor de 10 cativos, sendo este o segundo maior plantel do Diamante Abaixo. Neste distrito, predominavam fazendas menores, com pequenos plantéis (no máximo, três escravos). Cerca de 60% das fazendas do Diamante Abaixo apresentavam tais características em 1818.

São Simão, de Francisco José de Mesquita e seus sócios – essa segunda fazenda intitulada São Simão também se localizava no distrito de São Lázaro do Miranda. Com extensão de uma légua (cerca de 500 alqueires de terras), banhada pelo rio Santana (margem esquerda), tinha divisas, ao fundo, com a fazenda de Bernardo Teixeira Basto. Na ocasião, abrigava um plantel de seis escravos. Seu principal possuidor, Francisco José de Mesquita, nascido na Vila de São José, casara inicialmente com dona Joana Silvéria da Cruz, falecida em 1806. Durante a devassa da Inconfidência Mineira, Mesquita terminou apontado como aderente ao pretendido levante, por influência do padre Toledo, vigário de São José del Rei. Embora formalmente denunciado, não chegou a ser processado.[327] Nessa época, estava estabelecido na paragem do Curralinho, aplicação da capela do arraial da Laje (atual município de Resende Costa). Apenas em 1798 recebeu carta de sesmaria para titulação da posse do Curralinho [conf. códice APM, SC, 285, p. 19v]. Provavelmente buscava com o título régio facilitar a venda de suas terras a terceiros, pois estava se transferindo para o alto São Francisco, onde já se encontrava, desde 1790, pelo menos, seu irmão Euzébio Antônio de Mesquita, estabelecido na fazenda da Estiva. Após a morte da primeira esposa, Francisco José de Mesquita se casou com Antônia Joaquina de Lacerda, irmã de seu cunhado Alexandre Corrêa de Lacerda, fazendeiro nas Grotadas. Faleceu em 1826, mais uma vez viúvo e sem filhos do segundo casamento. Das primeiras núpcias, deixou quatro filhos: Zeferino José de Mesquita (proprietário da fazenda da Forquilha); José Antônio de Mesquita (seu sócio na fazenda São Simão, casado, desde 1795, com Maria Vitória do Rosário); Nicésio José de Mesquita e Francisco Xavier (este então já falecido, deixando duas filhas herdeiras), ambos estabelecidos na freguesia de Lavras. Feito o inventário dos bens de Francisco José de Mesquita, o monte-mor bruto chegou a quase sete contos de réis, que foi dividido em partes iguais entre os herdeiros.[328]

4ª Categoria – Glebas e plantéis escravistas de médio porte

Cachoeira, do alferes Antônio de Miranda da Silva – com extensão de meia légua e localizada no distrito de São Lázaro do Miranda, divisava, pela testada, com a fazenda do Bom Sucesso, do capitão José Cotta Pacheco, e, pelos fundos, com a do Retiro, de Manoel Caetano de Almeida. Fora adquirida por compra e abrigava, em 1818, um plantel de seis escravos. A sede da Cachoeira ficava junto à confluência dos córregos Alheio e do Bom Sucesso, formadores do rio Jacaré. Antônio de Miranda da Silva, nascido em 1763, era filho de Antônio de Miranda Varela e dona Ana Maria da Silva, pioneiros que se estabeleceram com fazenda na "paragem do Novo Pouso Alegre", margem direita do rio Santana.[329] Foi casado em primeiras núpcias com dona Rita Joaquina da Silveira, morta "repentinamente", em 1825, sem descendência.[330] No ano seguinte, o alferes Miranda contraiu segundas núpcias com Honorata Cândida de Araújo (48 anos mais nova do que ele!), deixando larga descendência.

Diamante, de dona Ana Francisca de Jesus – com três quartos de légua de extensão, divisava pela testada com a fazenda da Forquilha, de Manoel Fernandes Lopes, e, pelos fundos, com terras do capitão João Martins Borges, genro de dona Ana Francisca. Abrigava em 1818 um plantel de oito escravos. A fazendeira era viúva de João Martins dos Santos, falecido antes de 1814, pois, em um registro de batismo feito nesse ano na capela de Santo Antônio do Monte, a madrinha dona Ana é referida como viúva. O pioneiro João Martins dos Santos havia recebido carta de sesmaria, em 1801, para titulação de suas terras no "córrego da Areia, paragem do Diamante" [conf. códice APM, SC 293, p. 88].

Diamante, de Matheus Gonçalves Leonardo – com extensão de meia légua, abrigava, então, um plantel de oito cativos. Adquirida por compra e banhada pelo ribeirão Diamante, ficava no distrito de Santo Antônio do Monte. Confrontava, pela testada, com a fazenda do Montevideo, de Geraldo José da Silveira, e, pelo fundo, com a do capitão João da Silva Camargo, há muito estabelecido no vale do Diamante. Matheus Gonçalves Leonardo, de ascendência açoriana e oriundo da Vila de São José, era casado com dona Ana Josefa do Rosário (nascida em 1773). Faleceu "com todos os sacramentos", em 1 de outubro de 1823, aos 64 anos de idade, sendo sepultado dentro da capela de Santo Antônio do Monte, "das grades para baixo".

***Estiva*, de Antônio José da Costa** – outra fazenda denominada "da Estiva", situada, porém, no distrito de Nazaré dos Esteios. Com pouco mais de 200 alqueires de terra, divisava, pela testada, com a Boa Vista, do capitão Sebastião José Cordeiro, comandante de ordenanças daquele distrito, e, pelo fundo, com a pequena propriedade de Mariana Rosa de Jesus. Recebida em herança por seu então possuidor, abrigava um plantel de seis cativos.

***Montevideo*, de Domingos Antônio de Miranda** – estabelecida no distrito de São Lázaro do Miranda, foi arrolada em 1818 com área de pouco mais de 200 alqueires e um plantel de cinco cativos. Banhada pelos córregos Alheio e da Ponte de Pedra, confrontava pela testada com a fazenda do Bom Sucesso e, pelos fundos, com a do alferes Antônio Miranda da Silva. Domingos Antônio de Miranda, nascido em 1770, casado com dona Josefa Leonor de Andrade, comandava, desde 1803, uma das quatro esquadras das Ordenanças de seu distrito. Uma parte das terras de Domingos fora recebida em herança e a outra por compra que fizera de terceiros, conforme consta da referida "Relação [...]". Sabe-se, contudo, que, ainda bem jovem, Domingos, declarando dispor de "escravos para as cultivar", recebeu, em 1787, uma carta de sesmaria de meia légua de terras devolutas de cultura. Com esse título, foi legitimada a posse que ele fizera nas "cabeceiras" da fazenda de seu pai "no Novo Pouso Alegre", beira do rio Santana [conf. códice APM, SC, 234, p. 204]. O pioneiro Antônio de Miranda Varela, pai de Domingos Antônio, antes de se estabelecer na aplicação de Santo Antônio do Monte, fora fazendeiro no distrito do Desterro (hoje, Desterro de Entre Rios), freguesia de Santo Antônio da Vila de São José [conf. consta no códice APM, SC 285, p. 50]. Fervoroso devoto de São Lázaro, mandou construir, em sua fazenda do Novo Pouso Alegre, para pagamento de promessa, uma ermida a ele dedicada.[331] Não sendo conhecido o ano exato de sua construção, é certa a existência da ermida em 1785, pois, em livro de notas da matriz do Tamanduá, consta o assento de batismo de Rita Maria Joaquina, filha de Manoel de Carvalho e Francisca Dias de Miranda (donos da fazenda do São Simão, vizinhos e parentes de Antônio de Miranda Varela), celebrado naquele ano na "ermida do Miranda", pelo vigário Gaspar Álvares Gondim.[332] Importa registrar que foram as fazendas dos irmãos Domingos Antônio de Miranda e Antônio de Miranda da Silva o núcleo originário de um conjunto de pequenas e médias propriedades rurais que, a partir de meados do século XIX, passou a se chamar "fazenda dos Mirandas" (no atual município de Lagoa da Prata).

***Palmital*, de Manoel Fernandes Vieira e órfãos do [José da Silva] Fayal** – localizada na margem direita do médio curso do rio Jacaré, no então distrito de São Lázaro do Miranda, tinha extensão de três quartos de légua e contava com sete escravos em 1818. O Palmital divisava, de um lado, com a fazenda do Fundão, de dona Antônia Maria de Freitas, e, de outro, com a da Forquilha, de Severino José de Mesquita. Havia sido formada por uma parte de terras recebida por herança e outra havida por compra. Era administrada por Manoel Fernandes Vieira, à época com 50 anos de idade e casado com Laureana Joaquina de Jesus, que, em primeiras núpcias, fora mulher de José da Silva Fayal (certamente um açoriano, pelo sobrenome). Os filhos havidos do primeiro casamento de dona Laureana eram sócios do padrasto. José da Silva Fayal havia se estabelecido naquelas terras até a década de 1780, pois, em 1782, é citado como confrontante da sesmaria concedida a José Gonçalves de Oliveira, que deu origem à fazenda das Barreiras. Em 1800, o Fayal volta a ser citado como confrontante, no caso, de Manoel José Vieira, na sesmaria do Jacaré. Faleceu no início do século XIX, pois dona Laureana aparece como viúva em um assento de batismo, em que fora madrinha, celebrado, em 1803, na capela de Santo Antônio do Monte. Após o casamento, em 1822, de uma filha de Manoel e Laureana, Ana Delfina, com Gabriel Baptista Leite, parte dessa propriedade tornar-se-ia o núcleo inicial da Fazenda "dos Baptistas", entre as Grotadas e o rio Jacaré.

***Santa Clara*, de Antônio Gonçalves Leonardo** – localizada no distrito do Diamante Abaixo e adquirida por compra, possuía então pouco mais de 200 alqueires de terras, nela trabalhando sete escravos. Os vizinhos eram, pela testada, João Francisco de Araújo e, pelos fundos, um certo Antônio Francisco. O possuidor, Antônio Gonçalves Leonardo, com 30 anos de idade na ocasião, era filho de Matheus Gonçalves Leonardo e de dona Ana Josefa do Rosário. Estava casado com Bárbara Rosa de São José, filha de Manoel Francisco de Paiva e de Margarida Rosa de São José (moradores em Pitangui), e vivia na Santa Clara com a jovem esposa e dois filhos pequenos (José, com 2 anos de idade, e Maria Leonarda, recém-nascida), começando a vida de fazendeiro, bastante próspero mais tarde.

***Três Barras*, de dona Francisca Romeira [da Silva]** – fazenda adquirida por compra pelo cabo de esquadra Gabriel Mendes de Carvalho ainda no século XVIII, compreendia meia légua em quadra de "matas de cultura e campos de criar", sitas na paragem do ribeirão do Quiabo Assado. Este, junto dos córregos Fundo e do Espraiado, faz barra, a pouca distância um dos outros, no rio Santana, extremidade Sudeste do então distrito de São Lázaro do Miranda. A aquisição do cabo Gabriel foi titulada por carta de sesmaria a ele concedida em 1798 [conf. códice APM, SC 286, p. 135v]. Depois de sua morte, em 1817, a viúva, dona Francisca Romeira da Silva, sem filhos, assumiu a condução do estabelecimento, já reduzido a pouco mais de 200 alqueires de terra, mas ainda abrigando um plantel de nove escravos. Chamada também de Três Barras de Santa Quitéria, confrontava, então, pela testada, com a fazenda dos Buritis, de dona Maria de Araújo Lima, e, pelos fundos, com o sítio de Vicente Rodrigues [da Costa], situado às margens do rio Santana. Em 12 de novembro de 1821, dona Francisca Romeira voltou a se casar, na capela do Bom Jesus da Pedra do Indaiá, com o rico fazendeiro Manoel Fernandes Lopes, filho da vizinha dona Maria de Araújo Lima e viúvo na ocasião. Um ano antes, dois sobrinhos do falecido cabo Gabriel, Severino e Inácio Mendes de Carvalho, filhos de abastado fazendeiro de São Francisco das Chagas do Campo Grande (atual município de Rio Paranaíba), vieram a se casar, respectivamente, com as jovens Ana Luíza e Francisca Caetana, filhas do alferes Manoel Caetano de Almeida, proprietário da fazenda do Retiro.

Outras fazendas enquadradas na quarta categoria – além das oito antes caracterizadas, enquadraram-se nesta categoria quatro outras fazendas, a saber: do Lambari, de Severino Rodrigues da Costa; da Cachoeira, de Domingos José de Moura; do Ribeirão das Amoreiras, de José Francisco de Magalhães; e, outra fazenda chamada do Palmital, de Simplício Trajano. As três primeiras localizadas no distrito do Diamante Abaixo e a última no de Santo Antônio do Monte.

5ª Categoria – Gleba mediana e plantel de pequeno porte ou não escravista

Cachoeira, de Antônio Caetano de Oliveira – segunda fazenda do distrito de São Lázaro do Miranda chamada "da Cachoeira". Adquirida por compra, sua área era de 225 alqueires e abrigava apenas três cativos, em 1818. Confinava, pela frente, com a pequena propriedade de Vicente Rodrigues [da Costa], nas Três Barras, e, pelos fundos, com a fazenda do Montevideo, de Domingos Antônio de Miranda.

Cachoeira, de Silvestre Antônio de Miranda – mais um estabelecimento da mesma denominação, foi recebida em herança por Silvestre Antônio (nascido em 1791), o mais moço dos três filhos vivos dos pioneiros Antônio de Miranda Varela e dona Ana Maria da Silva. Localizado no distrito de São Lázaro do Miranda, era bem menor que as fazendas dos demais irmãos Miranda: apenas 60 alqueires de terra, trabalhados por três escravos em

1818. Pela testada, confrontava com um sítio de Serafim Simões Senteio e, pelos fundos, com a fazenda de Domingos Antônio. Algum tempo depois, Silvestre Antônio de Miranda, casado com dona Josefa Maria da Cruz, se transferiu para Arcos, onde residia com sua família em 1831 e possuía, além de fazenda, uma olaria produtora de telhas.[333]

Maravilha, de dona Maria Angélica – situada no distrito de Nazaré dos Esteios, esta propriedade era banhada pelo córrego de igual nome, afluente da margem esquerda do rio Bambuí. Contava, em 1818, com apenas um cativo para a faina diária, apesar de seus 225 alqueires de terras. Adquirida por compra, na ocasião, deveria estar voltada à criação extensiva de gado de corte, como também se encontrava sua confrontante ao fundo, a fazenda do Bom Jardim. Antes de pertencer à dona Maria Angélica, a Maravilha havia sido de Frutuoso Domingues, "morador na freguesia de Santa Ana do Bambuí e Campo Grande" e possuidor de escravos em número suficiente para "cultivar as terras devolutas" por ele apossadas, como declarado no pedido de concessão de carta de sesmaria, que lhe foi passada em 1801 [conf. códice APM, SC 293, p. 57].

Adiante, são discriminadas, por distrito de ordenanças, nove outras propriedades agrícolas enquadradas na *quinta categoria*:

No distrito do Diamante Abaixo – as fazendas da Boa Vista, de dona Isabel Maria de Jesus, servida por três cativos, e das Pedras de Amolar, de José Rodrigues da Silva, com dois escravos – a primeira com 225 alqueires e a segunda com cerca de 120 alqueires de terras. Ademais, três pequenas fazendas, todas banhadas pelo ribeirão de São Pedro: a de Manoel Gonçalves de Souza, a de Manoel Gomes [da Silva] e a de João José do Amaral – cada uma com área de cerca de 60 alqueires e servida por um único escravo. Também a fazenda de José Rosa e seus sócios, no ribeirão dos Patos, com pouco mais de 55 alqueires de terra e desprovida do elemento servil, enquadra-se na quinta categoria de unidades produtivas.

No distrito de São Lázaro do Miranda – a pequena propriedade não escravista de Vicente Rodrigues [da Costa], de pouco menos de 60 alqueires de área, ficava nas Três Barras, cabeceiras do rio Santana.

No distrito de Nazaré dos Esteios – uma fazenda não escravista, chamada da Mata das Canoas, possuída pelo padre-mestre João Gaspar Rodrigues Esteves. Com 225 alqueires de área, era outra certamente usada para a criação extensiva de gado vacum, sob os cuidados de um preposto do reverendo, que morava na distante vila do Paracatu. Também a fazenda do

Estreito, de Francisco Xavier Rodrigues, com pouco menos de 60 alqueires de terras e servida por dois escravos, confrontava com a Boa Vista, fazenda do então comandante de Ordenanças do distrito.

6ª Categoria – Glebas pequenas com plantéis de pequeno porte ou desprovidas de cativos

Estabelecimentos bem-representativos desta categoria eram dois com igual denominação, tão comum, de "fazenda do Diamante", no distrito de Santo Antônio do Monte, adiante caracterizados:

Diamante, de João Martins dos Santos [filho] – também originária da antiga sesmaria do primeiro João Martins dos Santos [conf. códice APM, SC 293, p. 88], estava localizada às margens do ribeirão Diamante, afluente do Lambari. Recebida em herança pelo filho homônimo do velho sesmeiro. Eram, então, apenas 40 alqueires de terras, que faziam divisas com o estabelecimento de Manoel Fernandes Lopes, pela frente, e com o de Manoel Martins Borges, pelos fundos. Apesar de seu tamanho, esta fazenda empregava cinco escravos (provavelmente, também havidos por herança). O possuidor, então com 43 anos de idade, era casado com dona Josefa Rosa da Conceição, filha de pais portugueses estabelecidos em Pitangui.

Diamante, de Francisco Luís Brandão – assim como a anterior, embora fosse fazenda de pequeno porte, abrigava cinco cativos, em 1818. Confrontava, pela testada, com as terras de João Martins dos Santos [filho] e, pelos fundos, com as do capitão João Martins Borges. Brandão, o possuidor, era nascido em Pitangui, no ano de 1763, e casado com Inácia Joaquina da Conceição, de família moradora naquela vila. Faleceu em 1823.

Além dessas duas, na sexta categoria também se enquadraram 12 outras pequenas unidades produtivas (a maior delas com 30 alqueires de terras), discriminadas a seguir, por distrito de ordenanças:

No distrito de Santo Antônio do Monte – o minifúndio de José Martins de Andrade, sito na Cachoeira, desprovido de escravos; duas pequenas propriedades de Manoel José de Andrade, sitas no Palmital, cada uma delas com três cativos; a fazenda de Joaquim da Costa Paes, ainda com 30 alqueires de terras, mas já abrigando cinco escravos; outra pequena fazenda intitulada "do Pântano", de Antônio da Costa Pimentel (casado com Ana Fernandes Lopes, filha de dona Maria de Araújo Lima e irmã de Manoel Fernandes Lopes, fazendeiros de muitas posses), provida de três escravos. Além dessas, também o estabelecimento de Antônio Martins dos Santos, situado às margens do ribeirão do Diamante, com três escravos.

No distrito do Diamante Abaixo – o minifúndio de dona Ana Rosa, no "Corgo da Laje", com um único escravo; duas pequenas propriedades não escravistas, uma de João Barbosa da Silva, no ribeirão dos Patos, e outra, de João Teixeira da Cunha, denominada Jaboticabeira. Ademais, um sítio de João Francisco de Araújo, chamado de Santa Clara, com apenas oito alqueires de terras, mas dispondo de cinco cativos, os quais, provavelmente, eram "escravos de aluguel", para atender às necessidades sazonais de vizinhos carentes dessa mão de obra.

No distrito de São Lázaro do Miranda – apenas o sítio de Serafim Simões Senteio, sito na Cachoeira, vizinho de Antônio Caetano de Oliveira, com apenas um cativo a seu dispor.

No distrito de Nazaré dos Esteios – a fazendinha de Mariana Rosa de Jesus, também chamada de Olho D'água, com 25 alqueires de terra e servida por dois escravos.

Figura 11 – **Trecho da "Relação das pessoas que se acham estabelecidas com fazendas no Termo da Vila do Tamanduá [...]", referente ao distrito de ordenanças de São Lázaro do Miranda - 1818**

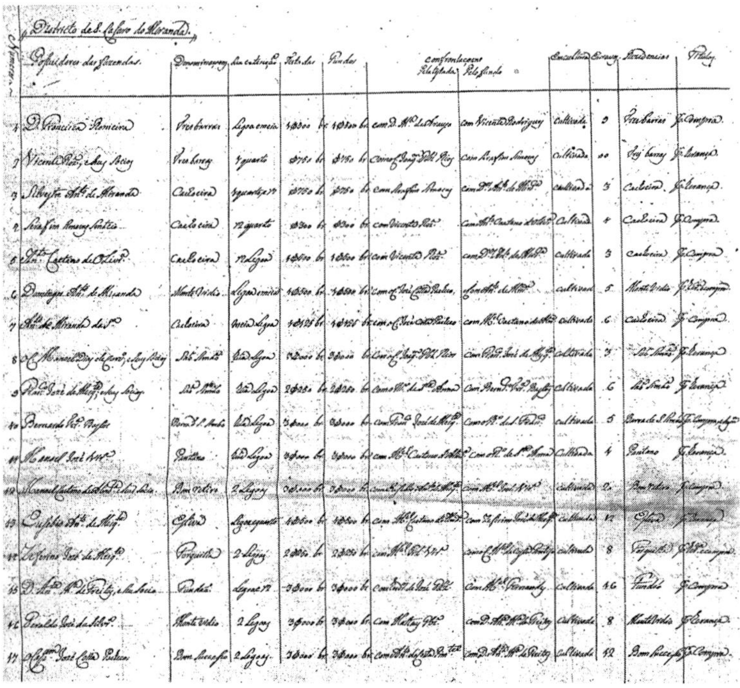

Fonte: Arquivo Público Mineiro - APM – fundo CC, Cx. 84, rolo 526, planilha 20.207, 1818.

15

POPULAÇÃO ENTRE 1776 E 1821: REARTICULAÇÃO DEMOGRÁFICA INTER-REGIONAL

Foi em 1776 que se fez no Brasil uma primeira contagem geral da população, sendo arrolados 1.426.965 habitantes, incluindo livres e cativos. Na capitania de Minas Gerais, a população, excluídos os indígenas, era de 319.769 pessoas (pouco mais de 20% da gente brasileira). Cerca de um quarto dos mineiros vivia então na comarca do Rio das Mortes. Passadas três décadas, em 1808, ano da instalação da Corte portuguesa no Rio de Janeiro, a população do Brasil chegara a 2.424.463 habitantes; na ocasião, de cada três brasileiros, um era escravizado. A participação relativa da população mineira no cômputo geral do País havia se reduzido a 18%. Mas a comarca do Rio das Mortes, em franco crescimento demográfico, já respondia por 36% da população da capitania.

Às vésperas da Independência, a população brasileira era da ordem de 3,23 milhões de habitantes, entre livres e escravizados. Em Minas Gerais, viviam pouco mais de 514 mil pessoas, correspondentes a 16% da população do Brasil. Rio das Mortes, com cerca de 213,5 mil habitantes, se tornara a mais populosa comarca da província, respondendo por pouco mais de 40% do cômputo provincial em 1821.

Em síntese, no decorrer de 45 anos, entre a primeira contagem geral e a Independência do Brasil, a população mineira crescera cerca de 60%, valor expressivo, mas aquém do crescimento de toda a população brasileira, de quase 130% no mesmo período. Ainda assim, Minas se mantinha na primeira posição, entre as províncias da América portuguesa, embora viesse perdendo participação relativa (vide Quadro 14).

Nesse período, duas importantes tendências influenciaram o crescimento da população mineira: de um lado, uma maior "feminilização", devido ao significativo aumento, tanto absoluto quanto relativo, do número de mulheres, brancas e mulatas, ainda que a população masculina continuasse predominante; de outro, o expressivo aumento da mestiçagem, decorrente da mistura cada vez maior de pretos e brancos, resultando em uma população parda mais e mais numerosa.[334]

Quadro 14 – Brasil, Capitania de Minas Gerais, Comarca do Rio das Mortes e Termo da Vila de São Bento do Tamanduá. **População e taxas de crescimento populacional em 1776, 1808 e 1821**

Ano	Brasil Pop. (hab.)	Brasil Cresc. (% aa.)	Capitania de Minas Gerais Pop. (hab.)	Capitania de Minas Gerais Cresc. (% aa.)	Comarca do Rio das Mortes Pop. (hab.)	Comarca do Rio das Mortes Cresc. (% aa.)	T. V. de São Bento do Tamanduá [1] Pop. (hab.)	T. V. de São Bento do Tamanduá [1] Cresc. (% aa.)
1776	1.426.965	-	319.769	-	82.781	-	6.897 [2]	-
1808	2.424.463	1,7	433.049	1,0	154.869	2,0	16.026	2,7
1821	3.235.549	2,2	514.038	1,3	213.537	2,5	26.575	4,0
Δ 1776 a 1821	126,7%	1,8%	60,7%	1,1%	157,9%	2,1%	285,3%	3,0%

(1) Os números correspondem à soma de três freguesias, Tamanduá, Bambuí e Piumhi, com seus respectivos distritos, que, em 1790, constituíram o Termo de São Bento do Tamanduá.
(2) O dado apresentado se refere, de fato, ao ano de 1777, segundo a fonte utilizada.
Fontes: o autor. Para Brasil, Minas Gerais e Comarca do Rio das Mortes, as fontes originais são AHU/MG – Cx. 112, Doc. 11, Eschwege (1899, p.774), RAPM (1899, p. 294-296) e Botelho (2013), *apud* STUMPF, Roberta Giannubilo (2017) e CUNHA, Alexandre Mendes (2007). Para o Termo da Vila de S. Bento do Tamanduá, a fonte para o ano de 1777 é o "*Mapa dos Números das Pessoas que Alistei* [...]", elaborado por Inácio Corrêa Pamplona, em: AHU, Cx. 177, Doc. 47; para os anos de 1808 e 1821 as fontes são APM, SG, Cx. 077, Doc. 065 e APM, SG, Cx. 122, Doc. 075, respectivamente.

Nesse contexto, importa destacar que vinha ocorrendo um expressivo reordenamento geográfico da população mineira, devido ao desigual crescimento demográfico de suas comarcas. No início do período, tomando o censo de 1776 como referência, a população da comarca de Sabará correspondia a 31% da população da capitania, enquanto as populações das comarcas de Vila Rica e Rio das Mortes tinham participações relativas praticamente iguais: uma com 25% e a outra com 26%. De fato, do crescimento natural daquela gente e do considerável movimento migratório interno e externo à capitania resultaram transformações significativas na distribuição espacial da população mineira.

Comparando os números de 1821 com aqueles de 1776, conclui-se que a comarca de Vila Rica, em processo de estagnação econômica, perdera 4% de sua gente (em termos absolutos), reduzindo, assim, sua participação relativa no computo geral para 15%. Também a comarca de Sabará viu diminuir sua participação relativa, de 31% para 23%, entre os dois extremos temporais (a queda se mantém mesmo se ao último percentual somarmos os 4% da nova comarca de Paracatu, que da comarca de Sabará se desmembrou na ocasião). Ao contrário, a população da comarca do Rio das Mortes aumentara cerca de duas vezes e meia (um acréscimo de 158%), passando de 82.781, em 1776, para 213.537 habitantes, em 1821.

TRANSFORMAÇÕES DEMOGRÁFICAS NA COMARCA DO RIO DAS MORTES

Assim sendo, a proporção da população da comarca do Rio das Morte no montante demográfico de Minas Gerais saltou de 26%, em 1776, para 42%, no advento da Independência. Segundo Kenneth Maxwell, essa aceleração demográfica refletia a "queda do papel dominante da mineração e a crescente importância das atividades agrícolas e pastoris", em Minas, a partir do último quartel do Oitocentos.[335]

A preponderância da comarca do Rio das Mortes também fica patente quando se desdobra o contingente populacional mineiro entre livres e cativos. Estimativas feitas pelo barão de Eschwege indicam que, em 1821, esta comarca respondia por 39% da população livre da Capitania e por 47% da escravizada, sendo, nos dois casos, as maiores proporções dentre as comarcas mineiras, naquele ano.[336]

As ufanistas descrições da comarca do Rio das Mortes, que fizeram dois memorialistas contemporâneos dos fatos aqui relatados, tinham sua razão de ser e bem ilustram a dinâmica socioeconômica daquela época. O desembargador José João Teixeira Coelho escreveu, em sua "Instrução para o Governo da Capitania de Minas Gerais", que a comarca do Rio das Mortes era "a mais vistosa e a mais abundante de toda a capitania em produção de grãos, hortaliças e frutos ordinários do país, de forma que, além da própria sustentação, provê a toda a capitania de queijos, gados, carnes de porco, etc.".[337] Não ficaram atrás os elogios que aparecem na *Geografia Histórica*, de autoria do cartógrafo José Joaquim da Rocha:

> [...] é a terra mais abundante de víveres que tem todas as Minas; por[que] dessa comarca [do Rio das Mortes] se sustentam todas as [de]mais das Minas, principalmente de gado,

toucinho, queijo, milho, feijão e arroz; tem muita fruta de espinho, maçãs, ameixas e bananas; a caça e o peixe em toda esta comarca é com muita abundância e serve de divertimento àqueles que são inclinados a esses exercícios [...].[338]

Vale realçar que a citada rearticulação demográfica não ocorria apenas entre as comarcas mineiras, mas se manifestava igualmente no interior delas, como bem demonstra o Quadro 15. Entre 1808 e 1820, os termos de Barbacena, Campanha, São João del Rei e Tamanduá (atual Itapecerica) apresentaram aumento de participação relativa no contingente populacional da comarca do Rio das Mortes. Ao contrário, no mesmo período, Queluz (atual Conselheiro Lafaiete) e São José del Rei (atual Tiradentes) foram os termos que perderam participação relativa.

Quadro 15 – Comarca do Rio das Mortes e seus Termos. **Participação relativa da população dos termos e taxa média anual de crescimento populacional, por termo, entre 1808 e 1820**

Termos	Participação relativa		Taxa de cresc.
	1808	1820	(% a.a.)
Barbacena	10,5%	12,3%	4,88
Campanha [1]	35,8%	40,3%	4,64
Queluz	13,1%	9,6%	0,94
São João del Rei	16,4%	18,7%	4,63
São José del Rei	13,9%	7,2%	-1,87
Tamanduá	10,3%	11,8%	4,66
Comarca do Rio das Mortes	154.869	236.819	3,54%

(1) Inclui Baependi e Jacuí.
Fonte: Cunha (2002, p. 303).

Os ritmos de crescimento populacional, entre 1808 e 1820, mostraram-se bastante diferenciados entre os termos da comarca do Rio das Mortes. Barbacena foi o termo com maior crescimento, quase 5% ao ano, em média, sendo seguido, com valores muito próximos, pelos termos do Tamanduá, da Campanha e de São João del Rei (cada um com taxas médias da ordem de 4,6% ao ano). Ao mesmo tempo, a população do termo de Queluz cresceu menos de 1% ao ano, em média, e a de São José del Rei apresentou diminuição, com taxa média negativa de quase 2% ao ano. No mesmo período, a taxa média de crescimento da população de toda a comarca ficou em torno de 3,5% ao ano.

DINÂMICA POPULACIONAL NO TERMO DO TAMANDUÁ

Se voltarmos ao Quadro 14, poderemos constatar que, entre a primeira contagem populacional, em 1776, e a véspera da Independência, em 1821, a população do termo da vila de São Bento do Tamanduá havia aumentado cerca de 3% ao ano, em média, enquanto a da comarca do Rio das Mortes, à que pertencia o dito termo, aumentara, em média, 2% ao ano. No mesmo período, o crescimento médio da população mineira, como um todo, foi de apenas 1% ao ano. Comparando estas taxas com as verificadas no período mais restrito de 1808 a 1820 (vide Quadro 15), conclui-se que os ritmos de crescimento populacional da comarca do Rio das Mortes e do termo do Tamanduá, em particular, embora com modulações distintas, aceleraram-se na segunda metade do longo período analisado, já em pleno século XIX.[339]

Pouco mais de 16 mil pessoas viviam no termo do Tamanduá em 1808, incluindo livres e cativas, equivalendo a um décimo da população da comarca do Rio das Mortes, no mesmo ano. Independentemente da cor e considerando todos os habitantes, as proporções de homens e mulheres na população do termo do Tamanduá eram bastante equilibradas: 50,8% e 49,2%, respectivamente (como se vê no Quadro 16). Os de cor branca eram 44% da população total, na razão de 78 homens para cada 100 mulheres. Quanto aos de cor preta (nem todos cativos, vale lembrar), eram um terço da população do termo, com razão de masculinidade bem distinta: o número de homens pretos era 56% superior ao de pretas mulheres. Em posição intermediária, encontrava-se a população dita mulata, preponderantemente livre (apenas 15% eram escravizados). Mulatos, fossem livres ou escravizados, correspondiam a pouco mais de um quinto da população do termo do Tamanduá, com razão de masculinidade bem equilibrada: 98 homens mulatos para cada 100 mulheres de mesma cor.

Naquele ano, a população livre do termo de Tamanduá somava 11,5 mil habitantes, majoritariamente brancos (62%). Aproximadamente, um quarto desse contingente era composto por mulatos, enquanto pretos eram 12% da população não escravizada, consequência de alforrias e da miscigenação crescentes.

À época, a população livre da vila do Tamanduá e de seu termo compunha-se de "criadores, lavradores e mineiros", segundo Aires de Casal.[340] Ao incluir a classe dos "mineiros", o padre geógrafo se mostrava desatualizado em relação às transformações econômicas verificadas no Oeste mineiro no último quartel do Setecentos, quando a mineração de ouro, que de fato antes existira, ainda que de pouca monta, encontrava-se em completa decadência, com jazidas abandonadas à vista de todos.[341]

Enquanto isso, a população escravizada tamanduaense chegara a 4,4 mil habitantes, de ambos os sexos, predominantemente pretos (88% do total de cativos), em desfavor dos ditos mulatos (apenas 12% do contingente mancípio), conforme mostra o Quadro 17. Os cativos correspondiam a 28% de toda a população do termo do Tamanduá, proporção ligeiramente inferior à média de 31%, então prevalente no país. A razão de masculinidade da população escravizada do termo era bem elevada: 147 homens para 100 mulheres, bastante próxima da média geral de Minas Gerais na mesma ocasião. Entre os cativos mulatos, era razoável o equilíbrio entre homens e mulheres (51% e 49%, respectivamente), mas, entre os pretos escravos, a razão era de 153 homens para 100 mulheres.

Quadro 16 – 1808 - Termo da Vila de São Bento do Tamanduá[(1)]. **Distribuição da população por qualidade (ou cor), segundo o gênero, e razão de masculinidade**

Qualidade	Gênero				Total		Razão de masc. (2)
	Homem		Mulher				
	N°.	%	N°.	%	N°.	%	
Branco	3.121	43,8	4.008	56,2	7.129	44,5	77,87
Mulato	1.777	49,6	1.804	50,4	3.581	22,3	98,50
Preto	3.241	61,0	2.075	39,0	5.316	33,2	156,19
Total	8.139	50,8	7.887	49,2	16.026	100,0	103,20

(1) Inclui as três freguesias, Tamanduá, Bambuí e Piumhi, e seus respectivos distritos.
(2) Número de homens para cada 100 mulheres.
Fonte: APM, SG, Cx. 077, Doc. 065 (1808).

Importa lembrar que razões de masculinidade elevadas são indicativos da maior presença de africanos e menor de nacionais na composição dos plantéis mancípios, o que pode ser explicado pelo caráter seletivo do tráfico atlântico, que ofertava mais homens que mulheres e majoritariamente pessoas em idade produtiva, com menor oferta de velhos e crianças.

Quanto ao estado conjugal, em 1808, predominavam as pessoas solteiras (84%) na população do termo do Tamanduá (Quadro 18). Apenas 12% dessa gente eram casados, e cerca de 4% encontravam-se em estado de viuvez. Entre os solteiros (13.462 pessoas de todas as idades), os livres eram quase 70%, assim repartidos quanto à cor: 58% brancos e 42% mulatos e pretos. Os 30% de cativos solteiros eram majoritariamente pretos.

Entre os casados, predominavam os livres, principalmente brancos. Pretos e mulatos livres eram apenas um quarto da população casada, enquanto os cativos, fossem pretos ou mulatos, não passavam de 13% desse contingente. Se considerarmos apenas a população escrava do termo do Tamanduá, verificamos que mais de 90% dela não era casada. Por outro lado, menos de 4% das pessoas viúvas eram cativas.

A elevada proporção de solteiros na população do termo do Tamanduá naquela época estava certamente associada à significativa presença de famílias livres de constituição recente, com filhos numerosos ainda crianças, quadro típico das áreas de fronteira agrícola ainda em povoamento, bem como à baixa nupcialidade dos cativos, seja pela forte desproporção entre homens e mulheres em idade de se casar, seja por costumes e tradições vigentes na época entre pessoas deste segmento populacional.

Quadro 17 – 1808 - Termo da Vila de São Bento do Tamanduá [1]. **Distribuição da população cativa por gênero, segundo a cor**

Gênero	População cativa					
	Mulatos		Pretos		Total	
	N°.	%	N°.	%	N°.	%
Homem	271	10,2	2.379	89,8	2.650	59,4
Mulher	258	14,3	1.550	85,7	1.808	40,6
Total	529	11,9	3.929	88,1	4.458	100,0

(1) Inclui as três freguesias, Tamanduá, Bambuí e Piumhi, e seus respectivos distritos.
Fonte: APM, SG, Cx. 077, Doc. 065 (1808).

Vale adiantar que o crescimento demográfico do termo do Tamanduá, na segunda década do século XIX, mostrou-se mais notável em certos distritos rurais e nos distritos-sedes das duas outras freguesias do que no distrito da Vila, cabeça do termo e matriz da freguesia primaz.

O primeiro Diogo de Vasconcelos, descrevendo, em 1807, o termo do Tamanduá, afirma ser ele composto "de fazendas de agricultura e de criar, de uma prodigiosa fertilidade e produção", mas ressalvava que sua sede, a Vila de São Bento, embora prometesse "ser uma das melhores da província", apresentava-se na ocasião "tão erma de edifícios como de gente".[342] Quase duas décadas depois, outro memorialista, o general Cunha Matos, escreveu, em sua *Corografia Histórica da Província*, que a vila de São Bento do Tamanduá possuía "pequena Casa de Câmara e fraca prisão, igreja paroquial e 189 fogos", ali vivendo, por volta de 1823, apenas 1.374 pessoas.[343]

Na ocasião, a freguesia de Nossa Senhora do Livramento do Piumhi contava com uma "igreja paroquial e as suas casas, em número de 83, [que] são todas humildes". O arraial e seu distrito próprio compunham-se de 222 fogos, onde viviam 1.353 habitantes. A terceira freguesia tinha sua igreja matriz no arraial de Santana do Bambuí, "pequeno e de casas humildes, [que] fica à direita, e meia légua distante da estrada do Rio de Janeiro para Goiás". No arraial do Bambuí e em seu distrito próprio, havia 125 fogos, e sua população, em 1823, era de 884 habitantes, tudo conforme Cunha Matos.[344]

Quadro 18 – 1808 - Termo da Vila de São Bento do Tamanduá [(1)]. **Distribuição da população pela condição, segundo o estado conjugal**

Condição	Estado Conjugal							Total	
	Casado		Solteiro		Viúvo			
	Nº.	%	Nº.	%	Nº.	%	Nº.	%
Branco	1.256	63,5	5.431	40,3	442	75,3	7.129	44,5
Preto Livre	37	1,9	1.333	9,9	17	2,9	1.387	8,7
Mulato Livre	433	21,9	2.513	18,7	106	18,1	3.052	19,0
Preto Cativo	236	11,9	3.675	27,3	18	3,1	3.929	24,5
Mulato Cativo	15	0,8	510	3,8	4	0,7	529	3,3
Total	1.977	100,0	13.462	100,0	587	100,0	16.026	100,00
% do Total	12,3		84,0		3,7		100,0	

(1) inclui as três freguesias, Tamanduá, Bambuí e Piumhi, e seus respectivos distritos.
Fonte: APM, SG, Cx. 077, Doc. 065 (1808).

Uma nova freguesia foi instituída, em 1818, em Campo Belo, arraial "situado em terreno plano e aprazível [...]", de "fundação moderna, [e que] vai em grande crescimento".[345] Além da igreja paroquial, aquele arraial abrigava, então, 71 fogos. Somando aos do arraial aqueles situados em próprio distrito, o número de fogos chegava a 214, e a população, a 1.241 habitantes. É de se notar que, em 1773, ainda "não havia ermida no lugar de Campo Belo", como escreveu um clérigo que por lá fazia batizados no dito ano. A ermida, construída em data não sabida, somente teve provisão para ser usada, como capela filial da matriz de Tamanduá, em 24 de julho de 1802.

Embora não fosse sede de freguesia, o arraial da Formiga era, então, o maior núcleo populacional e principal centro comercial do termo do Tamanduá, com "147 casas, muitas delas elegantes, e todas abastecidas de água por canais subterrâneos".[346] Ao todo, em 1823, abrigava 1.678 habitantes, distribuídos por 278 fogos. Sua capela curada, dedicada a São Vicente Ferrer, era filial de matriz de São Bento do Tamanduá.

Da leitura do Quadro 19, conclui-se que, ao longo da segunda década do século XIX, mais precisamente entre 1808 e 1821, a população do termo de São Bento do Tamanduá havia crescido muito, chegando a 26.575 habitantes no final desse período; em média, quase 4% ao ano. A título de comparação, vale relembrar que a comarca do Rio das Mortes, entre aqueles dois anos, crescera a taxa média de 2,5% ao ano (praticamente o dobro da média verificada na capitania de Minas Gerais, como um todo, no mesmo período).

Quadro 19 – Termo da Vila de São Bento do Tamanduá - 1810 e 1821. **Distribuição da população segundo a condição, por freguesia**

Freguesia (com seus distritos)	Ano de 1810				Ano de 1821			
	Livre	Escravo	Total	%	Livre	Escravo	Total	%
Tamanduá	9.625	4.417	14.042	79,6	8.148	3.764	11.912	44,8
C. Belo [(1)]					5.195	2.269	7.464	28,1
Bambuí	1.563	348	1.911	10,8	3.212	854	4.066	15,3
Piumhi	1.033	663	1.696	9,6	1.973	1.160	3.133	11,8
Total	12.221	5.428	17.649	100,0	18.528	8.047	26.575	100,0
% do total	69,2	30,8	100,0		69,7	30,3	100,0	

(1) Criada em 1818, para o ano de 1810 a sua população está incluída na da freguesia de São Bento do Tamanduá.
Fonte: APM, SG, Cx. 122, Doc. 075 (1821) e SG, Cx. 082, Doc. 057 (1810).

Em 1821, existiam 3.670 os fogos (ou domicílios) no termo do Tamanduá, perfazendo uma média de sete habitantes pôr fogo. Na vila, eram 600 fogos e, no restante do termo, incluindo sedes de freguesia, arraiais com capelas curadas e os distritos rurais, outros 3.070 fogos.

Segundo o capitão-mor, a população do termo do Tamanduá era bastante jovem, predominando pessoas com até 20 anos de idade. Na freguesia da vila residiam, então, 308 homens "capazes de pegar em armas, livres e solteiros, de toda a qualidade e de 20 até 30 anos", além de 416 outros em igual posição, nas demais freguesias, totalizando, assim, "724 homens de guerra" em todo o termo [conf. códice APM, SG, Cx. 122, Doc. 075, 1821].

No Quadro 20, os números apresentados ilustram a acelerada expansão demográfica que ocorreu no termo do Tamanduá nas primeiras décadas do Oitocentos. Porém, importa lembrar que tal crescimento não aconteceu no mesmo ritmo nas distintas freguesias. Os dados disponíveis revelam que o incremento populacional acumulado entre 1810 e 1821 foi bastante expressivo na freguesia de Piumhi e maior ainda na de Bambuí (85% e 113%, respectivamente), ao contrário do ocorrido na freguesia de São Bento do Tamanduá, que foi de apenas 38%.

Uma explicação possível é que as freguesias de Piumhi e Bambuí, situadas na margem esquerda do São Francisco ainda se encontravam em fase de ocupação e povoamento intensivos, enquanto na freguesia do Tamanduá, situada na margem oposta, essa fase já havia passado, com a população apresentando crescimento vegetativo apenas. Reforça esta hipótese as taxas de crescimento anual médio da população escravizada nas freguesias de Bambuí e Piumhi (8,5% e 5,2% ao ano, respectivamente), superiores à média geral do Termo (3,6% a.a.) e, evidentemente, maiores que a taxa média de crescimento desse contingente populacional na freguesia do Tamanduá, que não chegou a 3% ao ano.

Quadro 20 – Termo da Vila de São Bento do Tamanduá - 1810 e 1821. **Taxas de crescimento populacional segundo a condição, por freguesia**

Freguesia (com seus distritos)	Taxa Média Anual (% a.a.)			Cresc. acum. total (%)
	Pop. Livre	Pop. Escrava	Pop. Total	
Tamanduá (*)	3,0	2,9	3,0	38,0
Bambuí	6,8	8,5	7,1	112,8

Freguesia (com seus distritos)	Taxa Média Anual (% a.a.)			Cresc. acum. total (%)
	Pop. Livre	Pop. Escrava	Pop. Total	
Piumhi	6,1	5,2	5,7	84,7
Total	3,9	3,6	3,8	50,6

(*) inclui a freguesia do Senhor Bom Jesus do Campo Belo, instituída em 1818.
Fonte: o autor, com base na tabela anterior.

Depois dessa abordagem geral da dinâmica demográfica do termo do Tamanduá nas décadas iniciais do século XIX, nosso foco analítico se dirige aos distritos de ordenanças de Santo Antônio do Monte, Diamante Abaixo, São Lázaro do Miranda e Nazaré dos Esteios, pré-selecionados como referenciais para estudo de caso. Contudo, são parcos os dados demográficos disponíveis para esses territórios, praticamente restritos aos números compilados na *Corografia Histórica* (referentes ao ano de 1823) pelo general Cunha Matos, que foi busca-los no plano de reorganização territorial da Província, elaborado pelo secretário de Governo, Luís Maria da Silva Pinto, alguns anos após a Independência do Brasil.

CONTIGENTE POPULACIONAL DOS QUATRO DISTRITOS PRÉ-SELECIONADOS

A população dos distritos do Diamante Abaixo, Nazaré dos Esteios, Santo Antônio do Monte e São Lázaro do Miranda, somada, era de 2.742 habitantes, em 1823, equivalendo a pouco menos de 10% do contingente populacional de todo o termo do Tamanduá (vide Quadro 21). Essa gente se distribuía, então, por 376 fogos (ou domicílios), com uma média de 7,3 pessoas por fogo, cerca de 12% maior que a média geral do Termo.

Dos quatro distritos de ordenanças, o de Santo Antônio do Monte, com 834 habitantes, distribuídos entre 101 fogos, era o mais populoso; seu núcleo era o arraial dessa mesma denominação, com sua capela curada dedicada ao padroeiro Santo Antônio. Nos outros três distritos, tipicamente rurais, não havia arraial; seus habitantes viviam dispersos em fazendas e sítios. Em população, São Lázaro do Miranda era o segundo maior distrito do conjunto e o primeiro em número de fogos. Em Nazaré dos Esteios, na margem esquerda do São Francisco, a média de pessoas por fogo era a menor, de cerca de 5,6. Sendo o menos povoado dos quatro distritos e razoavelmente extenso, nele certamente preponderava a pecuária extensiva de corte, atividade demandante de pouca mão de obra.

Quadro 21 – Termo do Tamanduá – 1823: distritos de Ordenanças do Diamante Abaixo, Nazaré dos Esteios, Santo Antônio do Monte e São Lázaro do Miranda. **População, número de fogos e taxa de ocupação, por distrito e do Termo**

Distrito	População Nº.	%	Fogos Nº.	%	Hab./Fogo
Diamante Abaixo	589	2,10%	74	1,71%	7,96
Nazaré dos Esteios	554	1,98%	98	2,27%	5,65
Santo Antônio do Monte	834	2,98%	101	2,34%	8,26
São Lázaro do Miranda	765	2,73%	103	2,39%	7,43
Total dos quatro distritos	2.742	9,78%	376	8,71%	7,29
Total do Termo	28.029		4.317		6,49

Observação: os percentuais são relativos à população e ao número de fogos totais do termo da vila de São Bento do Tamanduá.
Fonte: MATOS, 1979.

Excluído o distrito de Esteios, pertencente à freguesia de Santana do Bambuí, os três outros compunham a aplicação da capela de Santo Antônio do Monte, filial da matriz do Tamanduá. Em 1825, por ocasião de uma visita pastoral à zona objeto do presente estudo, o então bispo de Mariana, dom Frei José da Santíssima Trindade, escreveu que "a capela curada de Santo Antônio do Monte, [situada] a 9 léguas da matriz [...], com 2.300 almas de população, foi visitada por comissão e crismaram-se 1.821. Tem toda a decência e está o seu capelão justo pelo povo em 340$000 e paga de arrendamento 64$000".[347] O capelão era então o padre Felipe de Souza Macedo, que substituíra o reverendo José Luiz da Costa no ano anterior.

16

NATUREZA, GÊNEROS DE VIDA E CULTURA MATERIAL: O OLHAR DE QUATRO "VIAJANTES"

O translado da Corte portuguesa de Lisboa para o Rio de Janeiro, em 1808, teve consequências várias para a evolução política, econômica e social do Brasil. Uma das mais importantes, a abertura dos portos brasileiros ao comércio com as nações amigas, foi acompanhada da permissão para a entrada de missões científicas e artísticas interessadas em conhecer o Brasil sob os mais diferentes aspectos. Com efeito, "desde o século XVI o Brasil se apresentava como local privilegiado para o olhar estrangeiro que, entre maravilhado e curioso, analisava esse território onde conviviam a natureza e seus naturais", segundo Lilia Schwarcz.[348] Entretanto, até aquele ano, a permissão para estrangeiros percorrerem a América portuguesa com espírito científico e exploratório fora quase impossível, em consonância com a política metropolitana "protecionista" então vigente.[349]

A partir de 1808, essa política se alterou radicalmente, possibilitando um ciclo de viagens exploratórias feitas por cientistas, artistas, homens de negócios e curiosos de todo tipo, especialmente na primeira metade do Oitocentos. Essa abertura do território ao estrangeiro esteve associada à percepção da íntima ligação entre política e negócios, ao se pretender novos meios de exploração das potencialidades de riquezas naturais da colônia, quando a crise econômica do Reino se agudizava. Importante legado dessas expedições ao interior do Brasil foram os minuciosos relatos deixados pelos exploradores. Mesmo marcados por certa subjetividade, inerente a cada viajante, esses relatos envolvem, além de impressões e reflexões pessoais, ricas informações resultantes da investigação científica, envolvendo as geografias física e humana, flora e fauna, mineralogia, geologia, etnografia, história e economia das regiões percorridas.

Minas Gerais foi uma das capitanias que mais aguçaram a curiosidade de cientistas e exploradores europeus e, talvez por isso, a que mais os recebeu na segunda e terceira décadas do século XIX, a exemplo de Spix e Martius, John Mawe, Langsdorf, Luccock, Freyress, Saint-Hilaire, Pohl, Walsh e Eschwege, dentre outros, com objetivos dos mais diversos. Alguns desses percorreram os sertões do oeste mineiro, legando-nos preciosos relatos acerca da natureza e de seus recursos, da cultura material e dos gêneros de vida naqueles vastos "desertos", expressão várias vezes repetida por Saint-Hilaire em seus relatos de viagem.

De fato, "deserto" era a imagem que comumente utilizavam para caracterizar os sertões, não obstante os incontáveis registros que nos deixaram sobre sítios e fazendas providos de engenhos, plantações de algodão e tabaco, criações de gado vacum e de suínos; pontes e estradas, quase sempre mal conservadas (é verdade!), mas recorrentemente percorridas por tropeiros que levavam mercadorias para serem comercializadas no Rio de Janeiro ou em vilas da antiga zona mineradora; povoações novas que cresciam, com suas matrizes e capelas, casas de comércio e alguns poucos sobrados, imponentes ao lado de muitos rústicos casebres. Enfim, produziram muito mais que restritos relatos do visual da deslumbrante paisagem natural, campos e matas, montanhas e vales, rios e lagos, com suas diversificadas espécies da fauna e flora.

QUATRO VIAJANTES NO OESTE MINEIRO COM DISTINTOS PROPÓSITOS

A leitura comparada dos relatos de quatro viajantes permite-nos esboçar um multifacetado retrato do Centro-Oeste de Minas no albor do Oitocentos. Para tanto, cotejamos diferentes aspectos abordados nos escritos de Eschwege, Pohl, Saint Hilaire e Cunha Matos, que, entre 1816 e 1823, percorreram, com distintos propósitos, os sertões que muitos ainda chamavam de Campo Grande.

Wilhelm Ludwig von Eschwege – dito barão de Eschwege, engenheiro, geólogo, mineralogista e empreendedor alemão – viveu cerca de 10 anos em Minas Gerais, retornando à Europa em 1821. Contratado pelo governo português e provido com a patente de coronel do Corpo de Engenheiros do Exército Real, instalou-se em Vila Rica (Ouro Preto), dividindo seu tempo entre o serviço técnico especializado prestado à Coroa e suas próprias atividades empresariais. Foi fundador, associado à rica família Monteiro de Barros, da fábrica de ferro "A Patriótica", instalada em Congonhas do Campo. Por ser também encarregado de supervisionar a administração da Real Fábrica de Chumbo do Abaeté, realizou viagens anuais àquele então longínquo empreendimento, também conhecido como mina da Galena (não muito distante da atual Patos de Minas). A viagem de 1816 foi a quarta que

Eschwege fez à Galena e encontra-se detalhadamente reportada em *Brasilien, die neue Welt* ["Brasil, novo mundo"], com primeira edição publicada em 1824, em língua alemã.[350]

Ao contrário de outras idas ao sertão do Abaeté, que fez percorrendo a estrada de Pitangui, como a do ano de 1814 (em companhia do naturalista G. W. Freireyss), em 1816, o barão de Eschwege optou pelo "caminho principal que liga Vila Rica à província de Goiás, via Tamanduá e Bambuí".[351] Considerou-o mais interessante para os estudos de geologia e geografia que então vinha desenvolvendo.

Partindo de Vila Rica, Eschwege foi primeiro a Congonhas do Campo supervisionar a produção de sua fundição de ferro. Passados alguns dias ali, prosseguiu pelo vale do Paraopeba, parando primeiro no Brumado (atual Entre Rios de Minas). Depois de percorrer o divisor de águas dos rios Grande e São Francisco (chamada por ele de serra das Vertentes), chegou ao arraial de São João Batista (hoje o distrito de Morro do Ferro, no município de Oliveira) – então "uma pequena capela e meia dúzia de casas, cujos proprietários moram na roça".[352] Depois desse arraial, percorreu mais cinco léguas até chegar ao de Oliveira, à época considerado a porta de entrada nos sertões do Campo Grande (topônimo este que, na segunda década do século XIX, já vinha caindo em desuso, substituído pelo genérico "Oeste"). Eschwege anotou que havia em Oliveira, aproximadamente, 200 fogos e que seus moradores viviam do comércio e do plantio do algodão. Outro viajante, o general Cunha Matos, que também esteve em Oliveira, sete anos depois, considerou o arraial aprazível, vasto e bem colocado.

Raimundo José da Cunha Matos, militar, político e memorialista, nasceu em Portugal, mas se naturalizou brasileiro por ocasião da Independência. Em 1823, nomeado governador de armas de Goiás pelo imperador Pedro I, fez uma longa viagem do Rio de Janeiro até a capital daquela província, cruzando vastas regiões do interior brasileiro, inclusive o Centro-Oeste de Minas. A partir de notas tomadas no dia a dia de sua longa marcha, Cunha Matos escreveu um minucioso "Itinerário".[353] Partindo da Corte em 8 de abril de 1823, percorreu o Caminho Novo até Barbacena, lá chegando na tarde de 1º de maio. De Barbacena, saiu dois dias depois, tomando o rumo de Oliveira, onde chegou a 9 de maio. Anotou então: "este arraial consta de uma rua imensamente larga, na mais alta posição da qual se acha a igreja de N. Senhora da Oliveira [...]". E mais, "algumas casas do arraial são espaçosas e asseadas; outras estão mui pouco limpas; a estalagem é péssima; e vi duas boticas que mostram estar bem sortidas [...]".[354]

Entre as estadias de Eschwege e de Cunha Matos, em 1818 o arraial de Oliveira recebeu a visita do naturalista Johann Emanuel Pohl.[355] Este austríaco lá chegou ao entardecer do dia 25 de outubro, vindo de São João del Rei. Seu destino final também era a província de Goiás, e encontrava-se em viagem de exploração científica custeada pelo imperador da Áustria. Suas impressões acerca do arraial de Oliveira, escritas com viés marcadamente eurocêntrico, foram bem menos entusiásticas que as de Eschwege e Cunha Matos. Disse ele: "consta de uns 200 casebres de barro, que formam uma única rua larga, inteiramente esburacada pelas chuvas, e fica sobre uma colina, cujo topo é coroado por uma igreja ainda inacabada [...]". Ademais, certamente frustrado com a vegetação encontrada no local, botânico que era, destacou ser muito escassa e pobre a flora dos arredores. Quantos aos habitantes, "mulatos e negros" lhe pareceram "espíritos curiosos, mas limitados", que, numa povoação onde "só se via necessidade e pobreza", preferiam ficar à toa a se dedicarem ao trabalho, "ao qual só era possível movê-los, em caso de necessidade, a troco de muita súplica e bastante dinheiro".[356]

Um ano depois do doutor Pohl, foi a vez de o francês Auguste de Saint-Hilaire se adentrar nos sertões do Campo Grande a partir de Oliveira.[357] Embora especialista em botânica, Saint-Hilaire, entre 1816 e 1822, coligiu as mais diversas informações sobre ciência natural, geografia e etnografia, sem deixar de lado aspectos econômicos, históricos e de costumes da gente que encontrou pelos caminhos percorridos no Brasil. Saint-Hilaire, assim como Pohl, organizou suas viagens em torno dos interesses do governo e da academia de seu país de origem. Não obstante os focos precípuos em recursos naturais, flora, fauna, minerais, enfim, nas riquezas do país, terminaram por registrar, em suas cadernetas de campo, e depois transmiti-lo em livros impressos, um amplo panorama dos gêneros de vida dos lugares por onde passaram.

Com o plano de percorrer a banda ocidental da província de Minas Gerais até alcançar a vila de Paracatu, de onde seguiria para a de Goiás, o naturalista francês partiu do Rio de Janeiro aos 26 de janeiro de 1819. Ao entrar em Minas, percorreu primeiro os campos do alto rio Grande. Chegando aos sertões do centro-oeste, decidiu desviar-se do caminho mais direto, que passava por Bambuí, a fim de ir conhecer as nascentes do rio São Francisco na serra da Canastra, freguesia de Piumhi.

No mês de março, Saint-Hilaire se encontrava em São João del Rei, de onde partiu no dia 19 em direção a Oliveira. Ao contrário de Pohl, viu com bons olhos este arraial. Destacou sê-lo rodeado de morros e situado no alto de uma colina, possuindo apenas duas ruas, "sendo a principal bastante larga", como também notaram todos os viajantes que lá estiveram. Segundo o francês, a "maioria de suas casas é de um só pavimento, mas cobertas com telhas e bastante amplas para os padrões da região. De um modo geral são caiadas, com portas e janelas pintadas de amarelo e emolduradas de cor-de-rosa, o que forma um contraste bastante agradável com as paredes brancas". Em nota de pé de página, Saint-Hilaire ponderou que "as casas de Oliveira não são palácios, mas vê-se, pelo que descrevo aqui, que não merecem o nome de choças que lhes dá Pohl". Em seus relatos, mostrou-se quase sempre simpático a Minas e aos mineiros![358]

Saint-Hilaire pôde ver em Oliveira "várias lojas de tecidos e armarinhos com variado estoque, além de botequins, uma farmácia e dois albergues, cada um com o seu rancho. Há também alfaiates, sapateiros, serralheiros etc.". Atribuiu a existência e o crescimento do arraial "unicamente as vantagens de sua localização", destacando as várias estradas que ali se cruzavam: "a que vai de Barbacena ao arraial da Formiga, a que liga a região do Rio Grande à cidade [sic] de Pitangui, a que vai do Rio de Janeiro e São João del Rei a Goiás, a da vila da Campanha a Formiga, etc.".[359]

ALÉM DE OLIVEIRA: AS BARRANCAS DO SÃO FRANCISCO

Os viajantes que percorreram os caminhos de Minas nas primeiras décadas do Oitocentos, à medida que se afastavam do litoral ou das vilas da velha zona mineradora e penetravam nos campos e matas dos sertões profundos, comumente ressaltavam a gritante diferença entre estes e as regiões ditas "civilizadas", de onde partiam. Distinção não só dos aspectos naturais, mas também dos gêneros de vida de seus habitantes, com fortes contrastes culturais, sociais e econômicos. Viajando pelos sertões do centro-oeste em momentos distintos, os quatro exploradores – Eschwege, Cunha Matos, Pohl e Saint-Hilaire – foram unânimes ao bem caracterizar a região percorrida até Oliveira, marcada pela recorrente alternância de pastos e matas, não sendo o capim dos campos de "tão boa qualidade quanto no distrito do Rio Grande", no dizer de Saint Hilaire. Para este, apenas nas imediações da serra da Canastra podia ser encontrado o "capim-flecha, gramínea que caracteriza as melhores pastagens". Contudo, depois do arraial de Oliveira, seguindo em direção ao rio São Francisco, "cultiva-se a terra, cria-se gado e cevam-se porcos", escreveu Saint-Hilaire, destacando que nas fazendas daquela zona via-se "grande número de suínos", considerados "a principal riqueza dos arredores da Formiga",[360] opinião compartilhada pelo Dr. Pohl.

Eschwege escreveu que, na fazenda de "um tal Vicente", localizada entre Oliveira e Tamanduá, "dedica-se exclusivamente à criação de porcos, que dá bons resultados ao fazendeiro, que emprega oito escravos para a criação de mais de 100 suínos por ano".[361] Além do consumo familiar e nas redondezas, tão expressiva produção de suínos visava, sobretudo, ao abastecimento do mercado carioca. Segundo o engenheiro alemão, "os compradores [dos porcos], após abatê-los e salgar a carne, carregavam-na em cestos entrançados para o Rio de Janeiro [...]". Disse ter encontrado, em seu caminho rumo ao rio São Francisco, "uma tropa de 50 cargueiros, cujos donos praticavam o comércio citado".[362]

Depois da frustração com a flora do entorno de Oliveira, o botânico Pohl não deixou de registrar que, no início do percurso até o arraial da Formiga, mais precisamente entre Oliveira e Camacho, atravessou "uma bela região montanhosa, em cujas encostas se estendiam as matas". Ao longo da estrada, "em toda parte se viam flores e ervas viçosas, renovadas pelas chuvas".[363] Saint-Hilaire, um ano depois, reforçou tal impressão, ao dizer que a estrada que ia de Oliveira à fazenda da Cachoeirinha (propriedade do capitão-mor João Quintino, nas proximidades do Camacho), "atravessa terras mais montanhosas [...]", marcadas por vales profundos, sendo "as matas mais extensas, e só o alto dos morros é coberto de capim".[364]

Ao contrário do doutor Pohl e do general Cunha Matos, que, do arraial de Oliveira, seguiram direto para Formiga, Eschwege e Saint-Hilaire passaram antes por São Bento do Tamanduá. Segundo Eschwege, a vila do Tamanduá estava localizada em um vale profundo, "em forma de panela", e possuía cerca de 200 fogos. Embora fosse sede de uma paróquia com mais de 20 mil habitantes (segundo ele), suas várias capelas se encontravam "em estado deplorável e a própria matriz está por ruir de todo, motivo porque a missa é celebrada em uma casa particular".[365] Porém, sempre mais condescendente com o que via pelos caminhos mineiros, Saint-Hilaire registrou que algumas das casas do Tamanduá tinham "uma aparência bastante bonita" e que, vista em conjunto, a vila oferecia "um belo contraste contra o verde sombrio das matas que a rodeiam de todos os lados [...]".[366]

Interessado, por dever de ofício, pela atividade mineradora, o engenheiro Eschwege não deixou de notar que a exploração de ouro, que tivera alguma relevância no passado, encontrava-se em completa decadência no entorno do Tamanduá. Saint-Hilaire também notou a presença de lavras de ouro de dimensões consideráveis nos arredores daquela vila, mas, já completamente abandonadas, fez questão de registrar. Para Saint-Hilaire, os habitantes do Tamanduá eram, em sua maior parte, agricultores, "que só vão à cidade (sic) aos domingos e nos dias de festa". Havia também "alguns negociantes e trabalhadores comuns [...]". Segundo Eschwege, as atividades econômicas no Tamanduá resumiam-se ao comércio do algodão e à pequena criação de porcos nas fazendas. Saint-Hilaire acrescentou o cultivo do fumo, ressaltando ser "este produto exportado em quantidades consideráveis". Disse mais, que, depois que começou a se desenvolver ali a agricultura e a criação de gado, o número de habitantes do termo da vila do Tamanduá encontrava-se em constante aumento.[367]

Cunha Matos também fez questão de registrar que "os campos e matos do sertão [do antigo Campo Grande] acham-se povoados mais do que parece" aos viajantes, que restringiam seu olhar às estradas e seu entorno imediato, pois "quase todas as habitações são no fundo dos vales (e fora das estradas), porque todos desejam ter as hortas e os monjolos próximos às suas casas". Ressaltou que não havia "fazenda ou sítio em que deixe de existir monjolo ou moinho, e horta muito mal cultivada"![368]

Para Eschwege, a presença da estrada para Goiás era um dos três fatores do progresso regional naquele tempo, ao lado da cultura algodoeira e do comércio em geral. Por outro ângulo, observou Saint-Hilaire, após deixar a vila de Tamanduá, que as sedes das fazendas, nos limites do sertão, compunham-se de "várias edificações, isoladas, mal construídas e dispostas sem ordem, no meio das quais dificilmente se distingue a residência do proprietário".[369]

Era nesses estabelecimentos que os negociantes de Formiga iam comprar porcos. Com efeito, apesar de os próprios arredores de Formiga produzirem boa quantidade de algodão, preponderava ali a criação de suínos, mesmo em fazendas menores, os quais eram comprados por negociantes especializados nesse rendoso comércio e remetidos à Corte.

Segundo o general Cunha Matos, as casas dos sertanejos mais ricos possuíam uma varanda na frente, com dois pequenos quartos para hóspedes em seus extremos. No meio da edificação, ficava "a sala, com uma grande mesa para comer e alguns bancos ou mochos; por cima da cabeceira da mesa fica um pequeno oratório cheio de imagens [...]". Eram elas quase sempre de pau-a-pique, sendo bem poucas as com forro no teto, "posto que alguns quartos tenham uma espécie de cobertura de taquara, em que às vezes tem vários ornatos". O mobiliário dos quartos era de uma simplicidade a toda prova: apenas "um mocho, além do catre ou leito; [...] os colchões são de pano de algodão [e] cheios de palha de milho [...]. Põe-se nas camas unicamente, além dos lençóis, uma coberta de chita ou algodão".[370]

O barão de Eschwege chegou a Formiga no dia 15 de agosto de 1816. Ali passou dois dias, depois de percorrer um caminho que "corria por lombadas e vales desnudos, [e] era monótono e penoso". Atravessou antes uma região mais plana, de morros menos elevados, irrigada pelo ribeirão da Formiga, tributário do rio Grande. Julgou aquele arraial um "lugar mais aprazível do que Tamanduá, a cuja paróquia pertence, se bem que dela pudesse desmembrar-se, graças ao número de habitantes".[371] Não podendo se certificar do número de fogos existentes no arraial de Formiga, o alemão os estimou em mais de 300. Destacou existirem ali casas de comércio que ofereciam mercadorias europeias. Segundo lhe informou um comerciante local, o tráfego de pessoas era intenso, e ele próprio havia vendido, no período de seis meses, mercadorias no valor de 16 mil cruzados, e só não vendeu mais, ressaltou o lojista, porque seu estoque logo acabou.

Por ocasião da estada de Eschwege em Formiga, festejava-se a Assunção de Nossa Senhora, com muita gente dos arredores acorrendo ao arraial para participar das solenidades religiosas. O viajante pode ver no arraial algumas "escravas bem-vestidas [que] percorriam as ruas vendendo doces, pães, biscoito etc., dispostos em tabuleiros sustentados por cavaletes e cobertos por um encerado, para proteger a mercadoria contra as intempéries". Não deixou também de observar que, "enquanto boa parte da população assistia à missa, outra, bem menor, divertia-se, na parte de trás do templo, jogando bola". O jogo, que "prosseguiu o dia inteiro", só foi interrompido, por alguns minutos, para que os jogadores pudessem parar e olhar, muito rapidamente, a procissão que passava.[372]

Cerca de quatro anos depois de Eschwege, foi a vez de o doutor Pohl conhecer Formiga. Um dia antes de ali chegar, o austríaco havia pousado na "bem cultivada fazenda do padre Manoel Bernardo, também denominada Pouso Alegre".[373] Contrariando a visão dos outros três viajantes, o Dr. Pohl, com seu insistente olhar eurocêntrico, classificou Formiga como "mísero arraial entre morros, a margem do riacho do mesmo nome, com cerca de cem casebres de barro e duas igrejinhas insignificantes".[374]

Cunha Matos, que esteve em Formiga poucos anos depois, a descreveu como um próspero arraial, com casas elegantes, todas abastecidas de água. Destacou sua igreja principal, dedicada a São Vicente Ferrer, além de outra menor, dedicada a Virgem do Rosário. Já Saint-Hilaire, que lá esteve em 1819, percebeu a presença, no próprio arraial e em seus arredores, de gente bastante abastada. Então considerada a "boca do sertão", Formiga fazia bom comércio com toda a região. Segundo o francês, os principais negociantes de Formiga mantinham contato direto com o Rio de Janeiro e vendiam no interior do sertão o sal, o ferro e outras mercadorias que mandam buscar na Corte, recebendo em troca couros, peles de veado, algodão e gado.

Preocupado com a educação dos cidadãos de um país recém-independente, Cunha Matos não deixou de anotar que, nos sertões do alto São Francisco, raras eram as "escolas de primeiras letras", existentes em pouquíssimos arraiais e frequentadas "por poucos meninos", que tinham por mestres ou os capelães ou os escrivães distritais. Estes, quase sempre, faziam do ofício pedagógico um bico a complementar suas parcas rendas de funcionários públicos.

Para demonstrar a pouca importância que governo metropolitano dava à educação no interior da América portuguesa, vale registrar que, no início do século XIX, a câmara do Tamanduá fora severamente admoestada pelo governador Bernardo José de Lorena, cumprindo ordem do príncipe regente, por "ter usado de uma jurisdição que lhe não competia" ao conceder licença ao mestre Antônio José Coelho Fortes para abrir uma escola de primeiras letras na vila.[375] À época do percurso de Cunha Matos pelo Centro-Oeste mineiro, mais precisamente nos anos de 1824 e 1825, "aula régia" [ou seja, escola pública com professor pago pela Real Fazenda] só existia mesmo na vila de São Bento do Tamanduá e, ainda assim, apenas de "primeiras letras", inexistente a de "gramática Latina". Nos arraiais do termo do Tamanduá que possuíam escolas de primeiras letras, estas, em número de seis, eram particulares, regidas por professores pagos pelos pais ou familiares dos alunos, ou por subvenções da Câmara, e funcionando nas próprias moradas dos mestres.[376]

Depois de visitarem o arraial de Formiga, Eschwege, Pohl e Cunha Matos, cada um ao seu tempo, seguiram pela estrada principal em direção a Bambuí, do outro lado do rio São Francisco. Ao contrário, Saint-Hilaire optou por seguir o primitivo traçado da Picada de Goiás, dirigindo-se ao arraial de Piumhi, que seria a base da exploração que pretendia fazer na serra da Canastra.

Eschwege, saindo de Formiga, tomou o rumo noroeste, atravessando área ainda montanhosa, pela estrada que, segundo ele, cortava sempre pelos campos, caracterizados por fossos e vales. Passou primeiro pela fazenda do Quilombo, assentada numa elevação de terras calcárias, de onde podiam ser vistas, do lado do poente, "as planícies por onde desliza o São Francisco entre barrancas altas".[377] Depois, esteve na fazenda do padre Barnabé Ribeiro, estabelecimento de dimensões consideráveis, também visitada por Cunha Matos, em 1823, um ano depois da morte do reverendo, ocasião em que encontrou a casa grande vazia.[378]

Figura 12 – "Theil der neuen Karte der Capitania von Minas Geraes, aufgenommen von W. von ESCHWEGE" [Carta da Capitania de Minas Gerais, elaborada pelo Barão de Eschwege]

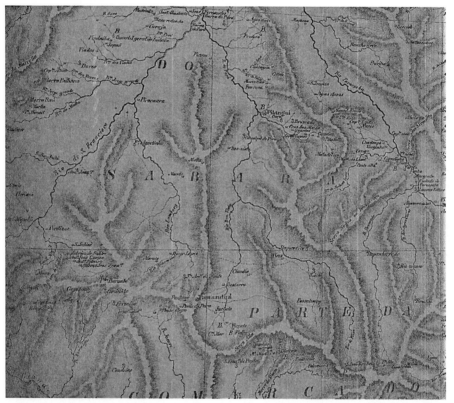

Fonte: Biblioteca Nacional (CEH 11.945) – CRCH (excerto corresponde ao Centro-Oeste de Minas, da planta em 55,0 x 45,5 cm, produzida em 1821).

À medida que o caminho de Formiga ao Bambuí aproximava-se do rio São Francisco, a região se tornava mais plana, mas entremeada por pequenos morros de baixa altitude, além de inúmeras lombadas de rochas calcárias, cobertas de mata virgem. Nesse trecho, os viajantes percorriam terras que os especialistas hoje denominam de "região cárstica do Alto São Francisco".[379] Em certo ponto, Eschwege decidiu sair da estrada principal e, descendo pela esquerda, foi examinar grutas ricas em depósitos de salitre, beneficiado nas redondezas (vide Figura 13). Registrou que muitas abrigavam fósseis de animais e seres humanos de outras épocas.[380]

O mineralogista alemão fez questão de visitar a maior das fábricas de beneficiar salitre – chamada de "Bem Vista". Ali, produziam anualmente, segundo lhe informaram, cerca de 150 arrobas de salitre puro, vendidas à Real Fábrica de Pólvora do Rio de Janeiro (criada em 1808 pelo príncipe D. João, logo após chegar ao Brasil). Ficava no distrito de São Julião (atual município de Arcos), sendo considerada a maior e mais bem instalada fazenda da região. O padre Inácio Correa Pamplona, filho e herdeiro do mestre de campo homônimo, era o seu proprietário. Porém, morador na Lagoa Dourada, o clérigo arrendara, há sete anos, a exploração de salitre a um certo capitão José Rodrigues, que tocava a fábrica com o concurso de 10 escravos bem treinados.

Deixando "a vertente ocidental da serra calcária para retomar o caminho através da selva, rumo às amplas estepes cobertas de capim", Eschwege foi, sem por lá demorar, conhecer a casa-sede da antiga sesmaria de São Julião.[381] As terras de São Julião, espalhadas até as margens do São Francisco, eram, como as descreveu, planícies de extensão considerável, orladas de pequenos morros, com "pastos belíssimos [que] estendem-se por toda a parte e, raramente, às margens dos córregos ou pequenos rios, aparecem capoeiras ou grupos arbustivos".[382] Destacou ser a pecuária a atividade principal naquela área, com estabelecimentos bem distanciados uns dos outros.

O naturalista Pohl, que esteve em Formiga dois anos depois de Eschwege, ao sair de lá, rumou para o porto de São Miguel, onde atravessaria o rio São Francisco. Não deixou de registrar a constância de morros achatados, contrafortes da serra de Piumhi, no início da estrada principal. Adentrando o distrito de São Julião, foi arranchar na fazenda do alferes João Francisco, chamada "Corgo das Almas".[383] Depois dela, escreveu o austríaco, "as colinas achatam-se completamente em extensas planuras; as rochas desaparecem e profunda camada de terra vegetal cobre o solo dos tristes campos [...]". Ao longo da estrada, de ambos os lados, a alguma distância, podiam ser vistas "matas de altos troncos, que se estendem por quatro léguas e terminam no rio São Miguel".[384] Também estava ele a percorrer as férteis terras cársticas então conhecidas como Mata do São Francisco e que, já no século XX, passariam a ser chamadas de Mata de Pains.

Depois de atravessar o rio São Miguel em precária ponte de madeira, Pohl chegou, ao anoitecer, à fazenda que chamou de Dona Bernarda, na antiga sesmaria da Tapada.[385] Ali, sentiu-se mal-recebido pela proprietária, que o alojou num paiol de milho. Anotou a falta de boa água potável, pois foi servido de "água lodosa e turva de gosto muito ruim". Na manhã seguinte, bastante contente "ao ver essa casa pelas costas", doutor Pohl dirigiu-se à barranca do rio São Francisco, que, "com alguma profundidade", tinha no local de travessia a "largura de 130 metros".[386]

Dispensado, pelo capitão da guarda, de pagar o pedágio, que seria de 80 réis por pessoa e 320 réis por animal, o austríaco cruzou o São Francisco numa balsa composta de três canoas, com um corrimão, atada a um cabo feito de folhas de palmeira.

Já o general Cunha Matos, antes de alcançar as barrancas do São Francisco, atravessando vastos campos e matas do distrito de São Julião, passou ao largo da serra das Locas, onde "há cavernas em pedra calcária, donde se tira muito salitre e encontram-se grandes estalactites". Anotou, ainda, que, naquelas profundas grutas, "se têm encontrado esqueletos dos aborígenes, por terem servido de catacumbas a estes povos".[387] Ao raiar do dia seguinte, Cunha Matos atravessou a "cerca da casa do capitão José Teixeira, comandante deste distrito, natural de Basto em Portugal, e rico proprietário".[388] Depois, anotou ter passado antes pela "fazenda dos Arcos, o ribeirão deste nome em dois lugares e a casa e fazenda de São Julião", ressaltando que, na ocasião, as edificações desta última não apresentavam "seu grande aparato" de outrora.[389]

Continuando a viagem, o general nomeado governador de Goiás seguiu pelo caminho que contornava "três grandes várzeas em que há lagoas formadas pelo transbordamento e cheias do São Francisco, muito extensas neste lugar", tendo avistado "muito gado pertencente a estas fazendas". Ao chegar à fazenda das Perdizes, contaram-lhe que, no tempo das cheias, os altos barrancos do rio São Francisco eram "vencidos pelas águas, que então se espalham e inundam as várzeas até São Julião". Concluiu, logo, que se encontrava em lugar "muito doentio, pois que, nas sete casas que existem na margem esquerda, vejo quatro pessoas com terçãs". Mas, ao se aproximar da barranca do rio São Francisco, mesmo preocupado com a infestação de malária, não deixou de se entusiasmar com a profusão e diversidade da fauna da região: "há neste rio sucuris enormes, assim como jacarés, surubins e peixes de muitas outras qualidades".[390] Eschwege foi outro que também se surpreendeu com a recorrente presença de cobras sucuri nas lagoas marginais e nos pequenos cursos d'água que deságuam no alto São Francisco, uma "ameaça permanente a bezerros e novilhos", na visão de empresário do alemão.[391]

Ao descrever a topografia e vegetação da zona percorrida até chegar ao São Francisco, Cunha Matos registrou que:

> [...] todo este terreno pode dizer-se que está em um mesmo nível, apesar de oferecer de distância em distância alguns morros e serras, em que a vegetação tem um caráter mais aproximado do mato virgem do que da catinga. O lugar em que esta vegetação tem mais vigor é perto de Tamanduá, e aí o terreno é mais elevado.[392]

Figura 13 – *"Mapa das salitreiras naturais de Linhares, na Mata do Distrito da Formiga, vertentes do Rio de São Francisco, desde o Porto Real até o da Mariquita, das fazendas [...] e das fábricas estabelecidas para extração de salitre, em 1810"*

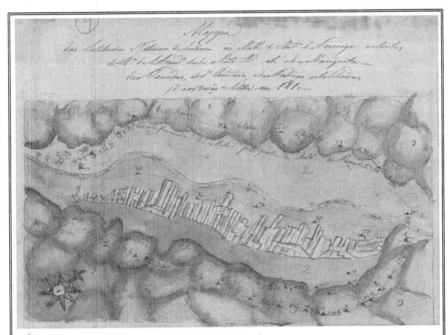

Legenda

1) Rio de São Francisco; 2) Mata; 3) Campos das partes da Formiga e Bambuí; 4) Porto Real e Guarda; 5) Perdizes – fazenda; 6) Fazenda São Julião; 7) Fazenda da Mata, do cap. Antº. Ribeiro de Morais; 8) Fazenda do Pe. Barnabé; 9) Fazenda da Mata, do ajudante José Teixeira [da Motta]; 10) Fazenda das Falhas; 11) Fazenda do Corgo Fundo; 12) Fazenda da Ponte Alta; 13) Fazenda da Capetinga; 14) Faz. São Miguel; 15) Fazenda do furriel anto. Vicente; 16) Faz. do cap. Luís Antº.; 17) Porto da Mariquita; 18 a 29) diversas fazendas; 30) Fazenda do coronel [Manoel da Silva] Brandão; 31) Fazenda de Antº. Francisco; 32) 1ª Fábrica, do cap. Vicente, na faz. n.º 7; 33) 2ª, do ten. Manoel de Paiva e sócio na dita; 34) 3ª, do alf. Antº. Caetano, na dita; 35) 4ª, de Joaquim Antº., na dita; 36) 5ª, de Joaquim Antº. e sócio, na faz. n.º 8; 37) 6ª, na faz. n.º 9; 38) 7ª, do alf. Francisco José e sócio, na de n.º 10; 39) 8ª, de Joaquim Barbosa, na de n.º 10; 40) 9ª, do furriel anto. Manoel e sócio, na faz. n.º 8; 41) 10ª, do Pe. Inácio Correa [Pamplona], na de n.º 6;

Fonte: Arquivo Público Mineiro – APM, PP 1/18, Cx. 186.

Os quatro viajantes foram unânimes ao ressaltar a qualidade da pecuária praticada nos sertões do centro-oeste, desde Oliveira até as margens do rio São Francisco. Contudo, o general, mesmo destacando ser aqueles sertões "muito povoados, quando se compara com outros lugares da Província", ponderou, com algum exagero, que "nem por isso os campos abundam, nem conservam a milionésima parte do gado que poderiam sustentar".[393]

DAS BARRANCAS FRANCISCANAS ÀS FRALDAS DA MARCELA: A OUTRA MARGEM DO RIO

De imediato, deparava-se, na outra margem do São Francisco, com a cerrada mata de grossas árvores, seguida da planície coberta de campos. Depois de percorrer mais de duas léguas de estrada, passando antes pela fazenda do Barreiro, Pohl chegou à fazenda do capitão Manoel de Carvalho Brandão, onde pernoitou.[394] Em seu relato de viagem, anota ter visto, naquela noite, "200 vacas que haviam sido recolhidas ao curral e separadas de seus bezerros para serem ordenhadas pela manhã".[395] O rebanho do capitão Carvalho era formado, principalmente, por gado de corte; a pequena produção de leite servia apenas para fabricar um "queijo seco" destinado ao consumo próprio. Segundo o austríaco, do leite que lhe fora servido, embora bastante saboroso, "a ninguém ocorre extrair a nata ou fazer manteiga, geralmente substituída pelo toucinho" na alimentação caseira.[396]

Cinco anos depois, em 1823, foi a vez de o general Cunha Matos se hospedar na fazenda desse Manoel de Carvalho. Observou o militar, com certo espanto, que, embora fosse "um fazendeiro rico", o capitão morava em uma casa limpa, por ser servida por "boas escravas pardas", mas muito pequena para a sua condição social. Quase que repetindo Pohl, o general acrescentou que, ao anoitecer, "veio para o curral uma grande quantidade de vacas com as suas crias, e algumas vitelas já crescidas".[397]

Depois de passar o São Francisco, fazendo uma espécie de balanço do que vira até ali, Johann Emanuel Pohl não deixou de destacar a profusão de "pontes de madeira meio carcomidas", quando existentes, pois em grande parte dos ribeiros só se passava a vau. Considerou com estranheza o estado deplorável daquelas pontes, "por ficarem na estrada real para Paracatu", ressaltando que "raríssimamente se fazem aqui [nos sertões] melhoramentos nas obras públicas".[398]

Caminhando da barranca esquerda do São Francisco até o arraial de Bambuí, o barão de Eschwege não deixou de observar a constância das "chapadas cobertas de vegetação rasteira", com um "arvoredo de pequeno porte, de ramas angulosas", formando "campos cerrados, onde abundam as codornizes, grandes, do tamanho de uma galinha, erroneamente denominadas perdizes".[399] Aliás, Perdizes era a denominação da vasta sesmaria de três léguas que, desdobrando-se, naquela paragem, pelas duas margens do São Francisco, pertencera aos Pamplona, desde 1769, até ser vendida, em 1808, à viúva Maria Alves de Souza.[400]

Eschwege registrou a presença, naquelas chapadas, de "um milharal extenso e belo, em plena florescência", que, segundo ele, "testemunhava a boa qualidade do solo e a fertilidade de toda a região".[401] Vale lembrar que, à época, o milho, além de alimento do gado, constituía a principal fonte de carboidratos para os moradores daqueles sertões. Era cultivado tanto no vale do São Francisco quanto nas terras altas das cabeceiras do Paranaíba. Já em Goiás, na imensidão dos cerrados, destacavam-se o cultivo e o consumo da mandioca, superando os do milho, como notaram tanto Saint-Hilaire quanto Pohl, ao adentrarem aquela província.

Tendo chegado a Bambuí um dia depois de pousar na fazenda da Glória, Eschwege registrou curiosa situação verificada naquele grande estabelecimento, pertencente ao coronel Manoel da Silva Brandão, situado a três léguas e um quarto do arraial.[402] Como era comum no sertão, muitos fazendeiros ricos moravam em condições bastante precárias. As condições de morada do coronel Brandão não fugiam do costume, embora fosse sesmeiro abastado e muito bem relacionado nas altas rodas da capital mineira. Oficial reformado do poderoso regimento dos Dragões, havia morado no Distrito Diamantino e em Vila Rica. Após ser reformado, o coronel Brandão se transferiu com sua numerosa família para a sesmaria que recebera no Centro-Oeste mineiro. Foram se abrigar "em um paiol, dividido por algumas paredes", passando "por toda a espécie de incômodos". Não obstante, possuía, a pouca distância do paiol, uma boa casa vazia, "toleravelmente arranjada", que ele próprio "construíra anos atrás, para hospedar o conde de Palma, na sua passagem de Goiás para Minas Gerais".[403] Foi nessa "casa vazia" que foi acomodado o barão de Eschwege.[404]

O alemão achou decepcionante a estadia em Bambuí: lugarejo "muito pequeno e paupérrimo", segundo ele, com apenas 40 fogos. O casario coberto de telhas era pouco, sendo a maioria de sapé. Sobressaia a igreja de Santana, matriz da freguesia. Como era costume, a maioria das casas do arraial ficava quase sempre fechada; apenas em dias de festas é que os donos as abriam, por permanecerem a maior parte do ano em suas roças, onde moravam de fato. Escreveu Eschwege que sentiu "viva satisfação quando dei as costas àquele lugar deserto, no qual nada se fizera para tornar atraente a vida comunitária", mas não deixou de elogiar a família que lhe hospedou em Bambuí, em uma "casinha miserável, onde tudo faltava, exceto a boa vontade dos donos".[405]

Sempre cáustico, o austríaco Pohl teve opinião tão ou mais ácida que a do barão sobre Bambuí: não passava de "miserável lugarejo de 80 casebres e uma deplorável igrejinha". Destacou que nem milho encontrou no arraial para alimentar os animais de sua tropa ou mesmo água potável para consumo humano, "devendo esta ser trazida de uma distância de meia légua". Deixando Bambuí em 5 de novembro, Pohl tomou a estrada em direção aos "contrafortes da Serra do Urubu, que se alonga de norte para o sul e é parte da Serra da Marcela".[406]

Da cumeeira "bastante plana" daquela cadeia montanhosa, o doutor Pohl disse ter contemplado "prazerosamente" a notável depressão sanfranciscana, "para nascente e para o sul, numa extensão de 30 léguas", com todo "o verde vivo da exuberante vegetação". Vencida a serra, alcançou o austríaco a "vasta planície nua [...], cujo solo estéril só tinha pobres arbustos de quáleas e acácias". Ali, conheceu o grande pássaro "que os habitantes chamam [de] ema".[407] Encontrava-se, então, nos cerrados da nascente do rio Paranaíba. Depois de percorrê-los, chegou Pohl ao arraial de São Pedro de Alcântara (atual Ibiá), que apenas começava; depois, à serra do Salitre. Ficou alguns poucos dias no arraial do Patrocínio para descansar. Após isso, passou rio Paranaíba, antes de chegar à paragem do Guarda-Mor, para só depois seguir pelo longo caminho que percorria, de início, grande chapada da Serra dos Pilões. Entrou na vila de Paracatu do Príncipe ao findar o mês de novembro de 1818.

O general Cunha Matos, ao sair de Bambuí, em 17 de maio de 1823, seguiu percurso bastante semelhante ao que Pohl fizera, cinco anos antes, em direção a Goiás. Descrevendo sua marcha desde o rio São Francisco até o Paranaíba, o recém-nomeado governador goiano observou que os terrenos localizados entre esses dois rios:

> [...] a que vulgarmente se dá o nome de sertão ou deserto, apresenta tantos caracteres físicos, civis e políticos diferentes de outras porções do território das Minas Gerais, que quase

se pode afiançar que não é o mesmo país, por não haver os mesmos idênticos usos e costumes em várias circunstâncias da sociedade. [408]

Anotou também que o terreno se levantava gradualmente desde a margem esquerda do rio São Francisco até as fraldas da serra da Marcela, com muitos ribeiros e córregos indo se perder nos rios Bambuí e Santo Antônio, afluentes daquele. Escreveu ainda que as "matas são menores; as árvores mais baixas e menos densas; os capões menos extensos e numerosos; os cerrados ou matos carrasquenhos ocupando a maior parte" daquelas terras. Quanto aos habitantes, registrou que "os homens nesta parte do sertão apresentam um caráter mais grosseiro, menos civilização e mais preguiça, porém a mesma bondade natural dos moradores do resto da Província".[409]

Ao contrário de Pohl e Cunha Matos, Eschwege, ao deixar Bambuí em 1816, abandonou a estrada real de Goiás para seguir, rumo norte, em direção aos sertões do Abaeté – objetivo precípuo de sua jornada no Oeste mineiro. Logo passou os rios Bambuí e da Perdição; chamou-lhe a atenção os inúmeros brejais às margens do primeiro, "por correr em zona baixa, quase ao nível das águas do São Francisco".[410] Os terrenos pantanosos, habitados por sucuris e jacarés, contribuíam, segundo o barão, para a insalubridade marcante daquelas paragens, castigadas por "febres malignas [que] grassam o ano inteiro" e, por isso, ainda pouco povoadas. Atravessado o rio da Perdição, Eschwege prosseguiu pela encosta serrana até alcançar a "fazenda do Córrego Danta", onde chegou "em tão boa hora", segundo anotou, que pode aproveitar o resto do dia na caça às codornizes, ali muito abundantes.[411] Foi nas proximidades, mais precisamente no quartel da Cachoeirinha, "por onde até aquele tempo [ano de 1816], passava a divisa entre Minas e Goiás", que o mineralogista, na viagem de volta a Vila Rica, pode admirar "uma boiada de pelo menos mil cabeças, procedente de Araxá e Paracatu, com destino ao Rio de Janeiro"[412], que descansava ao lado do caminho.

Após pernoitar na fazenda do Córrego Danta, Eschwege tomou o caminho que margeava a vertente oriental da serra da Marcela, "cortando por algumas fazendas pequenas e vários riachos". Pode, então, admirar, majestosos, dois morros isolados – Baú e Palhano – que sobressaiam na vasta planície coberta de mata no sopé da serra.[413] Dos cursos d'água atravessados nesse trecho da viagem, o mais importante era o Jorge Grande, cuja barra no São Francisco servia de divisa entre os termos das vilas do Tamanduá e de Pitangui, ou, mais precisamente, dividindo as freguesias de Bambuí e Dores do Indaiá.

Passado o ribeirão Jorge Grande, foi o barão de Eschwege pousar na fazenda do Martins, ao lado do morro do Baú. Na casa onde se alojou, viu estocados "numerosos cestos de algodão em rama", a indicar a principal cultura agrícola daquela zona sertaneja.[414] Preocupou-se o alemão, mais uma vez, com a indesejada maleita, que provocava recorrentes "surtos de febre fria, que causa terríveis devastações entre os habitantes, mormente na mudança das estações", e, com seu espírito científico, aventou explicação para os ares pestilentos ali reinantes, atribuindo-os, "provavelmente, [a]os cursos d'água da região [que] transportam, ano mais, ano menos, os germes causadores da febre maligna até o São Francisco".[415]

Depois de passar a noite na fazenda do Baú, Eschwege percorreu mais seis léguas, até chegar, ao anoitecer, no arraial de Dores do Indaiá. Assentado em uma "chapada elevada, que oferece vista quase ilimitada para as estepes cobertas de capim", à razoável distância da serra da Saudade, a pequena povoação possuía apenas 40 fogos, como registrou o mineralogista, acrescentando que o arraial, com uma rua principal "retilínea e bem larga e, no centro, em uma praça cercada de casas, fica a matriz", devia seu povoamento ao crescimento da lavoura de algodão e, principalmente, ao estabelecimento de quartéis das Milícias nas redondezas.[416] Embora ficasse no termo da vila de Pitangui, o arraial sediava, desde 1803, uma paróquia criada pelo bispo de Pernambuco, que, assim, mantinha sua jurisdição diocesana em Minas até aquele ponto da margem esquerda do São Francisco.

No dia seguinte ao de sua chegada ao arraial, Eschwege foi ao Quartel Geral do Indaiá, para tratar de assuntos administrativos com o comandante. Só depois iniciou a etapa final de seu percurso: quatro dias de marcha até a mina da Galena, onde ficou em serviço, por quase um mês, como superintendente da Real Fábrica de Chumbo do Abaeté.[417]

O CAMINHO VELHO POR PIUMHI: RUMO À SERRA DA CANASTRA

Ao contrário dos três outros viajantes, Saint-Hilaire optou por seguir, depois de Formiga, o traçado primitivo da Picada de Goiás, dirigindo-se a Piumhi e em seguida, às nascentes do rio São Francisco na serra da Canastra. Após sair de Formiga, o francês esteve primeiro na fazenda do Córrego Fundo[418], passando depois pela Ponte Alta[419], ambas providas de excelentes pastagens, onde poderia ser criada boa quantidade de gado, segundo seu relato, mas considerou pequenos os rebanhos vistos no começo do caminho. Depois da Ponte Alta, vinham as "matas que se alternam com campos, aonde se vêm apenas gramíneas e algumas outras ervas, com outros onde aparecem umas poucas árvores raquíticas aqui e ali [...]". A próxima parada foi na fazenda da Capetinga, "afamada na região pela extensão de suas terras e as rapaduras ali fabricadas".[420] Lá chegando, num domingo de Ramos, Saint-Hilaire se admirou com a quantidade de gente que, portando "grandes folhas bentas de palmas", voltava da missa na ermida local.[421] Três anos antes, Eschwege, ao voltar da Galena por roteiro alternativo ao da ida, também pousou "na grande fazenda da Capetinga, cuja principal atividade é a criação, principalmente de cavalos".[422]

Antes de chegar a Piumhi, Saint-Hilaire pousou na fazenda de São Miguel e Almas, "de considerável extensão, com engenho de açúcar e várias outras dependências", além de grande plantel de cativos, e famosa por fabricar "excelente corante azul índigo", usado para tingir tecidos de lã.[423] Também Eschwege ali esteve em 1816, admirando seu "importante engenho de açúcar".[424] Deixando-a, Saint-Hilaire percorreu mais uma légua de estrada até chegar à serra de Piumhi, "coberta de capim na sua maior parte, no meio do qual surgem de vez em quando rochas nuas e enegrecidas". Entre o sopé da serra e o "encantador arraial" de Piumhi, foram mais "três quartos de légua aproximadamente", com travessia a vau dos ribeirões das Araras e dos Tabuões.[425]

Em Piumhi, o francês pôde certificar que os habitantes locais "passam o tempo todo em suas fazendas e sítios e só vêm ao arraial aos domingos, razão por que suas casas vivem fechadas [...]", situação, aliás, bem usual no sertão. Registrou que Piumhi ficava na borda da planície ondulada, coberta de pastagens entremeadas de pequenas matas e cercada por morros arredondados. "Para os lados do oeste, avista-se ao longe a Serra da Canastra", escreveu ansioso para visitá-la. Ao percorrer o arraial, Saint-Hilaire se entusiasmou com a dupla visão da planície e da montanha, que formava "um conjunto a um tempo alegre e imponente, ao qual se acrescenta o agradável contraste oferecido pela presença de um povoado perdido no meio daquelas imensidões"![426]

Figura 14 – *"Mappa da marcha do General Cunha-Mattos, desde a Cidade do Rio de Janeiro até a Serra da Marcella, antigo limite de Minas Geraes e Goyaz"*

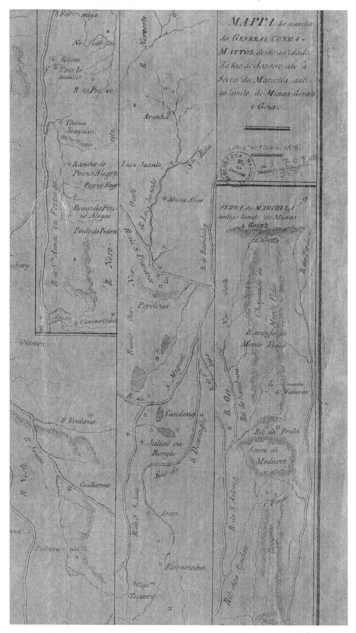

Fonte: Biblioteca Nacional, original litografado anexo à primeira edição de *Itinerário do Rio de Janeiro ao Pará e Maranhão pelas províncias de Minas Gerais e Goiás [...]*. Rio de Janeiro, 1836 (excerto correspondente à travessia do Centro-Oeste mineiro)

17

O PROCESSO DA INDEPENDÊNCIA: FATOS, FAUSTOS E REPERCUSSÕES NO CENTRO-OESTE DE MINAS

A Independência do Brasil, ao contrário do que muitos pensam, não foi episódio isolado, mas parte, certamente a mais importante, do longo e intrincado processo da crise do Antigo Regime luso-brasileiro. Principia com a instalação da Corte portuguesa no Rio de Janeiro, em 1808, e tem como ponto alto a aclamação do príncipe dom Pedro de Bragança como Defensor Perpétuo e primeiro imperador do Brasil. Esse ato solene, adrede preparado, ocorreu em 12 de outubro de 1822, com manifestações de júbilo não só no Rio de Janeiro, mas também em muitas cidades e vilas do novo país.

Segundo Boris Fausto, "foram os ventos trazidos de fora que imprimiram aos acontecimentos [do final do processo] um rumo imprevisto pela maioria dos atores envolvidos, em uma escalada que passou da defesa da autonomia brasileira [no âmbito do Reino Unido] à ideia de [completa] independência".[427] Refere-se o autor, principalmente, à revolução liberal do Porto, eclodida em Portugal, em 24 de agosto de 1820, que levou à eleição e ao início dos trabalhos das Cortes Gerais e Constituintes em Lisboa, com amplos poderes deliberativos. Dentre outras decisões tomadas, as Cortes impuseram, em verdadeiro ultimato, o retorno do rei D. João VI a Portugal e outras draconianas decisões posteriores. Bom exemplo destas foram a exigência, feita em 29 de setembro de 1821, de também o príncipe Pedro de Bragança (deixado por seu pai no Brasil como regente) retornar a Europa, além do controle direto das províncias brasileiras pelas Cortes, devendo aquelas voltar a prestar obediência diretamente à Lisboa, e não mais ao governo regencial instalado no Rio de Janeiro.

À medida que decisões dessa natureza eram tomadas na metrópole, iniciou-se no Brasil um movimento de resistência às Cortes portuguesas, pois, para muitos, a implementação de suas decisões levaria o Brasil a retornar à subordinação vigente no período colonial.[428] Importa relembrar que um dos marcos inaugurais do longo "processo da Independência" foi o fim do exclusivismo comercial metropolitano, ou pacto colonial, limitante das atividades econômicas dos colonos, a partir da abertura dos portos brasileiros ao comércio com as "nações amigas", decretada pelo regente do reino de Portugal – o príncipe D. João –, em 28 de janeiro de 1808, apenas quatro dias após sua parada em Salvador da Bahia, fugindo, com a Família Real e mais cortesãos, das tropas francesas invasoras.

Não é por outra razão que o translado de Corte para a América portuguesa foi, desde logo, visto pelas elites brasileiras de então como indicativo de prosperidade e valorização da colônia. Como exemplo dessa percepção, vale registrar que, tão logo tomou conhecimento desse acontecimento, a câmara de São Bento do Tamanduá, assim como fizeram outras tantas em Minas e em capitanias várias, tratou logo de render homenagens ao príncipe Regente (o futuro D. João VI) e demonstrar sua contrita vassalagem. Destacando "a humilde Submissão e pronta Obediência sempre devida ao Trono [...]", os camaristas do Tamanduá informaram, por ofício de 3 de abril de 1808, a decisão que tomaram de "enviar à Real Presença de Vossa Alteza, o delegado deste Senado, e fiel vassalo, José Soter Ribeiro dos Santos, para de nossa parte beijar as mãos de Vossa Alteza Real, e render-lhe as nossas humildes Vassalagens [...]".[429]

OS CAMARISTAS MUNICIPAIS ENTRAM EM CENA

Nos anos derradeiros do processo da Independência, que comportaram "instabilidade, ressentimentos e rancores e, não se pode esquecer, o uso das armas, contra Portugal e contra o que soava como secessão"[430], as câmaras municipais foram o lócus principal de articulação política pelos que, de início, defendiam a manutenção da autonomia brasileira no âmbito do Reino Unido e depois se radicalizaram em favor da completa independência. Entre 1821 e 1823, principalmente, em diferentes partes, as câmaras, inclusive a de São Bento do Tamanduá,

> [...] vieram a se posicionar [em distintas ocasiões] a favor de d. Pedro e da Constituição, estabelecendo, assim, uma cisão com as Cortes [portuguesas] e fixando-se como "lugar institucional reconhecido como capaz de manifestar uma vontade legítima para edificação da soberania de um novo monarca, pautado agora no liberalismo". [431]

Opondo-se ao ultimato recebido das Cortes de Lisboa para deixar o Brasil e retornar de pronto a Portugal, o príncipe D. Pedro decidiu, em 9 de janeiro de 1822 (o célebre Dia do Fico), aqui permanecer. Optou, desse modo, por "um caminho sem retorno", com desdobramentos ainda em aberto quanto às suas consequências.[432] O suporte dado a tal decisão pelas elites carioca e fluminense foi se replicando em grande parte do país, por meio de manifestações entusiásticas vindas, principalmente, das câmaras municipais.

Nesse contexto, logo após o Fico, tratou a câmara do termo da vila de São Bento do Tamanduá de manifestar seu integral apoio a D. Pedro, por meio de ofício com mais de 50 assinaturas dos maiorais do lugar, datado de 24 de fevereiro de 1822. Nesse, os tamanduaenses começam realçando a "heroica, sábia, a Magnânima Resolução que V.A.R. acaba de apresentar ao consternado Brasil, decidindo-se nele ficar até ulteriores Providências do Soberano Congresso [isto é, das Cortes de Lisboa]".[433] Acrescentam, em pomposa e embolada linguagem, que tal decisão [o Fico]:

> [...] de tal maneira inundou de prazer aos habitantes desta Vila e Termo, que essa Câmara, na qualidade de Representante e Interprete de seus sentimentos, julgar-se-ia assaz criminosa se um só momento retardasse levar à Augusta Presença de V.A.R. os acrisolados sentimentos de Lealdade, Fidelidade e Patriotismo, que se desenvolveram por ocasião deste faustíssimo sucesso, em que tanto escora-se o Sossego Público e que pressagia a Grandeza a [que] somos destinados [...].[434]

Não obstante estarem bem ciosos da autonomia do Reino do Brasil, mas ainda não cogitando o rompimento definitivo dos laços que o unia ao de Portugal, as elites tamanduaenses clamavam que "possa, Augusto Senhor, o Anjo da Concórdia consolidar para sempre este momento da Política e Sabedoria de V.A.R., momento talvez único capaz de prender em laços indissolúveis Um e Outro Hemisfério e de realizar os Altos Destinos de que se faz Credora essa Heroica Nação [...]". Mais à frente, no mesmo ofício, dão notícia dos "cordiais Sentimentos da Câmara, Clero e Povo deste Termo", que levaram a todos, tão logo a faustosa notícia chegou à vila do Tamanduá, a render "a Deus, Primeiro Móvel de tanto Bem, solenes Ações de Graça".[435] Na mesma noite, a população local, "espontaneamente", assim relata o documento oficial, iluminou suas casas e "da maneira a mais brilhante toda a Vila prorromperam em incessantes vivas às Cortes, à Constituição, a El Rei Constitucional, a Vossa Alteza Real e à União de Portugal com o Brasil".[436]

VIAGEM DO PRÍNCIPE A MINAS: FORJANDO ALIANÇAS

Pouco mais de dois meses passados do dia do Fico, Dom Pedro partiu do Rio de Janeiro, em 25 de março de 1822, com destino a Minas, decidido a conquistar o apoio definitivo de suas câmaras e, "ao mesmo tempo, impor seu projeto à Junta Governativa que dirigia a Província e furtar-se das imposições das Cortes de Lisboa", como registra já citado Vilalta.[437] Importa dizer que, naquela ocasião, a Junta Governativa, instalada em Vila Rica (atual Ouro Preto), insistia em se reportar diretamente à Lisboa, em oposição ao controle central do Rio de Janeiro, representado na pessoa do príncipe. Desse modo, o apoio que Dom Pedro pretendia obter ao viajar para Minas significava, antes de tudo, o reconhecimento unânime dos mineiros à sua autoridade como Regente do Reino do Brasil e de seu papel como senhor de seu destino.

Seguindo pelo Caminho Novo, com pequena comitiva, Dom Pedro entrou na província de Minas Gerais, aos 27 de março de 1822, depois de atravessar o rio Paraibuna. Chegou em Barbacena no dia 3 de abril. No dia 5, já se encontrava em São João del Rei, visitando no dia seguinte a Vila de São José (atual Tiradentes). Em 8 de abril, o príncipe já se encontrava em Queluz (hoje Conselheiro Lafaiete). Nessas vilas, todas da comarca do Rio das Mortes, ocorreram entusiásticas manifestações de regozijo por sua presença e de forte adesão à sua autoridade. Entabularam-se negociações e firmaram-se profícuas tratativas entre os camaristas locais e Dom Pedro em prol dos projetos da Regência para o Brasil.

Depois de fechados acordos com as câmaras das citadas vilas, o príncipe recebeu a adesão da câmara de Sabará, também representando outras da comarca do Rio das Velhas, além do apoio do bispo diocesano – dom Frei José da Santíssima Trindade – e dos camaristas de Mariana, trazidos por uma delegação que o procurou para negociações em São João del Rei. Dom Pedro e sua comitiva avançaram, então, um pouco mais em direção a Vila Rica, estacionando, em 9 de abril, no Capão do Lana, próximo ao arraial de Ouro Branco. Naquela paragem, ficaram aguardando emissários que, a mando do príncipe, haviam ido à capital da província, acompanhados de três regimentos das Milícias do Rio das Mortes, usadas como força dissuasiva, para apresentar seu ultimato à Junta Governativa.

Sentindo-se isoladas, a Junta e as forças militares estacionadas em Vila Rica negociaram a capitulação. Diante disso, ainda no Capão do Lana, dom Pedro expediu um decreto de dissolução da Junta Governativa e convocação de eleições para formação de uma nova. Depois de imobilizar a ação dos recalcitrantes, o príncipe evitou, de certa forma, segundo Vera Bittencourt, "conferir à entrada em Vila Rica um sentido de 'esmagamento' de seus rivais e buscou um clima de entrada triunfal, onde o vitorioso pode mostrar sua magnanimidade sem, contudo, deixar de afastar aqueles que não soubessem se recompor com ele".[438] Depois de passar 10 dias em Vila Rica, tomando uma série de providências políticas e institucionais, em 20 de abril, Dom Pedro decidiu retornar ao Rio de Janeiro, onde chegou aos 25 do mesmo mês, deixando a província de Minas Gerais pacificada e comprometida com ele e com seu projeto de se consolidar como governante do Brasil.

ADESÃO DOS CAMARISTAS E ELEITORES PAROQUIAIS DO TAMANDUÁ

Um dia antes da partida do príncipe para o Rio, em 19 de abril, trataram os vereadores do Tamanduá de formalizar sua adesão e o vínculo à sua autoridade, encaminhando-lhe novo ofício, em seus próprios nomes e do "Clero e Povo da Vila e Termo de São Bento do Tamanduá". De pronto, reafirmaram "os mais puros e acrisolados sentimentos de fidelidade, gratidão e adesão à Augusta Pessoa de V.A.R.", já solenemente demonstrados pelos tamanduaenses, tão logo receberam a notícia da "resolução por V.A.R. apresentada a todo o Reino do Brasil no dia eternamente memorável de nove de janeiro passado [...]".[439]

Em seguida, foram direto ao ponto, renovando "da maneira a mais solene aqueles mesmos sentimentos", por se encontrarem "novamente penhorados, em extremos sensíveis ao infatigável desvelo, e amor verdadeiramente paternal, com que V.A.R. ainda, através dos mais temíveis sacrifícios, procura promover a prosperidade da Nação em geral e desta Província em particular".[440] Informam ao príncipe regente haver comissionado para se apresentar "à Augusta Presença de V.A.R. o padre João Antunes Correa da Costa, Eleitor e Pároco desta mesma Vila e Freguesia", com a alta missão de prestar "as mais decididas homenagens de nossa Submissão, com aquela Beneficência e Amor que tanto tem caracterizado a Sábia Regência de V.A.R.".[441] Assinam o ofício, como "humildes súditos", o juiz ordinário – José Ferreira Gomes – e demais oficiais da Câmara do Tamanduá.

Entre os dias 20 e 23 de maio de 1822, um mês depois do retorno de Dom Pedro ao Rio, reuniu-se em Vila Rica a Assembleia dos Eleitores Paroquiais da Província, previamente convocada por portaria do príncipe, de

13 de abril próximo passado, para a escolha dos sete membros que deveriam compor a nova Junta Governativa da Província de Minas Gerais. Oriundos das diferentes freguesias, estiveram em Vila Rica, onde exerceram o direito de voto, 227 eleitores provinciais.

Dentre estes, 20 representaram as quatro freguesias que compunham então o termo da vila do Tamanduá. Pela freguesia de São Bento do Tamanduá, compareceram à votação: reverendo Francisco Ferreira de Lemos (vigário da Vara), reverendo João Antunes Correa da Costa (vigário da freguesia), reverendo Francisco de Paula Arantes (capelão de Formiga), alferes Tomás Joaquim Barbosa, capitão Bernardo Alves Moreira e capitão Antônio Afonso Lamounier; pela de Campo Belo o vigário Francisco Barbosa da Cunha, reverendo Francisco Antônio Ferreira de Moraes, capitão Manoel Furtado de Souza, reverendo Manoel Furtado de Souza [filho], tenente-coronel Manoel Martins Coelho, capitão João Martins Cardoso, Manoel José de Castro e João Rodrigues Peixoto; pela de Santana do Bambuí: capitão Manoel Carvalho Brandão, vigário Manoel Francisco dos Santos e capitão Francisco Antônio de Moraes; pela de Piumhi: vigário José Severino Ribeiro, capitão Antônio Luiz Teixeira e Francisco Gonçalves de Melo.

Os membros da Junta Governativa eleita, comprometida com o príncipe Dom Pedro e com seu projeto para o Brasil, tomaram posse na igreja do Carmo, em Vila Rica, aos 23 de maio de 1822, após o canto do *Te Deum Laudamus* pelo arcipreste da Sé de Mariana.[442]

NOTÍCIAS DA TARDE DO GRITO E PREPARO DA ACLAMAÇÃO DO IMPERADOR

Segundo Lúcia Bastos P. das Neves, "ao longo do primeiro semestre de 1822, as [sucessivas] medidas arbitrárias aprovadas pelos deputados nas Cortes de Lisboa acabaram por promover a união das elites no Brasil e acirrar o clima de animosidade contra os portugueses [...]".[443] Depois da visita a Minas, no segundo semestre, foi a vez de D. Pedro viajar a São Paulo para acalmar discórdias entre as elites locais e renovar seu pacto com os maiorais daquela província. No dia 7 de setembro, retornando, à tarde, de curta excursão ao porto de Santos, o príncipe, já no subúrbio da vila paulistana, recebeu, de dois estafetas vindos do Rio de Janeiro, cartas da princesa Leopoldina e de José Bonifácio, informando-lhe que, por decretos recém-chegados de Portugal, as Cortes de Lisboa impunham medidas ainda mais draconianas que, na prática, restabeleciam o *status* colonial do Brasil.

Decidiu, então, de forma impetuosa, como era de seu feitio, proclamar "o Brasil para sempre separado de Portugal", ato que veio a ser conhecido como Grito do Ipiranga – sintetizado no famoso "Independência ou Morte".

De volta ao Rio, Dom Pedro tratou logo, com o concurso de seus ministros, José Bonifácio na liderança, de tomar as providencias necessárias para estabelecer os fundamentos do nascente Império. Enquanto isso, a câmara municipal carioca decidia que a separação do Brasil de Portugal precisava ser imortalizada com o solene ato de aclamação do príncipe Dom Pedro como primeiro imperador brasileiro. Para tanto, programou grande festejo público a se realizar em 12 de outubro, dia do natalício dele. Ficou também decidido que o ato solene não deveria restringir-se ao Rio de Janeiro, mas ser replicado simultaneamente nas câmaras das cidades e vilas aderentes à causa da Independência.

Assim, passados exatos 30 dias da declaração de independência no Ipiranga, chegou à vila de São Bento do Tamanduá a "faustosa notícia do projeto que tinha a Câmara do Rio de Janeiro de fazer aclamar a S.A.R., o Príncipe Regente, Primeiro Imperador Constitucional do Brasil, porque o Povo assim o pedia [...]". Tão logo a notícia se espalhou, os tamanduaenses passaram a demonstrar de maneira efusiva "o júbilo de que se acharam instantaneamente apoderados", conforme consta da "Narração dos Acontecimentos", inscrita no livro de atas da câmara tamanduaense.[444]

Segundo a mesma "Narração", passadas as "repetidas salvas pelas ruas, fogos no ar e, no centro das casas, libações à Saúde de S.A.R.", começaram os camaristas a preparar, "com as indispensáveis formalidades", a solenidade de Aclamação, a acontecer "no mesmo dia em que se pretendia [fazê-la] no Rio de Janeiro, visto identificar-se o sentimento destes Povos com os daquela Cidade".[445]

FESTEJOS DA ACLAMAÇÃO DO IMPERADOR NA VILA DO TAMANDUÁ

Por edital divulgado em todos os distritos de seu termo, a câmara do Tamanduá convocou "os chefes de milícias e ordenanças, com todos os seus oficiais e soldados, assim como todos os Cidadãos, que se não quisessem privar de cooperar em tão brilhante cena", marcada para dia 12 de outubro, na vila de São Bento.[446] Voltando à "Narração dos Acontecimentos", pode-se saber que, em todas as noites que precederam o ato programado, entre 7 e 11 de outubro, as ruas e casas da vila estiveram iluminadas, com lamparinas de azeite de mamona e velas de sebo ou cera de abelha. Ao mesmo tempo, os moradores puderam acompanhar em cortejo o desfile diário da banda de música, à frente do qual figuravam o capitão-mor João Quintino de Oliveira e o juiz ordinário José Ferreira Gomes, além de "mais pessoas principais do lugar".

Na manhã da data aprazada – 12 de outubro de 1822 –, reuniram-se, na Casa de Câmara, o capitão mor, o juiz ordinário, demais camaristas, autoridades civis e militares, o clero e o povo, este, na verdade, representado pelas "pessoas gradas" do termo do Tamanduá, sendo que "muitos vieram de distância de 14 léguas".[447] O ponto alto da Aclamação foi o longo discurso congratulatório que, em nome dos presentes, fez o vigário colado da freguesia – padre João Antunes Correa da Costa. Depois de narrar detalhadamente o que chamou de "marcha hostil do Congresso Lisboense" [ou seja, das Cortes de Lisboa], o vigário Antunes declarou, em alto e bom som, que "as atuais circunstâncias Políticas do Brasil, seu bem ser e o de seus Habitantes urgiam e, instantemente demandavam, a solene Declaração de sua Independência, bem como a Aclamação de seu Augusto Regente e Defensor Perpétuo em Primeiro Imperador Constitucional do Brasil".[448] Depois, evocou a atenção do "ilustre Senado Tamandoense" para o auspicioso fato de que enfim havia chegado o esperado "instante da criação do grande Império Brasílico".[449] Concluindo, Antunes destacou que todos os presentes naquele paço encontravam-se "identificados, como sempre, em sentimentos com as heroicas Províncias coligadas, firmes nos princípios da Honra, inseparáveis da Constituição Brasílica", e lhes pediu incessantes vivas – "à nossa Santa Religião; à Independência do Brasil; à Assembleia Geral Constituinte e Legislativa do Brasil; ao Imperador Constitucional do Brasil, o Senhor D. Pedro I; à Imperatriz do Brasil; e à Dinastia de Bragança Imperante no Brasil e a todo o Povo Constitucional do Brasil".[450] Findada a fala do orador oficial, as autoridades presentes prestaram juramento de adesão irrestrita à Independência, ao Imperador e à Assembleia Constituinte (ainda não instalada, mas já convocada na ocasião). Importa destacar que os camaristas locais, imbuídos do espírito liberal e constitucionalista então reinante, deliberaram, e fizeram constar em Ata, que a solene Aclamação que fizeram pressupunha o prévio "juramento solene [por parte do Imperador] de jurar, guardar, manter e defender a Constituição que fizer a Assembleia Geral, Constituinte e Legislativa".[451]

A primeira parte da solenidade encerrou-se, como ficou registrado em Ata da Vereação Geral extraordinária, "entre girândolas de fogo, repetidas salvas Reais, repique de sinos e harmoniosos instrumentos [...]", enquanto ressoavam de todas as partes, novamente, "unânimes e incessantes Vivas".[452] Então, deixando o paço municipal, a câmara incorporada, o juiz ordinário à frente levando o novo pavilhão nacional, e acompanhada de todos os presentes, se dirigiu à igreja de São Francisco, onde foi celebrada missa solene e cantado o hino *Te Deum Laudamus*. Finalizado o serviço religioso, voltaram todos à Casa de Câmara, para lá repetirem os mesmos Vivas e hastear, pela primeira vez naquela vila, a bandeira do Império. À noite, além das "espontâneas iluminações" das casas e ruas, os festejos da Aclamação do Imperador encerraram-se com mais uma apresentação de banda de música, para a alegria das autoridades e do povo reunidos no largo principal.[453]

A citada Ata da Vereação Geral extraordinária de 12 de outubro de 1822 foi assinada pelo juiz ordinário do Termo – José Ferreira Gomes – e pelos camaristas Antônio Martins de Souza, Olivério Ferreira Pedrosa, João Caetano de Souza, Manoel José de Araújo e Oliveira e Antônio José da Costa.[454] Depois desses, assinaram o vigário da Freguesia – Antunes Correa –, o vigário da Vara – Ferreira Lemos[455] – e mais dois sacerdotes presentes – João Francisco Bolina e Luís da Silva Mesêncio. Seguiram os autógrafos do capitão-mor de ordenanças – João Quintino de Oliveira – e de seis capitães comandantes de distritos e cinco alferes. O tenente coronel das Milícias – Manoel Martins Coelho –, conjuntamente com dois tenentes, um ajudante e um capitão de seu regimento; o juiz de órfãos – capitão Antônio Afonso Lamounier; o advogado Antônio Domingues Ferreira de Souza; o tesoureiro da Fazenda Real – Francisco José Pereira; além de mais 14 outras "pessoas gradas", também assinaram a referida ata.

Ainda ecoando os festivos sons da banda de música pelos largos e ruas da Vila do Tamanduá, apressaram os camaristas a participar por ofício, ao ministro José Bonifácio de Andrada e Silva, secretário de Estado dos Negócios do Império, o "faustíssimo sucesso" da Aclamação, rogando-lhe que dela desse notícia ao imperador, de quem diziam esperar "benigna Aprovação e Ordens". Dez dias depois, em missiva enviada ao próprio imperador D. Pedro I, os mesmos camaristas comunicaram a designação do capitão José Joaquim de Oliveira para se deslocar até a Corte com o intuito de felicitá-lo por sua Aclamação como Primeiro Imperador Constitucional. Aproveitaram para ressaltar que o patriotismo dos tamanduaenses encontrava-se "de tal modo desenvolvido [...], que eles protestam diante do Céu defender com as armas na mão, à custa de suas fazendas, e derramando a última gota de seu sangue, a V.M.I. sobre o Trono, que acabam de levantar os honrados Brasileiros".[456]

Em audiência de beija-mão, no dia 23 de dezembro de 1822, o imperador recebeu, na Corte, o mencionado delegado da câmara do Tamanduá, que apresentou, "ante o inabalável Trono de V.M.I., a homenagem, gratidão e obediência que aquela Câmara e Povo Tamandoense tributam e rendem ao melhor dos Imperadores [...]".[457]

Talvez para não empanar o brilho dos festejos da Aclamação ocorridos na Vila, somente em 7 de junho de 1823 é que os camaristas do Tamanduá informaram ao ministro José Bonifácio a respeito das "festividades que alguns Cidadãos do arraial de São Vicente Ferrer da Formiga, deste Termo, fizeram por ocasião da Aclamação do Nosso Augusto e Adorado Imperador [...]", portanto, com mais de seis meses de atraso, e lhe rogaram que tal notícia fosse levada "à Augusta presença do mesmo Senhor".[458]

APOIO À GUERRA DA INDEPENDÊNCIA E ADESÃO À CONSTITUIÇÃO

Em 5 de setembro de 1823, um novo ofício dos camaristas do Tamanduá foi enviado ao imperador com o propósito de "levar perante o Trono Augusto de V.M.I. as torrentes do mais puro e cordial júbilo [...]" pela "fausta notícia da inteira e completa liberdade da linda e rica Província da Bahia [...]".[459] Importa registrar que, para a guerra da Independência na Bahia, muito contribuíram os cidadãos do Centro-Oeste de Minas, fosse atendendo aos apelos de ajuda financeira feitos ao povo mineiro, materializada em subscrições e ofertas voluntárias para financiar a luta que se travava na província baiana, fosse recrutando e treinando tropas locais para complementar as que já se encontravam no campo de batalha.

Uma relação parcial dos donativos encaminhados por oito câmaras mineiras em resposta à portaria de 12 de dezembro de 1822 chegou à soma de 16 contos de réis. A câmara de São Bento do Tamanduá contribuiu com quase um conto de réis, suplantando as dádivas das câmaras da Campanha, da Vila do Príncipe (Serro) e de Pitangui.[460]

Quanto à organização e ao preparo de tropas locais para o reforço militar em prol da garantia da Independência na Bahia, o capitão-mor João Quintino de Oliveira liderou a iniciativa, conduzindo, quase ao mesmo tempo, três recrutamentos. O primeiro, de mais de 400 praças, para completar o Regimento de 2ª Linha de Infantaria das Milícias do Termo, feito em menos de dois meses; um segundo, totalizando 50 recrutas que, em fins de janeiro de 1823, foram enviados para ingresso nos Corpos de 1ª Linha (tropa regular paga) do Rio de Janeiro; e logo outro, em 26 de março, de mais 36 recrutas, incluindo 16 voluntários, também enviados à Corte carioca. Conforme comunicado ao ministro José Bonifácio, feito pela câmara tamanduaense em 9 de abril de 1823, o capitão-mor conduziu "estes recrutamentos sem vexame dos Povos e sem privar a Lavoura e as Artes dos braços necessários para a prosperidade deste fértil País, antes expurgando-o dos Indivíduos ociosos e inúteis à Sociedade, mas robustos e hábeis para o destino a que são aplicados".[461]

O processo da Independência completou-se com a entrada em vigor da Constituição do Império. Convocada a Assembleia Geral Constituinte e Legislativa em 3 de junho de 1822, antes mesmo do "Grito do Ipiranga", os trabalhos de elaboração da Carta Magna só tiveram início em 3 de maio do ano seguinte, após a eleição e posse dos deputados das diversas províncias. Contudo, não foram concluídos, por ter sido o paço da Constituinte cercado pelas tropas em 12 de novembro, e a Assembleia dissolvida por arbitrário decreto do imperador, em meio à grave crise política gerada por desavenças de princípios e conteúdo entre o Executivo e a bancada de constituintes mais radicais. Em manifesto à Nação brasileira, Dom Pedro I procurou justificar sua decisão, conclamando todos a manterem a adesão à causa da Independência e prometendo entregar-lhes, o mais rápido possível, uma carta constitucional que seria preparada pelo Conselho de Estado. Elaborado o projeto a portas fechadas, em apenas 15 dias, por 10 notáveis juristas, o imperador decidiu encaminhá-lo para prévia apreciação das câmaras municipais de todo o país, antes da outorga da Constituição, em solenidade que ocorreu na Sé e Capela Imperial do Rio de Janeiro, em 25 de março de 1824.

Também esse episódio derradeiro do processo da Independência repercutiu no termo da vila de São Bento do Tamanduá. Ainda em dezembro de 1823, chegou à câmara local o projeto de Constituição para ser apreciado, como mandava o imperador. Em resposta datada de 12 de janeiro de 1824, ao então ministro dos Negócios do Império – o futuro marquês de Queluz –, os camaristas do Tamanduá informaram-lhe que, assim que receberam o projeto da Constituição, "o fez logo público, não só nesta Vila como em algumas Populações de seu Termo", ressaltando ter encontrado "nos Povos o maior regozijo e entusiasmo possível, [que] em altas vozes afirmam que aceitam e abraçam o mesmo Augusto Projeto, devendo passar tal qual como está".[462] Ponderaram, porém, que, não obstante a "fala unânime dos Povos", estes foram chamados a assistir a uma vereança geral extraordinária "para melhor conhecimento da causa e, logo que se perpetue este ato, daremos de tudo parte".[463] Aproveitaram os subscritores do dito ofício (o novo juiz ordinário, Manoel de Souza Resende, e demais oficiais da Câmara: Antônio Domingos Ferreira de Souza, Antônio José da Costa e Manoel José de Araújo e Oliveira)[464] para, mais uma vez, repetir, em nome da "mesma Câmara e [d]o Povo Tamandoense", sua declaração de "amor, fidelidade e adesão à Sagrada Pessoa de SMI"[465].

Por último, mas não menos importante, vale lembrar que, no complexo e arrastado processo da Independência, não se envolveram apenas elementos das elites dominantes, fossem conservadores ou radicais. De quando em vez, surgiam notícias de tentativas de protagonismo de subalternos na escala social, os quais, na visão daqueles, aproveitavam a ocasião para provocar "algumas perturbações" indesejáveis, em diferentes lugares da província. É o que se constata, por exemplo, da leitura do ofício datado de 19 de fevereiro de 1822, saído da Junta Governativa instalada em Vila Rica, que tratava de fatos perturbadores da ordem estabelecida, ocorridos no "distrito de Minas Novas, nas vilas do Príncipe e do Tamanduá" e marcados, segundo os membros daquela Junta, por "ajuntamentos de negros, espalhando vozes de liberdade".[466] No mesmo ofício, a Junta Governativa mineira requisitava mais soldados a fim de "socorrer" aqueles lugares, ou seja, para reprimir pelas armas, se necessário fosse, demandas de liberdade vindas de pretendentes a protagonista – gente escravizada e livres pobres.

O relato dos fatos, faustos e repercussões locais retrata, ainda que parcialmente, a relevância que tiveram lideranças mineiras na concretização do projeto de Independência sob a liderança do futuro Dom Pedro I. Exemplifica sobretudo o pacto político que as elites cariocas construíram com grupos dirigentes do interior de Minas, especialmente aqueles ligados à economia agrário-mercantil, em sucessivos entendimentos que se traduziram em sólida rede de apoio das câmaras municipais ao príncipe e futuro imperador. É verdade que, de início, esses grupos buscavam apenas preservar uma instância de governo central no Brasil, ainda que unido a Portugal, mas, rapidamente, o processo se radicalizou, culminando com a ruptura total com Lisboa. O que ocorreu no termo da vila de São Bento do Tamanduá nos primeiros anos da década de 1820 é uma boa demonstração, em escala local, do desenrolar do vitorioso processo de Independência!

18

UMA MALOGRADA REORGANIZAÇÃO POLÍTICO-ADMINISTRATIVA DA PROVÍNCIA E A POSTERIOR CRIAÇÃO DOS DISTRITOS DE PAZ

Nos primeiros anos após a Independência, a divisão político-administrativa da província de Minas Gerais, herdada do período colonial, manteve-se basicamente inalterada. No caso específico do Centro-Oeste, a maior parte de seu território compunha o termo da vila de São Bento do Tamanduá, desde 1790, composto por quatro freguesias: São Bento do Tamanduá, Piumhi, Bambuí e Campo Belo (a última, instituída pouco antes, em 1818). As quatro freguesias, por sua vez, se subdividiam em distritos de ordenanças – 40 ao todo –, na ocasião (vide Anexo 6), criados a partir de 1802, quando foram nomeados seus primeiros capitães comandantes. Também no Centro-Oeste, mas não pertencentes ao termo do Tamanduá, havia outros distritos de ordenanças, os da Senhora da Oliveira, da Aparecida do Cláudio, do Carmo do Japão (atual Carmópolis), do Bom Sucesso e do Bom Jesus dos Perdões, que faziam parte, e assim continuaram no pós-Independência, do termo da vila de São José del Rei no âmbito civil e, no eclesiástico, da freguesia de Santo Antônio da mesma vila. Ademais, o distrito do Divino Espírito Santo da Itapecerica (atual Divinópolis) pertencia, então, ao termo e freguesia da vila de Pitangui.

Como estabeleceu a Constituição Imperial, Minas Gerais, assim como as demais províncias, passou a ser governada por um presidente nomeado e amovível pelo monarca. De início, no desempenho de suas atribuições executivas, os presidentes provinciais eram auxiliados por conselhos de governo, constituídos por seis cidadãos eleitos, com funções consultivas e deliberativas. Algum tempo depois, esses colegiados foram substituídos por Conselhos Gerais, encarregados de "propor, discutir e deliberar" sobre os negócios político-administrativos internos mais relevantes. De fato, embora fossem propositivos, os Conselhos Gerais não eram instituições legislativas autônomas, pois suas propostas precisavam passar pelo crivo da Assembleia Geral do Império (o parlamento nacional), que tinha a competência final de aprová-las, transformando-as em leis, ou não. Apenas em 1835, por pressão das elites regionais sedentas de maior poder e autonomia política, e em cumprimento ao previsto no Ato Adicional à Constituição, sancionado no ano anterior, é que foram criadas e instaladas as Assembleias Legislativas provinciais, compostas por deputados eleitos e autônomas, para propor e aprovar leis, orçamentos e recomendações.

O PLANO SILVA PINTO DE REORDENAMENTO TERRITORIAL DA PROVÍNCIA

Ao tempo ainda do Conselho Geral, passou-se a discutir a redivisão civil, judicial e eclesiástica da província de Minas Gerais, buscando superar inúmeros problemas inerentes ao ordenamento territorial herdado do Antigo Regime luso-brasileiro.[467] Tal iniciativa se amparava em uma lei geral de 20 de outubro de 1823, que atribuía aos presidentes das províncias, agindo em Conselho, competência para propor acerca da criação de novas câmaras municipais.

Por encomenda do referido conselho, um primeiro e ambicioso plano de reordenamento territorial, baseado em critérios objetivos de ordem demográfica para orientar a criação de novas vilas e freguesias, foi preparado pelo secretário de governo, Luís Maria da Silva Pinto, perito conhecedor do quadro estatístico da província mineira. Sua proposta, apresentada em 10 de março de 1826, buscava, principalmente, cessar "as diferenças sobre limites e os conflitos de jurisdição, pelo encerramento de freguesias e aplicações em diversos termos e comarcas".[468]

O plano Silva Pinto previa a criação de 30 novas vilas, sedes de termos, e de mais 40 freguesias, a partir do (re)agrupamento espacial de quatro centenas de distritos de ordenanças existentes em Minas Gerais.[469] No que tange ao Centro-Oeste, previa-se o desdobramento em quatro da freguesia de São Bento do Tamanduá (cuja população somava, na ocasião, 16.931 habitantes). Mantida a freguesia primaz com apenas oito distritos de ordenanças (ao invés de 23, como era até então) e 5.218 habitantes, seriam instituídas as novas freguesias de São Vicente Ferrer da Formiga, compreendendo seis distritos e somando 4.314 habitantes; de Santo Antônio do Monte, formada por outros seis distritos e abrigando 4.130 habitantes; e de São Julião (hoje, Arcos), com três distritos e 3.269 habitantes. Quanto às freguesias de Nossa Senhora do Livramento do Piumhi e da Senhora Santana do Bambuí, estas não seriam modificadas, continuando a primeira com seus três distritos e 2.223 habitantes e a segunda com seis distritos e 4.191 habitantes. Portanto, seis freguesias – São Bento, Formiga, Santo Antônio do Monte, São Julião, Piumhi e Bambuí – comporiam a nova configuração eclesiástica do termo do Tamanduá, abrangendo um total de 23.345 almas.

Enquanto isso, a freguesia do Bom Jesus do Campo Belo, envolvendo oito distritos de ordenanças, seria desmembrada do termo do Tamanduá e, acrescentada dos distritos de Oliveira e do Cláudio, então pertencentes à vila de São José del Rei, elevada à cabeça de um novo termo municipal – o da Vila Nova do Senhor Bom Jesus do Campo Belo –, com população somada de 11.143 habitantes. Os distritos de ordenanças de Oliveira e Cláudio deveriam, no plano Silva Pinto, constituir uma nova freguesia, cuja sede o secretário de governo optou por deixar a escolha do Conselho: se a capela de Nossa Senhora da Oliveira ou a da Senhora Aparecida do Cláudio.

Antes do parecer final do Conselho, decidiu-se encaminhar o plano do secretário Silva Pinto aos capitães mores dos termos da Província, para ser objeto de ampla discussão com as autoridades locais e os maiorais dos lugares. Como esse procedimento "participativo" se alongou em demasia, perdeu-se a oportunidade de aprovação do ambicioso plano de reordenamento político-administrativo e eclesiástico, com ou sem emendas, devido às mudanças na conjuntura política.

Para maiores detalhes acerca do plano de Silva Pinto, no que toca ao Centro-Oeste mineiro, vide quadro esquemático apresentado no Anexo 6.

CRIAÇÃO DOS DISTRITOS DE PAZ: INICIATIVA LIBERAL EM PROL DA DESCENTRALIZAÇÃO

Malogrado o plano do secretário Silva Pinto, entre o final da década de 1820 e o início da seguinte, praticamente nada mudou, de imediato, no arranjo territorial das instâncias de poder da província de Minas. Contudo, em 1827, houve uma radical reforma do Judiciário, com implicações em todo o país, que levou à instituição do juizado de paz e, consequentemente, da respectiva circunscrição territorial, o distrito de paz.

Com efeito, a Constituição do Império previa, nos artigos 161 e 162, a introdução de um tipo novo de magistrado, o juiz de paz eletivo, responsável pela conciliação pré-processual em nível local. O tempo de seu mandato e o modo de conduzir as eleições deveriam ser em tudo igual ao previsto para os vereadores das Câmaras locais. Suas "atribuições e distritos" seriam, segundo o imperativo constitucional, regulados por lei ordinária.

Em cumprimento a esse mandato, o parlamento nacional aprovou a lei geral de 15 de outubro de 1827, regulamentando os juizados de paz, por pressão da bancada liberal defensora de uma melhor distribuição da justiça e da agilização dos processos judiciais em curso. Buscava-se, também, ampliar os mecanismos de participação popular e limitar os poderes do imperador, em consonância com as bandeiras da descentralização hasteadas por partidários mais radicalizados das ideias liberais.

Importa ressaltar que a persistência no Brasil independente dos cargos de ouvidor e de juiz de fora, heranças do passado colonial ainda presentes nas sedes de comarca, cujas nomeações eram de competência restrita do monarca, continuava a ser vista, ao menos pelos liberais, como uma "intervenção direta [do poder central] na administração da Justiça nos níveis locais".[470] Segundo Velasco, "a criação do juizado de paz marcava uma mudança importante na configuração do Poder Judiciário", principalmente no interior do país, pois, "com atribuições administrativas, policiais e judiciais, o juiz de paz, eleito, acumulava amplos poderes, até então distribuídos por diferentes autoridades (juízes ordinários, almotacéis, juízes de vintena) ou reservados aos juízes letrados (tais como julgamento de pequenas demandas, feitura do corpo de delito, formação de culpa, prisão, etc.), que passavam então a ter de compartilhá-los com esse intruso personagem", posicionado mais perto dos cidadãos comuns.[471]

Os juízes de paz deveriam ser cidadãos maiores de 21 anos, eleitores e detentores de renda líquida anual superior a 200 mil réis, além de saber ler e escrever. Quanto à circunscrição territorial de sua jurisdição, a lei geral de 1827 determinava que, enquanto não fosse estabelecida a divisão do Império em distritos definitivos, em cada aplicação de freguesia e de capela filial curada deveria haver um juiz de paz e um suplente, para servir no seu impedimento. Empossado o juiz de paz, deveria ele providenciar a divisão de sua circunscrição em quarteirões, que não deveria conter mais de 25 fogos (ou domicílios). Portanto, a partir de 1827, tem-se um novo quadro de organização básica do Judiciário, estruturado por distritos de paz, correspondentes, de início, às aplicações das igrejas matrizes e capelas filiais curadas, englobando e, pouco tempo depois, suprimindo os antigos distritos de ordenanças.

Nos anos iniciais da década de 1830, o termo de São Bento do Tamanduá encontrava-se dividido em 14 distritos de paz, incluído o da Vila, que estão listados no Anexo 8. Na mesma ocasião, no Centro-Oeste mineiro, existiam também os distritos de paz de Bom Jesus dos Perdões, Bom Sucesso,

Aparecida do Cláudio, Carmo do Japão, Carmo da Mata, Santana do Jacaré e Senhora da Oliveira, estes, pertencentes ao termo e freguesia de São José del Rei, além do distrito de paz do Espírito Santo da Itapecerica (atual Divinópolis), que esteve vinculado ao termo da vila de Pitangui até 1847, quando, então, passou ao da vila do Tamanduá.[472]

19

DEMOGRAFIA NA DÉCADA DE 1830: LISTAS NOMINATIVAS E MAPAS DE POPULAÇÃO

Na mensagem dirigida aos deputados provinciais na abertura da sessão ordinária da Assembleia Legislativa, em 1837, o presidente Antônio da Costa Pinto informou ser a população de Minas Gerais de 619.775 habitantes, mas esclareceu que:

> [...] esse trabalho [de contagem da população], porém, era muito incompleto, como também vos foi comunicado que, encarregados os juízes de Paz de fazerem o arrolamento de todas as pessoas existentes em seus Distritos [...], regulando-se por mapas cujos modelos lhes foram transmitidos pelo Governo, muitos deixaram de cumprir até o presente as ordens dadas sobre este assunto [...]. [473]

Não obstante, segundo Costa Pinto, alguns papéis recém-chegados à secretaria de governo, vindos de diferentes municípios, mas ainda em fase de tabulação, já permitiam afirmar que se "elevam os habitantes da Província a número muito mais subido, posto que ainda incerto".[474]

O governo mineiro de então esforçava-se para concluir a importante tarefa, iniciada no início da década, de recensear toda a população da província. De início, buscou-se contar a população por meio das listas nominativas distritais de habitantes, esforço esse concentrado nos anos de 1831 e 1832. Ao fim da primeira metade daquela década, os levantamentos distritais voltaram a ser feitos pelos juízes de paz por meio de tabelas padronizadas, chamadas, à época, de "mapas", mais sintéticas que as listas e, por isso, certamente de mais fácil e rápido preparo. Nesses mapas, deveriam ser registrados apenas os totais de habitantes dos distritos, desdobrados por gênero, cor, condição social, estado conjugal, além de distribuí-los por quatro faixas etárias predefinidas. Era a eles que o presidente Costa Pinto se referia na mensagem à Assembleia, em 1837. Entretanto, entre 1838 e 1841, ainda foi produzido um segundo, e bem menor, conjunto de listas nominativas distritais.

As listas nominativas de habitantes dos distritos de paz organizavam-se por domicílio (chamado à época de "fogo"), discriminando, com razoável detalhamento de dados, cada um dos respectivos moradores. Informações dessa natureza eram, à época, de fundamental importância para subsidiar decisões do governo no que tange à divisão político-administrativa do território, assuntos tributários, recrutamento militar, dentre outras serventias.[475]

CENSO DA POPULAÇÃO MINEIRA EM 1832

Da década de 1830, o Arquivo Público Mineiro (APM) custodia hoje duas coleções de listas nominativas de habitantes, além de um conjunto de mapas da população, cobrindo 401 dos cerca de 430 distritos de paz então existentes em Minas.[476] A partir dessa importante base de dados, pesquisadores contemporâneos estimaram o cômputo geral da população de Minas Gerais, bem como sua distribuição regional em meados da referida década. Estimativa pioneira feita por Clotilde Paiva, em 1996, e revista por Marcelo Godoy, em 2004, chegou ao montante de 730.778 habitantes. Mais recente, a estimativa de Mário Rodarte (feita em 2008) totalizou 848.197 habitantes, dos quais 67,5% eram livres e 32,5% escravizados, com a média de 6,4 pessoas por domicílio (ou "fogo", na expressão da época). Segundo Rodarte, cerca de 24% dos mineiros viviam em fogos "urbanos", ou seja, em povoações, fossem simples arraiais, vilas ou cidades, enquanto 76% viviam no meio rural, em fazendas, sítios e roças.[477] Considerada em conjunto, a população de Minas Gerais, era, de fato, como prenunciava o próprio presidente da Província, quase 40% maior que o resultado preliminar oficial apresentado à Assembleia Legislativa, em 1837.

Sabe-se hoje que, em 1832, a população de Minas Gerais correspondia a 16,6% da população brasileira. Em seguida, vinham as populações da Bahia (14,5%), do Rio de Janeiro (12,9%), considerando a província fluminense e o município da Corte juntos, e de Pernambuco (11,7%). Essas eram as quatro mais populosas províncias, as únicas então com participações relativas acima de 10% do contingente demográfico nacional. A partir da década de 1830, Minas Gerais apresentou uma "peculiar evolução demográfica": sua população cresceu em ritmo mais acelerado que a nacional, incrementando sua participação relativa na população brasileira de 16,6% para 20,6%, no decorrer de 40 anos. Indissociável do demográfico, ocorria no mesmo período um processo de expansão econômica, "com o desenvolvimento de várias novas atividades econômicas [na província], reinventando as suas bases [...]".[478]

CONTANDO A POPULAÇÃO DOS DISTRITOS DO ANTIGO CAMPO GRANDE

Para o caso específico do termo de São Bento do Tamanduá, então composto por 14 distritos de paz, estimamos seu então contingente populacional somando os habitantes arrolados nas listas nominativas de 11 distritos, mais as populações da vila de São Bento do Tamanduá (sede do termo, dividida em dois distritos) e do distrito de Cristais, informadas na "Corografia" de Cunha Matos, pois as listas nominativas desses três distritos, se foram elaboradas um dia, não são encontradas no Arquivo Público Mineiro. Dessa forma, chegamos ao montante de 32.885 habitantes no termo do Tamanduá, incluindo livres e escravizados. A distribuição desse montante entre os distritos de paz que o compunham é apresentada no Anexo 8.

Relembrando que, às vésperas da Independência, o termo de São Bento do Tamanduá abrigava 26.575 indivíduos, conclui-se que a população havia aumentado cerca de 24% em pouco mais de uma década (ou 1,65% ao ano, em média). Em números absolutos, ocorreu um acréscimo de 6.310 habitantes no período entre 1821 e 1832.

Se, à população total desse termo, acrescentarmos os habitantes arrolados nas listas nominativas de outros sete distritos de paz – Oliveira, Bom Sucesso, Cláudio, Perdões, Japão (Carmópolis, hoje), Santana do Jacaré e Carmo da Mata (que, embora integrantes do termo da vila de São José del Rei, devem ser considerados, em perspectiva histórico-geográfica, como partes do antigo sertão do Campo Grande) –, conclui-se que, em meados da primeira metade da década de 1830, viviam, na zona hoje chamada de Centro-Oeste mineiro, cerca de 50 mil habitantes. Vale dizer que é o equivalente a 6% da população total da província de Minas Gerais na época.

ESTUDO DE CASO: A POPULAÇÃO DO DISTRITO DE SANTO ANTÔNIO DO MONTE EM 1832

Ao ser instalado o juizado de paz de Santo Antônio do Monte, a respectiva circunscrição territorial coincidia com a aplicação da capela curada ali existente. Abrangia, portanto, três antigos distritos de ordenanças: Santo Antônio do Monte, São Lázaro do Miranda e Diamante Abaixo (correspondentes aos atuais municípios de Santo Antônio do Monte e Lagoa da Prata, juntos).

Vale lembrar que, concomitantemente à criação da justiça de paz, uma lei da Regência, datada de 18 de agosto de 1831, extinguiu todos os corpos de Milicias e de Ordenanças e, consequentemente, suas antigas circunscrições territoriais (de caráter distrital). Ao mesmo tempo, foi instituída a Guarda Nacional, organizada em todo o Império por município.

Buscando recensear a população mineira, o presidente da Província encaminhou, em 25 de agosto de 1831, uma carta-circular aos juízes de paz, determinando que preparassem uma relação nominal dos habitantes de seus distritos, pela ordem dos respectivos quarteirões. O alferes Antônio Martins de Souza, fazendeiro e então juiz de paz do distrito de Santo Antônio do Monte, foi dos mais zelosos no desempenho dessa missão, atendendo prontamente aos ditames da referida circular. Assim sendo, em 25 de janeiro de 1832, concluiu a "Lista nominativa dos habitantes do distrito [de paz] de Santo Antônio do Monte, [da] freguesia e termo da vila de Tamanduá", hoje custodiada pelo Arquivo Público Mineiro e correspondente ao avulso APM, PP 1/10, Cx.46, Doc.04. Nela foram arroladas 3.150 pessoas, entre livres e cativas.

Sendo consistente a cifra de 2.300 habitantes que aparece no relatório da visita pastoral feita em 1825 pelo bispo de Mariana, ou a de 2.188 habitantes, registrada por Cunha Matos em sua "Corografia" (referente ao ano de 1823), pode-se concluir que a população do distrito de paz de Santo Antônio do Monte apresentou rápido crescimento, cerca de 4,3% ao ano, em média, no período que se estendeu até o referido censo. É uma taxa expressiva, superior à apresentada pela freguesia do Tamanduá, como um todo, nas primeiras décadas do século XIX.

Em artigo publicado em 1995, Clotilde Paiva e Douglas Libby classificaram o distrito de paz de Santo Antônio do Monte entre aqueles representativos "da economia bem diversificada voltada para o mercado interno que, como já se sinalizou, caracterizava boa parte das Minas Gerais no Oitocentos", possuindo, inclusive, florescente indústria têxtil doméstica.[479] Justifica-se, assim, aprofundar a análise dos dados sociodemográficos do referido distrito em 1832, à guisa de estudo de caso, como características da estrutura populacional mais ampla do Centro-Oeste mineiro na época.

Quadro 22 – Distrito de Paz de Santo Antônio do Monte – 1832. **População, números de quarteirões e fogos e média de habitantes pôr fogo, segundo sua localização**

Localização	População		Quarteirões		Fogos		Hab./fogo (média)
	N	%	N	%	N	%	
No arraial	528	16,8	4	22,2	100	22,7	5,3
Fora do arraial	2.622	83,2	14	77,8	341	77,3	7,7
Total do distrito	3.150	100,0	18	100,0	441	100,0	7,1

Fonte: APM, PP 1/10, Cx.46, Doc.04.

Como dito antes, o juiz de paz de Santo Antônio do Monte arrolou 3.150 habitantes, somando livres e escravizados. Essa gente se distribuía por 441 fogos (ou domicílios)[480], compondo 18 quarteirões, conforme mostra o quadro anterior. Pouco menos de 17% da população recenseada viviam no arraial, em uma centena de fogos, enquanto cerca de 83% encontravam-se na zona rural. Dessa distribuição, resultam as médias de 5,3 pessoas por fogo "urbano" e de 7,7 nos "rurais".[481] Tais resultados estão alinhados com a conclusão de Mário Rodarte acerca do conjunto de domicílios mineiros no início dos anos 1830: "quando situados no urbano, [os domicílios] tendiam a ser menores que os rurais (com médias de 5,6 e 6,7 pessoas, respectivamente), o que sugere formas diferenciadas de estruturação das unidades domiciliares".[482]

Quanto ao gênero, a população do distrito se dividia em duas parcelas razoavelmente equilibradas: 53% eram homens e 47% mulheres. Portanto, a razão de masculinidade (ou seja, a relação entre o número de homens e cada cem mulheres) era de, aproximadamente, 111, ligeiramente aquém da razão média verificada na província, de 112,5 na mesma ocasião.

Quanto à condição legal (vide Quadro 23), predominavam os indivíduos livres, que representavam quase dois terços da população. Os escravizados, encarregados dos trabalhos essenciais à vida econômica, correspondiam a 36% da população total. Tal proporção de cativos estava pouco acima da média geral da província, então com um terço de seus habitantes escravizados, mas aquém da média da comarca do Rio das Mortes, à que pertencia o distrito em pauta, de, aproximadamente, 40%.

Quadro 23 – Distrito de Paz de Santo Antônio do Monte – 1832. **Distribuição da população por gênero e condição legal, segundo a localização**

Gênero e condição	No arraial		Fora do arraial		Total do distrito	
	N	%	N	%	N	%
População livre	396	75,0	1.619	61,7	2.015	64,0
Masculina	187	35,4	826	31,5	1.013	32,2
Feminina	209	39,6	793	30,2	1.002	31,8
População escrava	132	25,0	1.003	38,3	1.135	36,0
Masculina	74	14,0	569	21,7	643	20,4
Feminina	58	11,0	434	16,6	492	15,6
Total geral	528	100,0	2.622	100,0	3.150	100,0

Fonte: APM, PP 1/10, Cx.46, Doc.04.

Focando apenas o arraial de Santo Antônio do Monte, vê-se que cerca de um quarto dos habitantes eram escravizados, enquanto, na zona rural do distrito, os cativos chegavam a quase 40% da população. Essas cifras bem realçam a relevância do trabalho servil para a dinâmica agrícola distrital. No arraial, entre os livres, predominava o gênero feminino (a razão de masculinidade era de 89,5), enquanto, no meio rural, havia relativo equilíbrio entre gêneros, expresso pela razão de masculinidade de 104.

A população livre do distrito apresentava-se praticamente equilibrada entre homens e mulheres (50,3% e 49,7%, respectivamente), enquanto, entre os escravizados, a situação era bastante desbalanceada: 643 homens e 492 mulheres (30% a mais de indivíduos do gênero masculino). Vale, de novo, realçar o desequilíbrio bem mais acentuado no meio rural, por ser a economia agrícola muito dependente de fortes braços masculinos para a lida diária na lavoura e no pastoreio.[483]

No próximo quadro, a população distrital é distribuída pela cor (ou "qualidade"), segundo a condição legal dos indivíduos. Antes, contudo, de avaliar os números nele mostrados, importa destacar que, pelo menos, até meados do Oitocentos, a cor da pele era importante atributo classificatório da população brasileira (quando não o mais relevante), refletindo, ao menos em parte, o status social das pessoas. Outro atributo de status, restrito, por óbvio, à população livre, era ser ou não senhor(a) de escravos.

Quadro 24 – Distrito de Paz de Santo Antônio do Monte – 1832. **Distribuição da população pela cor e condição legal dos habitantes**

Cor (ou "qualidade")	Condição legal					
	Livre		Escravizada		Total	
	N	%	N	%	N	%
Branca	1.175	58,3			1.175	37,3
Parda	704	34,9	107	9,4	811	25,7
Cabra	13	0,6	20	1,8	33	1,0
Crioula	106	5,4	603	53,1	709	22,5
Africana	17	0,8	405	35,7	422	13,4
Total do Distrito	**2.015**	**100,0**	**1.135**	**100,0**	**3.150**	**100,0**

Fonte: APM, PP 1/10, Cx.46, Doc.04.

No cômputo geral, as participações relativas de brancos e negros (fossem estes últimos crioulos ou africanos) eram bem similares (37,3% e 35,9%, respectivamente), enquanto a dos pardos (acrescidos de pequeno número de cabras) ocupava posição intermediária entre aquelas categorias, correspondendo a cerca de um quarto da população distrital.[484] Enquanto a totalidade da população branca era livre, nas demais categorias de cor, havia escravizados e livres. Os pardos eram majoritariamente livres (apenas 13% destes em condição escrava), enquanto os negros, reunindo crioulos e africanos, eram quase sempre cativos (85% e 96%, respectivamente). Na pequena parcela de mestiços chamados de cabras, com apenas 33 indivíduos vivendo no distrito, 40% eram livres, e 60%, escravos. Isso posto, conclui-se que, na população escravizada, os negros correspondiam a quase 90% do total, com uma maior participação de crioulos (53%) do que de africanos (36%).

Se consideramos apenas os habitantes do pequeno arraial, predominavam os pardos (37%), seguidos pelos negros (33%), e só depois é que vinham os brancos, que não chegavam a 30% da gente "urbana", de fato, majoritariamente de cor (embora nem toda escravizada). Entre os moradores em fazendas, sítios e roças, os brancos e negros constituíam dois grupos populacionais de tamanho praticamente igual, cada um respondendo por cerca de 40% da população rural. Nesse ambiente, os pardos se encontravam em minoria, não chegando a um quinto dessa população.

Os cativos africanos quase sempre eram destinados ao trabalho mais pesado e rotineiro da lavoura, enquanto os crioulos eram mais empenhados nos serviços domésticos e, sendo mulheres, nas difundidas atividades caseiras de fiação e tecelagem. Contudo, uma leitura detalhada da lista nominativa distrital mostra-nos a não desprezível presença de crioulos livres (15%) e, até mesmo, de africanos libertos, estes em menor proporção (apenas 4%).

Como dito antes, em 1832, a razão de masculinidade do distrito de Santo Antônio do Monte ficava por volta de 111 (ou seja, para cada 100 mulheres, havia cerca de 111 homens). Contudo, como nos mostra o quadro seguinte, havia discrepâncias quando se considerava separadamente os distintos agrupamentos no tocante à cor e condição legal.

Quadro 25 – Distrito de Paz de Santo Antônio do Monte – 1832. **Razão de masculinidade da população segundo a cor e condição legal**

Cor ("qualidade")	Condição legal		
	Livre	Escravizada	Total
Branca	101,5		101,5
Mestiça (parda e cabra)	105,0	76,0	100,0
Negra (crioula e africana)	76,0	140,0	131,0
Total do Distrito	**101,0**	**131,0**	**111,0**

Fonte: APM, PP 1/10, Cx.46, Doc.04.

Entre os livres de cor branca, equilíbrio entre os sexos era quase absoluto. Quanto aos pardos e cabras, havia leve predomínio do sexo masculino (contingente 5,4% maior que o feminino). Entre os poucos negros livres, as mulheres eram maioria (para cada 100 mulheres negras livres, havia 76 homens de igual cor e condição). Pode-se, daí, inferir que as alforrias eram mais comuns entre mulheres do que entre homens.

Como antes registrado, entre os escravizados, o número de homens superava em 31% o de mulheres. Se considerados apenas os nascidos na África, o desequilíbrio entre sexos era bem mais acentuado, havendo dois africanos para cada africana. Tais números reforçam a hipótese da persistente contribuição, na época, do tráfico atlântico para a formação de muitos plantéis escravistas de Santo Antônio do Monte.[485]

No quadro seguinte, a população desse distrito é distribuída por faixas etárias, segundo a condição legal dos habitantes.

Quadro 26 – Distrito de Paz de Santo Antônio do Monte – 1832. **Distribuição da população por faixa etária, segundo a condição legal**

Faixa etária	Condição legal					
	Livre		Escravizada		Total	
	N	%	N	%	N	%
0 a 15 anos	930	46,1	368	32,5	1.298	41,2
16 a 30 anos	490	24,3	410	36,1	900	28,6
31 a 60 anos	493	24,5	327	28,8	820	26,0
61 anos ou mais	102	5,1	30	2,6	132	4,2
Total do distrito	**2.015**	**100,0**	**1.135**	**100,0**	**3.150**	**100,0**

Fonte: APM, PP 1/10, Cx.46, Doc.04.

Vista em conjunto, a população do distrito era relativamente jovem (idade média de 22,5 anos), característica própria das áreas de fronteira ainda em fase povoamento e mais expressiva entre a população livre (quase a metade tinha até 15 anos de idade). Na faixa entre 16 e 30 anos, encontrava-se cerca de um quarto da população livre, indivíduos em plena força de trabalho. Outro um quarto se enquadrava na faixa de gente mais madura, entre 31 e 60 anos. Já os idosos, acima de 60 anos de idade, correspondiam a apenas 5% da população livre.

Ao contrário dos livres, a população escravizada tinha uma distribuição etária relativamente mais homogênea, com idade média de 23,3 anos. Predominavam os cativos com idade entre 16 e 30 anos (pouco mais de um terço), evidentemente mais adequados à pesada faina cotidiana. Os com até 15 anos de idade, eram cerca de um terço da população escrava do distrito. Nessa faixa etária, encontrava-se grande quantidade de crianças escravizadas (com menos de 10 anos), correspondentes a 20% da população mancípia. Essa expressiva parcela de infantes indica que o crescimento natural também estava contribuindo para a formação dos plantéis escravistas do distrito de Santo Antônio do Monte. Por outro lado, os escravizados com idade entre 31 e 60 anos eram pouco menos de 30% desse contingente; os com mais de 60 anos não chegavam a 3%. Significa dizer que o elemento servil praticamente não alcançava a senilidade.

Como adiantado, no início da década de 1830, os habitantes do distrito de paz de Santo Antônio do Monte viviam majoritariamente fora do arraial. No caso específico da escravaria, quase 90% dela viviam em fazendas, sítios e roças, enquanto cerca de um décimo havia sido arrolado no arraial, repartido em quatro quarteirões ao redor da capela.

Importa destacar que, naquele início da quarta década do século XIX, assim como ocorria em geral na Província, quase 60% dos domicílios do distrito de Santo Antônio do Monte não dispunham nem sequer de um escravo, neles vivendo e trabalhando apenas pessoas livres, como mostra o próximo quadro.

Tanto Douglas Libby quanto Clotilde Paiva demonstraram empiricamente a predominância de plantéis de pequeno porte no início da década de 1830 em Minas, com cerca da metade não passando de três escravos.[486] No caso do Oeste mineiro, Libby demonstrou que pouco mais da metade da escravaria compunha plantéis de pequeno e médio portes. No distrito de Santo Antônio do Monte, o quadro não era distinto desse mais amplo. Pouco mais da metade dos chefes de fogos escravistas possuíam plantéis de, no máximo, três cativos, que, somados, representavam cerca de 15% dos escravizados do distrito. No arraial, especialmente, a proporção de pequenos proprietários escravistas era ainda maior (pouco mais de 60% dos fogos escravistas), conforme Quadro 27.

Por outro lado, assim como em Minas, de um modo geral, as grandes posses de escravos eram coisa rara no distrito de Santo Antônio do Monte, onde apenas oito chefes escravistas possuíam plantéis de maior porte, aqueles com mais de 20 cativos. Contudo, juntos, esses poucos senhores de grandes plantéis concentravam cerca de um quinto do contingente servil do distrito.

Concluindo, em breve síntese, pode-se dizer que a estrutura de posse escravista no distrito em pauta caracterizava-se pela expressiva dispersão dos pequenos (1 a 3) e pequenos-médios plantéis (4 a 10 cativos), pela hegemônica concentração dos escravizados em poucas grandes posses (mais de 20) e pela maior proporção dos plantéis de médio porte (entre 11 e 20 cativos).[487]

Também não se pode esquecer que, à medida que se avançava na escala de tamanho das posses de cativos, maior era a proporção dos proprietários de cor branca e, inversamente, diminuíam os chefes escravistas pardos (sendo nula a presença destes na faixa de grande porte). Ademais, registra-se que, entre os poucos mestiços, crioulos ou africanos livres que chefiavam fogos no distrito de Santo Antônio do Monte, nenhum era senhor de escravos naquele início da década de 1830.

Quadro 27 – Distrito de Paz de Santo Antônio do Monte – 1832. **Distribuição dos fogos e do contingente escravista por faixa de tamanho da posse (FTP), segundo a localização do fogo**

Condição do fogo e FTP	No Arraial Fogos N	No Arraial Fogos %	No Arraial Escravos N	No Arraial Escravos %	Fora do Arraial Fogos N	Fora do Arraial Fogos %	Fora do Arraial Escravos N	Fora do Arraial Escravos %	Total do Distrito Fogos N	Total do Distrito Fogos %	Total do Distrito Escravos N	Total do Distrito Escravos %
Sem escravos	82	82,0			175	51,3			257	58,3		
Com escravos	18	18,0	132	100,0	166	48,7	1.003	100,0	184	41,7	1.135	100,0
1 a 3	11	61,1	22	16,7	84	50,6	149	14,9	95	51,6	171	15,1
4 a 10	3	16,7	21	15,9	51	30,7	310	30,9	54	29,3	331	29,2
11 a 20	2	11,1	34	25,8	25	15,1	359	35,8	27	14,7	393	34,6
21 a 45	2	11,1	55	41,7	6	3,6	185	18,4	8	4,3	240	21,1
Total	100	100,0	*11,6%*		341	100,0	*88,4%*		441	100%	*100%*	

Fonte: APM, PP 1/10, Cx.46, Doc.04.

20

OCUPAÇÕES E PADRÕES DE RIQUEZA EM UM DISTRITO AGRÍCOLA

Na sociedade brasileira oitocentista, pelo menos até meados do século (quando se extinguiu legalmente o tráfico atlântico), as fortunas dos senhores da terra eram medidas não apenas pela vastidão de suas glebas, mas, principalmente, pelo tamanho de seus plantéis escravistas. Com efeito, como bem demonstrou Clotilde Paiva, a posse e o tamanho desses plantéis, além de permitir a mensuração da capacidade produtiva dos domicílios mineiros, eram bons indicadores do nível de acumulação de riqueza pelos indivíduos livres numa economia escravocrata.[488] Seguindo linha de pensamento similar, Bustamante Lourenço, tratando da estrutura econômica do extremo Oeste de Minas (hoje chamado de Triângulo Mineiro) na primeira metade do Oitocentos, escreveu que "além de conferir prestígio e distinção social numa sociedade de ordens, possuir homens [escravos] e fazendas era a única forma de expandir a escala da produção num universo técnico tão limitado".[489]

Isso posto, e tendo em vista que os maiores planteis escravistas estavam associados às grandes glebas, o estudo de caso do capítulo anterior permite-nos concluir que, no então distrito de paz de Santo Antônio do Monte (correspondente aos atuais municípios desse nome, de Lagoa da Prata e parte de Japaraíba), a riqueza se encontrava fortemente concentrada em apenas um quinto dos fogos (ou domicílios) no início da década de 1830 (aliás, como era comum na Província). Enquanto isso, cerca de 80% dos fogos ou não dispunham de escravos ou seus plantéis não passavam de três indivíduos.

A totalidade dos fogos desse distrito era chefiada por indivíduos livres, predominantemente homens (83%) com idade média de 41 anos e majoritariamente casados (87%). Aqueles chefiados por mulheres não passavam de um quinto do total, com idade média de 47 anos e predominância de viúvas (52%). Quase a metade dos chefes de fogo escravista era senhor ou senhora de, pelo menos, um cativo e 80% viviam e trabalhavam no meio rural.

AGRICULTURA: OCUPAÇÃO DA MAIORIA DOS CHEFES DE FOGO

A agricultura e os ofícios manuais e mecânicos ocupavam a maior parte dos chefes de fogo do distrito de Santo Antônio do Monte (quase 80%), como mostra o Quadro 28, reproduzindo o padrão ocupacional mais amplo então vigente na Província. Entre esses, sobressaía o número de fogos chefiados por agricultores (lavoura e ou criação), em sua maioria homens, que respondiam por 61% dos domicílios do distrito. Apenas 6% dos fogos agrícolas eram comandados por mulheres, quase sempre viúvas.

Quadro 28 – Distrito de Paz de Santo Antônio do Monte – 1832. **Distribuição dos chefes de fogo por setor de ocupação, segundo o local**

Setor de ocupação (agrupado)	No arraial N	No arraial %	Fora do arraial N	Fora do arraial %	Total N	Total %
Agricultura	17	17,0	252	74,0	269	61,0
Ofícios manuais e mecânicos	40	40,0	37	10,8	77	17,5
Comércio e transporte	20	20,0	7	2,0	27	6,1
Função pública	2	2,0			2	0,4
Outras	8	8,0	25	7,3	33	7,5
Sem informação	13	13,0	20	5,9	33	7,5
Total	100	100,0	341	100,0	441	100,0

Fonte: APM, PP 1/10, Cx.46, Doc.04.

Pouco mais da metade dos chefes agricultores empregavam mão de obra escrava. Na média, em cada fogo agrícola havia cinco cativos, enquanto nos demais fogos escravistas não passavam de três. Escravizados trabalhando em atividades agropastoris respondiam por 90% do contingente servil do distrito. Os 35 agricultores donos de plantéis escravistas de médio ou grande porte constituíam a "elite econômica" do distrito de Santo Antônio do Monte, no início da década de 1830.

Esses números estão bem alinhados com a conclusão à que chegou Douglas Libby, ao analisar a economia escravocrata de toda a Província: o setor agrícola, "além de empregar a maior parcela de cativos, tende a concentrar a propriedade de escravos em grau maior do que as outras atividades produtivas no contexto mineiro oitocentista".[490]

Na época, havia, no distrito de Santo Antônio do Monte, oito plantéis de grande porte, com 30 cativos por posse, em média. O maior, com 45 escravizados (21 homens e 24 mulheres), pertencia à dona Ana Josefa do Rosário, moradora no 12º quarteirão (composto pelas fazendas das Grotadas, Barreiras, Fundão e Montevideo). De cor branca, 58 anos de idade, era viúva de Mateus Gonçalves Leonardo, que enriquecera bastante em duas décadas, desde a sua chegada ao distrito, vindo da velha zona mineradora. Nesse plantel, os crioulos predominavam (2/3), seguidos pelos pardos e, por último, por africanos, que eram apenas quatro (todos homens, com idade entre 32 e 60 anos).

Em domicílio vizinho, viviam Antônio Gonçalves Leonardo (filho da viúva Ana Josefa) e sua mulher, dona Bárbara Rosa, além dos filhos pequenos José e Maria Rosa. O casal possuía um plantel de 26 escravos (12 homens e 14 mulheres), todos em idade produtiva.

Quadro 29 – Distrito de Paz de Santo Antônio do Monte – 1832. **Distribuição dos chefes de fogo por setor ocupacional e faixa de tamanho do plantel (FTP)**

Setor de ocupação	Nº. de chefes de fogo	% de chefes sem escravos	Nº. de chefes com escravos	1 a 3	4 a 10	11 a 20	> 20 escravos
Agricultura	269	44%	151	46%	32%	17%	5%
Ofícios manuais e mecânicos	77	82%	14	86%	14%		
Comércio e transporte	27	59%	11	82%	18%		
Função pública	2	50%	1	100%			
Outras	33	100%	0				
Sem informação	33	79%	7	57%	29%	14%	
Total	441	58%	184	52%	29%	15%	4%

Fonte: APM, PP 1/10, Cx.46, Doc.04.

Duas outras viúvas, Justiniana Maria da Silveira e Ana Rodrigues d'Assunção, também eram senhoras de grandes plantéis.

Dona Justiniana Maria da Silveira, branca, 48 anos de idade, fora casada com o capitão José Cotta Pacheco, antigo comandante de Ordenanças de São Lázaro do Miranda. Vivia no 8º quarteirão (formado pelas fazendas do Bom Sucesso e do Jacaré), em companhia de quatro filhas e dois filhos, ainda solteiros. Possuidora de um grande engenho de cana, era senhora de 34 cativos, sendo dois terços do sexo masculino. Cinco deles eram africanos, com mais de 40 anos de idade.

Outra grande proprietária, dona Ana Rodrigues d'Assunção, branca, idosa de 70 anos, vivia no arraial de Santo Antônio do Monte. Em seu domicílio, foram também arrolados o alferes Antônio Martins de Souza, seu genro, agricultor e senhor de engenho de cana, além de juiz de paz do distrito; a mulher dele, Ana Eulália de Jesus, de 36 anos de idade; e nove filhos solteiros do casal. Certamente, a maior parte dos 34 cativos arrolados nesse fogo (19 homens e 15 mulheres) vivia e trabalhava na fazenda da família.

O capitão João Martins Borges, agricultor e dono de engenho de cana, também era grande senhor de escravos. Branco, 61 anos de idade, era casado com dona Maria Tereza de São Joaquim. Estavam estabelecidos no 6º quarteirão (composto pelas fazendas da Cachoeira e do Diamante Acima). O plantel desse pioneiro, formado por 34 cativos, era essencialmente masculino: em torno de dois homens para cada mulher. Africanos, com idade média de 30 anos, eram pouco mais de um terço do total.

Também agricultor e dono de plantel de maior porte foi Alexandre Corrêa de Lacerda, branco, então com 78 anos de idade, proprietário de fazenda nas Grotadas (no 12º quarteirão). Possuía o único engenho de cana movido a água do distrito em pauta. Seu plantel se compunha de 23 cativos (14 homens e nove mulheres), sendo três quartos deles adultos. Quatro eram africanos, com idade média de 35 anos.

Fechavam o grupo dos senhores de maiores plantéis os fazendeiros Venâncio Dias de Carvalho e Geraldo José da Silveira. Venâncio, com 42 anos de idade, e dona Francisca Fernandes Lopes formavam um casal com nove filhos menores, arrolados no arraial. Se de fato moravam ali, o mais provável é que seus 21 cativos estivessem majoritariamente vivendo e trabalhando na fazenda do São Simão (situada no 9º quarteirão do distrito), onde os ascendentes de Venâncio estabeleceram-se antes da última década do século XVIII. Quase três quartos desses escravizados eram africanos, com idade média de 18 anos, sinal de importação de "peças" jovens, algo pouco usual na época.

Geraldo José da Silveira, com 56 anos de idade, era marido de dona Francisca Maria Rosa [de Azevedo]. A fazenda desse casal, a Montevideo, ficava no 12º quarteirão do distrito. Na companhia do casal ali ainda viviam seis filhos menores. A posse de 21 cativos compunha-se majoritariamente de homens (cerca de 2/3), dos quais 60% vieram da África, tendo, então, idade média de 34 anos. Geraldo era irmão e vizinho de dona Justiniana Maria da Silveira, proprietária de fazenda no Bom Sucesso e senhora de grande escravaria.

Vale notar que a presença de africanos, ainda relativamente novos, nos plantéis desses grandes senhores de escravos é indicativo de que o tráfico atlântico ainda tinha algum peso na formação das posses escravistas locais.

Os nomes dos 27 chefes de fogo possuidores de plantéis escravistas de médio porte (entre 11 e 20 cativos) estão relacionados no Quadro 30, por ordem decrescente do tamanho da posses. Todos eram agricultores, a quase totalidade do sexo masculino (somente quatro dessas chefes eram mulheres, todas viúvas), de cor branca (apenas um pardo) e casados (somente um solteiro no grupo). Cerca de 60% do contingente total de 391 escravos desse agrupamento de chefes de fogo eram do sexo masculino e quase 40% originários da África.

Quadro 30 – Distrito de Paz de Santo Antônio do Monte – 1832 **Chefes de fogo com plantéis escravistas médios, em ordem decrescente de tamanho**

Nome do chefe de fogo	Quarteirão e fogo	Idade do chefe (anos)	N°. de escravos	% do sexo masc.	% de africanos
Francisco Gomes do Carmo	02°/20	53	20	65,0	50,0
Zeferino José de Mesquita	11°/11	48	19	63,2	42,1
Serafim Martins da Costa	15°/02	52	18	72,2	16,7
Joaquim Manoel dos Reis	16°/19	59	17	76,5	35,3
Manoel Caetano de Almeida	10°/03	68	17	58,8	41,2
João Martins dos Santos	05°/24	57	17	76,5	52,3
Domingos Antônio de Miranda	07°/08	61	17	58,8	52,3
Manoel Álvares Duarte	17°/12	60	16	50,0	25,0
Felisberto Garcia de Matos	06°/24	46	16	62,5	37,5
Manoel Fernandes Vieira	11°/25	64	16	56,3	56,3
Joaquim da Costa Ferreira	06°/08	52	14	71,4	35,7
Francisco Gonçalves Marques	03°/17	46	14	50,0	71,4

Nome do chefe de fogo	Quarteirão e fogo	Idade do chefe (anos)	Nº. de escravos	% do sexo masc.	% de africanos
Manoel Martins Borges	05º/06	31	14	50,0	71,4
Euzébio Antônio de Mesquita	11º/07	67	14	78,6	42,9
Dª. Francisca Romeira	07º/03	72	13	61,5	00,0
Dª. Maria Antônia de Freitas	12º/07	80	13	76,9	61,5
Dª. Maria da Conceição Moraes	11º/10	62	13	53,9	38,5
Dª. Angélica Joaquina	14º/24	46	13	18,8	46,1
Manoel José de Andrade	05º/10	74	13	38,5	23,1
Severino Rodrigues da Costa	17º/06	53	13	46,2	07,7
Florentino Cotta Pacheco	11º/19	40	13	46,2	30,8
José Bernardes da Silva	08º/15	36	13	61,5	46,2
José Rodrigues Soares	17º/05	40	12	58,3	16,7
Manoel José de Souza	13º/06	43	12	50,0	41,7
Francisco de Souza Oliveira	17º/03	45	12	41,7	25,0
Antônio José de Araújo	16º/20	31	11	27,3	09,1
João da Silva do Amaral	16º/25	53	11	45,4	18,2
Total			391	58,6	37,9

Fonte: o autor, com base em APM, PP 1/10, Cx.46, Doc.04.

OFÍCIOS MANUAIS OU MECÂNICOS E A PRODUÇÃO TÊXTIL CASEIRA

O segundo maior grupo ocupacional de chefes de fogo do distrito de Santo Antônio do Monte, em 1832, era composto por 77 que se dedicavam a ofícios manuais ou mecânicos. Distribuíam-se, em partes quase iguais, entre o arraial e a zona rural. Desse grupo, 47 eram mulheres voltadas à produção têxtil doméstica – sendo 45 fiandeiras, uma costureira e uma rendeira. Outros 30 eram todos do sexo masculino: oito carpinteiros, oito ferreiros, seis alfaiates, quatro sapateiros, três ourives e um seleiro. Cerca de 80% dos fogos enquadrados nesse grupo ocupacional não possuíam nem sequer um escravo.

Quadro 31 – Distrito de Paz de Santo Antônio do Monte – 1832. **Distribuição da mão de obra escravizada por grupo ocupacional de chefes de fogo, segundo a faixa de tamanho do plantel (FTP)**

Grupo ocupacional	Total de escravos (N)	Distribuição percentual por grupo	Distribuição percentual dos escravizados por FTP			
			1 a 3	4 a 10	11 a 20	> 20 escr.
Agricultura	1.037	91,4%	12%	29%	36%	23%
Ofícios manuais e mecânicos	33	2,9%	70%	30%		
Comércio e transporte	30	2,6%	53%	47%		
Função pública	2	0,2%	100%			
Sem informação	33	2,9%	18%	30%	52%	
Total	1.135	100%	15%	29%	35%	21%

Fonte: APM, PP 1/10, Cx.46, Doc.04.

Sabe-se hoje que, na primeira metade do século XIX, a indústria têxtil doméstica se encontrava em franca prosperidade em Minas Gerais. O algodão, segundo Roberto Martins, era "fiado e tecido por toda parte na Província, não só nas fazendas, mas também no setor camponês e nas áreas urbanas, empregando muitas pessoas".[491] A produção não se restringia ao pano grosseiro, destinado, principalmente, a vestir escravos e a gente pobre, mas também para a confecção de roupa de baixo, toalhas e mantas, colchas e lençóis, sendo uma parte dessa destinada ao consumo familiar, e a outra, mercantilizada. Na produção caseira de fios e tecidos de algodão (às vezes, também de lã de carneiro), preponderavam os livres sobre os escravizados e as mulheres sobre os homens.

Também estudioso das atividades têxteis no século XIX mineiro, Douglas Libby, analisando uma amostra de 8.607 trabalhadoras arroladas em listas distritais da década de 1830, demonstrou que havia cerca de 24 fiandeiras para cada tecedeira, por se tratar de produção caseira e essencialmente manual. Assim, considerou ser "natural que a fiação demandasse mais mão-de-obra do que a tecelagem", mas destacou que "a grande preponderância de fiandeiras indica que, às vezes, o fio em si era o único produto de determinados distritos ou de subconjuntos de fogos".[492]

Ainda segundo Douglas Libby, não obstante a ampla difusão espacial da indústria têxtil doméstica em Minas, na década de 1830, as regiões hoje chamadas de Oeste e Alto Paranaíba "se configuravam como as que mais se dedicavam à fabricação caseira de fios e tecidos".[493] Por outro lado, Bustamante Lourenço esclarece que uma parte do algodão produzido nessas duas regiões era exportado *in natura*, inclusive para a Corte carioca, ainda que a maior porção fosse empregada na onipresente fiação caseira, não só favorecendo a autossuficiência regional, mas gerando excedentes comercializáveis.[494]

Em 1819, por ocasião de sua viagem às nascentes do rio São Francisco, o naturalista Saint-Hilaire notou a presença de plantações de algodão em vários lugares da porção ocidental da comarca do Rio das Mortes. Segundo ele, os habitantes de Piumhi derrubavam as matas dos arredores para fazer plantações de algodoeiros, "que se dão muito bem na região", enquanto os arredores de Formiga já produziam "uma boa quantidade de algodão", comercializado por "seus negociantes [que] mantêm contato direto com o Rio de Janeiro [...]".[495]

No caso do distrito de paz de Santo Antônio do Monte, a lista nominativa de 1832 é fonte preciosa para demonstrar quão relevante era sua indústria têxtil caseira na primeira metade do século XIX. Para a produção de fios e panos de algodão, contribuíam 47 fogos, todos chefiados por mulheres e dedicados integralmente a essa atividade, empenhando, incluindo os dependentes das chefes, o montante de 103 pessoas. Destas, 90 eram livres (além das chefes, suas filhas, irmãs ou agregadas) e 13 escravizadas. Além dos especializados, em 172 outros fogos, apesar das chefias se dedicarem a outras atividades, que não a têxtil, havia 243 dependentes (cônjuges, filhas, agregadas etc.) manejando fusos, rocas ou teares. Conclui-se, assim, que, ao menos, 11% da população do distrito se dedicava à indústria têxtil doméstica.[496] Importa acrescentar que a quase totalidade das fiandeiras que chefiavam fogos não contava com escravizados. A metade delas era solteira, pouco mais de 40% eram viúvas e menos de um décimo estavam casadas. Aproximadamente, três quartos eram mulheres de cor (16 pardas, 16 crioulas e uma mestiça).

Mesmo se referindo ao conjunto da Província, a seguinte anotação de Douglas Libby pode bem caracterizar a condição socioeconômica das artesãs têxteis do distrito de paz de Santo Antônio do Monte: "o enorme número de viúvas e solteiras, com ou sem filhos, proprietárias ou não de escravos, pareceria atestar o fato de que a produção de fios e/ou panos era uma das poucas opções de sobrevivência para mulheres que não podiam contar com o amparo do elemento masculino adulto".[497] Porém, Libby sublinha que o "mais notável nessa indústria doméstica era justamente sua ampla dispersão por todas as camadas sociais", o que também se aplica a muitos fogos arrolados na lista nominativa de 1832 do referido distrito.[498]

Ângela Silvéria, viúva e parda, 40 anos, sem escravos, moradora no arraial de Santo Antônio do Monte com seis filhos menores, é um bom exemplo da fiandeira carente do amparo de um homem adulto. Também Violante Maria, parda, 50 anos, casada, mas com o marido ausente, vivia no arraial, em seu fogo não escravista, acompanhada de filhas solteiras, Maria e Berta (de 24 e 15 anos, respectivamente), todas arroladas como fiandeiras, além de dois meninos, Jerônimo e Luciano, provavelmente netos de Violante. Ainda, Antônia, crioula solteira, de 60 anos, chefe de fogo não escravista na fazenda do São Simão (no 9º quarteirão); ela ali vivia com duas filhas jovens, Faustina e Ana, um filho casado, Manoel Alves, crioulo, jornaleiro, de 21 anos, além da mulher deste, Francelina, parda de 18 anos, e o rebento do casal, o cabrinha Reginaldo. Todas as mulheres do fogo sob a chefia de Antônia fiavam algodão. Outro exemplo é o de Maria Madalena, viúva, parda, 58 anos, chefe de um pobre fogo no Diamante Abaixo (16º quarteirão), onde fiava sozinha, em companhia de dois filhos menores, Maria Antônia e Clemente.

Mas o censo de 1832 também arrolou como fiandeira uma chefe de fogo de extração social totalmente distinta das antes citadas. Era dona Mariana Francisca do Rosário, branca, de 70 anos, viúva de Manoel Antônio Pimentel [de Mesquita] e, portanto, cunhada de Euzébio Antônio de Mesquita, tia de Zeferino José de Mesquita e concunhada de Alexandre Corrêa de Lacerda, três abastados fazendeiros e seus vizinhos. Estabelecida no 11º quarteirão (que compreendia as fazendas da Forquilha, Estiva e Capão Vermelho), dona Mariana era senhora de cinco escravizadas (todas crioulas e solteiras, a mais velha com 30 anos), empenhadas em sua "fábrica" doméstica de fios de algodão.

Segue um exemplo de fogo agrícola e escravista onde o serviço da roça era atividade suplementar: aquele chefiado pelo alferes Florentino Cotta Pacheco, branco, com idade de 40 anos, também situado no 11º quarteirão do distrito. Agricultor e proprietário de um engenho de cana, senhor de 13 escravos, o alferes era casado com dona Ana Benedita da Silveira[499]. Em companhia do casal, viviam duas filhas solteiras, Policena e Maria, arroladas como fiandeiras no censo de 1832. Similar é o caso do fogo do sargento Inácio Cotta Pacheco, irmão e vizinho de Florentino. Branco, 38 anos de idade,

Inácio, casado com dona Maria Justina da Trindade, era possuidor de um engenho de cana e de meia dúzia de escravos. Com o casal viviam duas filhas, Umbelina e Meliana, moças que se dedicavam à produção de fios de algodão.

Também como atividade suplementar, a fiação tinha lugar em domicílios de jovens casais, como o de David Prudêncio de Amorim [Coelho] e Ana Rosa de São José [da Silveira], localizado no 10º quarteirão (composto pelas fazendas do Pântano e do Retiro). Na ocasião, David ainda era pequeno agricultor, e Ana Rosa, além de cuidar de três crianças, labutava com a fiação, mister em que tinha a ajuda da negrinha Justina.

Até mesmo o capelão de Santo Antônio do Monte, padre Sebastião Álvares de Sá, além de dois escravos, Constantino e José, tinha a companhia, em sua casa no arraial, de uma fiandeira, Tereza, parda livre e solteira, que se desdobrava entre os afazeres domésticos e o ofício da roca.

Quanto a fogos não agrícolas e não escravistas, em que a fiação era atividade alternativa para dependentes mulheres, é exemplar o caso do chefiado por Joaquim Rodrigues da Costa, morador no 9º quarteirão (formado pelas fazendas do Santana e do São Simão). Com 45 anos, pardo, jornaleiro de ofício, este Joaquim tinha sob sua chefia 14 pessoas, incluindo sua mulher Francisca Antônia, duas filhas solteiras, Cesária e Maria, além de Flauzina, agregada, todas as quatro dedicadas a fiar algodão.

Corroborando a anterior constatação de Libby, acerca da desproporção entre os números de fiandeiras e tecedeiras, fato bem comum em Minas Gerais à época, a lista nominativa de Santo Antônio do Monte arrolava, em 1832, apenas duas tecedeiras no distrito, enquanto fiandeiras eram cerca de três centenas. Maria Antônia, casada com o jovem agricultor Silvestre Rodrigues da Silva, chefe de fogo no 10º quarteirão (Pântano e Retiro), possuía um tear, manejado em casa com o concurso de Luíza, escravinha crioula. No vizinho 11º quarteirão (Forquilha, Estiva e Capão Vermelho), dona Antônia Maria, mulher de Manoel Martins de Oliveira, chefe agricultor, era a outra tecelã, exercendo o seu ofício com ajuda de Maria, escrava crioula, solteira de 26 anos.

NEGOCIANTES DE PORTAS ABERTAS E FECHADAS, TROPEIROS E CARREIROS

Comércio e serviços de transporte constituíam o terceiro mais expressivo grupo ocupacional de chefes de fogo no distrito de paz de Santo Antônio do Monte, na década de 1830. Eminentemente masculino e composto por indivíduos livres, englobava 27 indivíduos, sendo 18 comerciantes, seis carreiros e três tropeiros.

Naquela época, enquanto no âmbito da Província havia, em média, um negociante por 50 habitantes livres, no distrito em pauta, a relação era de quase um para 100, o que nos leva a concluir que Santo Antônio do Monte era um distrito de baixa centralidade na oferta de bens e serviços, ainda bastante restrita ao mercado vicinal. Registra-se, para efeito comparativo, que, no vizinho distrito da Formiga, havia um negociante por 60 habitantes livres, taxa ligeiramente acima da provincial, mas bem menor que a do distrito em pauta. De fato, Formiga "concentrava [na década de 1830] grande parte da produção regional a ser distribuída [na Província e mesmo fora dela]. Os comerciantes desta cidade [sic] drenavam a produção das áreas vizinhas tornando-a um importante entreposto [mercantil]".[500]

Sabe-se hoje que, na primeira metade do Oitocentos, o comércio, especialmente aquele feito em distritos sertanejos, empregava poucos escravos, por razões diversas, não obstante, fosse, em muitos casos, gerador de renda suficiente para a aquisição de cativos. Assim, os negociantes, quando os adquiriam, tinham em vista, quase sempre, diversificar investimentos, empregando suas economias em atividades outras que não a comercial, para geração de renda complementar. Cerca de 40% dos chefes negociantes do arraial de Santo Antônio do Monte não possuíam escravos, enquanto os escravistas possuíam plantéis de, no máximo, três cativos.

Entre os estabelecidos no arraial com negócio de "portas abertas", destacava-se o furriel Jacinto Pinto Ribeiro, pardo, solteiro, 30 anos de idade, chefe de fogo e comerciante de "fazendas e molhados do Reino". Atuava em parceria com seus irmãos – Felício, José e Elias –, também solteiros e moradores do mesmo fogo.[501] Os irmãos Pinto Ribeiro possuíam apenas um escravo, crioulo de 16 anos, que devia ajudá-los em tarefas pesadas no dia a dia do estabelecimento. Outro notável negociante do lugar era o sargento mor Joaquim Luís Brandão, branco, solteiro, de 26 anos, chefe de fogo e vendedor de "fazendas secas e molhados do Reino". Contava com a ajuda de um crioulo de 18 anos, seu agregado.[502] Também importante negociante, não escravista, com sortida loja de "molhados do Reino e do País", foi o alferes Manoel Joaquim Ferreira Coutinho, português, de cor branca, 38 anos de idade, casado.[503]

No arraial, havia outros sete chefes de fogo com vendas de "gêneros simples do País", principalmente "molhados" (carne seca, toucinho, farinha, feijão, milho, arroz, sal, fumo, queijos, enfim, os ditos mantimentos). Dentre esses, cita-se Antônio Joaquim de Oliveira, branco de 45 anos, casado com Eufrásia Maria, formando um casal sem escravos e, aparentemente, sem filhos.

Ou Florêncio Gonçalves da Rocha, pardo, 31 anos de idade, com venda de molhados junto à sua morada, onde vivia com a esposa Virgília Cesária e duas filhas pequenas, além de duas agregadas solteiras que fiavam algodão. Na saída do arraial, o ajudante Marcelino Gonçalves da Rocha, pardo de 48 anos, marido de Brígida Maria, com cinco filhos ainda pequenos, tocava seu negócio de "botica em rama" (ou seja, comercializava remédios não manipulados). Senhor de dois crioulos adultos e uma africana de apenas 10 anos de idade, o ajudante Marcelino muito provavelmente os empregava como escravos de aluguel ou em alguma atividade agrícola, que lhe dava uma renda adicional.[504]

Quatro fogos da zona rural do distrito estavam sob a chefia de negociantes. Embora escravistas, apenas um possuía plantel de médio porte, sendo os demais senhores de pequenas posses. Pelas características dos fogos e por informações de outras fontes coevas, é quase certo que não fossem estabelecidos em beira de estrada, de "portas abertas". O mais provável é que fossem especializados em algum ramo de comércio de "portas fechadas", atuando como intermediários entre produtores com excedentes comercializáveis e mercadores de outros distritos; fazendo a distribuição de sal (insumo caro e essencial na criação de bovinos) ou de ferragens e ferramentas para a lida agrícola; talvez fossem compradores e revendedores de boiadas ou de varas de porcos para marchantes de Formiga ou de São João del Rei; ou mesmo pequenos traficantes de escravos, com atuação restrita àquela zona sertaneja. Contudo, não dispomos das fontes primárias que poderiam comprovar, ou não, as hipóteses aqui levantadas.

Três dos quatro negociantes de "portas fechadas" viviam no 10º quarteirão (fazendas do Pântano e do Retiro): ajudante Joaquim Caetano de Novaes, branco, 32 anos, mais tarde juiz de paz do distrito, casado com dona Maria Leocadia de São José, possuidor de apenas uma escrava – Vitória, solteira de 19 anos (certamente empregada no serviço doméstico);[505] capitão Manoel Caetano de Almeida Junior (irmão do primeiro), de 35 anos, marido de dona Rosa Emerenciana Francisca do Carmo e senhor de cinco escravos; e, Gonçalo da Silva Carvalho, de 40 anos, casado com dona Ana Martins e possuidor de uma única escrava, Rosa, solteira africana de 20 anos de idade. No 11º quarteirão (fazendas da Estiva, Forquilha e Capão Vermelho), vivia o quarto desses negociantes atípicos: Manoel Rodrigues Pimentel, branco de 29 anos, senhor de um plantel de 10 cativos, casado com Rosa Maria, de apenas 18 anos de idade, e filho do falecido Manoel Antônio Pimentel (de Mesquita) e de dona Mariana Francisca do Rosário, antes destacada pela chefia de um fogo remediado todo voltado à fiação.

Interessante notar que os quatro antes destacados não aparecem em uma lista de negociantes estabelecidos no distrito de Santo Antônio do Monte, redigida em 1836, seja no ramo de "fazenda seca e molhados", seja no de "gêneros do País simples" [conf. avulso APM: SSPP 1/6 – Cx.5, Doc.21]. Por outro lado, a citada lista de 1836 registra três novos negociantes de "fazenda seca e molhados do Reino e do País": o alferes João Bernardes da Silva (filho), de 45 anos, branco, casado com dona Leonor Cândida da Silva, que fora arrolado na lista de 1832 como agricultor no Bom Sucesso e possuidor de nove cativos; Ezequiel Martins Gandra, que, por não aparecer na lista da 1832, era provavelmente um adventício no arraial e veio a ser genro do abastado Zeferino José de Mesquita (proprietário da fazenda da Forquilha e, depois, da Estiva), pelo casamento com dona Joana Silvéria da Cruz, em 1837; e Francisco Gonçalves Mascarenhas, pardo, 50 anos de idade, casado com dona Ana Joaquina, arrolado em 1832 apenas como agricultor e senhor de 14 escravos. O primeiro e o terceiro desses negociantes são exemplos de fazendeiros que buscavam ampliar seus negócios entrando na atividade comercial, fato bem comum na época.

Vale também destacar a inscrição na lista de 1836, como negociantes de "gêneros do País simples" (chamados, também, de vendeiros), de dois homens pardos, José Inácio da Anunciação e João Gonçalves de Carvalho, que foram arrolados na lista nominativa de 1832 apenas como alfaiates. Esses dois casos bem ilustram a mobilidade ocupacional em uma sociedade que ainda estava se estruturando socioeconomicamente.

Voltando à lista nominativa do distrito em 1832, pode-se constatar que os tropeiros recenseados eram apenas prestadores do serviço de transporte, alugando suas tropas sem fazer a intermediação mercantil. Assim sendo, conclui-se que dois terços dos chefes de fogo do grupo de comércio e transportes eram de fato negociantes, enquanto o terço restante se encarregava da circulação das mercadorias, como tropeiro ou carreiro. Se os tropeiros, com seus burros e bestas, cuidavam dos fretes mais dispendiosos e distantes, os carreiros geralmente empenhavam seus carros de bois no transporte do sal, de ferramentas e de toda a sorte de mercadorias da agropecuária, principalmente em rotas de menor distância. De fato, a regra geral era o carro de boi restringir-se ao transporte local, enquanto o comércio de médio e longo curso mantinha-se dependente do serviço das tropas.

Os três tropeiros então estabelecidos no distrito de Santo Antônio do Monte eram homens livres de cor, relativamente jovens e moradores no arraial. João dos Santos, pardo, de apenas 22 anos de idade, sem escravos, vivia solitário no primeiro quarteirão. Crioulo, de 30 anos, também não escravista, Manoel Antônio dos Santos era casado com a crioula Maria de Jesus, com quem tinha quatros filhos pequenos. Manoel Geraldino dos Reis, o terceiro tropeiro do distrito, com 38 anos de idade, pardo e solteiro, possuía dois escravos africanos, Antônio e Joaquim, ainda jovens e certamente empregados no serviço da tropa.

Por outro lado, os carreiros do distrito, em número de seis, eram homens mais velhos (média de 53 anos), todos casados, de cor parda e não escravistas. O mais idoso, já com 80 anos de idade, Antônio Carlos Barbosa, era marido de Ana Joaquina, parda de 42 anos. Viviam no arraial, com uma filha solteira, Antônia, de 32 anos (certamente de casamento anterior). Ambas, a esposa Ana Joaquina e a filha Antônia, foram arroladas como fiandeiras na lista de 1832. O carreiro mais moço, Antônio de Souza, 32 anos, casado com Teodora Maria, era chefe de fogo no 15º quarteirão, no qual também viviam três crianças e um casal agregado – Manoel Preto Rodrigues e Damiana, ele voltado à lida da roça.

OUTRAS OCUPAÇÕES E A GENTE DESOCUPADA

Além dos dois chefes de fogo que exerciam funções públicas: o capelão do arraial, padre Sebastião Álvares de Sá, branco, solteiro, de 34 anos de idade, e o escrivão de paz, Manoel da Silva Brandão, crioulo solteiro de 56 anos, na lista nominativa de 1832, foram arrolados outros 33 com ocupações diversas – dois agregados, um feitor, um pescador e 29 jornaleiros. Ademais, nela aparecem 33 chefes de fogo aparentemente desocupados, sendo sete possuidores de escravos, que provavelmente eram alugados para lhes gerar renda.

Mais numerosos, os jornaleiros eram "assalariados sem profissão declarada", vivendo de seu "jornal" (ou diária), recebido por serviços temporários, relacionados à sazonalidade da agricultura e dependentes da dinâmica econômica em curso. De fato, os jornaleiros costumavam ser empregados na lida da roça nos picos do plantio e da colheita, como complemento da mão de obra escravizada de posse dos maiores fazendeiros ou da de familiares de pequenos agricultores em seus sítios e roças. Podiam também atuar em empreitadas de construção de muros, cercas e valos; como auxiliares de pedreiros e carpinteiros em tarefas de maior vulto; no reforço de tropas em fretes especiais; enfim, eram "pau-para-toda-obra"!

Vale também observar que, dos 29 fogos chefiados por jornaleiro, em apenas quatro não havia fiandeiras, fosse cônjuge, fosse filha ou simples agregada, certamente envolvidas com o ofício da roca para complementação dos incertos rendimentos do chefe do fogo.

Pesquisas recentes mostram que, na província de Minas Gerais, eram raros os jornaleiros de cor branca e possuidores de cativos. No então distrito de Paz de Santo Antônio do Monte, todos os chefes jornaleiros, corroborando tal constatação, eram homens livres, desprovidos de escravos, e apenas 20% deles de cor branca. Em sua maior parte (80%), viviam na zona rural, a indicar o predomínio da atividade agrícola como demandante de seus préstimos. Dois terços deles chefiavam fogos situados nas fazendas das Três Barras, Cachoeira (dos Mirandas), Bom Sucesso, Jacaré, Santana e São Simão; dois apenas no Diamante, e somente um no Lambari. No arraial, não passavam de 6% os domicílios chefiados por jornaleiros.

21

ORDENAMENTO ECLESIÁSTICO TERRITORIAL NAS PRIMEIRAS DÉCADAS DO SÉCULO XIX

Nos primórdios do século XIX, quatro novas capelas filiais foram instituídas na freguesia de São Bento do Tamanduá: a do Senhor Bom Jesus do Campo Belo, com provisão episcopal datada de 1802; de Santana do Jacaré, que, levantada em 1770 e com patrimônio constituído em 1788, somente recebeu provisão de filial do Tamanduá em 1802 (apesar de no cível continuar pertencente ao termo da vila de São José); de Nossa Senhora da Ajuda dos Cristais, construída por volta de 1806; e do Senhor Bom Jesus da Cana Verde, com provisão datada de 20 de janeiro de 1809.[506] Com a adição dessas, a freguesia do Tamanduá voltou a ser composta por 10 capelas filiais curadas, condição que se manteve até a criação da freguesia do Campo Belo, que daquela se desmembrou em 1818.[507]

A criação da freguesia colada do Senhor Bom Jesus de Campo Belo deu-se em 24 de setembro de 1818, por alvará de Dom João VI, que atendeu à recomendação da Mesa da Consciência e Ordens[508], de dividir a freguesia de São Bento do Tamanduá, pois, com "extensão 30 léguas de norte a sul e 16.940 almas, não pode ser pastoreada por um só pároco, tanto em razão das distâncias, como do número de paroquianos [...]".Os juízes da referida Mesa régia propuseram, para tanto, a criação de "uma nova freguesia [com sede] na capela do Senhor Bom Jesus do Campo Belo, que dista 11 léguas da Matriz [de São Bento]"[509], limitada, ao sul, pelo rio Grande e, ao norte, por seus afluente Santana. Dessa forma, além da matriz, a nova freguesia deveria incorporar as capelas filiais de Nossa Senhora das Candeias, de São Francisco de Paula, de Santana do Jacaré, de Nossa Senhora da Ajuda dos Cristais e do Bom Jesus da Cana Verde. Consequentemente, à freguesia do Tamanduá, restariam como filiais apenas quatro capelas curadas: São Vicente Ferrer da Formiga, Santo Antônio do Monte, Bom Jesus da Pedra do Indaiá e Nossa Senhora do Desterro (atual distrito de Marilândia), que somavam então 11.610 habitantes, como constou de citada resolução da Mesa da Consciência e Ordens.

MOROSO PROCESSO COM INESPERADO RESULTADO

Com efeito, a criação da freguesia de Campo Belo foi o derradeiro ato de moroso processo iniciado em 1813, com base em petição que moradores das aplicações de Candeias e Cristais dirigiram ao príncipe regente, "a fim de que se digne fazer-lhes a graça de erigir em freguesia a sobredita Capela de Candeias, ficando-lhe filial toda a aplicação da Nossa Senhora da Ajuda [dos Cristais]". Em resposta às requisições de informações que, de pronto, a Mesa de Consciência e Ordens fizera ao então governador de Minas Gerais – o conde de Palma –, este, em janeiro de 1814, deu parecer contrário à pretensão daqueles aplicados, por não haver "necessidade alguma de divisão [da freguesia do Tamanduá], nem desta se segue utilidade pública ou particular". Porém, o procurador geral da Mesa contestou de imediato a negativa do conde de Palma, por estar "convencido da necessidade que há de se dividirem as paróquias extensas do Brasil".[510]

Tendo sido trocado o governador mineiro, a Mesa oficiou ao novo – dom Manoel de Portugal e Castro –, requerendo-lhe novas e minuciosas informações acerca do processo em curso. Ele determinou, em 2 de março de 1815, que João Quintino de Oliveira, capitão-mor do termo do Tamanduá, desse resposta a todos os quesitos levantados pela Mesa de Consciência e Ordens. Como era de seu feitio, o capitão-mor prontamente preparou minucioso relatório, dando destaque às distâncias "que ficam da Matriz [do Tamanduá] às [dez] capelas filiais dela, e, ultimamente, de qual destas é a mais central, que tenha suficiência para ser nova Paróquia" e o finalizou com a sua opinião: "[...] parecendo-me esta última [a capela de Campo Belo] a mais central e suficiente para ser Paróquia, pois, posto que não seja em população tão abundante como a de São Vicente Ferrer da Formiga, convindo, contudo, melhor à comodidade destes Povos [...]".[511]

Em 19 de maio de 1815, o relatório de João Quintino foi encaminhado ao Rio de Janeiro. Até que o príncipe regente requisitasse da Mesa a emissão de parecer conclusivo, o que se deu em novembro de 1815, foram muitas as idas e vindas dos papéis, e novos pareceres intermediários foram sendo anexados ao processo, que se avolumava. O parecer do procurador das Ordens, certamente influenciado pelo detalhado relatório do capitão-mor, defendia enfaticamente que, na capela do Campo Belo, a "mais cômoda ao Povo", deveria ter "assento a nova Paróquia", e não em Candeias, como propugnado na petição inicial. E mais, por ainda restar à paróquia do Tamanduá cerca de 11 mil fregueses, sendo criada a de Campo

Belo, o mesmo procurador propunha que se fizesse também a "divisão [da paróquia do Tamanduá] pelas capelas de São Vicente Ferrer [da Formiga], Santo Antônio do Monte e Bom Jesus da Pedra do Indaiá, com 4 a 5 mil almas ou mais [...]". O procurador da Coroa, no entanto, só concordou com a instituição da freguesia do Campo Belo, não lhe parecendo ser "necessário, por agora, fazer-se a outra divisão da mesma Freguesia [do Tamanduá], que lembra o mesmo Procurador Geral das Ordens, a qual, com o andar do tempo, poderá vir a ter lugar".[512]

A posição final da Mesa, expressa sob a forma de recomendação ao príncipe regente, datada de 23 de outubro de 1816, seguiu o parecer do procurador da Coroa, descartando, assim, a concomitante criação da freguesia de São Vicente Ferrer da Formiga, como havia proposto o procurador geral das Ordens. Contudo, ainda transcorreriam dois anos até que, em 24 de setembro de 1818, fosse publicado o Alvará Régio de criação da freguesia de Campo Belo.[513]

Assim, ao tempo da Independência do Brasil, o termo da vila de São Bento do Tamanduá compunha-se de quatro freguesias – Tamanduá, Piumhi, Bambuí e Campo Belo. A primeira com quatro capelas filiais curadas e a última com cinco. As matrizes de Bambuí e Piumhi não possuíam filiais, até então.

OUTRA LEVA DE CAPELAS FILIAIS NO TERMO DO TAMANDUÁ

É certo que, ao meio do terceiro quartel do Setecentos, na vasta e então pouco povoada freguesia de Piumhi, já havia uma ermida dedicada a São Roque (no atual município de São Roque de Minas). Sua construção fora iniciativa de Manuel Marques de Carvalho, "em terreno de sua fazenda", no ano de 1762, sendo também verdade que "este foi o mesmo que promoveu a ereção da paróquia de Piumhi [...]"[514], conforme escreveu dom Frei José da Santíssima Trindade, bispo de Mariana, no relatório da visita pastoral feita ao Centro-Oeste mineiro, no ano de 1825. Segundo o prelado, a ermida de São Roque, embora levantada em território da freguesia de Piumhi e nela permanecendo por décadas, havia sido indevidamente transferida para a jurisdição do vigário de Bambuí, em 1802. Durante a citada visita pastoral, o bispo houve por bem "declarar a mencionada ermida de São Roque, com todos os seus aplicados, pertencente à paroquia da Senhora do Livramento do Piumhi, assim como a divisa desta com a de Bambuí pelo rio Samburá".[515] Importa, porém, registrar que, na época dessa decisão episcopal, São Roque não era ainda capela filial curada.

Também na extensa freguesia de Santana do Bambuí, situada na margem esquerda do rio São Francisco, inexistiam capelas filiais no início do século XIX. Só então alguns fazendeiros buscaram levantar pequenas capelas, também chamadas de ermidas, em terras suas, para lhes facilitar o pasto espiritual. Foi o caso da capela dedicada à Nossa Senhora da Luz, levantada com provisão régia por volta de 1813 ou 1814, nas vizinhanças do ribeirão Jorge Pequeno. Ao seu redor, teve começo o arraial que se chamou do Aterrado (hoje cidade de Luz).[516] O patrimônio da Senhora da Luz foi doado por João Teixeira Camargos, e a construção da capela fez-se às expensas dos fazendeiros Manoel Martins Ferraz, Joaquim Gomes Pereira e Sebastião José Cordeiro. Em 1825, durante a mencionada visita pastoral ao Centro-Oeste mineiro, dom Frei José da Santíssima Trindade reportou que "a capela ou ermida de Nossa Senhora da Luz, a 12 léguas da Matriz [de Bambuí], com 800 aplicados, é muito pequena, coberta de telha e tem um alpendre para o povo", acrescentando que "seus preparos têm decência" e que os moradores "pretendem fazer outra nova com mais capacidade".[517]

Também na freguesia de Bambuí, foi construída uma capela dedicada à Nossa Senhora de Nazaré, na paragem dos Esteios, com provisão de 30 de maio de 1822, provavelmente substituindo uma primitiva ermida de igual invocação, pois, desde 1802, existia naquela paragem uma companhia de Ordenanças intitulada de Nazaré dos Esteios. A iniciativa dessa capela partiu do capitão comandante do distrito, Sebastião José Cordeiro, que mandou fazê-la no patrimônio de terras doado por Euzébio Antônio de Mesquita, nas cabeceiras do ribeirão da Noruega.

Outra capela edificada na mesma época foi a de Nossa Senhora da Abadia, junto ao porto de São Miguel, de início na margem direita do São Francisco, distante sete léguas da matriz de Bambuí. Com base em uma provisão episcopal de 18 de novembro de 1822, teve início a sua construção; mas não demorou muito a paralização das obras, retomadas algum tempo depois, porém na outra margem do rio, em posição mais elevada e salubre. De fato, em 1826, dona Bernardina Francisca de Paula Correa Pamplona e seu filho Carlos Correa Pamplona doaram "um pedaço de terras [da fazenda da Tapada] para nele se fazer a capela de Nossa Senhora da Abadia, que vem se principiando da ponte da estrada [e] veio de água ao dito córrego abaixo, tudo à esquerda, até a barra no rio de São Francisco [...]".[518] Em 1829, estava pronta, pois uma ordem imperial de 6 de outubro confirmou "a criação da capela de Nossa Senhora da Abadia, que o alferes Olivério Pedrosa Ferreira e outros mais moradores do porto de São Miguel, termo da vila de São Bento do Tamanduá, fizeram erigir [...]".[519] Essa capela foi o núcleo inicial da povoação que daria origem à atual cidade de Iguatama.

Ainda em 1829, os herdeiros da fazenda dos Arcos, liderados pelo alferes João Francisco da Silva, requereram ao Imperador licença "para levantarem uma capela curada em terras dos suplicantes [...]"[520], na margem direita do rio São Francisco, freguesia do Tamanduá. Alegaram estar a 11 léguas da capela de São Vicente Ferrer da Formiga, da qual eram aplicados. Consultado, o pároco do Tamanduá – padre João Antunes Correa – declarou, em 20 de outubro do mesmo ano, ser contrário à pretensão daqueles seus paroquianos, pois, segundo ele, com a recém-ereção da capela de Nossa Senhora da Abadia, no porto de São Miguel, não haveria razão para se levantar outra capela naquelas paragens, como consta do Livro de Registro de Provisões e Ordens Régias do Arquivo Eclesiástico da Arquidiocese de Mariana (AEAM). Apesar da negativa do vigário Antunes, o certo é que, no início da década seguinte, a pretendida capela já se encontrava erguida, tendo por orago a Virgem Maria, sob a invocação de Nossa Senhora do Carmo. Em seu entorno, desenvolveu-se o povoado que se transformou na atual cidade de Arcos.

Foram essas, portanto, as quatro capelas levantadas no Centro-Oeste mineiro, mais precisamente no termo da vila de São Bento do Tamanduá, no tempo transcorrido entre a chegada da Família Real portuguesa ao Brasil, em 1808, e a abdicação de D. Pedro I, em 1831, que deu início ao período regencial.

CRIAÇÃO DE NOVAS FREGUESIAS NO PRIMEIRO REINADO E NA REGÊNCIA

O ordenamento eclesiástico do território, sob a égide do Padroado Régio dos monarcas portugueses, tinha grande relevância e gerava funções que iam além do múnus pastoral dos clérigos e dos assuntos estritamente religiosos, e assim permaneceu no Brasil Império. Afinal, o controle estatal da vida religiosa estendia-se à esfera civil, com nascimentos, casamentos e óbitos sendo registrados em livros próprios das paróquias, que assumiam, assim, a função de cartório de registro civil. Ademais, os alistamentos eleitorais eram feitos por freguesia, e na sacristia das matrizes ocorriam as eleições; na falta ou ausência do juiz de paz, era o pároco ou capelão que o substituía temporariamente; etc. Portanto, sendo os termos municipais divididos em freguesias, a criação ou extinção dessas influenciava sobremaneira a estrutura orgânica e a dinâmica da administração civil no plano local. Importa, contudo, destacar que as freguesias, embora criadas e delimitadas geograficamente por força da lei civil, só eram instaladas após a confirmação desse ato inaugural pelo bispo diocesano.

Entre o retorno de dom João VI a Portugal, em abril de 1821, e a consolidação da Independência do Brasil, em meados da década, pouco se alterou no ordenamento eclesiástico da província de Minas Gerais. No Centro-Oeste, apenas uma nova freguesia fora instituída. Por força do alvará imperial de 29 de agosto de 1825, o arraial de Nossa Senhora do Bom Sucesso, um dos portões de entrada da antiga zona do Campo Grande, foi elevado a sede de freguesia, tendo por filiais as capelas de Santo Antônio do Amparo e de São Tiago.

Na segunda metade da década de 1820, nada foi feito nesse campo da administração provincial. O governo mineiro somente retornou a ele quase ao final do Primeiro Reinado. Com efeito, para subsidiar decisões futuras, em 1830, a secretaria de governo requereu ao bispo de Mariana informações acerca do estado "das igrejas paroquiais, capelas curadas e não curadas [...]", bem como das "paroquias que devam-se criar de novo neste Bispado, designando-lhe os seus distritos".[521] Em resposta, dom Frei José da Santíssima Trindade mandou preparar circunstanciado relatório. No capítulo que trata da freguesia de São Bento do Tamanduá, vem escrito que:

> [...] ainda que o pároco [Antunes Correa] não declara capela alguma para ser elevada a nova paróquia, desmembrada daquela, lembraria a capela de São Vicente [Ferrer] da Formiga, que dista da Matriz de 6 a 7 léguas, com 3 a 4 mil almas em 627 fogos, sendo as suas divisas as que tem com aplicação da Matriz atual e as que divide o seu terreno de 14 léguas com as freguesias de Campo Belo, de Piumhi e de Bambuí.[522]

Ademais, ressaltou-se as recorrentes súplicas que há muito faziam às autoridades os moradores da Formiga, "que é [arraial] assaz populoso, para conseguirem este benefício [qu]e não tem alcançado".[523]

No tocante à freguesia do Campo Belo, de instituição ainda recente e parte do termo da vila do Tamanduá, o relatório do bispo diocesano deixou claro que o próprio pároco recomendava, para matriz de uma nova freguesia, a capela curada de Nossa Senhora das Candeias, tendo as de Nossa Senhora da Ajuda dos Cristais e de São Francisco de Paula como filiais. Assim configurada, a paróquia das Candeias poderia perfazer "4.260 almas em 592 fogos, espalhados por 18 léguas de longitude e 12 de latitude".[524]

Ao tratar da freguesia de Santo Antônio da Vila de São José (atual Tiradentes), consta do relatório episcopal que o seu pároco propunha a elevação à sede paroquial das "capelas de Nossa Senhora Aparecida do Cláudio e a de Nossa Senhora da Oliveira, da sua freguesia, ambas curadas de fato e de direito" e localizadas na entrada da antiga zona do Campo Grande. No mesmo relatório, a proposta freguesia do Cláudio teria por filial a capela de Nossa Senhora do Carmo do Japão (atual Carmópolis) e abarcaria "4.741 almas, [distribuídas] em 590 fogos no diâmetro de 8 a 10 léguas", enquanto a freguesia de Oliveira, "perfazendo o número de 4.450 almas em 487 fogos, no diâmetro de 8 a 10 léguas", teria como anexas as capelas do Carmo da Mata e de São João Batista (no atual distrito de Morro do Ferro).[525]

Levando em conta, pelo menos parcialmente, algumas propostas contidas no citado relatório, bem como numerosas petições que chegavam de todos os rincões de Minas Gerais, a presidência da Província preparou amplo projeto de reordenamento eclesiástico do território, que, depois de discutido e emendado pelo Conselho Geral, foi encaminhado ao Rio de Janeiro para a deliberação da Assembleia Geral do Império.

Em 14 de julho de 1832, a Regência Trina fez publicar decreto, sancionando resolução tomada pela dita Assembleia Geral, para elevar a paróquias diversos curatos da Província de Minas Gerais e suprimir outras. De fato, foram 32 curatos (capelas filiais com capelão próprio) elevados à categoria de paróquia. Quase a metade deles estava localizada na comarca do Rio das Mortes. Na mesma ocasião, 10 freguesias foram suprimidas, todas na comarca de Ouro Preto. Tratou-se, de fato, do primeiro redesenho de vulto da divisão eclesiástica da Província no período imperial. Na zona de nosso particular interesse, a Regência instituiu quatro novas freguesias: i) São Vicente Ferrer da Formiga, tendo a capela de N. Sra. das Candeias como filial; ii) N. Sra. de Oliveira, sendo dela filiais as capelas da Aparecida do Cláudio e de N. Sra. do Carmo da Mata; iii) Santo Antônio do Amparo, com as capelas do Senhor Bom Jesus dos Perdões, de Santana do Jacaré e do Senhor Bom Jesus da Cana Verde como filiais; e iv) N. Sra. da Glória do Passa Tempo, tendo como filiais as capelas de N. Sra. do Carmo do Japão (atual Carmópolis) e de São João Batista (atual Morro do Ferro).[526]

Ainda no período regencial, em 1839, foi instituída a freguesia do Espírito Santo do Itapecerica (atual Divinópolis), pela Lei n.º 138, de 3 de abril, sendo, posteriormente, anexada ao termo do Tamanduá (em 1847), desfalcada, porém, do curato da Saúde, que continuou a pertencer à freguesia e ao município de Pitangui.[527]

22

ORGANIZAÇÃO POLÍTICO-ADMINISTRATIVA NA PRIMEIRA METADE DO OITOCENTOS

Ao tempo do Conselho Geral da Província, foram elevadas à categoria de vila dez povoações, que passaram, assim, a sediar novos municípios, mas nenhuma delas situadas no Centro-Oeste de Minas.[528] De fato, um decreto da Regência, datado de 13 de outubro de 1831, sancionou resolução da Assembleia Geral do Império criando as vilas de São Manuel do Pomba (atual Rio Pomba), Curvelo, Tejuco (atual Diamantina), Rio Pardo, São Romão, São Domingos do Araxá (atual Araxá), Pouso Alegre, Lavras do Funil (atual Lavras) e das Formigas (atual Montes Claros).

Um ano depois, em sessão realizada em 3 de fevereiro, o Conselho Geral aprovou a elevação à vila de 25 outras povoações (decisão, lembre-se, que precisava ser submetida à confirmação do parlamento nacional), sendo três no Centro-Oeste: Bom Sucesso, Oliveira e Piumhi. Contudo, a iniciativa não prosperou naquela instância superior. Apenas em 1834, por decreto regencial de 14 de agosto, uma única povoação, das 25 elencadas no anterior projeto, a de Aiuruoca, no Sul de Minas, seria elevada à categoria de vila.

Durante a Regência, para desconcentração das instâncias de governo no país, em contraposição ao espírito fortemente centralizador que marcou o reinado de D. Pedro I e mesmo os primeiros anos do período regencial, foi sancionada, em 12 de agosto de 1834, a Lei Geral n.º 16, também chamada de Ato Adicional à Constituição. Dentre as inovações, destaca-se a criação das Assembleias Legislativas provinciais, em cujas competências estava a de legislar sobre a divisão civil, judiciária e eclesiástica da respectiva província. Substituíram os antigos Conselhos Gerais, colegiados meramente propositivos no tocante à divisão territorial das províncias. Na mesma esteira liberal e descentralizadora, vieram outras medidas que fortaleceram os governos provinciais e municipais e, por via de consequência, atribuíram maior prestígio e poder aos chefes políticos locais. Tal empoderamento se deu, inclusive, no campo tributário, de lançamento e repartição de impostos, bem como no de criação dos quadros de funções e cargos públicos passíveis de nomeação e demissão pelo governante de plantão, levando ao aumento do apetite das elites políticas pelo maior controle das novas instâncias de poder.

Nesse novo contexto, a novel Assembleia Legislativa mineira viu-se abarrotada de petições oriundas das mais diversas localidades mineiras, pleiteando medidas de reorganização territorial nos âmbitos civil, eclesiástico e judiciário. Muitas, é verdade, carentes de abordagem racional dos problemas, querendo, antes de tudo, apenas elevar o *status* das povoações e aumentar o poder de seus líderes. Em muitos casos, eram sobretudo pequenos arraiais que pretendiam sediar distritos de paz; distritos que queriam passar à categoria de freguesia; sedes de freguesia pretendendo a promoção à categoria de vila, cabeça, portanto, de um novo município; vilas há muito estabelecidas que sonhavam com as honras e prerrogativas do título de cidade. Isso sem falar de petições, mais escassas, é certo, vindas de municípios interessados a assumir a condição de cabeça de uma nova comarca.

Mas não se deve desconsiderar que muitas petições refletiam verdadeiramente as significativas transformações demográficas e econômicas que, alcançando distintos rincões da Província, inclusive regiões periféricas de ocupação tardia, como o Centro-Oeste mineiro, provocavam a reestruturação da rede localidades urbanas, com distintos níveis de centralidade no território.[529]

Por outro lado, lideranças há muito estabelecidas, percebendo o risco de perder ou ver diminuído o seu poder político, devido às mudanças propostas em circunscrições sobre as quais exerciam seu mando, costumavam resistir bravamente às iniciativas de reorganização territorial pretendidas na Província. Um exemplo de resistente contumaz era o padre João Antunes Correa, vigário do Tamanduá desde 1819. Cumulativamente ao *múnus* pastoral, exerceu os cargos de vereador em seu termo e de conselheiro geral da Província, além de vários mandatos de deputado provincial e geral, até morrer em 1854. Enquanto pôde, o vigário Antunes trabalhou com afinco para impedir qualquer modificação do *status quo* em sua freguesia e no termo da vila de São Bento do Tamanduá. Vale lembrar que o próprio bispo de Mariana destacou sua resistente atitude no relatório de 1831, ao dizer que, consultado, "o pároco [do Tamanduá] não declara capela alguma para ser elevada a nova paróquia, desmembrada daquela [freguesia]"[530], não obstante, registrou o prelado marianense, o notável desenvolvimento do arraial da Formiga e os justificados requerimentos de sua gente em prol da promoção, que, sem dúvida, afetaria sobremaneira a freguesia do Tamanduá.

RECORRENTES PLEITOS DOS CIDADÃOS DE FORMIGA E OLIVEIRA

No início da década de 1830, os moradores do arraial da Formiga pleitearam insistentemente não só a instituição da freguesia de São Vicente Ferrer, mas também a criação de município com sede naquela então florescente povoação, que deveria ser elevada à categoria de vila. Com tal propósito, em 30 de julho de 1831, cerca de 40 cidadãos formiguenses encaminharam ao Conselho Geral da Província uma petição, dizendo estar "intimamente convencidos da Constitucionalidade, zelo e patriotismo" da causa por eles defendida e, por isso, confiados na "sabedoria e incansável zelo a prol da Província, tantas vezes manifestado [pelo colegiado]"[531], requeriam a criação da vila da Formiga.

Alegavam que, não obstante o arraial e seu distrito apresentarem "número de almas" expressivo e grande prosperidade material, os moradores passavam por incômodos de toda sorte quando precisavam recorrer às instâncias judiciárias na vila do Tamanduá, experimentados também pelos "mais de quatrocentos cidadãos [da Formiga] que têm direito de votar" e que se viam obrigados a se dirigirem àquela vila e sede de freguesia para depositar seus votos. Reforçavam, junto aos conselheiros gerais da Província, que, além da distância e dos péssimos caminhos, principalmente no tempo das águas, os preocupava sobremaneira a "segurança pública e particular dos cidadãos", pois, para exercer o "direito precioso de votar", se viam obrigados, "por dias e ao mesmo tempo, a deixar suas propriedades à pilhagem dos vagabundos e, talvez, dos próprios escravos".[532]

Se a pretensão de sede de freguesia não demorou a ser atendida, materializada pelo decreto regencial de 14 de julho de 1832, a elevação do arraial da Formiga à categoria de vila só aconteceu mais tarde, devido à forte resistência de lideranças tamanduaenses, contrárias à tal aspiração. Houve mesmo uma proposta, não aprovada, de transferência da sede do termo do Tamanduá para o arraial da Formiga, apresentada ao Conselho Geral da Província, em 1834, pelo conselheiro José Pedro Dias de Carvalho.[533]

No ano de 1838, os formiguenses voltaram à carga em sua campanha emancipacionista. Uma nova petição, assinada por 33 pessoas gradas, incluindo o comandante da Guarda Nacional, o juiz de paz e seu suplente, o delegado de polícia, antigos oficiais das Ordenanças, o capelão local, um cirurgião-mor, vários negociantes e outros tantos fazendeiros, foi encaminhada à Assembleia Legislativa, insistindo na "necessidade que têm de uma vila naquela paróquia". Diziam ainda os peticionários que o arraial da Formiga "ocupa um ponto central no município de Tamanduá; é muito grande e populoso, e seu comércio, tanto de importação como de exportação, é assaz extenso". [534]

Ressaltaram também que, no arraial e freguesia da Formiga, havia "número mais que suficiente de pessoas idôneas para os cargos públicos, cidadãos abastados e ricos proprietários", número esse, insistiam os formiguenses, até muito superior ao disponível na vila do Tamanduá. Tanto era, argumentavam, que "ordinariamente ali [na freguesia de Formiga] se vão buscar as pessoas necessárias para os cargos de governança [daquela vila], com grande incômodo dos mesmos [...]".[535] Por tudo isso, requeriam aos nobres deputados provinciais "dar-lhes um benigno deferimento, ou elevando à vila a povoação da Formiga [...]; ou se, parecer mais conveniente ao bem público, removendo para ali a cabeça do município, atendendo a que Tamanduá se acha colocado em uma extremidade dele e falta de tudo, como os suplicantes têm representado [...]".[536]

No ano seguinte, a proposição dos formiguenses, assim como as de outras localidades, como a do arraial de Oliveira, com propósitos similares, entrou na pauta de discussão dos parlamentares mineiros. De exaltados debates e acordos vários, resultou a Lei n.º 134, de 16 de março de 1839, que elevou seis povoações à categoria de vila, dentre elas a de São Vicente Ferrer da Formiga. O novo município, compreendendo a freguesia do mesmo nome e as de Piumhi e de Bambuí, seria chamado de Vila Nova da Formiga. Na ocasião, a população do distrito e freguesia da Formiga somava 6.290 habitantes, distribuídos por 927 fogos (ou domicílios).[537] Pela mesma carta de lei, também a povoação de Nossa Senhora da Oliveira foi promovida a vila, sede de município, que compreendia a freguesia do mesmo nome e as de Santo Antônio do Amparo e do Passa Tempo".[538]

RECOMPENSA AO TAMANDUÁ: A CRIAÇÃO DA COMARCA DO RIO GRANDE

Buscando compensar o termo de São Bento do Tamanduá pelas inevitáveis perdas políticas derivadas da criação do novo município de Formiga, o vigário Antunes, principal chefe político local e deputado provincial, consciente da ampla maioria parlamentar favorável à iniciativa emancipacionista, propôs emenda aditiva ao projeto, sendo apoiado pelo deputado liberal Teófilo Ottoni, de partido adversário. Aprovada no jogo de trocas parlamentar, a dita emenda deu origem ao parágrafo primeiro do artigo 6º da Lei n.º 134, que criou a comarca do Rio Grande, formada pelos municípios de Tamanduá, Oliveira e Formiga, sendo o primeiro cabeça da nova circunscrição judiciária, que fora desmembrada da de São João del Rei.

Ficaram os habitantes dos novos municípios obrigados, nos termos do artigo 2º da Lei n.º 134, a construir, com recursos locais, edifícios próprios para as Câmaras Municipais e Conselhos de Jurados, além de Cadeias seguras. O artigo seguinte, complementando o anterior, determina que a instalação das novas vilas só deveria ser marcada pela Presidência quando seus habitantes mostrarem dispor das ditas edificações, mesmo que provisórias. Para suportar as funções do juiz municipal, autoridade há muito reclamada pelo povo de Formiga e, certamente, pelo das outras cinco novas vilas, foram criados, em cada uma, o cargo de escrivão de Órfãos e dois de tabelião do Público, Judicial e Notas.

INSTALAÇÃO DOS MUNICÍPIOS DE FORMIGA E OLIVEIRA

A instalação do município da Vila Nova da Formiga ocorreu em 29 de setembro de 1839, em salão provisoriamente destinado às sessões da Câmara, tendo tomado posse, na mesma data, os cinco vereadores eleitos: João Caetano de Souza, presidente por ser o mais votado; Modesto Antônio de Faria; Francisco Teixeira de Carvalho; Joaquim Ferreira Pires; e Honório Hermeto Correa da Costa.[539] À cerimônia na improvisada casa de Câmara, seguiu uma missa solene, com o canto do *Te Deum*, na matriz de São Vicente Ferrer.

Em Oliveira, a instalação do município e posse dos primeiros vereadores, eleitos ainda em 1839, só foi ocorrer em 8 de junho do ano seguinte. Foram empossados o padre Francisco de Paula Barreto, que, mais votado, assumiu a presidência da Câmara; Tomás de Abreu Monteiro; Manoel Fernandes Airão; Cândido de Faria Lobato; e José Ferreira Cardoso. No dia seguinte, teve lugar a primeira reunião ordinária da nova edilidade.

Com a sanção da Lei n.º 185, de 4 de abril de 1840, foram as câmaras de Oliveira e da Formiga autorizadas a dividir os respectivos termos em tantos distritos de paz quanto julgassem necessários à administração da Justiça, necessária, porém, a aprovação final pela Assembleia Legislativa Provincial. A Câmara de Formiga deu logo cabo à tarefa, dividindo o município em oito distritos de paz, divisão aprovada pela Assembleia em 1842. Na freguesia de São Vicente Ferrer, além do distrito da Vila, preexistente, foram criados os distritos de N. Sra. do Carmo dos Arcos; de N. Sra. do

Rosário da Estiva (atual Pimenta); e de N. Sra. da Abadia do Porto do São Francisco (atual Iguatama).⁵⁴⁰ Na freguesia de Piumhi, além do distrito de paz deste nome, já existente, os de São Roque, de São João Batista do Glória e de Nossa Senhora do Carmo do Jatobá.⁵⁴¹ A freguesia de Bambuí manteve-se com seu único distrito, de igual denominação.

Na mesma ocasião, uma resolução da Câmara de Oliveira criou um novo distrito, o de São João Batista (hoje, Morro do Ferro). Ficou, assim, o município de Oliveira composto de sete distritos: além do novato, os preexistentes: da Vila; do Passa Tempo; de Santo Antônio do Amparo; da Aparecida do Cláudio; de N. Sra. do Carmo do Japão (atual Carmópolis); e de N. Sra. do Carmo da Mata.⁵⁴²

A CRIAÇÃO DO MUNICÍPIO DE PIUMHI E A FRUSTRADA EMANCIPAÇÃO DE CAMPO BELO

Ainda não passara dois anos de sua instalação, passou o município de Formiga por um primeiro desmembramento territorial. Com a promulgação da Lei Provincial n.º 202, de 1 de abril de 1841, a povoação de Piumhi foi alçada à condição de sede municipal, com a denominação de Vila do Piumhi, compreendendo a freguesia do mesmo nome. O novo município se formou com os distritos da Vila, de São Roque, do Carmo do Jatobá e de São João Batista do Glória.⁵⁴³ O artigo 3º da citada lei alterou a composição da recém-criada comarca do Rio Grande, incorporando-lhe o novo município de Piumhi, enquanto dela se apartava o de Oliveira, de volta à antiga comarca do Rio das Mortes (com sede em São João del Rei).

Após essa última iniciativa, não ocorreram mudanças no ordenamento territorial do Centro-Oeste mineiro até 1848, quando foi sancionada a Lei Provincial n.º 373, elevando a freguesia do Senhor Bom Jesus do Campo Belo à categoria de vila. O novo município seria formado por duas freguesias – a do Campo Belo, desmembrada do Tamanduá, e a de Santo Antônio do Amparo, separada da freguesia de Oliveira – e faria parte da comarca do Rio Grande. Contudo, por razões que desconhecemos, o município de Campo Belo não chegou sequer a ser instalado, sendo suprimido dois anos depois pela Lei n.º 472, de 31 de maio de 1851. Somente em 1876 foi recriado o município de Campo Belo, instalado cerca de dois anos depois.⁵⁴⁴

No Anexo 10, vê-se um quadro representativo do ordenamento civil, eclesiástico e judiciário do território hoje conhecido por Centro-Oeste de Minas, na passagem da década de 1840 para a seguinte.

OUTRAS IMPORTANTES TRANSFORMAÇÕES NO ORDENAMENTO TERRITORIAL ATÉ A DÉCADA DE 1860

Logo no início da segunda metade do século XIX, ocorreram duas modificações na divisão judiciária do Centro-Oeste mineiro. Por força da Lei n.º 575, de 4 de maio de 1852, foi restaurado o distrito de paz de Pedra do Indaiá. Um ano depois, foi elevada à categoria de distrito de paz a aplicação de São Sebastião do Curral, da paróquia de São Bento do Tamanduá, desmembrada da de Nossa Senhora do Desterro, da mesma paróquia, nos termos da Lei n.º 623, de 30 de maio. A segunda medida decorreu de abaixo assinado dos moradores locais, dirigido à Assembleia provincial, no qual diziam "terem obtido do Exmo. Ordinário [o bispo diocesano] autorização para ereção daquela capela [de São Sebastião], que contava já com 1.600 almas, e já era curada, [e, portanto] pediam a criação do distrito".[545]

INSTITUIÇÕES DE SETE NOVAS FREGUESIAS

Quanto ao ordenamento eclesiástico do território em estudo, iniciativas de maior vulto foram as instituições de sete novas freguesias durante a década de 1850.[546] A primeira foi a de Santo Antônio do Monte, instituída em 1854 por iniciativa do deputado Francisco Cyrillo Ribeiro de Souza, político liberal e médico estabelecido em Formiga.[547] Durante sessão ordinária da Assembleia mineira, em 9 de maio de 1854, Francisco Cyrillo apresentou emenda aditiva a um projeto de lei que estava em votação, nos seguintes termos: "Fica elevado a freguesia, no município de Tamanduá, o distrito de Santo Antônio do Monte, anexando-se-lhe o distrito do Senhor Bom Jesus [da Pedra] do Indaiá, da paróquia da mesma vila. Fica sendo limites da nova freguesia os mesmos dos mencionados distritos".[548]

Na ausência de dura oposição à proposta, que certamente lhe faria o vigário Antunes Correa, deputado eleito por Tamanduá, se não tivesse falecido dois meses antes do início da nova legislatura, foi a emenda do deputado Dr. Cyrillo tranquilamente aprovada no plenário da Assembleia.[549] Assim, em 24 de maio de 1854, era sancionada a Lei n.º 693, elevando o arraial de Santo Antônio do Monte à sede de freguesia. O primeiro vigário foi o padre Francisco Alexandrino da Silva, que exerceu o ministério paroquial na nova freguesia por quase 30 anos, além de, neste interregno, se eleger deputado provincial pelo Partido Conservador nas legislaturas de 1858/1859 e 1862/1863.[550]

Em 1855, foi a vez de Perdões, distrito do município de Oliveira, ser elevado à condição de freguesia, nela incluído o distrito do Senhor Bom Jesus da Cana Verde, pela Lei n.º 714, de 18 de maio. Segundo consta do Dicionário de Almeida Barbosa, o primeiro vigário, padre João Valeriano Cecílio de Castro, esteve à frente da paroquia até vir a falecer em 1888.

No ano seguinte, durante a sessão ordinária de 31 de março, o mesmo deputado Francisco Cyrillo propôs a criação da freguesia de Nossa Senhora da Luz do Aterrado, desmembrada de Bambuí, no então município de Formiga. O artigo 2º do projeto de lei estabelecia que:

> [...] as divisas da nova freguesia começarão na foz do rio Bambuí com o de São Francisco, seguindo por aquele acima até a barra do ribeirão chamado Limoeiro, por este acima até a barra com o córrego D'anta, e por este acima até suas cabeceiras, e destas ao alto da serra da Cachoeirinha, e por esta abaixo pelos atuais limites entre o supradito distrito do Aterrado e o da vila de Dores do Indaiá.[551]

Certamente bom articulador parlamentar, o deputado Cyrillo conseguiu aprovar, sem maiores discussões, o seu projeto, que logo foi à sanção presidencial. Assim, pela Lei n.º 764, de 2 de maio de 1856, foi elevado à sede de freguesia o distrito de Nossa Senhora da Luz do Aterrado. O bispo de Mariana tratou, em seguida, de designar o padre Manuel Martins Ferraz, como vigário encomendado, para instalar e assumir o pastoreio da nova circunscrição paroquial.[552]

Também os distritos de São João Batista do Glória e São Roque, ambos da freguesia de Piumhi, passaram a sedes de paróquia na segunda metade da década de 1850 – o primeiro em 1857, e o segundo no ano seguinte. A criação da freguesia de São Roque resultou de projeto de lei apresentado à Assembleia mineira pelo reverendo José Florêncio Rodrigues, então deputado provincial e vigário de Piumhi.[553] Esse parlamentar justificou a sua proposta pela considerável distância entre o distrito de São Roque e respectiva matriz, "tornando-se mais difícil e morosa a prestação dos serviços espirituais [...]", além de o distrito de São Roque compreender "uma grande população, como prova com um [abaixo] assinado que traz consigo [...]".[554]

Ainda em 1858, pela Lei Provincial n.º 913, de 8 de junho, foi criada a paróquia da Aparecida do Cláudio, até então pertencente à de Oliveira. A proposta de sua criação partiu do Barão de Itaverava, Alexandre José da Silveira, deputado provincial pelo círculo de São João del Rei.[555]

Como se vê, de fato, os anos da década de 1850 foram pródigos no reordenamento eclesiástico do Centro-Oeste mineiro. Todavia, duas pretensões de criação de freguesia não prosperaram naquela ocasião. Na sessão da Assembleia Provincial de 20 de abril de 1858, o deputado conservador Vigário Alexandrino leu um requerimento dos moradores no distrito da Senhora do Carmo dos Arcos pedindo a elevação do mesmo à condição de freguesia. Depois de defender em plenário a dita representação, a encaminhou para comissão de Estatística, onde ficou parada, aguardando parecer, pelo restante do ano. Na mesma legislatura, o deputado liberal Baptista Machado apresentou projeto de lei elevando à categoria de freguesia a capela de Nossa Senhora da Abadia do Porto Real do São Francisco. Para este, a comissão de Estatística logo deu parecer, julgando-o altamente inconveniente, pois "o lugar da sede da pretendida freguesia é paludoso e seus habitantes [são] acometidos anualmente de febres intermitentes, endêmicas, das margens do rio de São Francisco [...]".[556]

Divulgado o dito parecer, a tramitação do projeto de lei n.º 97 foi marcada por acalorados debates. Enquanto o autor, estranho ao círculo eleitoral de Formiga, pois, eleito pelo de São João del Rei, o defendia, mesmo com certa timidez, é verdade, o deputado Francisco Cordeiro de Campos Valadares, da comissão de Estatística e representante de Pitangui, a revidava com destemor. Segundo o conservador Valadares, sendo a povoação do Porto Real "formada de poucas e miseráveis casas", instalada em local assaz pestífero, melhor seria, antes de promovê-la à condição paroquial, "arredar dali a população, em vez de a concentrarmos em um ponto impróprio para a fundação de uma povoação".[557] Declarou ainda que, tendo consultado os parlamentares eleitos pelo círculo eleitoral da Formiga, não encontrou um que fosse favorável à criação da freguesia da Abadia do Porto Real, pelas mais diversas e, segundo ele, justas razões.

Argumentou ainda que, se os párocos das freguesias da Formiga e do Bambuí, que cederiam partes de seus territórios, estavam de acordo com a petição dos moradores ribeirinhos, o parlamentar Florêncio Rodrigues, vigário de Piumhi, freguesia da qual "se pretende [também] tirar algum terreno para compor a nova paróquia, [...] e que não se acha presente, opõe-se a esta desmembração [...]".[558]

Depois de discursos e apartes vários, o autor do projeto, deputado Baptista Machado, ainda argumentou que, sendo a povoação do Porto Real assentada em terras pestilentas, havia "razão muito poderosa para adotar a medida por eles [os moradores] solicitada, pois ela tende a facilitar o pasto espiritual a uma grande população privada desse benefício, em razão da distância em que ficam das mais próximas sedes de freguesias".[559] Contudo, não convencendo a maioria parlamentar, terminou por reconhecer, "em parte, as razões em que se baseou a comissão [de Estatística]", e solicitou a retirada do requerimento da pauta de votação, prometendo que, "no ano futuro, se ainda lhe couber a honra de ter assento na Casa, sustentará então o projeto"[560], o que, na verdade, terminou por não acontecer. Somente em 1868, 10 anos depois dos fatos aqui narrados, foi o distrito da Abadia do Porto Real do São Francisco elevado a sede de freguesia, pela Lei n.º 1.532, de 20 de julho.

ELEVAÇÃO DE FORMIGA À CATEGORIA DE CIDADE

Na sessão ordinária da Assembleia mineira de 5 de abril de 1858, o deputado Florêncio Rodrigues, também pároco de Piumhi, buscando "demonstrar que a Vila Nova da Formiga se acha nas mesmas vantajosas circunstâncias pelas quais muitas outras [vilas] tem sido honrada com a categoria de cidades"[561], apresentou sucinto projeto de lei elevando aquela próspera vila à categoria de Cidade.

Na sessão ordinária de 20 de maio do mesmo ano, o deputado liberal Hygino Álvares de Abreu e Silva, correligionário do Vigário Florêncio, pediu urgência à Mesa para colocar em discussão o citado projeto de lei. Aceito o requerido, logo foi colocado em votação e aprovado em plenário, seguindo para a sanção do presidente da Província, que fez publicar a Lei n.º 880, de 6 de junho de 1858, concedendo à sede do município de Formiga as honras e prerrogativas de cidade.[562]

CRIAÇÃO DO MUNICÍPIO DE SANTO ANTÔNIO DO MONTE

Na legislatura de 1859, enquanto se discutia na Assembleia Provincial certo projeto de lei de n.º 24, o deputado Vigário Alexandrino, valendo-se de um manobra regimental, apresentou emenda aditiva ao mesmo com o propósito de elevar o arraial de Santo Antônio do Monte à categoria de Vila, portanto sede de um novo município. Justificando sua proposição, Alexandrino afirmou ser Santo Antônio do Monte, "sem controvérsia, uma das mais prósperas [povoações] da Província, [que] seu comércio florescente cresce diariamente; a topografia é excelente e algumas de suas ruas acham-se calçadas a expensas de seus habitantes [...]". Prosseguindo, enfatizou:

> [...] que a maior parte da população da freguesia [da qual era vigário] dista da sede do Termo [do Tamanduá] a que pertence nada menos de 15 a 16 léguas, circunstância esta que acarreta gravíssimos inconvenientes aos indivíduos que necessitam para ali dirigir-se como autoridades e juízes de fato, bem como aqueles que têm negócios pendentes da administração da justiça, os quais se expõem a todas as torturas dos maus caminhos e ficam sujeitos a multas quando deixam de comparecer. [563]

Também buscou demonstrar que no arraial de Santo Antônio do Monte, havia pessoal "assaz suficiente e idôneo para ocupar todos os cargos de um município"; que seus habitantes, adiantados, já haviam lançado os primeiros alicerces da edificação destinada a servir de Casa de Câmara e Cadeia; e, que as "desmembrações" necessárias para a criação do novo município muito pouco desfalcariam os municípios afetados.[564]

Além de comparar minuciosamente os números de habitantes das povoações envolvidas, o deputado Alexandrino insistiu nas vantagens de o projetado município "compor-se das freguesias de Santo Antônio do Monte, desmembrada de Tamanduá; da do Aterrado, desmembrada da Formiga; da do Bom Despacho, desmembrada de Pitangui; e do distrito da Saúde, desmembrado do Patafufo [atual Pará de Minas]".[565] Concluído seu detalhado discurso, Alexandrino se dirigiu aos dirigentes da Mesa da Assembleia para lhes entregar o manuscrito do aditivo de sua autoria, também subscrito pelo deputado Antônio Augusto da Silva Canedo, então secretário daquela Casa, eleito pelo círculo eleitoral de Barbacena, mas com raízes familiares e parentes ainda morando no distrito de Santo Antônio do Monte.[566]

À medida que o projeto de lei n.º 24 tramitava pelas comissões parlamentares, perceberam os dois subscritores do referido aditivo que, na votação em plenário, haveria forte resistência do representante do círculo eleitoral de Pitangui, tradicionalmente liberal, e de seus correligionários de outros círculos, em vista da ousada proposta de transferir a freguesia do Bom Despacho, em sua totalidade, para o pretendido município de Santo Antônio do Monte. Precavido, Alexandrino encaminhou à Mesa uma subemenda modificativa, "para que em lugar de – a freguesia do Bom Despacho – se diga – [apenas] os habitantes da Cachoeira Bonita pelas divisas que prefixou"[567]. Dessa forma, seria transferida, ao município proposto, apenas a porção mais ao sul da então freguesia do Bom Despacho, contígua à margem esquerda do ribeirão Santo Antônio e suas cabeceiras, que seguia em direção à fazenda da Cachoeira Bonita e depois até o Alto das Pedras, na fazenda dos Araújos. Tratava-se, de fato, de uma faixa fronteiriça que fora objeto de disputa entre Pitangui e Tamanduá desde os tempos coloniais.

Durante a discussão do projeto de lei de n.º 24, outros parlamentares, fazendo uso de expediente idêntico ao adotado pelo Vigário Alexandrino, também apresentaram àquele emendas aditivas, que somadas passaram de duas dezenas; todas propondo alterações nas divisões civil e eclesiástica então vigentes na Província, criando ou desmembrando distritos e municípios, elevando arraiais a sedes de freguesias ou concedendo honras de cidades a certas vilas etc. Dessas, quatro emendas tratavam de povoações do Centro-Oeste mineiro: i) aditivo de n.º 18, também dos deputados Alexandrino e Canedo, "elevando a categoria de paróquia o arraial dos Arcos, do termo da Formiga, compreendendo o mesmo distrito e o do Porto Real do São Francisco"; ii) aditivo de n.º 19, do deputado Alexandrino, "elevando à freguesia o arraial do Desterro, do termo do Tamanduá, compreendendo o distrito do arraial novo [de São Sebastião do Curral]"; iii) aditivo de n.º 24, do deputado Florêncio Rodrigues, "elevando a distrito a povoação dos Pains, na freguesia da Formiga"; iv) aditivo de n.º 26, dos deputados Alexandrino e Florêncio Rodrigues, "elevando a freguesia o arraial da Saúde [atual Perdigão], desmembrado da paróquia de São Gonçalo do Pará".[568]

O projeto de lei n.º 24, com suas 20 e poucas emendas aditivas, foi à terceira votação em um mesmo dia. À exceção de quatro aditivos rejeitados, o pacote foi aprovado pela maioria dos parlamentares presentes à sessão da Assembleia (inclusive a subemenda modificativa dos deputados Alexandrino e Canedo).[569]

De fato, a emenda de n.º 2, que incluía a transferência da freguesia do Bom Despacho e do distrito da Saúde para o proposto município de Santo Antônio do Monte, causou grande celeuma na Assembleia, além de veemente protesto da câmara municipal de Pitangui. Durante a sessão do dia 20 de junho, chegou a ser discutido um requerimento da referida câmara rogando aos parlamentares provinciais que não fosse criado o município de Santo Antônio do Monte. Contudo, tal petição foi considerada intempestiva, por só ter sido apresentada à Mesa da Assembleia no dia 18, quando a reclamada emenda aditiva já estava aprovada e era parte do texto da Lei n.º 981, sancionada pelo presidente da Província, em 3 de junho de 1859.

O requerimento da câmara de Pitangui, ainda que intempestivo, levantou acaloradas discussões no plenário da Assembleia, devido a afirmações vistas como "insultantes" ao deputado Vigário Alexandrino, taxado "de injusto, de iníquo" pelos camaristas daquela cidade. Prevalecendo o espírito de corpo dos parlamentares, independentemente de filiação partidária, Alexandrino recebeu de pronto o apoio e a solidariedade praticamente unânimes de seus colegas parlamentares. Na defesa da representação julgada inconveniente, restou apenas o deputado Campos Valadares, que acusou a manobra parlamentar adotada por Alexandrino, pois ele, Valadares, somente chegou a Ouro Preto e pôde tomar assento na Assembleia em 14 de maio, quando "o projeto do nobre deputado [já] havia passado atropeladamente em terceira discussão e, por isso, não pude opor-me a ele". Reclamava o parlamentar de Pitangui que a emenda de Alexandrino e Canedo "não sofreu discussão por ter sido apresentado como aditivo em terceira discussão, talvez mesmo para evitar que tivesse em tempo de [ele] aqui chegar e as partes interessadas de [se] representarem" contrárias à tal proposição. Ao final da sessão, depois de redobrados apartes contrários ao deputado Valadares, discursou o deputado Canedo, principal apoiador da proposta do colega Alexandrino. Concluindo a sua fala, Canedo requereu que, "por intermédio do Governo, se devolva à câmara municipal de Pitangui a representação que foi presente a esta Assembleia, por não estar concebida em termos convenientes na parte em que se refere a um membro desta mesma Assembleia [o Vigário Alexandrino]".[570] Proposta apoiada, deu-se por encerrada a celeuma, ficando prejudicado todo e qualquer desdobramento da representação dos vereadores de Pitangui.

Somente em 29 de julho de 1862, pôde ser instalada a vila de Santo Antônio do Monte. Desde a sanção da Lei n.º 981, os três anos passados foram o necessário para que se cumprisse o mandato de seu artigo terceiro – "Esta Vila [...] não poderá ser instalada senão depois que os povos do lugar prontificarem a sua custa uma casa para a Câmara Municipal e Sessões do Júri e uma Cadeia [...]", bem como, para se efetivar a eleição dos primeiros vereadores.[571] Na solenidade de instalação do novel município, presidida pelo juiz de direito da comarca do Rio Grande, tomaram posse os vereadores eleitos – Luís da Costa Guimarães, escolhido presidente da Câmara, por ser o mais votado; Fidelis Antônio de Miranda; Francisco Henrique Duarte; José Caetano de Almeida; Manoel Batista Leite Jr.; Manoel Martins Borges; e Silvério Ferreira da Silva. É provável que, como de praxe em tais solenidades, tenha sido celebrada missa solene na matriz de Santo Antônio pelo vigário Francisco Alexandrino da Silva, criador do novo município na legislatura de 1858/1859, quando, simultaneamente ao ministério pastoral, exercia mandato de deputado provincial.[572]

ENTRE FORMIGA E SANTO ANTÔNIO DO MONTE: O DILEMA DO ATERRADO

Os esforços em prol da criação do município de Santo Antônio do Monte terminaram por repercutir na então recém-criada freguesia de Luz do Aterrado, então pertencente ao município da Formiga, dividindo seus moradores em dois grupos de opinião, tendo ambos encaminhado abaixo-assinados à Assembleia Provincial, em defesa das posições por eles assumidas.

O primeiro grupo, formado por fortes fazendeiros e negociantes locais, liderados pelo padre Manoel Martins Ferraz, primeiro vigário da freguesia e abastado agricultor no Baú, apoiava a "elevação da freguesia de Santo Antônio do Monte, termo do município do Tamanduá, a categoria de vila e [a] incorporação desta freguesia [do Aterrado] ao novo termo". Justificavam sua posição argumentando que "para recorrerem ao termo da Formiga, a que pertencem, com suas necessidades, têm que andar 16, 18 ou 20 léguas, atravessando diferentes rios caudalosos, como sejam o Bambuí, São Francisco, São Miguel, Santana, São Simão e São Domingos, muitos dos quais pestíferos". Para Santo Antônio do Monte, ao contrário, "terão a [lhes] barrar apenas o São Francisco, servindo da ponte do Escorropicho [então, recém-construída], tendo a viagem 15 léguas mais ou menos [...]".[573]

Aproveitaram para denunciar aos parlamentares que a câmara da Formiga, "em constante antagonismo com o desenvolvimento moral e material desta freguesia [do Aterrado], onde uma só obra se não tem feito pelos Cofres Municipais, apesar de se ter aumentado as rendas daquele município [da Formiga] nestes últimos anos", por meio dos muitos e onerosos impostos a que se sujeitavam. Acrescentaram que "nem ao menos uma escola de primeiras letras se tem podido alcançar, apesar de repetidas solicitações e de haver aqui para mais de 200 meninos na circunstância de receber este benefício garantido pela Constituição [...]".[574] Finalmente, rogavam aos deputados mineiros que, se não fosse criado o município de Santo Antônio do Monte, a freguesia da Luz do Aterrado deveria ser anexada à de Dores do Indaiá, retirando-a de vez do município da Formiga.

Em contraposição, o segundo grupo de moradores da freguesia de Luz do Aterrado, liderado pelo juiz de paz e também fazendeiro Joaquim Veloso da Silva, começava expondo, em petição à mesma Assembleia, que o requerimento do grupo antagônico, "não tem nem o assenso da maioria da freguesia [do Aterrado] nem a utilidade pública que talvez se lhe importasse". Desprezando os argumentos baseados em comparação de distâncias, os integrantes do segundo grupo ressaltavam que são as relações comerciais:

> [...] que tiram os lavradores e comerciantes mais frequentemente de suas casas, a justiça mui poucas vezes e os negócios políticos quase que só quadrienalmente; e essas relações [mercantis] o Aterrado só pode ter com a Formiga, porque ali é que pode fazer a permuta e venda de sua produção e a compra do sal [...].[575]

Concluem sua petição implorando aos deputados mineiros a conservação de toda a freguesia do Aterrado no município da Formiga. Da contenda, saíram vencedores os do primeiro grupo de moradores, defensores do desmembramento do distrito de paz e freguesia de Luz do Aterrado do município de Formiga e sua transferência para o novo de Santo Antônio do Monte (como ficou determinado na Lei n.º 981, de 3 de junho de 1859). É interessante verificar que alguns negociantes e fazendeiros locais fizeram jogo duplo, lançando seus autógrafos nas duas petições, apesar de antagônicas, a exemplo de Mariano Pereira Cardoso, João Alves de Azevedo e Felício Hermeto de Oliveira (agricultores e criadores estabelecidos no Bom Jardim e imediações da ponte do Escorropicho).

OUTRAS MODIFICAÇÕES NOS ARRANJOS ECLESIÁSTICOS E JUDICIÁRIOS

Com a sanção da Lei Provincial n.º 980, de 4 de junho de 1859, foi elevado à categoria de sede paroquial o arraial de Arcos, do termo da Formiga, compreendendo os distritos de paz de igual denominação e do Porto Real do São Francisco. O primeiro vigário colado da freguesia dos Arcos foi o padre Joaquim de Souza e Oliveira (que lá ficou até 1879, ano de seu falecimento), que deu início às obras da matriz de Nossa Senhora do Carmo, em 1862, destinada a substituir a antiga capela, levantada na década de 1830. A construção da matriz de Arcos estendeu-se por quase meio século, sendo concluída apenas em 1909.

Pela Lei Provincial n.º 979, de 2 de junho de 1859, criou-se mais um distrito de paz na freguesia e no município da Formiga, o de Pains, com sede na povoação de igual nome, ficando o governo provincial autorizado a marcar suas divisas.

Quanto aos aditivos de n.º 19 e 26 ao frutífero projeto de lei n.º 24/1859, que propunham elevar à categoria de freguesia, respectivamente, os arraiais do Desterro (atual Marilândia), do termo do Tamanduá, e da Saúde (atual Perdigão), desmembrada da paróquia de São Gonçalo do Pará, embora tivessem sido aprovados pela Assembleia Legislativa, não lograram sua conversão em lei, por terem sido vetados pelo Presidente da Província.[576]

No Anexo 11, é apresentado um quadro sintético da organização territorial civil, eclesiástica e judiciária do Centro-Oeste de Minas, no início da década de 1860.

Figura 15 – **Mapa do Centro-Oeste de Minas no início da década de 1860**

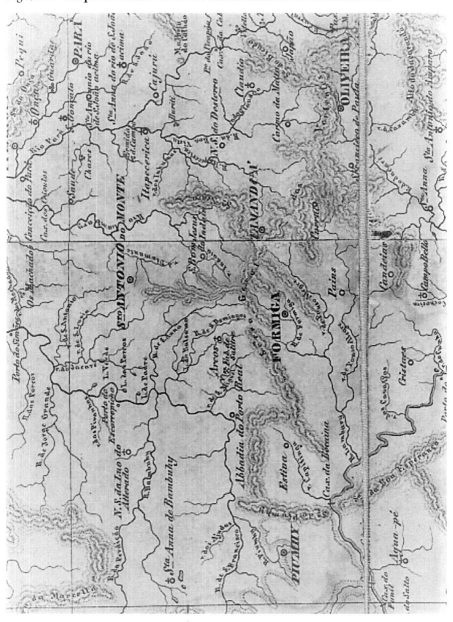

Fonte: Biblioteca Nacional, Rio de Janeiro (recorte da *"Carta da Província de Minas Geraes"* elaborada por Henrique Gerber e impressa em 1862.

24

DEMOGRAFIA E DINÂMICA ECONÔMICA EM MEADOS DO OITOCENTOS

Por volta de 1855, a população de Minas Gerais chegou à marca de 1,3 milhão de habitantes. No decorrer de 25 anos, a população mineira havia crescido, aproximadamente, 2% ao ano, em média, provocando um incremento populacional bruto de pouco mais de 50%. A proporção de pessoas escravizadas havia se reduzido de um terço para um quarto da população total, não obstante seu crescimento em números absolutos. Enquanto aumentava a proporção de pessoas livres, ocorria, por via de consequência, progressiva assunção por essas dos postos de trabalho, antes restritos à mão de obra cativa.[577]

POPULAÇÃO DO CENTRO-OESTE MINEIRO POR MUNICÍPIO

Em conjunto, os então municípios de Tamanduá, Oliveira, Formiga e Piumhi continham, por volta de 1855, cerca de 92 mil habitantes, correspondentes a 7% da população de toda a Província. Tamanduá e Oliveira eram os mais populosos, respondendo, cada um, por cerca de um terço da população do Centro-Oeste mineiro. Formiga e Piumhi respondiam pelo terço restante, dividindo-o em partes praticamente iguais, como mostra o Quadro 32.

Com sua população crescendo em ritmo mais acelerado que o verificado na Província em geral, a dinâmica demográfica da zona em estudo ainda era influenciada pelos persistentes movimentos migratórios que, das áreas centrais de ocupação mais antiga, se direcionavam para as frentes de expansão da fronteira agrícola.

As proporções de livres e escravos entre os habitantes do Centro-Oeste eram praticamente iguais às observadas no conjunto da Província. Porém, se considerados de per si, constata-se desigual proporção de cativos entre os quatro municípios. Em Oliveira, os escravizados respondiam por quase 30% da população municipal. Tanto no Tamanduá quanto em Formiga, as proporções de cativos eram menores que a verificada em Oliveira e bastante próximas entre si: 26% no primeiro e 24% no segundo município. O menos escravista dos quatro era o município de Piumhi; seu contingente mancípio não passava de 17% da população local.

Transformando para o sistema métrico-decimal as áreas municipais, mensuradas em léguas quadradas no relatório presidencial de 1855, conclui-se que a densidade demográfica do conjunto dos quatro municípios era de 3,7 habitantes por km². Embora baixa, era quase o dobro da média da Província – em torno de dois habitantes por km². Também nesse quesito, não havia uniformidade: se o extenso município de Formiga apresentava, então, a menor densidade populacional, com 1,6 habitantes por km², em Oliveira, ficava próxima de seis habitantes por km², a mais alta entre os municípios da zona em estudo.

Quadro 32 – Formiga, Oliveira, Piumhi e Tamanduá – 1855. **Densidade e distribuição da população por município, segundo a condição dos habitantes**

Município	Condição da População						Densidade (hab. / km²)
	Total	% do total	Livre	%	Escrava	%	
Formiga	15.508	16,9	11.786	76,0	3.722	24,0	1,6
Oliveira	30.259	33,0	21.484	71,0	8.775	29,0	5,8
Piumhi	14.389	15,7	11.986	83,3	2.403	16,7	4,0
Tamanduá	31.582	34,4	23.308	73,8	8.274	26,2	4,9
Total	91.738	100%	68.564	74,7	23.174	25,3	3,7

Fontes: Estimativas do autor, feitas a partir de dados das seguintes fontes: 1) Relatório que o presidente da Província, Francisco Diogo Pereira de Vasconcellos apresentou à Assembleia Legislativa Provincial de Minas Gerais apresentou na 2ª sessão ordinária da 10ª legislatura de 1855 (p. 36-40; 2) GERBER, 2013, p. 96-99; HALFELD; TSCHUDI, 1998, p. 164-167; MARTINS, 1994, p. 8.

UM PANORAMA DA ECONOMIA EM PERSPECTIVA MAIS AMPLA

É certo que Minas Gerais vivenciou, em meados do século XIX – e no Centro-Oeste não foi diferente –, um processo de expansão econômica fortemente associado à dinâmica de reacomodação demográfica antes exposta.[578]

As séries históricas dos valores do dízimo[579] incidente sobre a produção da lavoura e da pecuária na zona em pauta, então essencialmente agropastoril, podem bem caracterizar, mesmo que indiretamente, a dinâmica econômica em um dado horizonte temporal. Com base em séries temporais dos dízimos de uma amostra de freguesias mineiras, Ângelo Carrara demonstrou que, entre o final do século XVIII e as primeiras décadas do seguinte, praticamente todas as freguesias da antiga zona mineradora apresentaram valores anuais decrescentes, sinalizando a queda continuada de suas produções agropastoris mercantilizadas. Enquanto isso, em freguesias de instituição mais recente, fosse no Sul ou no Oeste da Província, ocorria situação inversa: crescimento sustentado dos montantes do dízimo arrecadado, diretamente proporcionais à expansão da produção.[580]

A partir da década de 1810, segundo Carrara, essa tendência se acentuou "nas freguesias produtoras de gêneros que estabeleciam a articulação com mercados internos e externos",[581] a exemplo daquelas do termo da vila de São Bento do Tamanduá.

Quadro 33 – Freguesias do Termo de São Bento do Tamanduá. **Montante dos dízimos incidentes sobre a produção agropastoril do Termo e valor médio por agricultor, em anos selecionados**

Ano	Valor total (VTD), em mil réis	N°. de agricultores (NA)	Valor médio (VTD/NA), em mil réis
1785	2:267$800	531	4$271
1825	4:926$530	868	5$676
1828	6:749$205	922	7$320
1834	9:043$483	1.361	6$645

Nota: em 1785 e 1825, os dados se referem às freguesias de Bambuí, Piumhi e Tamanduá; em 1828, às três últimas e a Campo Belo; em 1834, às freguesias de Bambuí, Campo Belo, Formiga, Piumhi e Tamanduá.
Fonte: Adaptado de CARRARA, 1991.

No quadro anterior, são apresentados os montantes anuais consolidados dos dízimos cobrados nas freguesias do termo da vila do Tamanduá, entre o último quartel do século XVIII e meados da década de 1830, quando esse tributo foi extinto.

Os números evidenciam o crescimento da produção agropastoril no Centro-Oeste mineiro no decorrer de quase meio século, pois o montante anual dos dízimos cobrados (VTD) quase que quadruplicou entre 1785 e 1834. Seu crescimento médio anual foi de quase 3%, entre os anos extremos da série, apresentando um ritmo mais suave até a Independência e mais acelerado depois desta. Também a base de pagantes (NA) aumentou, cerca de duas vezes e meia, e o valor médio anual incidente por produtor (VTD/NA) subiu de 4$271 para 6$645, entre os anos extremos da série, com o pico de 7$320 mil réis em 1828.

É certo que, nos 20 anos que se seguiram à Independência, o desempenho da economia brasileira não foi nada virtuoso. A partir dos primeiros anos da década de 1840, contudo, "a economia começou a recuperar-se e teve sua década de ouro nos anos 1850".[582] Nas duas décadas posteriores, especialmente durante a Guerra do Paraguai, o então virtuoso ciclo econômico sofre interrupções bruscas e somente volta a se consolidar no início da década de 1880, a última do regime monárquico. No entanto, na mesma época, a economia mineira apresentou desempenho mais regular, com menos oscilação que o quadro nacional, antes descrito.

Certas peculiaridades notáveis ajudam a explicar tal situação: o relativo isolamento de Minas Gerais dos mercados internacionais à época, sua autossuficiência na produção de alimentos, a importância dos mercados internos à Província e o necessário abastecimento da Corte carioca por produtores mineiros. Segundo Roberto Martins, ao longo de quase todo o Dezenove, a economia mineira foi sustentada "principalmente por estabelecimentos agrícolas e pecuários que produziam basicamente para seu próprio consumo e vendiam seus excedentes dentro da própria província ou no mercado brasileiro interno, sobretudo para a cidade do Rio de Janeiro".[583] A pauta das exportações mineiras compunha-se, pelo menos até o aparecimento da lavoura cafeeira na segunda metade do Oitocentos, de "alimentos básicos, animais vivos, queijos e outros derivados da pecuária bovina e suína, fumo e algumas manufaturas simples como panos de algodão grosseiro".[584]

Enquanto isso, produtos típicos de exportações em grande escala, como o açúcar e o algodão, eram cultivados em Minas quase exclusivamente para o consumo interno. Dessa forma, tanto os sítios e as roças quanto as fazendas diversificadas e polivalentes, continuaram a ser o cerne da vida econômica de Minas, mesmo durante o período da expansão do café na zona da Mata, quando, concomitantemente, se intensificaram em bases empresariais a mineração e a manufatura têxtil.

No Centro-Oeste mineiro, a paisagem econômica não era muito diversa da predominante em geral na Província. Nos municípios de Tamanduá, Formiga, Oliveira e Piumhi destacavam-se a agricultura de subsistência, a criação de gados vacum, suíno e cavalar, as lavouras de algodão e fumo para comercialização interna, bem como os derivados da produção agropastoril, a exemplo do toucinho e dos panos de algodão.

Seus principais fluxos de exportação abarcavam notadamente o gado em pé, suínos e subprodutos da pecuária, destinados, principalmente, ao mercado carioca. Por outro lado, compravam de fora as ferragens, fazendas secas e molhados, além do precioso sal marinho, imprescindível à atividade pastoril.

FONTES PARA UM RETRATO DA DINÂMICA ECONÔMICA

Esboçado, em síntese, um quadro mais amplo da economia da zona geográfica em estudo, importa apreender, em perspectiva comparada, particularidades e similitudes próprias de cada um dos quatro municípios que a compunha. Para tanto, uma fonte preciosa são as respostas dadas por suas câmaras ao inquérito conduzido pelo governo provincial em 1854, a respeito do "estado da indústria e do comércio e seu desenvolvimento nestes últimos tempos"[585] e que foram consolidadas em documento anexo ao relatório apresentado pelo presidente da Província à Assembleia Legislativa no ano de 1855.

Exceto para o Tamanduá, há outra fonte similar, datada da década anterior. Trata-se do anexo intitulado "Estado material e moral dos diversos municípios da Província", que fez parte da mensagem encaminhada à Assembleia Legislativa, pelo presidente da Província, por ocasião da seção inaugural da legislatura de 1846. Também resultara de informações apresentadas pelas câmaras municipais em resposta à circular da secretaria de Governo datada do ano anterior.[586] Acrescenta-se, para o caso específico do município de Formiga, a minuciosa matéria publicada em 1855 no jornal ouropretano *O Bom Senso*, abordando diferentes aspectos de sua economia.[587]

RETROCEDENDO 10 ANOS: UMA PRIMEIRA VISÃO COMPARADA

Ao meio da década de 1840, passado um lustro da criação dos municípios de Oliveira, Formiga e Piumhi, suas características econômicas apresentavam certas similitudes. Destacava-se a difundida produção agrícola de subsistência, principalmente de milho, arroz e feijão – produtos típicos da cozinha dos mineiros –, embora o primeiro estivesse mais voltado à engorda de porcos. Também se cultivava a cana e o fumo, consumidos internamente. Em Oliveira, os produtores, além de suprir o mercado local, faziam "não pequena exportação" desses dois gêneros da lavoura para outras partes da província. Ao contrário, em Formiga, o cultivo da cana, a partir da qual se fazia açúcar, cachaça e rapadura, "nunca [era] o suficiente que chegue para o consumo [no município]". No município de Piumhi, também se cultivava mamona, destinada à produção do óleo de rícino, usado para iluminação caseira e tratamento de moléstias intestinais, além de algum café para o próprio gasto. A produção do tabaco era especialidade do distrito de Bambuí, "do qual já se faz considerável exportação".[588]

Na época, ainda existiam amplas áreas de mata fechada, abundantes de madeiras de lei, além de vastos campos "onde prosperam todos os gados, especialmente o vacum e o cavalar", segundo informou a câmara de Oliveira. A de Piumhi ressaltava que, embora fossem os campos "muito aprazíveis", em certos lugares, havia "ervas venenosas que matam os gados". Não obstante, "prospera em muitos lugares [de Piumhi], e em não pequena qualidade, o gado vacum da raça ordinária, assim como o gado cavalar". Em Formiga, predominavam as "grandes extensões de campos, muito próprios para a criação", que se sobressaia pela:

> [...] grande quantidade de gado vacum e suíno exportada para o litoral, sendo parte originária do próprio município e outra importada do centro e extremo oeste de Minas. Expressivas eram as exportações do toucinho produzido em Oliveira e de porcos criados em Piumhi, estes "em número superior a quatro mil anualmente.[589]

Também no tocante à qualidade das águas, havia distinções entre os três municípios abordados. Em Formiga, eram tidas por abundantes, "mas em geral de má qualidade, pois quase todas correm muito baixas e, por isso, são pouco úteis para movimentar máquinas". Em Oliveira, embora se reclamasse da falta de água em algumas povoações do município, "as que existem são boas, excetuando-se as do rio Jacaré, na mata do mesmo nome, a qual se tem observado que produz o bócio, única enfermidade endêmica que se conhece". No município de Piumhi, fazia-se distinção entre a água do campo, que, "além de ser abundante, é da melhor qualidade", e a das matas, pois, "além de escassa, é de péssimo sabor, pela abundância de materiais calcáreos por onde ela passa".[590]

Para Formiga, polo concentrador das transações mercantis intra e inter-regionais, convergiam as principais rotas comerciais que cruzavam o Centro-Oeste mineiro em meados da década de 1840. De fato, enquanto os habitantes de seus distritos rurais – principalmente Bambuí, Arcos e Porto Real – dedicavam-se às atividades agrícolas, os da Vila eram mais voltados à atividade comercial. Nela havia um grande depósito de sal que, "conduzido do litoral, é ali vendido e reexportado em carros para grandes distâncias"[591], abastecendo criadores de gado de paragens longínquas, incluindo Paracatu e os sertões da Farinha Podre (atual Triângulo Mineiro).

Para garantir sua condição de entreposto comercial, a câmara municipal de Formiga empenhava-se constantemente no conserto dos caminhos. Uma nova estrada, que, do distrito de Bambuí, "segue para as partes do Prata"[592], havia sido recentemente aberta, encurtando a distância e "evitando montanhas e pântanos e que, necessariamente, deve ser de grande vantagem para o comércio daqueles lugares". Contudo, ainda se encontrava em ruína a ponte sobre o rio Bambuí, cuja reforma era de "urgente necessidade", na opinião dos camaristas. Fiéis ao espírito mercantilista da época, também defendiam, junto às autoridades provinciais, sem imediato sucesso, é verdade, a criação de um banco, "com caixas filiais nos lugares mais importantes, a fim de coadjuvar a indústria com os fundos necessários a um juro razoável".[593]

A indústria têxtil doméstica mostrava-se pujante em todo o Centro-Oeste, produzindo panos de algodão para o autoconsumo e alguma exportação. Segundo o declarante da câmara de Oliveira, "fazem-se neste município com alguma perfeição diversos tecidos de algodão", enquanto o da câmara de Piumhi afirmava que "a indústria deste município consiste, em geral, nos tecidos de pano de algodão, em não pequena escala, notando-se alguns riscados finos". Também em algumas fazendas do município de Formiga, eram produzidos "tecidos de algodão de lindos e variados padrões, os quais em muito tem suprido ao brim inglês, abandonado geralmente pelos povos".[594]

UM BALANÇO ECONÔMICO COMPARADO, 10 ANOS DEPOIS

Ao meio da década de 1850, se a estrutura econômica do Centro-Oeste mineiro pouco se alterara – ainda predominando a agropecuária voltada para a subsistência local e o fornecimento de excedentes para fora, inclusive a Corte –, as escalas da produção e comercialização desses produtos aumentaram muito, estimuladas com força pela alta dos preços de produtos alimentícios nos mercados compradores.[595]

Com efeito, respondendo ao inquérito provincial de 1854, as câmaras do Tamanduá, Formiga, Oliveira e Piumhi, de um ou outro modo, deixaram claro que a agricultura e a criação de gado eram "o gênero de indústria em que mais se distingue o Município". O de Formiga acrescentou, com igual ênfase, a tecelagem de algodão. No extenso município do Tamanduá, abarcando, além da freguesia da Vila, as do Campo Belo, do Espírito Santo da Itapecerica e de Santo Antônio do Monte, existiam então 321 fazendas de cultura e criação, 138 engenhos de açúcar e 11 de serrar madeira. Mereceu realce o fato de "cinco ou seis lavradores mais abastados" do município terem melhorado suas fábricas de açúcar, adquirindo engenhos de cilindros de ferro movidos a água.[596]

O município de Formiga abrigava, naquela ocasião, 166 grandes fazendas de cultura e criação, além de 26 engenhos de cana e seis de serrar madeira, gabando-se o declarante local de ser suas terras de fácil manejo, "sobremodo produtoras, máxime as que ficam nas margens do rio São Francisco", além de ricas em madeiras de lei, "apesar da continuada destruição que sofrem as matas pelo rotineiro sistema dos lavradores".[597] Cultivava-se, com sucesso, em Formiga, cana-de-açúcar, algodão, mamona, mandioca e um pouco de café. Por outro lado, devido aos elevados fretes, a produção de arroz, feijão e milho restringia-se ao atendimento da demanda local; o milho, aliás, só era exportado "na gordura dos porcos"!

Segundo o escrivão da câmara de Piumhi, não era "muito exata a conta dos estabelecimentos [agropastoris]" existentes no município, por não se ter "certeza das divisas do distrito da Estiva [atual Pimenta] com os de Formiga, Arcos e Porto Real [atual Iguatama]". Mas registrou que havia, pelo menos, 22 grandes fazendas de criação, além de três engenhos de cana movidos a água e quatro de serrar madeira. Os rebanhos de gado bovino, cavalar e muar estavam em constante aumento, embora fosse a criação de porcos, vendidos no mercado interno, "o forte maior dos fazendeiros" do município. Não esqueceu de dizer que, em Piumhi, os derivados da cana "fabricam-se somente para o consumo do município, em razão da dificuldade de transporte para outros mercados".[598]

No caso de Oliveira, não foram enumeradas as fazendas de cultura e criação, sendo, porém, arrolados 40 engenhos de cana movidos a água e outros 16 por animais. Sabe-se, contudo, que os fazendeiros criavam em grande escala todo tipo de gado – vacum, cavalar, suíno e, mesmo, algum lanígero; todos, porém, de raças comuns. Via de regra, durante a década de

1850, também no município do Tamanduá predominavam as criações de gado bovino, que "faz parte da [sua] pequena exportação", e, principalmente, de suínos, "a [criação] que mais se avulta".[599]

No município de Formiga, informava a câmara, havia fazendas de criar gado "muito bem situadas e com todas as condições sanitárias", porém, muitas eram "possuídas por pessoas de pequena força", concorrendo para que, em muitos casos, não fossem cercadas, dificultando o bom manejo das criações. Não obstante, as pastagens eram da melhor qualidade, sendo nelas engordadas, em regime de invernada, de 4 a 5 mil rezes por ano, "produzidas no centro [da província] e compradas para o consumo da capital do Império". Alguns formiguenses também criavam cavalos, havendo alguns plantéis de 500 cabeças e muitos "que têm de 40 para cima". A criação de carneiros era pouca, pois o baixo valor destes não a estimulava, "apesar da facilidade de transporte para a Corte", principal mercado consumidor dessa carne.[600]

A indústria têxtil doméstica mantinha sua força em todo o Centro-Oeste. Em Formiga, além do pano grosso de algodão, produzia-se "finíssimo riscado, de que em geral se vestem os homens"[601], toalhas de mão e mesa e cobertores para dormir de algodão e lã de ovelha. Piumhi produzia e exportava panos ordinários, além de algodão em rama, este em não pequena quantidade.

Alguma mineração de ouro ainda restava no município do Tamanduá, de pouquíssima monta, é verdade, conduzida por faiscadores que obtinham anualmente de 500 a 600 oitavas, ou seja, algo em torno de dois quilogramas do metal. Embora Formiga fosse um município riquíssimo em calcáreo, a extração e a calcinação, para venda em outros mercados, ainda eram incipientes. Em Piumhi, havia alguns afloramentos de minério de ferro, encontrando-se em operação um engenho de "fundir e puxar ferro em barra", enquanto quatro outros estavam em construção. Não houve informações acerca de atividades minerárias no município de Oliveira.

No decorrer da década de 1850, um marco distintivo da dinâmica econômica da zona geográfica em estudo foi o incremento dos excedentes exportáveis, favorecido pela valorização de seus produtos típicos, principalmente na Corte e na província fluminense, então os mais importantes mercados consumidores. Como já dito, Tamanduá exportava gado bovino, porcos em pé e bastante toucinho, além de panos grossos de algodão. Entre 1851 e 1854, Oliveira vendera para fora mais de 800 mil arrobas de toucinho (ou seja, 11,7 mil toneladas), 6 mil cabeças de gado vacum, 1 mil de cavalos e 2 mil de ovelhas. No mesmo período, comercializara, principalmente com o Rio de Janeiro, cerca de 80 mil arrobas de açúcar (cerca de 1,2 mil toneladas), 4 mil pipas de aguardente de cana (3,2 milhões de litros) e 20 mil arrobas de fumo (294 toneladas).

Por outro lado, em Piumhi, ainda que expressivas as produções de fumo, café e algodão, "devido à fecundidade do solo do município", dificuldades de transporte impediam sua maior exportação. Mesmo assim, a câmara local informou às autoridades provinciais que, em 1853, foram vendidas, a mercadores da Corte carioca, cerca de 50 mil varas de pano de algodão (ou seja, 55 mil metros lineares), 2 mil arrobas de algodão em rama (aproximadamente, 30 toneladas), 1,5 mil arrobas de fumo (cerca de 22 toneladas), mais de 4 mil cabeças de porcos, mais de 1 mil de gado vacum, além de 1 mil alqueires de cal "da melhor qualidade" (ou seja, 36,3 mil litros).[602]

Sobretudo animada era a atividade comercial na vila da Formiga, com seus cinco capitalistas, 27 negociantes de fazendas secas, mais de 40 de molhados e gêneros do país, 15 marchantes de gados, dois de bestas novas e inúmeros negociantes de suínos. A balança comercial do município apresentava animador saldo positivo, da ordem de 183 contos de réis por ano, haja vista que o montante das importações chegava a 563 contos, enquanto o das exportações passava de 745 contos de réis, conforme registra o Quadro 34, a seguir apresentado. Esse intercâmbio gerava uma margem de lucro média de 24,5%.

A cada ano, os comerciantes de Formiga adquiriam, no Rio de Janeiro, cerca de 200 contos de réis em fazendas secas, molhados, ferragens, louças, chapéus, ceras, cobre, chumbo e pólvora. De Pouso Alto e Baependi, no Sul de Minas, chegavam-lhes por ano 25 mil alqueires de sal (cerca de 910 mil litros). Dos criadores de Araxá, Paracatu, Uberaba e Patrocínio, compravam anualmente por volta de 5 mil cabeças de boi, 7 mil porcos, 500 carneiros, 2 mil meios de sola, 4 mil couros de boi e 400 parelhas de couros finos. Produtores de distritos vizinhos – Santo Antônio do Monte, Bom Despacho, Saúde (atual Perdigão) e Campo Belo – vendiam-lhes, a cada ano, cerca de 3,5 mil arrobas de açúcar (ou seja, 367 toneladas), 100 mil rapaduras e 2 mil barris de aguardente de cana (1,6 milhão de litros), além de muitas porções de panos de algodão e um pouco de algodão em rama.

Por outro lado, a praça comercial de Formiga exportava para a Corte "todo aquele gado e porcos [que compravam no centro da Província] e algum mais que produz o país".[603] Para Pouso Alto e Baependi, aqueles que lhes traziam o sal retornavam com seus carros carregados de açúcar, rapadura, algodão em rama, panos de algodão, solas, couros, azeite de mamona e cal virgem, além de muito polvilho, fosse este produzido na própria Formiga ou adquirido em Bom Despacho e Saúde. Para Santo Antônio do Monte, Campo Belo, Bom Despacho e Saúde, além do Araxá, negociantes formiguenses vendiam fazendas secas e molhados, além do sal que sobrava do consumo local.

Quadro 34 – Freguesia da Vila Nova da Formiga: meados da década de 1850. **Balanço das transações comerciais anuais (em mil réis), na praça de Formiga**

Mercadoria	Medida	Quant.	Valor unitário	Compra	Venda	Saldo (ganho)
Açúcar	Arroba	3,5 mil	2$400	8:400$000	9:100$000	700$000
Aguardente	Barril	2 mil	2$000	4:000$000	5:000$000	1:000$000
Algodão em rama	Arroba	3 mil	1$600	4:800$000	6:000$000	1:200$000
Azeite de mamona	Barril	400	5$000	2:000$000	2:400$000	400$000
Café	Arroba	1 mil	3$000	3:000$000	4:000$000	1:000$000
Cal	Alqueire	3 mil	0$600	1:800$000	2:400$000	600$000
Carneiros	Cabeça	500	2$000	1:000$000	2:000$000	1:000$000
Couro de boi	Unidade	4 mil	3$500	14:000$000	16:000$000	2:000$000
Couro fino	Parelha	400	4$000	1:600$000	2:000$000	400$000
Fazendas secas, molhados, louça, ferragem, cobre, chumbo, pólvora, cera, chapéus				200:000$000	240:000$000	40:000$000
Gado bovino	Cabeça	5 mil	20$000	100:000$000	150:000$000	50:000$000
Pano de algodão	Vara	60 mil	0$200	12:000$000	13:200$000	1:200$000
Polvilho	Alqueire	100	4$000	400$000	500$000	100$000

Mercadoria	Medida	Quant.	Valor unitário	Compra	Venda	Saldo (ganho)
Rapadura	Unidade	100 mil	0$080	8:000$000	10:000$000	2:000$000
Riscado de algodão	Corte	300	2$000	600$000	750$000	150$000
Roda de fiar	Unidade	50	5$000	250$000	300$000	50$000
Sal	Alqueire	25 mil	5$000	125:000$000	135:000$000	10:000$000
Sola	Meio	2 mil	3$000	6:000$000	7:200$000	1:200$000
Suínos	Cabeça	7 mil	10$000	70:000$000	140:000$000	70:000$000
Total				**562:850$000**	**745:850$000**	**183:000$000**

Fonte: Jornal *O Bom Senso*. Ouro Preto, ano 4, n.º 354, 1855, p.3. **Observação:** não inclui os gêneros alimentícios comercializados para consumo local.

Cerca de 90% do saldo comercial da referida praça decorriam da compra e venda de suínos (vivos ou como toucinho em rama), de gado bovino e de fazendas secas, molhados, ferragens, chumbo e pólvora. Aliás, os negócios com reses e porcos eram os mais rentáveis daquela praça, com margens de 33% e 50%, respectivamente. Os incipientes negócios com café e cal virgem apresentavam margens de 25%, enquanto as costumeiras transações com algodão em rama, riscado de algodão, aguardente de cana, rapadura, polvilho e couros finos davam lucro de cerca de 20%.

Contudo, o representante da câmara de Formiga, em tom excessivamente nostálgico e pessimista, preso a um idealizado tempo de geral prosperidade, queixava que fora o município "outrora florescente empório de todo o centro [da Província]; ele recebia os gêneros deste e o abastecia de sal, fazendas secas e mais gêneros de fora". Não deixando de apontar culpados, ressaltava que "hoje, porém, a Uberaba conquistou-lhe esta vantagem e está, por isso, [o comércio formiguense] circunscrito quase às necessidades locais".[604] Outra, contudo, era a opinião do entusiasta redator do jornal *O Bom Senso*. Bastante otimista, preferiu focar no futuro alvissareiro que vislumbrava para aquela praça comercial. Avaliando os números das transações mercantis conduzidas no ano anterior, destacou que, "para um país novo, é já muito; não é, contudo, ainda o que pode ser, o que prometem a posição topográfica do país, a riqueza do solo, a navegação do rio de São Francisco [...], e a estrada que [...] faz atualmente alinhar pelo engenheiro Aroeira, desta Vila [da Formiga] para São João del Rei".[605]

Finalizando, importa acrescentar sucintos registros feitos pelo suíço J. J. von Tschudi em um compêndio geográfico escrito em 1858, com base em suas viagens por vários cantos de Minas. No tocante ao Centro-Oeste mineiro, depois de registrar, com evidente exagero, que, no Tamanduá, havia "outrora ricas lavagens de ouro", informou que o município se caracterizava por "uma agricultura que não progride (algodão, de que é feito um tecido grosseiro), [pela] criação de suínos; e [por] alguma lavagem de ouro (de 500 a 600 oitavas por ano)". A respeito de Oliveira, os registros são ainda mais parcos, apenas referindo-se às suas atividades agrícolas, pecuária e alguma mineração. Sobre Formiga, lembrou ser o município ainda pouco povoado, "apesar das esplêndidas terras; e tem agricultura, pecuária, e alguma indústria de algodão", mas nada informou acerca de sua movimentada praça comercial. Ao tratar de Piumhi, foi von Tschudi um pouco mais detalhista; registrou que, embora "pouco povoado", o solo do município era "excelente para cana-de-açúcar, café e algodão". Destacou ainda a "criação de equinos, muares e principalmente suínos; e [que] produz ótimo ferro, que é manufaturado em diversas fundições". Concluiu dizendo que, se Piumhi contasse "com bons meios de comunicação, teria grande progresso".[606]

MEIOS DE COMUNICAÇÃO: IDAS E VINDAS E MUITA EXPECTATIVA FRUSTRADA

A carência de "bons meios de comunicação" não era problema restrito ao município de Piumhi. Ao contrário, todo o Centro-Oeste mineiro vivenciava essa agrura em meados do Oitocentos. Embora a conquista e o povoamento dessa zona tenham sido geograficamente orientados pelo itinerário da Picada de Goiás (aberta na primeira metade do século anterior e encurtada, mais tarde, por Pamplona, que fez a variante por Bambuí na década de 1760) e por certos caminhos dela tributários, suas estradas se encontravam, cem anos depois, em precárias condições de trafegabilidade, dificultando sobremaneira as trocas econômicas intra e inter-regionais.

Vale lembrar que a estrada à que se refere o redator de *O Bom Senso*, em 1855, "desta Vila [da Formiga] para [a cidade de] São João del Rei", era apenas um pedaço, ainda inconcluso, da nova estrada geral idealizada para substituir a velha picada colonial. De fato, aguardava-se, então, com viva esperança, essa construção, que deveria passar por Oliveira e substituir um emaranhado de velhos caminhos, principal entrave ao comércio da zona em estudo, por impor grandes atrasos às viagens e elevar sobremaneira os fretes praticados.

De fato, o intercâmbio comercial entre os municípios de Tamanduá, Formiga, Oliveira e Piumhi e seu então principal mercado consumidor, a Corte carioca, era feito por distintos caminhos convergentes para São João del Rei. A partir dali, havia duas alternativas viárias: ou se tomava o rumo de Barbacena, prosseguindo pelo Caminho Novo até o Rio (e, a partir de 1861, pela nova Estrada União & Indústria); ou seguia-se pelo, já referido, Caminho do Comércio, adentrando a província fluminense no antigo registro do Rio Preto.

A construção da estrada nova entre Formiga e São João del Rei, antes referida, decorria da resolução provincial n.º 407, de 12 de outubro de 1848, que autorizou o governo mineiro a prosseguir com o Caminho do Comércio desde "o lugar denominado Pisarão até a Vila Nova da Formiga, passando pela da Oliveira". Em mensagem enviada à Assembleia Legislativa em 1849, o presidente da Província, José Ildefonso de Souza Ramos, afirmou tratar-se de obra, "sem dúvida, de grande utilidade para esta Província, facilitando as comunicações das comarcas de Paracatu, Paraná, Rio Grande e Rio das Mortes com os principais mercados de suas produções".[607] Dois anos depois, outro presidente, o doutor José Ricardo de Sá Rego, em relatório apresentado à Assembleia, ponderava que prosseguir com aquela estrada até Formiga era uma iniciativa de primeira ordem, por abrir importante canal de comunicação com grande parte do interior da Província e pela "avultada quantia que será necessário despender com ela".[608] Contudo, tendo sido apenas o trecho de São João a Formiga orçado em 169 contos de réis, o referido presidente, considerando a escassez de recursos do Tesouro provincial, decidiu não proceder a imediata arrematação das obras, julgando "mais prudente aguardar a vossa reunião [dos deputados, prevista para 1851] para resolver segundo for o vosso pensamento".[609]

O certo é que pouco, à época, se fez de concreto, pois, em 1860, os vereadores de Oliveira recorriam ao presidente da Província reivindicando urgência para se iniciar a construção da dita estrada, por ser parte da rota em:

> [...] que transita a maior parte do comércio de gados, tropas do centro para a Corte [...], pois é ela a que mais se presta, não só ao comércio de Goiás, como dos municípios da Formiga, Piumhi, Patrocínio, Araxá, Uberaba, Bagagem e Paracatu e outros muitos, do centro [da Província] para a Corte do Rio de Janeiro [...].[610]

Já a câmara de Piumhi, na mesma ocasião, requeria ao governo que, para animar a sua economia, fossem, de imediato, construídas duas pontes: uma no porto do Mota, sobre o rio São Francisco, junto à foz que nele faz o rio Santo Antônio, na estrada que, passando por São Roque, dava acesso às distantes comarcas de Uberaba e Paracatu; e outra sobre o rio Grande, no funil do Morro do Chapéu (próximo da atual cidade de Guapé), para garantir à gente do Centro-Oeste um melhor percurso até Três Pontas, Boa Esperança e outros municípios do Sul de Minas.

CONSTANTES REINVIDICAÇÕES DA CÂMARA DO TAMANDUÁ

Também os vereadores do Tamanduá, reclamando do fraco progresso das atividades mercantis no município, "desde muitos anos", apontavam como causa dessa pouca prosperidade a falta de boas estradas. Em ofício enviado ao governo mineiro no ano de 1858, insistiam que as existentes estavam "em péssimo estado e reclamam com a maior urgência pronto melhoramento", pois "a exportação para o Rio de Janeiro, [e] cidades [de] Diamantina e do Sabará, é feita com extremo sacrifício, até o presente, por falta de estradas que deem trânsito livre e sem algum perigo [...]".[611] Além da nova estrada de Formiga para São João del Rei, os tamanduaenses reivindicavam duas outras: uma, interligando o Tamanduá a Oliveira, devendo se entroncar com a principal; outra, direcionada ao extremo oeste da Província, zona pecuarista por excelência, transpondo o rio São Francisco no porto do Escorropicho (na divisa dos atuais municípios de Lagoa da Prata e Luz).

Nesse antigo local de travessia, pouco abaixo das barras dos rios Bambuí e Santana, estava sendo construída, naquela ocasião, uma grande ponte de madeira de lei, a cargo da empresa Francisco José Bernardes, Irmão & Companhia, concessionária que recebera o privilégio de arrecadar dos transeuntes as taxas de passagem estipuladas pela Lei n.º 451, de 1849, pelo prazo de 40 anos, como contrapartida pelo dispêndio nas obras e sua posterior manutenção. Justificando o empreendimento em curso e alinhado com a percepção generalizada de que a falta de "bons meios de comunicação" era o maior entrave ao progresso do Centro-Oeste mineiro, o então juiz municipal do Tamanduá escreveu às autoridades provinciais que a construção da ponte no rio São Francisco, no lugar denominado Escorropicho, será um:

> [...] grande melhoramento material [...], porquanto com aquela ponte encurtando-se a estrada geral que comunica a praça do Rio de Janeiro com os sertões da Bagagem [no atual Alto Paranaíba], e que se terá de cortar este Termo [do Tamanduá] quase de norte a sul, passando por esta Vila, abrir-se-á um novo e grande mercado aos produtos agrícolas deste Município, por falta do que e de boas vias de comunicação acha-se ele presentemente em lastimável estado [...].[612]

UM PLANO GERAL DE VIAÇÃO PARA A PROVÍNCIA

Em relatório apresentado à Assembleia Legislativa em 1857, o presidente da Província demonstrou sua correta compreensão geral do problema viário: demandas muitas, recursos parcos. Para ele,

> [...] a importância deste ramo da administração pública [pontes e vias de comunicação] cresce todos os dias, à medida que a diminuição dos braços [escravizados] exige a maior divisão do trabalho, e o mais pronto e fácil transporte dos produtos de uns para outros lugares, segundo a variada demanda deles.[613]

E acrescentou: "são, portanto, as vias de comunicação o indispensável elemento de nossa prosperidade material, atenta à posição topográfica da Província, tão distante dos grandes mercados do litoral e à extensão do território, pelo qual se acha disseminada a sua ainda escassa população".[614] Com a visão racional de gestor experimentado, arrematou sua exposição afirmando que:

> [...] de todas as partes se reclamam estradas, pontes e facilidades de transportes, e sem um plano regular de viação, no qual se atenda em primeiro lugar as linhas de grande comunicação, e depois as de menor importância, teremos seguramente de fazer sacrifícios, cujos resultados não correspondem a nossos desejos.[615]

De fato, desde a instalação da Assembleia Legislativa em 1835, a construção e a melhoria de estradas e pontes eram questões recorrentes, a preocupar os deputados mineiros. Já na abertura da primeira legislatura, o presidente Antônio Paulino Limpo de Abreu (futuro visconde de Abaeté), em mensagem aos deputados provinciais, afirmava que "as péssimas estradas são a chave encantada que [por] muitos anos fecha os tesouros da Província, tornando-os quase improdutivos".[616]

Na mesma legislatura, o deputado Bernardo Pereira de Vasconcelos apresentou projeto que, aprovado pela unanimidade de seus pares, se transformou na detalhada Lei n.º 18, "que regula a construção de novas estradas e pontes, estabelece taxas itinerárias e contém diversas providências para levar-se a efeito a referida construção". Para tanto, não só estabelecia um plano geral de viação para a Província, mas entrava em minúcias regulatórias acerca da construção e manutenção de novos caminhos e obras de arte e estabelecia taxas itinerárias e regras para sua cobrança etc. Além da construção por administração direta, com recursos e pessoal próprios da repartição de Obras Públicas, a citada lei previa a alternativa de se construir por meio de companhias concessionárias. Essas deveriam ser estabelecidas com o objetivo precípuo da construção de estradas e pontes, acompanhada do direito de perceber taxas itinerárias que as indenizassem de investimentos, desde que devidamente autorizadas pela Assembleia Legislativa.

De início, a alternativa não se mostrou promissora, por raramente haver empresários dispostos a comprometer seus capitais em negócios com incerto potencial de lucros. Preferiam eles "o prêmio que facilmente alcançam em mãos particulares, aos lucros que possam provir de empresas tentadas por companhias, que lhe parecem contingentes"[617], como afirmou o presidente Bernardo Jacinto da Veiga em mensagem à Assembleia por ocasião da abertura do ano legislativo de 1840. Em muitas situações, não obstante aparecer empresário interessado em arrematar a concessão, inclusive assinando contrato com o governo, terminava por desistir do empreendimento antes mesmo de iniciá-lo.

A PONTE DO ESCORROPICHO E OUTRAS DA MESMA ÉPOCA

Ainda na década de 1840, desistência do empreendedor foi o ocorrido com duas pontes previstas no Centro-Oeste mineiro, ambas sobre o rio São Francisco, cujas construções por empresa haviam sido autorizadas pela Lei n.º 143, de 1839. A primeira, "para servir de comunicação, pelo rio de Santo Antônio, aos habitantes de Uberaba, Desemboque, Araxá etc., com os [habitantes] do arraial de Bambuí e da Vila Nova da Formiga", incluía a "construção da estrada que para este fim for necessário abrir-se".[618] A segunda, deveria ser construída no porto do Escorropicho, juntamente com uma estrada que ligaria o arraial de Bambuí à vila do Tamanduá.

Embora autorizadas as contratações desses empreendimentos, do primeiro com Antônio Luís Teixeira e do segunda com Domingos José Martins, ambos os empresários logo desistiram do intento. Essas pontes só viriam a ser construídas no final da década de 1850, em novo contexto institucional e econômico e por outros empreendedores.

Há outro caso exemplar, na mesma zona geográfica e ocasião. A Lei n.º 331, de 1847, havia autorizado o governo provincial a contratar com o empresário Joaquim Lucidoro de Mendonça a construção de uma ponte sobre o rio de São Francisco, para facilitar as comunicações entre Uberaba, Desemboque e Araxá e o arraial do Bambuí e a vila da Formiga, sem especificação de seu local exato. Não se sabe se um prévio contrato chegou a ser celebrado, mas é certo que a dita obra nem foi começada.

Não obstante ter a Assembleia mineira autorizado, na década de 1850, a construção de algumas estradas e pontes por administração direta (ou seja, pela própria Repartição de Obras Públicas), foi nessa mesma década que se instauraram na Província as condições institucional e econômica favoráveis à construção e exploração de empreendimentos viários por empresas particulares privilegiadas, principalmente após a sanção da Lei n.º 628, de 2 de junho de 1853.

Este marco legal, além de renovar a autorização para o governo provincial contratar a construção de estradas com empresas que receberiam o privilégio monopolista da cobrar taxas itinerárias dos usuários dessas estradas, instituiu dois inovadores mecanismos de estímulo aos empreendimentos. Assim, foi o presidente da Província autorizado a lhes garantir o pagamento, por parte do Tesouro, da remuneração de cinco por cento sobre o capital empregado na construção e manutenção das estradas", além do privilégio exclusivo de operar, por até 50 anos, os serviços de transporte de cargas e passageiros em carros de quatro rodas, carruagens ou diligências, nas mesmas estradas. Foi nesse novo ambiente de negócios que as duas pontes previstas sobre o rio São Francisco no início da década de 1940, uma no Escorropicho, outra no porto do Mota, foram finalmente construídas.

A ponte do Escorropicho, embora contratada desde 7 de outubro de 1851, só foi entregue ao tráfego em 1858, quando se iniciou o prazo de 40 anos para a sua exploração comercial.[619] A empresa concessionária contou com decidido apoio político da câmara do Tamanduá e do então deputado Vigário Alexandrino. A propósito, na época da construção, alguns cidadãos da vila do Tamanduá criaram uma entidade particular, intitulada Diretoria da Sociedade de Estradas, com o objetivo de melhorar as vias de comunicação do município, começando pela abertura de uma estrada que deveria seguir até a ponte do Escorropicho, com 13 léguas de extensão. A câmara municipal, além de autorizar, de pronto, a abertura dessa estrada, oficiou ao governo provincial, em 19 de setembro de 1857, suplicando-lhe "o auxílio possível a uma empresa tão útil e que tem de se tornar este Município [do Tamanduá] relacionado com todo o centro [da Província], em vista das esperanças no melhoramento da estrada, por se tornar essa mais econômica e consumada".[620]

Nesse tempo, o Vigário Alexandrino atuou intensamente no parlamento mineiro em favor do pleito da Diretoria da Sociedade de Estradas, ressaltando, em discurso proferido em 21 de maio de 1858, que eram parcos os recursos da dita entidade "para a realização deste fim tão útil e vantajoso [abertura da estrada para o Escorropicho]; razão porque vem perante vós pedir o limitado auxílio de dois contos de réis para a sua conclusão".[621] Depois de destacar "os esforços da Diretoria e mesmo dos habitantes de Santo Antônio do Monte, que igualmente muito se esforçaram para este fim [...]", o deputado anunciou estar acrescendo, ao aditivo que apresentara ao projeto de lei orçamentária, os recursos requeridos para "o conserto, na mesma linha de estrada, na [travessia da] serra do Urubu, aonde grandes embaraços encontram os tropeiros e viajantes por causa de uma mata que aí há não menos de duas léguas, cujo conserto convenço-me que pouco dispendioso será [...]".[622]

Na mesma época, também a câmara municipal da Formiga procurava melhorar as comunicações da vila e de seus distritos com aquele ponto notável de travessia do rio São Francisco, tendo nomeado, em 1857, uma comissão formada por três cidadãos do arraial dos Arcos para "indicar melhor direção que possa ter a estrada da ponte do Escorropicho em direção a esta vila da Formiga".[623] Ademais, poucos dias antes, o presidente da câmara da Formiga havia determinado ao fiscal distrital de Arcos ir examinar a ponte sobre o rio São Miguel e fazer um orçamento dos consertos necessários. No ano seguinte, na mesma câmara, discutiu-se a necessidade de se construir duas pontes sobre o ribeirão São Domingos, uma na estrada que, da nova ponte do Escorropicho, se dirigia a Arcos e outra que, do mesmo lugar, vai a Formiga, passando pelo povoado de São Simão (atual cidade de Japaraíba).[624]

Em setembro de 1858, encontravam-se concluídas as três primeiras léguas da estrada que ia da vila do Tamanduá para a ponte do Escorropicho. Por outro lado, Francisco José Bernardes e seus sócios haviam se comprometido a abrir, a suas custas, as três primeiras léguas, a partir da ponte, em direção à vila. Aprovado o aditivo do deputado Alexandrino, a Lei n.º 956, sancionada em 6 de junho de 1858, autorizou o governo provincial a despender "a quantia de dois contos de réis para auxiliar a Diretoria da Sociedade [de Estradas do Tamanduá]", ficando, ainda, pelo artigo 2º da mesma lei, autorizados "os consertos necessários na estrada que segue da mesma ponte para São Francisco das Chagas, na [travessia da] serra do Urubu".[625]

Logo após a conclusão da ponte do Escorropicho, também ficou pronta a do porto do Mota, com incrível celeridade para a época, pois passaram menos de três anos entre a contratação, em 20 de setembro de 1857, e sua abertura ao tráfego. Localizada no município de Piumhi, construída pelos sócios Antônio José Rodrigues Barbosa e Manoel Soares de Oliveira, ficou com 500 palmos de extensão, acima dos 370 inicialmente previstos. Devido a isso, o governo estendeu por mais cinco anos o prazo inicialmente previsto da concessão, que era de 20 anos.

Na mesma ocasião, também foi concluída a ponte sobre o rio Grande, no funil do Morro do Chapéu, para facilitar as comunicações entre o Centro-Oeste e o Sul de Minas. Foi executada pela empresa organizada pelo reverendo Domiciano Antônio Machado, fazendeiro rico e vigário da recém-criada freguesia de São Francisco do Aguapé (hoje, Guapé; na época, um pequeno arraial do município de Boa Esperança). A essa empresa o governo concedeu o privilégio de arrecadação das taxas de travessia na dita ponte pelo prazo de 30 anos.

RETOMADA DE UMA VELHA REIVINDICAÇÃO: UMA NOVA ESTRADA DE FORMIGA PARA SÃO JOÃO DEL REI

Não obstante as melhorias pontuais, antes abordadas, que facilitaram a travessia de rios assaz caudalosos e do íngreme trecho montanhoso na serra do Urubu, a efetiva abertura de uma nova estrada geral de ligação de São João del Rei à capital da província de Goiás, passando pela cidade de Formiga, voltara à tona, na segunda metade da década de 1850, como principal reivindicação regional. De fato, eram evidentes a morosidade das decisões governamentais e as idas e vindas dos levantamentos de campo e da elaboração de projeto para a pretendida estrada, que nunca ficavam prontos, de modo a permitir o reclamado início das obras.

Vale lembrar que os estudos de engenharia para essa estrada estiveram a cargo da Repartição de Obras Públicas, desde o início da década de 1850. Couberam, primeiro, ao engenheiro Henrique Guilherme Halfeld e depois, a partir de 1854, a Francisco Eduardo de Paula Aroeira, também engenheiro daquela repartição. Ao segundo foi também confiado o estudo para escolha do melhor local de travessia do rio São Francisco.

Em 1855, o engenheiro Aroeira já havia demarcado o alinhamento de 11 léguas e esboçado o traçado da mesma estrada, suas pontes e demais obras de arte. Faltava, contudo, detalhar a planta geral, bem como elaborar o orçamento por seção, além das plantas e orçamentos das pontes e mais obras complementares. Embora ainda com estudos incompletos, uma estimativa preliminar orçou a construção do trecho entre São João del Rei e Formiga em cerca de 169 contos de réis.

Devido às restrições orçamentárias e à péssima prática de o legislativo provincial alocar simultaneamente recursos reduzidos em inúmeras obras públicas, insuficientes, portanto, para concluí-las, o sucesso de empreendimentos de maior envergadura, como a projetada estrada, dependia da obtenção de vultosos recursos extraordinários, por meio do orçamento geral do Império, ou de sua construção por empresa particular com a contrapartida da cobrança de pedágio.

Tratando especificamente da estrada de São João del Rei a Formiga, o presidente da Província optou pela segunda alternativa ao escrever, em relatório endereçado à Assembleia Legislativa, em 1853: "julgo preferível fazê-la por Empresa, ainda com a concessão de vantagens maiores do que obteve a Companhia União & Indústria" (responsável pela construção da estrada entre Petrópolis e Juiz de Fora), tendo justificado sua opção devido à:

> [...] população e riqueza dos municípios que essa estrada deve atravessar e dos que lhe ficam próximos, o desenvolvimento que vai tendo o comércio e a riqueza das comarcas do Paraná e do Paracatu, a afluência progressiva de população para os terrenos diamantinos do Patrocínio, Uberaba e Goiás, reunindo-se às facilidades que oferece o terreno para a construção da estrada, são condições bastantes para garantir qualquer Empresa a remover os receios que se possa ter de comprometer a Província.[626]

Contudo, não descartou a inviabilidade de sua preferência, pois a Assembleia Provincial poderia decidir por "construí-la por Administração". Se fosse essa a escolha, o presidente Luiz Antônio Barbosa alertava, no mesmo relatório, que deveriam, então, os parlamentares "proporcionar a extensão dos meios à importância das obras", pois, segundo ele, "quando se tem de empregar pequenas quantias não se pode estabelecer administração conveniente".[627]

De fato, a maioria da Assembleia optou pela construção por administração direta (ou seja, pela própria Repartição de Obras Públicas), recorrendo, porém, à Assembleia Geral Legislativa do Império para obter recursos extraordinários, por se tratar de uma estrada de rodagem interprovincial, entre Minas Gerais e Goiás. Atendendo à reinvindicação mineira, foi consignada a quantia de 100 contos de réis no orçamento geral do Império para o exercício de 1858-1859, postos à disposição do Tesouro da Província de Minas Gerais.

Contudo, mesmo com tal dotação de recursos, em 1860, as obras ainda não haviam sido iniciadas. Justificando o atraso, o presidente Carlos Carneiro de Campos dizia que a "falta de um pessoal de engenharia suficiente para acorrer a todas as necessidades do serviço [das Obras Públicas] tem sido um poderoso obstáculo ao começo dos reparos desta estrada [de São João para a Formiga]".[628]

ENQUANTO NÃO SE CONSTROI A PRINCIPAL, BUSCA-SE MELHORAR A VARIANTE

Além da citada dotação de dois contos de réis para auxílio à Diretoria da Sociedade de Estradas do Tamanduá, autorizada pela Lei n.º 956, de 6 de junho de 1858, o orçamento provincial, a vigorar no exercício de 1859-1860, destinou, também por indicação do deputado Vigário Alexandrino, seis contos de réis para a construção das seguintes pontes na variante do Escorropicho: sobre o rio Lambari, no lugar denominado Tejuco, na freguesia de Santo Antônio do Monte; sobre o rio Indaiá, na estrada que ia de Santo Antônio do Monte para a vila do Tamanduá; sobre o rio Bambuí, próximo de sua barra no São Francisco; sobre o rio Samburá; sobre o rio Limoeiro; e, outra sobre o córrego d'Anta.[629] Essas quatro últimas pontes ficavam, então, no município da Formiga, mais precisamente na estrada que, da ponte do Escorropicho, seguia para a nova vila de São Francisco das Chagas do Campo Grande, no alto rio Paranaíba; as duas primeiras, no município do Tamanduá.

Já no primeiro mês de 1859, a câmara municipal do Tamanduá, pela unanimidade de seus membros, alegando ser indispensável, "para que o público goze inteiramente das vantagens que lhe oferece uma tal obra [se referindo à recém- construída ponte do Escorropicho], a melhoria das "estradas que se encaminham para ela, nas quais outras pontes são de inteira necessidade, para que se tornem transitáveis"[630], requeria ao presidente da Província que o quanto antes fossem iniciados os serviços autorizados pelas leis de números 869 e 956, ambas do ano anterior.

Cônscio dos ditames legais e com risco de perda dos primeiros 30 contos de réis repassados ao Tesouro Provincial pelo Ministério do Império, decidiu o presidente Carlos Carneiro de Campos pelo emprego dos referidos recursos na "construção de várias pontes que facilitem as comunicações com a província de Goiás pela ponte do Escorropicho", e em melhorias na "estrada que passando pela Formiga se dirige à dita província", notadamente a reconstrução da ponte sobre o rio São Miguel.[631]

O orçamento das referidas pontes na estrada do Escorropicho e do conserto do trecho que cruzava a serra do Urubu chegou a pouco mais de 11 contos de réis. O da ponte do rio São Miguel, a 5 contos e 855 mil réis. As obras na variante do Escorropicho ficaram a cargo de uma comissão especial composta por três cidadãos estabelecidos na região, designados pela presidência da Província, enquanto as de reconstrução da ponte do rio São Miguel foram arrematadas por empreiteiro.[632]

Pouco depois, em 1860, o novo presidente da Província – conselheiro Vicente Pires da Mota – foi informado por ofício da dita comissão especial, que a ponte sobre o rio Bambuí "acha-se acabada, com toda a perfeição e segurança, já safou-se de uma das maiores enchentes aqui conhecida em razão de uma grande chuva ou tromba de água que a poucos dias teve lugar e não sofreu nenhum abalo".[633] Anexado ao mesmo ofício, seguiu um relatório das despesas feitas com a compra de madeiras para as pontes do Lambari e do Limoeiro, ambas ainda em construção. Em outro anexo, o então comandante da Guarda Nacional em Santo Antônio do Monte e juiz de paz em exercício – tenente-coronel Joaquim Antônio da Silva – atestava que a ponte sobre o rio Bambuí fora "edificada para melhor que possa o orçamento; que os mesmos encarregados vão tratar-se [logo] de fazer o conserto da serra do Urubu e de continuar as demais pontes neste Termo [do Tamanduá] e no da Formiga [...]".[634] Quanto à reconstrução da ponte sobre o rio São Miguel, foi a Assembleia mineira informada, em 1863, de que as obras se encontravam em curso. No ano seguinte, estavam concluídas.[635]

Em novo ofício da mesma comissão especial ao presidente da Província, datado de 27 de março de 1860, referindo-se às pontes a construir na variante do Escorropicho e à melhoria desta na travessia da serra do Urubu, disseram que, "depois de concluídas estas obras, te[re]mos inteira comunicação com a Província de Goiás".[636]

UMA ESTRADA TODA NOVA: UM IMBRÓGLIO SEM FIM

Se as iniciativas pontuais atenderam, pelo menos em parte, às demandas imediatas do município do Tamanduá e do recém-criado de Santo Antônio do Monte, notadamente na variante do Escorropicho[637], as câmaras de Formiga, Oliveira e Piumhi, também a de São João del Rei e mesmo a do Tamanduá, continuaram, por toda a década de 1860, a reclamar providências para construção da nova estrada projetada para a ligação com a província de Goiás, cruzando o Centro-Oeste mineiro. Ela deveria dar prosseguimento ao Caminho do Comércio, que findava em São João del Rei, e conectar-se com o ramal que ligaria essa vila à recém-inaugurada estrada da União & Indústria.

Insistindo na reclamação e com visão mais ampla do que pretendiam, em 12 de maio de 1866, os vereadores de São João relembravam às autoridades provinciais que "a produção e criação e, em geral, o comércio poderia ser muito maior do que são, se não fossem algumas causas que infelizmente os tem feito estacionar; quais sejam, a falta de pontes e estradas que comunique esta cidade com a Corte e com o interior [...]"[638]. Exposto o problema, apontavam a solução: "este inconveniente, porém, espera esta Câmara ver desaparecer com a construção da projetada estrada que da Formiga se dirige a entroncar-se na [estrada] da União & Indústria, passando pela Oliveira, esta cidade [de São João del Rei], São José e Barbacena [...]".[639]

Com efeito, a Lei n.º 1.268, de 2 de janeiro de 1866, autorizou a presidência da Província a executar diversas obras viárias, destacando a construção de cinco "linhas de estradas normais", incluída a que, partindo de Juiz de Fora, devia dirigir-se à cidade de Formiga, passando por Barbacena, São José, São João del Rei e Oliveira. Outra, das cinco previstas, deveria ligar Formiga à cidade de Pitangui. Para a consecução dessas obras, ficou autorizado o Tesouro provincial a levantar recursos, a título de empréstimo, com agentes financeiros, observados certos limites e condições.

Logo delegou-se ao engenheiro Reis Brandão o estudo do plano e orçamento para abertura de uma estrada de rodagem entre Juiz de Fora e Formiga, passando por São João del Rei. Em meados de 1866, apresentou ele o resultado de sua tarefa; na verdade incompleto, pois se restringiu ao primeiro trecho, apenas aquele entre Juiz de Fora a São João del Rei. Depois disso, parece que não se tratou mais desse projeto no âmbito da Repartição de Obras Públicas provincial.

Com efeito, durante toda a década de 1860, especialmente na segunda metade, foram inúmeras as explicações dadas pelo governo da Província para os seguidos insucessos, o vaivém de ordens e contraordens, os sempre inconclusos levantamentos de campo, cálculos e desenhos de gabinete, as verbas perdidas etc. Enfim, as inúmeras adversidades que marcaram o frustrado projeto de se construir uma nova estrada geral ligado Minas a Goiás, pelo Oeste mineiro.

Já findando a década, precisamente em 4 de março de 1869, em vista das persistentes reclamações das câmaras do Tamanduá e de Oliveira, o governo provincial designou, mais uma vez, o engenheiro Aroeira "para examiná-la e indicar os melhoramentos de que ela [a referida estrada] fosse suscetível".[640] Entretanto, no final do segundo semestre daquele ano, a presidência da Província comunicou aos parlamentares mineiros que "o plano e orçamento, incumbidos ao engenheiro Aroeira, da estrada que liga os municípios de São João del Rei, Oliveira, Tamanduá e Formiga", ainda não haviam chegado ao seu conhecimento, acrescentando que, "logo que o engenheiro apresente concluídos esses trabalhos, darei execução à abertura dessa importante via de comunicação, que atravessa municípios populosos e ricos".[641]

Passados dois anos sem avanços concretos, o presidente da Província retornou ao surrado tema, ressaltando que "os estudos feitos [antes de 1869] já não tem merecimento algum, por causa do longo espaço de tempo que há decorrido e por não ter sido balizado o terreno".[642] Não custa relembrar que o referido Aroeira esteve envolvido, desde o distante ano de 1854, com levantamentos e estudos técnicos da nova estrada geral para Goiás. Sabe-se que, nos primeiros anos da década de 1870, a situação continuava a mesma, não estando concluída a transferência das "notas das cadernetas [de campo] para a planta de reconhecimento da direção da estrada de São João del Rei à Formiga [...]".[643] A inadimplência, justificava o vice-presidente em exercício, era por ter o engenheiro Aroeira de se encarregar de outras comissões ao mesmo tempo.

Em relatório apenso ao que o vice-presidente em exercício encaminhou à Assembleia Legislativa em 1870, o engenheiro Modesto de Faria Bello buscou avaliar, em profundidade, as causas das recorrentes postergações dos estudos definitivos, desenho de plantas e feitura do orçamento da nova estrada de São João para a Formiga.

O engenheiro Bello, profundo conhecedor da zona a ser beneficiada, pois natural de Formiga, apresentou, em apertada síntese, justificativa clara e precisa da necessidade de o quanto antes resolver tal imbróglio. Segundo ele, "esta linha é inquestionavelmente uma das mais importantes da Província, por ser a única via de comunicação para o comércio do centro e de toda a parte oeste de Minas 'e de grande parte de Goiás com a Corte".[644] Reforçando sua linha de raciocínio, insistiu que "hoje é ainda pelo primitivo trilho rude e tortuoso, seguido pelos primeiros aventureiros que se internaram por aquele lado da Província, quando, talvez, ainda pertencia à capitania do Rio de Janeiro, que se transportam milhões de arrobas de importação e exportação".[645] Acrescentou que, na falta da estrada pretendida, todo esse transporte continuava a ser feito "com incômodos desanimadores e com um ônus improdutivo que, duplamente, recai sobre os habitantes daquela zona, já como produtores, já como consumidores", realçando, ainda, "a importância desta linha [da Formiga a São João del Rei] duplica-se pela aproximação da Estrada de Ferro D. Pedro II", a qual deveria ela se ligar, mais à frente, em Barbacena.[646]

UM NOVO PLANO DE VIAÇÃO E O ADVENTO DA FERROVIA EM MINAS

No início da década de 1870, um novo plano geral de viação foi elaborado pela Diretoria de Obras Públicas e aprovado pela Lei n.º 1.762. Buscava cobrir os quatro cantos da Província e os disponíveis modos de transporte. Como de regra, começava listando as vias troncais que deveriam ser construídas, dessa vez em número de nove, não esquecendo da de São João del Rei a Oliveira e Formiga, estendida, porém, até Piumhi.

Para o financiamento do ambicioso programa de obras, além da autorização para a Província levantar empréstimo de até 4 mil contos de réis, a referida lei previa a construção inteira ou parcial daquelas estradas por qualquer associação ou companhia, com a contrapartida do pagamento anual de juros sobre o capital empregado e o privilégio de cobrança de pedágios aos transeuntes.

Contudo, a maior novidade da Lei n.º 1.762 foi permitir que a construção das nove vias troncais nela discriminadas fossem feitas na modalidade ferroviária, como prolongamentos da Estrada de Ferro Dom Pedro II ou, então, como ramais desta ferrovia, com idêntica garantia de juros, pelo prazo de até 30 anos.[647]

Nesse novo contexto, um relatório do presidente da Província, divulgado em outubro de 1872, destacava que a construção por empresa de uma linha troncal ferroviária, que de São João del Rei fosse terminar em Piumhi, poderia atender a "todos os interesses dos ricos municípios de São João del Rei, São José del Rei, Tamanduá, Santo Antônio do Monte, Formiga e Piumhi; e, indiretamente, aos não menos ricos municípios de Bonfim, Pará [de Minas], Pitangui e [Dores do] Indaiá [...]".[648]

Todavia, passado um ano da aprovação do novo plano geral de viação, sem que qualquer providência concreta fosse tomada para implementá-lo, votou a Assembleia duas outras leis autorizativas de abertura de estradas na direção do Centro-Oeste mineiro. A primeira, de n.º 1.914, autorizava o governo mineiro a contratar, com garantia de juros e subvenção quilométrica, a companhia que se propusesse a construir um ramal ferroviário que, partindo da E.F. D. Pedro II, na altura das vertentes do rio das Mortes, se dirigisse a um ponto navegável do Rio Grande e, dali, até o limite da Província com Goiás, pelo lado oeste.

Já a Lei n.º 1.918, do mesmo ano de 1872, determinava a abertura de uma estrada de rodagem que começando na cidade de São João del Rei, se dirija aos limites entre as províncias de Minas e Goiás, passando por

Oliveira, Tamanduá, Piumhi e Araxá. Apesar do imperativo de imediato início das obras, previsto no corpo da lei, e da autorização para que nelas fossem aplicados os 100 contos de réis transferidos ao Tesouro provincial pela lei orçamentária nacional no distante exercício de 1858-1859 (que se encontravam, desde então, depositados no Banco do Brasil), além de outros 50 contos por ano, tudo confirma que, mais uma vez, foi frustrado o empreendimento viário tão desejado pelos municípios do Oeste de Minas. Com efeito, desde meados da década de 1860, apenas consertos em pontos localizados do leito estradal e a reforma de uma ou outra ponte de menor porte foram executados no caminho colonial que cruzava a zona geográfica objeto de nosso estudo, em direção a Goiás.[649]

Se realizações concretas continuavam a não acontecer, sobravam as autorizações legislativas de obras, quase sempre frustradas. Já em meados da década de 1870, a Assembleia provincial votou a Lei n.º 2.177, autorizando a construção, por particular, de uma linha férrea de bitola estreita, que, partindo da cidade de São João del Rei e atravessando os municípios de Oliveira, Tamanduá e Formiga, deveria terminar no Porto Real do São Francisco (no atual município de Iguatama). Com tal diretriz viária, também esse empreendimento não se concretizou. Contudo, com base nessa lei, conjugada com a de número 1.982, do ano de 1873, concedeu-se o privilégio de exploração por 50 anos à companhia privada que viesse a construir uma estrada de ferro que, tendo início em entroncamento com a E. F. D. Pedro II, fosse alcançar algum ponto navegável do Rio Grande e de lá se estender até o Alto São Francisco.

Foi esse o suporte legal para a fundação da Estrada de Ferro Oeste de Minas (EFOM), em São João del Rei, no ano de 1877. Com essa iniciativa, as elites mercantil e agrária da zona a ser servida investiram seus capitais com o intuito de contribuir não só para a manutenção da referida cidade como principal entreposto comercial do Oeste mineiro, então ameaçado pelas cidades de Barbacena e Juiz de Fora, já servidas pela E. F. D. Pedro II (depois, Central do Brasil). Buscavam, sobretudo, impulsionar o desenvolvimento da recente indústria regional, por meio do barateamento dos fretes para suas exportações e importações.[650]

Tendo seu marco zero na estação de Sítio, da E. F. Pedro II, no então município de Barbacena, os trilhos da EFOM chegaram a São João em 1881 e a Oliveira no ano de 1888; em Bom Sucesso, um ano antes, e em Carmo da Mata, um ano depois. Em 1890, já se encontravam no arraial do Espírito Santo do Itapecerica (hoje, Divinópolis), onde se inaugurou a estação denominada de Henrique Galvão, e, no ano seguinte, um ramal iria interligar a cidade de Itapecerica (antiga Tamanduá) à linha tronco da EFOM. Seguindo pelo vale do rio Pará, a linha-tronco chegou à cidade de Pitangui em 1892, e, finalmente, alcançou a barra do rio Paraopeba no São Francisco, em 1894. Contudo, o município de Formiga, economicamente o mais importante do Centro-Oeste mineiro à época, somente veio a ser servido por ferrovia em 1909, já em pleno século XX!

Figura 16 – *"Provinces of Minas-Geraes and Espirito Santo"*: **mapa de 1882**

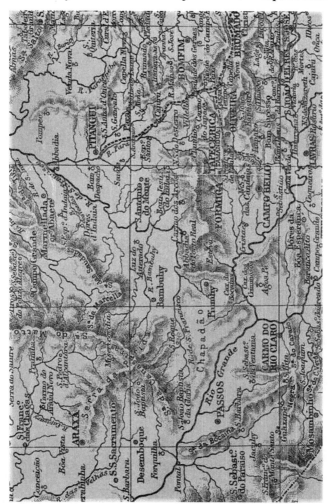

Fonte: Mapa publicado em Londres em 1882, por Kegan Paul, Trench & Co. (o recorte apresentado acima refere-se ao Centro-Oeste de Minas Gerais)

REFERÊNCIAS BIBLIOGRÁFICAS

AB'SÁBER, Aziz Nacib. **Os domínios da natureza no Brasil:** potencialidades paisagísticas. São Paulo: Ateliê Editorial, 2003.

ABREU, Marcelo de Paiva. **O Brasil Império e a economia mundial** (Texto para Discussão n.º 662). Rio de Janeiro: PUC Rio, Departamento de Economia, s/d.

ABREU, Maurício de Almeida. A apropriação do território no Brasil colonial. In: CASTRO, Iná Elias de et al. (org.). **Explorações geográficas:** percursos no fim do Século. Rio de Janeiro: Bertrand Brasil, 1997. p. 197-245.

ADONIAS, Isa; FURRER, Bruno (org.). **Mapa:** imagens da formação territorial brasileira. Rio: Fundação N. Odebrecht, 1993.

ALENCASTRE, José Martins P. de. Anais da Província de Goiás. **Revista do Instituo Histórico e Geográfico Brasileiro**, Rio de Janeiro: B. L. Garnier Livreiros, tomo XXVII, parte 2, p. 72-73, 1864.

ALMEIDA, Carla Maria Carvalho de. **Ricos e pobres em Minas Gerais:** produção e hierarquização social no mundo colonial, 1750-1822. Belo Horizonte: Argumentum, 2010.

ANDRADE, Francisco Eduardo de. **Entre a roça e o engenho:** roceiros e fazendeiros em Minas Gerais na primeira metade do século XIX. Viçosa: Editora UFV, 2008.

ANDRADE, Francisco Eduardo. A conversão do sertão: capelas e "governamentalidade" nas Minas Gerais. **Varia História**, Belo Horizonte, v. 23, n. 37, p 151-166, 2007.

ANDRADE, Francisco Eduardo. Fronteiras e instituições de capelas nas Minas, América portuguesa. **América Latina em la História Económica**, México, DF, n. 35, p. 273-296, jan./jun. 2011.

ARQUIVO NACIONAL (Brasil). **Fiscais e meirinhos:** a administração no Brasil colonial. Rio de Janeiro: Nova Fronteira, 1985.

AS CÂMARAS MUNICIPAIS e a Independência. Rio de Janeiro: Arquivo Nacional / Conselho Federal de Cultura. Comemorações ao Sesquicentenário da Independência, 1973. Vol.1 e 2.

AS JUNTAS GOVERNATIVAS e a Independência. Rio de Janeiro: Arquivo Nacional / Conselho Federal de Cultura. Comemorações ao Sesquicentenário da Independência, 1973. Vol. 2.

AUTO DE POSSE dos quilombos das serras da Marcela, Canastra, etc. 1759 / Auto de posse do sertão do Campo Grande, 1759. *In*: **Documentos Interessantes para a História e Costumes de S. Paulo**. Divisas de São Paulo e Minas Gerais, 1896. Vol. XI p. 60-62.

BARBOSA, Faber Clayton. **Pitangui entre Impérios:** conquistas e disputas de poder nos sertões Oeste das Minas Gerais, 1720-1765. 2015. Dissertação (Mestrado em História) – Universidade Federal de Ouro Preto (UFOP), Ouro Preto, 2015.

BARBOSA, Waldemar de Almeida. **A decadência das minas e a fuga da mineração**. Belo Horizonte: Editora da UFMG, 1971.

BARBOSA, Waldemar de Almeida. **Dicionário da terra e da gente de Minas**. Belo Horizonte: Imprensa Oficial, 1985.

BARBOSA, Waldemar de Almeida. **Dicionário Histórico-Geográfico de Minas Gerais**. 2. ed. Belo Horizonte: Itatiaia, 1995

BARBOSA, Waldemar de Almeida. **História de Minas**. Vol. 3 (Formação Histórica). Belo Horizonte: Editora Comunicação, 1979.

BERGARD, Laird W. **Escravidão e história econômica:** demografia de Minas Gerais – 1720-1880. Bauru, SP: EDUSC, 2004.

BITTENCOURT, Vera Lúcia Nagib. **De Alteza Real a Imperador:** o governo do príncipe D. Pedro, de abril de 1821 a outubro de 1822. 2006. Tese (Doutorado em História Social). São Paulo: Universidade de São Paulo, 2006.

BORGES, José Gomide. **O sertão de Nossa Senhora das Candeias da Picada de Goiás**. Belo Horizonte: Consórcio Mineiro de Comunicação, 1992

CARRARA, Ângelo Alves. A pecuária: rebanhos e distribuição geográfica. *In*: LAGE DE RESENDE, Maria Efigênia; VILALTA, Luiz Carlos (org.). **História de Minas Gerais: A Província de Minas, 1**. Belo Horizonte: Autêntica Editora; Companhia do Tempo, 2013. p. 317-328.

CARRARA, Ângelo Alves. **Contribuição para a história agrária de Minas Gerais – Séculos XVIII-XIX**. Mariana: UFOP, 1991.

CARRARA, Ângelo Alves. **Minas e currais:** produção rural e mercado interno em Minas Gerais, 1674/1807. Juiz de Fora: Editora de UFJF, 2007.

CARVALHO FRANCO, Francisco de Assis. **Dicionário de Bandeirantes e Sertanistas do Brasil, Séculos XVI-XVII-XVIII**. São Paulo: Comissão do IV Centenário da Cidade de São Paulo, Serviço de Comemorações Culturais, 1954.

CARVALHO, Daniel de. Formação histórica das Minas Gerais. *In:* PRIMEIRO SEMINÁRIO DE ESTUDOS MINEIROS. Universidade de Minas Gerais, 1957. **Anais** [...]. Belo Horizonte: Imprensa da UMG, 1957.

CARVALHO, Theophilo Feu de. **A força pública policial de Minas Gerais**: 1831-1890. Belo Horizonte: PMMG, APM e Fundação João Pinheiro, 2014.

CARVALHO, Theophilo Feu de. **Comarcas e Termos:** criações, supressões, restaurações e desmembramentos de comarcas e termos em Minas Gerais (1719-1915. Belo Horizonte: Imprensa Oficial, 1916.

CASAL, Manuel Aires de. **Corografia brasílica ou Relação histórico-geográfica do Reino do Brasil**. Belo Horizonte: Ed. Itatiaia; São Paulo: Ed. da USP, 1976.

CASTILHO, Alice Silva de. **Rede hidrometeorologia e caracterização física da bacia do Alto São Francisco:** sub bacia 40. Belo Horizonte: CPRM, 1996.

CETEC. Fundação Centro Tecnológico de Minas Gerais. **Estudos integrados de recursos naturais:** bacia do Alto São Francisco e parte central da Área Mineira da Sudene: relatório final. Belo Horizonte: CETEC, 1983.

COELHO, José João Teixeira. **Instrução para o Governo da Capitania de Minas Gerais**. Belo Horizonte: Fundação João Pinheiro, 1994.

COELHO, Pedro H. Leão. **Terra e trabalho no sul de Minas:** produção de alimentos e mercado interno no século XIX. 2015. Dissertação (Mestrado em História) – Universidade Federal de Juiz de Fora (UFJF), Juiz de Fora, 2015.

CORRÊA, Leopoldo. **Achegas à História do Oeste de Minas**. 2. ed. Belo Horizonte: CMC, 1993.

COSTA, Joaquim Ribeiro. **Toponímia de Minas Gerais**. Belo Horizonte: BDMG Cultural, 1997.

COSTA E SILVA, Alberto da (coord.). **Crise colonial e independência:** 1808-1830. Rio de Janeiro: Editora Objetiva, em coedição com Fundación Mapfre (Madrid), 2011.

COSTA, Antônio Gilberto (org.). **Cartografia da conquista do território das Minas**. Belo Horizonte: Editora UFMG; Lisboa: Kapa Editorial, 2004.

CUNHA, Alexandre Mendes. **Vila Rica – São João del Rei:** as voltas da cultura e os caminhos do urbano entre os séculos XVIII e XIX. 2002. Dissertação (Mestrado em História) – Universidade Federal Fluminense (UFF), Niterói, 2002.

DINIZ, Sílvio Gabriel. **Apontamentos para a história de Pitangui**. Belo Horizonte: Imprensa Oficial, 1965.

DORNAS FILHO, João. Povoamento do Alto São Francisco. **Sociologia**, São Paulo: Escola de Sociologia e Política de São Paulo, v. XVIII, n. 1, 1956.

ESCHWEGE, Barão de. Notícias e reflexões estatísticas sobre a Província de Minas Gerais. **Revista do APM**, v. 4, n. 4.

ESCHWEGE, Wilhelm Ludwig von. **Brasil, novo mundo**. Belo Horizonte: Fundação João Pinheiro, 1996.

ESCHWEGE, Wilhelm Ludwig von. **Jornal do Brasil, 1811-1817; ou relatos diversos do Brasil, coletados durante expedições científicas**. Belo Horizonte: Fundação João Pinheiro, 2002.

ESCHWEGE, Wilhelm Ludwig von. **Pluto Brasiliensis**. São Paulo: Cia. Editora Nacional, 1944.

FAUSTO, Boris. **História do Brasil**. 2. ed. São Paulo: Editora da Universidade de São Paulo, 1995.

FERNANDES, Renata Silva. Unir e dividir: as controvérsias em torno da organização político-administrativa do território da Província de Minas Gerais (1825-1834). **Revista de História Regional**, Ponta Grossa, v. 22, n. 2, 2017.

FERREIRA, Jurandyr Pires (coord.). **Enciclopédia dos municípios brasileiros**. Vol. 9. (Grande Região Leste: o São Francisco). Rio de Janeiro: IBGE, 1960.

FONSECA, Cláudia Damasceno. **Arraiais e Vilas Del Rei**. Belo Horizonte: Editora da UFMG, 2011.

FONSECA, Thais Nívia de Lima e. **O ensino régio na Capitania de Minas Gerais:** 1772-1814. Belo Horizonte: Autêntica Editora, 2010.

FURTADO, João Pinto. **O manto de Penélope:** história, mito e memória da Inconfidência Mineira de 1788-9. São Paulo: Companhia das Letras, 2002.

GERBER, Henrique. **Noções geográficas e administrativas da Província de Minas Gerais**. Belo Horizonte: Fundação João Pinheiro, 2013.

GODOY, Marcelo Magalhães. **No país das minas de ouro a paisagem vertia engenhos de cana e casas de negócios**: um estudo das atividades agroaçucareiras tradicionais mineiras, entre o Setecentos e o Novecentos, e do complexo mercantil da província de Minas Gerais. Belo Horizonte: FACE-UFMG, 2019. 2 vols.

GOMES, Maria do Carmo Andrade (org.). **A canção das palmeiras:** Eugenius Warming, um jovem botânico no Brasil. Belo Horizonte: Fundação João Pinheiro, 2006.

GUIMARÃES, Carlos Magno. Escravidão, quilombos e seguro no Códice Costa Matoso. **Varia História**, Belo Horizonte: FAFICH-UFMG, n. 21, p. 247-258, jul. 1999.

HALFELD, Henrique G. F.; TSCHUDI, Johann J. von. **A província brasileira de Minas Gerais**. Belo Horizonte: Fundação João Pinheiro, 1998.

IGLÉSIAS, Francisco. **Política econômica do governo provincial mineiro (1835-1889)**. Rio de Janeiro: MEC/Instituto Nacional do Livro, 1958.

LAGE DE RESENDE, Maria Efigênia; VILALTA, Luiz Carlos (org.). **História de Minas Gerais:** As Minas Setecentistas, 1 e 2. Belo Horizonte: Autêntica; Companhia do Tempo, 2007.

LAGE DE RESENDE, Maria Efigênia; VILALTA, Luiz Carlos (org.). **História de Minas Gerais:** A Província de Minas, 1 e 2. Belo Horizonte: Autêntica; Companhia do Tempo, 2013.

LAMOUNIER, Bolívar. **Moinho, esmola, moeda, limão:** conversa em família. São Paulo: Augurium Editora, 2004.

LAZZARINI, Júlia L. V. **O clero para além do sagrado:** atuação política dos padres – Minas Gerais, 1833-1837. 2020. Dissertação (Mestrado em História) – Universidade Federal de São João del Rei (UFSJ), São João del Rei, 2020.

LEITE, Ilka Boaventura. **Antropologia da viagem:** escravos e libertos em Minas Gerais no século XIX. Belo Horizonte: Editora da UFMG, 1996.

LENHARO, Alcir. **As tropas da moderação:** o abastecimento da Corte na formação política do Brasil – 1808-1842. Rio de Janeiro: Secretaria Municipal de Cultura, Turismo e Esportes, 1993. (Biblioteca Carioca, v. 25).

LIBBY, Douglas Cole. **Transformação e trabalho em uma economia escravista:** Minas Gerais no século XIX. São Paulo: Brasiliense, 1988.

LIBBY, Douglas Cole; GRIMALDI, Márcia. Equilíbrio e estabilidade: economia e comportamento demográfico num regime escravista, Minas Gerais no século XIX. **Anais do VI Encontro Nacional de Estudos Populacionais**, v. 3, 1988. p. 412-442.

LIMA, Filipe Moreira Alves. **Elites econômicas e atividades agropastoris de abastecimento:** São João e São José del Rei, 1750-1808. 2017. Dissertação (Mestrado em História) – Universidade Federal de São João del Rei (UFSJ), São João del Rei, 2017.

LOURENÇO, Luís Augusto Bustamante. **A Oeste das Minas:** escravos, índios e homens livres numa fronteira oitocentista – Triângulo Mineiro (1750-1861). Uberlândia: EDUFU, 2005.

MAGALHÃES, Basílio. **Expansão geográfica do Brasil Central.** São Paulo: Cia. Editora Nacional, 1935.

MARTINS, Helena Teixeira. **Sedes de fazendas mineiras:** Campos das Vertentes, séculos 18 e 19. Belo Horizonte: BDMG Cultural, 1998.

MARTINS, Maria do Carmo Salazar. Revisitando a Província: comarcas, termos, distritos e população de Minas Gerais em 1833-35. *In*: **20 anos do Seminário sobre a Economia Mineira – 1982-2002:** coletânea de trabalhos. Belo Horizonte: UFMG/FACE/Cedeplar, 2002. p. 51-90.

MARTINS, Roberto Borges. A indústria têxtil doméstica de Minas Gerais no século XIX. *In:* SEMINÁRIO SOBRE A ECONOMIA MINEIRA, 2., 1983, Belo Horizonte. Anais [...]. Belo Horizonte: CEDEPLAR/ FACE/ UFMG, 1983. p. 77-94.

MARTINS, Roberto Borges. **Crescendo em silêncio:** a incrível economia escravista de Minas Gerais no século XIX. Belo Horizonte: ICAM/ABPHE, 2018.

MARTINS, Roberto Borges. **Minas e o tráfico de escravos no século XIX, outra vez.** Belo Horizonte: Belo Horizonte: CEDEPLAR/FACE/UFMG, 1994.

MARTINS, Tarcísio José. **Moema:** as origens do Doce. 2. ed. Belo Horizonte: Imprensa Oficial, 2012.

MATA Sergio da. **Chão de Deus:** catolicismo popular, espaço e proto-urbanização em Minas Gerais, Brasil – Séculos XVIII-XIX. Berlin: Wiss. Verl. Berlin, 2002.

MATOS, Raimundo José da Cunha. **Corografia história da província de Minas Gerais (1837)**. Belo Horizonte: Imprensa Oficial, 1979. (Série Publicações do APM, n. 3).

MATOS, Raimundo José da Cunha. **Itinerário do Rio de Janeiro ao Pará e Maranhão pelas províncias de Minas Gerais e Goiás**. Belo Horizonte: ICAM, 2004.

MAXWELL, Kenneth R. **A devassa da devassa:** a Inconfidência Mineira, Brasil – Portugal – 1750-1808. 2. ed. Rio de Janeiro: Editora Paz e Terra, 1978.

MELLO E SOUZA, Laura de. Formas provisórias de existência: a vida cotidiana nos caminhos, nas fronteiras e nas fortificações. *In*: MELLO E SOUZA, Laura de (org.). **História da vida privada no Brasil:** cotidiano e vida privada na América portuguesa - 1. São Paulo: Companhia das Letras, 1997. p. 41-81.

MELLO E SOUZA, Laura de. **Norma e Conflito:** aspectos da história de Minas no século XVIII. Belo Horizonte: Editora UFMG, 1999.

MELO, Pablo Hendrigo Alves *et al*. Composição florística de angiospermas no carste do Alto São Francisco, Minas Gerais, Brasil. **Rodriguésia**, v. 64, n. 1, p. 29-36, 2013.

MORAES, Dilma. **Santo Antônio do Monte:** doces namoradas, políticos famosos. Belo Horizonte: Minas Gráfica Editora, 1983.

NORONHA, Gilberto Cesar de. **Joaquina do Pompeu:** tramas de memórias e histórias nos sertões do São Francisco. Uberlândia: EdUFU, 2007.

OLIVEIRA, Francisco de Paula. Exploração das minas de galena do ribeirão do Chumbo, afluente do Abaeté e estudo da zona percorrida de Ouro Preto até esse lugar. **ANNAES da Escola de Minas de Ouro Preto**, Rio de Janeiro: Tipografia Nacional, n. 1, p. 35-94, 1881.

PAGANO DE MELLO, Christiane Figueiredo. A centralização política e os poderes locais ultramarinos: as câmaras municipais e os corpos militares. **História Social**, Campinas, n. 11, p. 153-172, 2005.

PAIVA, Clotilde A.; LIBBY, Douglas C. Caminhos alternativos: escravidão e reprodução em Minas Gerais no século XIX. **Estudos econômicos**, São Paulo, v. 25, n. 2, p. 203-233, 1995.

PAIVA, Clotilde Andrade. **População e economia nas Minas Gerais do século XIX**. Tese (Doutorado em História) – Universidade de São Paulo, São Paulo, 1996.

PINTO, Francisco Eduardo. **A hidra de sete bocas:** sesmeiros e posseiros em conflito no povoamento das Minas Gerais. Juiz de Fora: Editora da UFJF, 2014.

POHL, Johann Emanuel. **Viagem no interior do Brasil.** Belo Horizonte: Ed. Itatiaia; São Paulo: Editora da USP, 1976.

PRADO JÚNIOR, Caio. **Formação do Brasil contemporâneo:** colônia. São Paulo: Brasiliense; Publifolha, 2000.

REVISTA do Instituto Histórico e Geográfico de São Paulo. São Paulo: 1898/1899. Vol. 4

RIBEIRO, Ricardo Ferreira. **Florestas anãs do Sertão:** o cerrado na história de Minas Gerais. Belo Horizonte: Autêntica, 2005.

ROCHA, José Joaquim da. **Geografia histórica da capitania de Minas Gerais.** Belo Horizonte: Fundação João Pinheiro, 1995.

RODARTE, Mario Marcos Sampaio. **O trabalho do fogo:** domicílios ou famílias do passado – Minas Gerais, 1830. Belo Horizonte: Editora UFMG, 2012.

RODRIGUES, Laércio. **História de Bom Despacho.** Belo Horizonte: Imprensa Oficial, 1968.

ROMEIRO, Adriana; BOTELHO, A. Vianna. **Dicionário histórico das Minas Gerais:** período colonial. Belo Horizonte: Autêntica Editora, 2013.

ROMEIRO, Adriana. Pitangui em chamas: rebeldia e cultura política no século XVIII. *In*: CATÃO, Leandro Pena. **Pitangui colonial:** história e memória. Belo Horizonte: Crisálida, 2011. p. 27-46.

SAINT-HILAIRE, Auguste de. **Quadro geográfico da vegetação primitiva na província de Minas Gerais.** Belo Horizonte: Fino Traço, 2011.

SAINT-HILAIRE, Auguste. **Viagem às nascentes do rio São Francisco.** Belo Horizonte: Ed. Itatiaia; São Paulo: Editora da USP, 1975a.

SAINT-HILAIRE, Auguste. **Viagem pelas províncias do Rio de Janeiro e Minas Gerais.** Belo Horizonte: Ed. Itatiaia; São Paulo: Editora da USP, 1975b.

SALGADO, Graça (org.). **Fiscais e meirinhos:** a administração no Brasil colonial. Rio de Janeiro: Nova Fronteira, 1985.

SANTOS, Weber Luiz dos. **A estrada de ferro Oeste de Minas:** São João del Rei (1877/1898). 2009. Dissertação (Mestrado em História) – Universidade Federal de Ouro Preto (UFOP), Ouro Preto, 2009.

SILVA, José Joaquim. **Tratado de geografia descritiva especial da província de Minas Gerais**. Belo Horizonte: Fundação João Pinheiro, 1997.

STUMPF, Roberta Giannubilo. Minas contada em números – a capitania de Minas Gerais e as fontes demográficas (1776-1821). **Revista Brasileira de Estudos Populacionais**, Belo Horizonte, v. 34, n. 3, p. 529-548, set./dez. 2017.

TAUNAY, Afonso de E. **Relatos Sertanistas**. Belo Horizonte: Editora Itatiaia, 1981.

TRINDADE, Cônego Raimundo. **Instituições de igrejas no bispado de Mariana**. Rio de Janeiro: Ministério da Educação e Saúde/SPHAN, 1945.

TRINDADE, Jose da Santíssima, dom Frei. **Visitas pastorais de dom Frei José da Santíssima Trindade (1821-1825)**. Belo Horizonte: Fundação João Pinheiro, 1995.

VASCONCELOS, Diogo de. **História média das Minas Gerais**. Belo Horizonte: Editora Itatiaia, 1974.

VASCONCELOS, Diogo Pereira Ribeiro de. **Breve descrição geográfica, física e política da capitania de Minas Gerais**. Belo Horizonte: Fundação João Pinheiro, 1994.

VASCONCELOS, Diogo Pereira Ribeiro de. Questão dos limites. **Revista do APM**, Belo Horizonte: XVI/1, p. 107-123, 1911.

VELLASCO, Ivan de Andrade. A justiça imperial em São João del Rei. *In*: VENÂNCIO, Renato Pinto; ARAÚJO, Maria Marta (org.). **São João del Rei, uma cidade no Império**. Belo Horizonte: Secretaria de Estado de Cultura, Arquivo Público Mineiro, 2007. p. 67-82.

VELLOSO, Herculano. **Ligeiras memórias da vila de São José nos tempos coloniais**. Belo Horizonte: Imprensa Oficial, 1955.

WEHLING, Arno; WHELING, Maria José. Exército, milícias e ordenanças na Corte Joanina: permanências e modificações. **Revista DaCultura**, ano VIII, n. 14, p. 26-32, 2008.

Documentação arquivística consultada

Acervo Curt Lange – UFMG

Série 9 – Documentos Raros, Subsérie 9.2, Dossiê 9.2.17, Item Documental 9.2.17.20

Arquivo da Cúria Metropolitana de São Paulo (ACMSP) – São Paulo – SP

Autos de habilitação sacerdotal "de genere, vita et moribus" do padre Joaquim José da Silveira: SP, SP ACMSP, parte A, 1805 e seguintes, estante 2, gaveta 9, n.º 792.

Arquivo do Escritório Técnico do IPHAN – São João del Rei – MG

Testamento e Inventário "post mortem" do mestre de campo e regente Inácio Correa Pamplona, 1810/1821, Caixa 100.

Testamento de Antônio de Miranda Varella (SJT – 00947 – IPHAN, Cx. 143, 1816).

Testamento de Francisca Maria de Mesquita (SJT – 02557 – IPHAN, Cx. 85, 1816).

Testamento de Francisco da Costa Azevedo (SJT – 02616 – IPHAN, Cx. 09, 1814).

Testamento de Manoel José da Silveira (SJT – 00734 – IPHAN, Cx. 132, 1822).

Inventário de Francisca Maria de Mesquita (SJI – 04293 – IPHAN, Cx. 389, 1817).

Inventário de Francisco José de Mesquita (SJI – 04267 – IPHAN, Cx. 386, 1827).

Arquivo Histórico do Exército (AHEx) – Rio de Janeiro – RJ

ROCHA, José Joaquim da (1778). "Mapa da Comarca do Rio das Mortes pertencente à Capitania de Minas Gerais, que mandou descrever o Ilmo. e Exmo. Senhor Dom Antônio de Noronha, Governador e Capitão General da mesma Capitania, segundo as mais exatas informações".

Arquivo Histórico Ultramarino (AHU) – Lisboa, Portugal

AHU - Avulsos MG: Cx. 155, Doc. 7 09/12/A800.

AHU - Documento 47, Cx.177.

AHU – Projeto Resgate, Minas Gerais (1680-1832): Cx. 47, Doc. 177; Cx. 155, Doc. 7 09/12/A800; Cx. 167, Doc. 24, anexo n.º 2, Código 12.513; Cx. 167, Doc. 24, anexo n.º 3, código 12.513; Cx. 167, Doc. 24, anexo n.º 5, código 12.513; Cx.156, Doc. 20; Cx.47, Doc. 177 [Requerimento do Cel. Inácio Correia Pamplona, pedindo remuneração com mercês pelos distintos serviços. Em anexo, vários documentos]; Cx. 177, Doc. 47 [Mapa dos números de pessoas [...] estabelecidas na Conquista do Campo Grande e Picada de Goiás]; Cx. 182, Doc. 60.

Arquivo Público Mineiro (APM) – Belo Horizonte – MG

APM, SG, Cx. 56, Doc. 23 - "Lista das cobranças dos dízimos da freguesia de Tamanduá, pertinentes à Real Fazenda, feita pelo sargento-mor Tomás Joaquim de Almeida Trant, referente ao triênio de 1790, 1791 e 1792".

Diversos: APM – SG, caixa 41, doc. 26; APM – SC, SG, caixa 44, doc. 30; APM – SC, SG, caixa 56, doc. 51; APM – SC, SG, caixa 57, doc. 96; APM – SC, SG, caixa 58, doc. 41; APM – SC, SG, Cx. 56, doc. 51; APM – SC, SG, Cx. 57, doc. 96; APM SG, Cx. 125, doc. 68.

Registros de Sesmarias: APM SC códice 42, p. 99-100; APM, SC Cod. 76 [apud BARBOSA, W. de Almeida. *A Decadência das [...]*, p.34]; APM, SC Cod. 90, p.37v; APM, SC Cod. 106, p.140; APM, SC códice 117; APM, SC Cod. 129, p.99; APM – SC, códice 129, f.149; APM – SC, códice 129, f.216; APM, SC códice 156, p. 177v; APM – SC, códice 172, f.43; APM, SC códice 172, p. 57; APM, SC códice 206, p. 41; APM, SC, Cod.229, f. 5v a 7v; APM, SC códice 234, p. 166; APM – SC, códice 277, f.256; APM, SC códice 286, p.237; APM, SC códice 293, p. 111; APM, SC códice 293, p. 57; APM, SC, avulsos, cx.41, doc. 27.

Revista do Arquivo Público Mineiro: RAPM, v. 17, p.226-242; RAPM, v. 2, fasc. 1897, p.372-373; RAPM, v. 2, fasc.1, 1897, p.95-96; RAPM, v. 2, fasc.1, 1897, p.99-101; RAPM, v. 6, fasc.1, 1901, p.192; RAPM, v. 6, fasc.1, 1901, p.192; RAPM, v. 17, p.226-242; RAPM, v. 2, 1897, p.382-383.

APM, Cod. 085, Doc. 01: ROCHA, José Joaquim da (1780). "Mapa da Capitania de Minas Gerais com a Divisa de suas Comarcas".

APM, Fundo Casa dos Contos, CC, Cx. 22, doc. 10.456, 24/02/1807: Lista dos 34 distritos compreendidos dentro dos limites do Termo da Vila de São Bento do Tamanduá e dos seus respectivos Oficiais, preparada pelo Capitão-mor João Quintino de Oliveira".

APM, Casa dos Contos, Cx.84, planilha 20.207, ano 1818: Relação das pessoas que se acham estabelecidas com fazendas no termo da vila de São Bento do Tamanduá, Bambuí e Piumhi".

APM – SPPP1/6, Cx. 05, Doc. 21: Lista dos negócios de fazenda seca e molhados do Reino e do País, do distrito de Santo Antônio do Monte, 1836.

Listas Nominativas de Habitantes (1832): APM PP 1/10, Cx. 46, Doc. 04 – Santo Antônio do Monte; APM PP 1/10, Cx. 40, Doc. 05 – Formiga.

Livros da "Lei Mineira" (diversos anos). Disponível em: siaapm.cultura.mg.gov.br/ módulos/leis_mineiras.

Biblioteca Municipal "Batista Caetano de Almeida" – São João del Rei – MG

"Auto de Posse" (CSJR-PAP 144, fls. 90-90v).

Biblioteca Nacional (BN) – Rio de Janeiro – RJ

Anais da Biblioteca Nacional, v. 108, Rio de Janeiro, 1988, p.47-113.

Seção de Manuscritos, Arquivo Conde de Valadares, Códice MS 571(1), Doc. 7: Carta de Inácio Correia Pamplona ao Conde de Valadares, s/l, s/d.

Câmara dos Deputados – Brasília – DF

Collecção das Decisões do Governo de 1816 [...]: Decisão N.38 – Reino – Resolução de consulta da Mesa de Consciência e Ordens em 14 de novembro de 1816 – Erige em freguezia a capella do Senhor Bom-Jesus do Campo Bello do Bispado de Mariana. Disponível em: www2.camara.leg.br/ atividade-legislativa/legislação/doimperio/colecao1.html.

Collecção das Leis do Império do Brazil: Disponível em: www2.camara.leg.br/ atividade-legislativa /legislação/doimperio/colecao3.html.

Brasil, Minas Gerais, Registros da Igreja Católica, 1706-1999.

Database with images. *FamilySearch*. https://FamilySearch.org: 10 October 2022. Paróquias Católicas (Catholic Church parishes), Minas Gerais.

Fontes Impressas

ABREU, Antônio Paulino Limpo de. **Fala do Exmo. Presidente da Província de Minas Gerais na Assembleia Legislativa Provincial**. Ouro Preto, Tipografia de O Universal, 1835.

FALA dirigida à Assembleia Legislativa Provincial de Minas Gerais, na sessão ordinária do ano de 1846, pelo presidente da Província, Quintiliano José da Silva. Ouro Preto, 3 de fevereiro de 1846, p. 50, 53-55 e 66.

ANAIS da Assembleia Legislativa Provincial de Minas Gerais, em **O Bom Senso**, ano 3, n.º 231, p. 4-5.

ANAIS da Assembleia Legislativa Provincial de Minas Gerais, em **O Bom Senso**, ano 5, n.º 395, p. 3.

ANAIS da Assembleia Legislativa Provincial de Minas Gerais, em **Correio Official de Minas**, ano II, publicado em Ouro Preto em 8 de julho de 1858, p. 1 e 2.

ANAIS da Assembleia Legislativa Provincial de Minas Gerais, em **Correio Official de Minas**, ano II, nºs. 124 a 148. 1858.

ANAIS da Assembleia Legislativa Provincial de Minas Gerais", em **Correio Official de Minas**, ano III, n.º 247, p. 5. 1859.

ANAIS da Assembleia Legislativa Provincial de Minas Gerais", em **Correio Official de Minas**, ano III, n.º 247, p. 8-9. 1859.

ANAIS da Assembleia Legislativa Provincial de Minas Gerais, em **Correio Official de Minas**, ano III, n.º 275, p. 2-3, 1859.

ANAIS da Assembleia Legislativa Provincial de Minas Gerais, em **Noticiador de Minas**, ano III, n.º 223, p. 1, e n.º 236, p. 4. 1870.

O Bom Senso [jornal]. Ouro Preto, ano 4, n.º 354, p. 2-3. 1855.

PENA, Herculano Ferreira. **Relatório que à Assembleia Legislativa apresentou o Conselheiro Herculano Ferreira Pena, Presidente da mesma Província**, 28.04.1857. Ouro Preto: Tipografia Provincial, 1857.

RAMOS, José Ildefonso de Souza. **Fala dirigida à Assembleia Legislativa**, 31.07.1849. Ouro Preto, Tip. Imparcial, 1849, p. 15-16.

REGO, José Ricardo de Sá. **Relatório que à Assembleia Legislativa da Província de Minas Gerais, apresentou na Seção Ordinária de 1851 o doutor José Ricardo de Sá, Presidente da mesma Província**. Ouro Preto, Tip. Social, 1851, p. 14-16.

RELATÓRIO que à Assembleia Legislativa Provincial de Minas Gerais apresentou o doutor Luís Antônio Barbosa, Presidente da mesma Província, na abertura da Sessão Ordinária de 1853. Ouro Preto: Tipografia do Bom Senso, 1853, p. 33.

RELATÓRIO que à Assembleia Legislativa Provincial de Minas Gerais apresentou na 2ª Sessão ordinária da 10ª Legislatura de 1855 o presidente da Província – Francisco Diogo Pereira de Vasconcellos. Ouro Preto: Tipografia de O Bom Senso, 1855.

RELATÓRIO que ao Ilmo. e Exmo. Sr. Comendador Manoel Teixeira de Souza, 2º Vice-Presidente da Província de Minas Gerais apresentou no ato de passar-lhe a Administração em 22 de abril de 1860 o Conselheiro Carlos Carneiro de Campos. Ouro Preto: Tipografia Provincial, 1860.

RELATÓRIO que à Assembleia Legislativa Provincial de Minas Gerais, apresentou no ato da abertura da Sessão Ordinária de 1862 o coronel Joaquim Camilo Teixeira da Mota, 3º Vice- Presidente da mesma Província, Ouro Preto, 1862, p. 8.

RELATÓRIO que à Assembleia Legislativa apresentou no ato de abertura da sessão ordinária de 1863 o Conselheiro João Crispiniano Soares. Ouro Preto, Tipografia do Minas Gerais, 1863.

RELATÓRIO apresentado à Assembleia Legislativa da Província de Minas Gerais, na sessão ordinária de 1869, pelo presidente da mesma Província, Dr. José Maria Correa de Sá e Benevides. Rio de Janeiro: Laemmert Tipografia, 1870.

RELATÓRIO que à Assembleia Legislativa Provincial apresentou, no ato de abertura da sessão ordinária de 1870, o vice-presidente da Província de Minas Gerais, Dr. Agostinho José Ferreira Bretas. Ouro Preto: Tipografia Provincial, 1870.

RELATÓRIO do Diretor de Obras Públicas, Apenso n.º 7 ao Relatório que à Ass. Leg. Prov. apresentou, no ato de abertura da sessão ordinária de 1870, o vice-presidente da Província de Minas Gerais, Dr. Agostinho José Ferreira Bretas. Ouro Preto, Tipografia Provincial, 1870, p.4-5 e p. 9 do Apenso.

RELATÓRIO apresentado à Assembleia Legislativa da Província de Minas Gerais, na sessão extraordinária de 2 de março de 1871, pelo Presidente, o Ilmo. e Exmo. Sr. Dr. Antônio Luiz Affonso de Carvalho. Ouro Preto: Tipografia de J. F. de Paula Castro, 1871.

RELATÓRIO com que o Exmo. Sr. Senador Joaquim Floriano de Godoy, no dia 15 de janeiro de 1873, passou a administração da Província de Minas Gerais ao 2º Vice-presidente, Exmo. Sr. Dr. Francisco da Costa Belém, por ocasião de retirar-se para tomar assento na Câmara Vitalícia. Ouro Preto: Tipografia de J. F. de Paula Castro, 1873.

VEIGA, Bernardo Jacinto da. **Fala dirigida à Assembleia Legislativa**, em 1º. de fevereiro de 1840. Ouro Preto, Tip. do Correio de Minas, 1840.

ANEXO 1

CRONOLOGIA DAS CONCESSÕES DE SESMARIAS NOS SERTÕES DO CAMPO GRANDE E CARTOGRAMAS DA DENSIDADE ESPACIAL DE SESMARIAS POR HORIZONTE TEMPORAL – 1737 A 1820

Horizonte temporal	Número de concessões de sesmarias e indicação do *centro médio* de sua distribuição geográfica	Densidade de sesmarias concedidas no território, por horizonte temporal
1737 – 1759	**73 concessões de sesmaria** Média de 3,3 cartas por ano **Centro médio da concentração geográfica das sesmarias:** pouco além do arraial do Tamanduá, no rumo noroeste; margem direita do rio São Francisco.	*[cartograma 1737 - 1759, mostrando localidades: Patos de Minas, Córrego Danta, Dores do Indaiá, Pitangui, Bambuí, Luz, Bom Despacho, Divinópolis, Lagoa da Prata, Arcos, Pedra do Indaiá, Piumhi, Formiga, Itapecerica, Candeias, Oliveira, Campo Belo, São João del Rei, Tiradentes]*

Horizonte temporal	Número de concessões de sesmarias e indicação do *centro médio* de sua distribuição geográfica	Densidade de sesmarias concedidas no território, por horizonte temporal
1760 – 1665	**20 concessões de sesmaria** Média de 4,0 cartas por ano **Centro médio da concentração geográfica das sesmarias**: entre o arraial do Tamanduá e a paragem da Formiga; margem direita do rio São Francisco.	*Mapa 1760 - 1765*
1766 – 1769	**47 concessões de sesmaria** Média de 15,7 cartas por ano **Centro médio da concentração geográfica das sesmarias**: entre as atuais cidades de Arcos e Iguatama; margem direita do rio São Francisco.	*Mapa 1766 - 1769*

FORMAÇÃO TERRITORIAL DO CENTRO-OESTE DE MINAS GERAIS: CONQUISTA, POVOAÇÃO, DINÂMICAS DEMOGRÁFICA E ECONÔMICA E ORDENAMENTO POLÍTICO-ADMINISTRATIVO: 1723-1860

Horizonte temporal	Número de concessões de sesmarias e indicação do *centro médio* de sua distribuição geográfica	Densidade de sesmarias concedidas no território, por horizonte temporal
1770 – 1790	**74 concessões de sesmaria** Média de 3,7 cartas por ano **Centro médio da concentração geográfica das sesmarias:** entre as atuais cidades de Arcos e Itapecerica (antiga Tamanduá); margem direita do rio São Francisco.	
1791 – 1804	**114 concessões de sesmaria** Média de 8,8 cartas por ano **Centro médio da concentração geográfica das sesmarias:** pouco além da atual cidade de Arcos, no rumo noroeste; margem direita do rio São Francisco.	

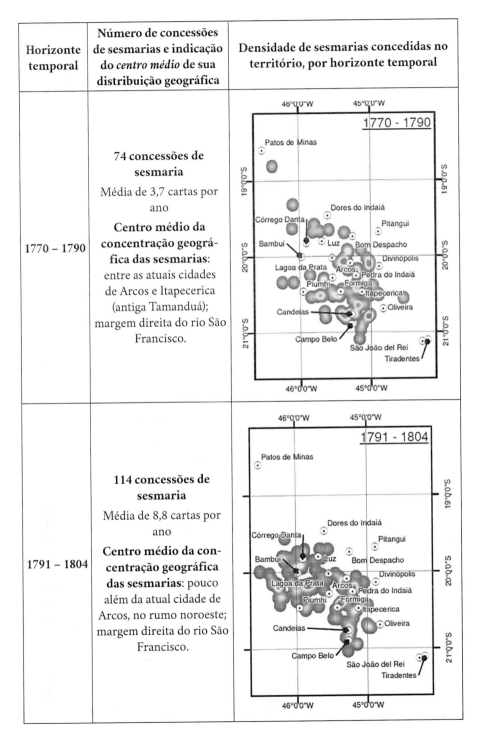

Horizonte temporal	Número de concessões de sesmarias e indicação do *centro médio* de sua distribuição geográfica	Densidade de sesmarias concedidas no território, por horizonte temporal
1804 – 1820	20 concessões de sesmaria Média de 1,3 cartas por ano **Centro médio da concentração geográfica de sesmarias:** entre as atuais cidades de Iguatama e Bambuí; margem esquerda do rio São Francisco.	*[mapa 1805-1820 mostrando distribuição de sesmarias entre as cidades de Patos de Minas, Córrego Danta, Dores do Indaiá, Pitangui, Bambuí, Luz, Bom Despacho, Lagoa da Prata, Arcos, Divinópolis, Piumhi, Pedra do Indaiá, Formiga, Itapecerica, Candeias, Oliveira, Campo Belo, São João del Rei, Tiradentes]*

Fonte: elaboração própria, com base em dados do Catálogo de Sesmarias em: **Revista do APM**, ano XXXVII, v. 1-2, 1988 (cartografado com recursos do software ArcGis).

ANEXO 2

IGREJAS MATRIZES E CAPELAS FILIAIS INSTITUÍDAS NOS SERTÕES DO CAMPO GRANDE E PICADA DE GOIÁS, POR FREGUESIA, ATÉ O INÍCIO DA DÉCADA DE 1780

	Matrizes e capelas filiais	Freguesia	Termo
1.	*SÃO BENTO DO TAMANDUÁ* [1744]	Tamanduá [1757]	Vila de São Bento do Tamanduá [1789]
1.1.	Nossa Senhora do Desterro [1754]		
1.2.	São Vicente Ferrer da Formiga [1765]		
1.3.	São Francisco de Paula [1766]		
1.4.	Espírito Santo e S. Francisco de Paula [1767] (*)		
1.5.	Nossa Senhora das Candeias [1769]		
1.6.	Senhor Bom Jesus da Pedra do Indaiá [1771]		
1.7.	Santo Antônio do Monte [< 1780]		
2.	*N. SRA. DO LIVRAMENTO DO PIUMHI* [1752]	Piumhi [1758]	
3.	*SANTANA DO BAMBUI* [1768]	Bambuí [1768]	
4.	*SANTO ANTÔNIO DA VILA DE SÃO JOSÉ* [1702]	Santo Antônio da Vila de São José [1714]	Vila de São José del Rei [1718]
4.1.	Nossa Senhora do Bom Sucesso [1754]		
4.2.	Nossa Senhora da Oliveira [1757]		
4.3.	Nossa Senhora Aparecida do Cláudio [1757]		
4.4.	Senhor Bom Jesus dos Perdões [1770]		
4.5.	Senhora Santana do Jacaré [1770]		
4.6	Nossa Senhora do Carmo do Japão [1771]		
4.7.	Santo Antônio do Amparo [< 1780]		

(*) esta capela passou à freguesia e ao termo de Pitangui em meados de 1791, retornando à jurisdição do termo do Tamanduá, já elevada à freguesia, apenas em 1847.
Fontes: TRINDADE, 1945; BARBOSA, 1995; COSTA, 1997.

ANEXO 3

RELAÇÃO DOS DISTRITOS DE ORDENANÇAS CRIADOS NO TERMO DA VILA DE SÃO BENTO DO TAMANDUÁ, EM 1802

		Freguesia ou Aplicação, Companhia e Distrito de Ordenanças
[i]		Aplicação da Matriz de São Bento do Tamanduá
	1ª Cia.	- Distrito da Vila, 1º [Matriz]
	2ª Cia.	- Distrito da Vila, 2ª [Rosário]
	3ª Cia.	- Distrito do Pântano
	4ª Cia.	- Distrito da Paragem da Água Limpa
	5ª Cia.	- Distrito do Arraial Velho
	6ª Cia.	- Distrito do Partidário
	7ª Cia.	- Distrito do Curral
[ii]		Aplicação da Capela de Nossa Senhora do Desterro
	8ª Cia.	- Distrito da Capela do Desterro
	9ª Cia.	- Distrito da Serra Negra
[iii]		Aplicação da Capela do Senhor Bom Jesus da Pedra do Indaiá
	10ª Cia.	- Distrito da Capela do Indaiá
	11ª Cia.	- Distrito de Santo Antônio e sua Ermida
[iv]		Aplicação da Capela de Santo Antônio do Monte
	12ª Cia.	- Distrito da Capela de Santo Antônio do Monte
	13ª Cia.	- Distrito da Ermida do Miranda do Rio de São Francisco
	14ª Cia.	- Distrito do Rio de São Francisco Acima
	15ª Cia.	- Distrito do Diamante

	Freguesia ou Aplicação, Companhia e Distrito de Ordenanças	
[v]	Aplicação da Capela de São Vicente Ferrer da Formiga	
	16ª Cia.	- Distrito da Capela da Formiga
	17ª Cia.	- Distrito da Ermida de Nossa Senhora da Conceição
	18ª Cia.	- Distrito da Ermida de São Julião
[vi]	Freguesia de Nossa Senhora do Livramento do Piumhi	
	19ª Cia.	- Distrito da Ermida de Santo Antônio da Capetinga
	20ª Cia.	- Distrito da Matriz de Piumhi
	21ª Cia.	- Distrito da Capela de São Roque
	22ª Cia.	- Distrito da Ermida de Nossa Senhora da Glória
[vii]	Freguesia de Santana do Bambuí	
	23ª Cia.	- Distrito da Matriz de Bambuí
	24ª Cia.	- Distrito da Boa Vista do Bambuí
	25ª Cia.	- Distrito da Ermida de Nossa Senhora de Nazaré do Bambuí
[viii]	Aplicação da Capela de Nossa Senhora das Candeias	
	26ª Cia.	- Distrito da Capela das Candeias
	27ª Cia.	- Distrito da Ermida de Nossa Senhora da Ajuda dos Cristais
	28ª Cia.	- Distrito da Ermida de Nossa Senhora do Monte do Carmo
[ix]	Aplicação da Capela do Senhor Bom Jesus do Campo Belo	
	29ª Cia.	- Distrito da Capela do Campo Belo
[x]	Aplicação da Capela de Santana do Jacaré	
	30ª Cia.	- Distrito da Capela de Santana do Jacaré
[xi]	Aplicação da Capela de São Francisco de Paula	
	31ª Cia.	- Distrito da Capela de São Francisco de Paula
	32ª Cia.	- Distrito da Ermida de Nª. Senhora do Monte do Carmo da Mata

Fonte: APM, SC, SG, cx. 056, doc. 051.

ANEXO 4

RELAÇÃO DOS OFICIAIS DE ORDENANÇAS NOMEADOS PARA ALGUNS DISTRITOS SELECIONADOS DO TERMO DA VILA DE SÃO BENTO DO TAMANDUÁ, ATÉ 1807

1.	Aplicação da Capela do Senhor Bom Jesus da Pedra do Indaiá	
	10ª Cia. - Distrito da Capela do Indaiá	
	Capitão Comand.:	Manoel Pereira de Vasconcellos, provido em 1803
	Alferes:	Domingos Rodrigues Chaves, provido em 1805
	Sargento do No.:	Domingos Pacheco Campos
	Sargento Supra:	Francisco Pereira de Vasconcellos
	1º Cabo:	Felipe de Abreu Pacheco
	2º Cabo:	Joaquim Manoel de Moraes
	3º Cabo:	José Moreira dos Santos
	4º Cabo:	David de Amorim Coelho (1)
2.	Aplicação da Capela de Santo Antônio do Monte	
	12ª Cia. - Distrito da Capela de Santo Antônio do Monte	
	Capitão Comand.:	João Martins Borges, provido em 1805 (2)
	Alferes:	David de Souza de Macedo, provido em 1806
	Sargento do No.:	Antônio de Borba da Fonseca (3)
	Sargento Supra:	José Antônio
	1º Cabo:	Manoel de Ávila da Silveira
	2º Cabo:	José Lopes dos Santos
	3º Cabo:	Antônio Barbosa
	4º Cabo:	Alexandre Correa de Lacerda

3.		Aplicação da Capela de Santo Antônio do Monte
	13ª Cia. - Distrito de São Lázaro do Miranda	
	Capitão Comand.:	José Cotta Pacheco, provido em 1803
	Alferes:	Manoel da Encarnação Rezende, provido em 1806 e ausente do distrito sem licença (substituído por Antônio de Miranda da Silva)
	Sargento do No.:	Manoel José Vieira
	Sargento Supra:	Florentino Cotta Pacheco
	1º Cabo:	Domingos Antônio de Miranda
	2º Cabo:	Ângelo Antônio Xavier
	3º Cabo:	José Thomas
	4º Cabo:	Antônio Pereira da Costa
4.		Aplicação da Capela de Santo Antônio do Monte
	14ª Cia. - Distrito do Rio de São Francisco Acima	
	Capitão Comand.:	Joaquim Coelho Pereira, provido em 1803 e ausente do distrito sem licença
	Alferes:	Florentino Brás dos Reis, provido em 1806
	Sargento do No.:	José Antônio de Faria
	Sargento Supra:	José Francisco de Santana
	1º Cabo:	Alexandre Dias da Siqueira
	2º Cabo:	Domingos Antônio dos Santos, ausente
	3º Cabo:	Luís Francisco da Silva
	4º Cabo:	Maximiano José de Azevedo
5.		Aplicação da Capela de Santo Antônio do Monte
	15ª Cia. - Distrito do Diamante Abaixo	
	Capitão Comand.:	Vicente Cabral de Mello, provido em 1803
	Alferes:	Inácio Joaquim de Camargos, provido em 1805
	Sargento do No.:	José Pacheco de Mello
	Sargento Supra:	Manoel da Silva Camargos

5.		Aplicação da Capela de Santo Antônio do Monte
	1º Cabo:	Manoel José de Faria
	2º Cabo:	José Felix de Abreu
	3º Cabo:	Antônio Máximo da Fonseca
	4º Cabo:	José Leandro da Silva
6.		Aplicação da Capela de São Vicente Ferrer da Formiga
	18ª Cia. - Distrito da Ermida de São Julião	
	Capitão Comand.:	Dâmaso José da Silveira, provido em 1803
	Alferes:	Manoel Telles Lobato, provido em 1806, ausente sem licença
	Sargento do No.:	Francisco Lopes da Costa
	Sargento Supra:	Antônio Ribeiro de Morais
	1º Cabo:	Antônio da Silva
	2º Cabo:	Thomas de Oliveira
	3º Cabo:	José da Rosa
	4º Cabo:	Francisco Pinto Bueno
7.		Freguesia de Santana do Bambuí
	24ª Cia. - Distrito da Boa Vista do Bambuí	
	Capitão Comand.:	Joaquim da Silva Rosa, provido em 1803
	Alferes:	Antônio Joaquim da Silveira, provido em 1803, ausente sem licença, a ser substituído por José Nogueira de Souza
	Sargento do No.:	Manoel de Souza Nogueira
	Sargento Supra:	José Joaquim de Santana
	1º Cabo:	Francisco Joaquim
	2º Cabo:	Manoel Pereira da Silva
	3º Cabo:	Antônio José Joaquim
	4º Cabo:	Manoel Lourenço de Oliveira
8.		Freguesia de Santana do Bambuí
	25ª Cia. - Distrito da Ermida de Nossa Senhora de Nazaré do Bambuí	

8.		Freguesia de Santana do Bambuí
	Capitão Comand.:	Sebastião José Cordeiro, provido em 1803
	Alferes:	João Teixeira de Camargos, indicado, mas ainda sem apresentar patente
	Sargento do No.:	Felisberto Ribeiro da Silva
	Sargento Supra:	José Simões de Oliveira
	1º Cabo:	Manoel Simões de Oliveira
	2º Cabo:	Joaquim Affonso
	3º Cabo:	Joaquim Pereira da Silva
	4º Cabo:	João Souto de Oliveira

(1) David de Amorim Coelho integrou, na primeira posição, a lista tríplice de nomes propostos para capitão de ordenanças do distrito da capela de Santo Antônio do Monte em 1803, tendo sido o nomeado pelo governo da capitania para esse posto. Entretanto, na ocasião, era morador do distrito da capela [da Pedra] do Indaiá, razão por que não pôde manter-se no comando das Ordenanças de Santo Antônio do Monte, passando ao posto de cabo no distrito de sua residência. Mais tarde, depois de casado com Maria da Conceição Moraes, David de Amorim Coelho foi se estabelecer com fazenda no Capão Vermelho, distrito de São Lázaro do Miranda, onde ocupou o posto de capitão.
(2) Foi provido no posto de capitão do distrito da capela de Santo Antônio do Monte após a remoção de David de Amorim Coelho para a Cia. de Ordenanças do distrito da capela [da Pedra] do Indaiá.
(3) Fez parte da lista tríplice de candidatos indicados ao posto de capitão do distrito da capela de Santo Antônio do Monte, em 1803, inscrito na segunda posição. Não sendo provido nesse posto, passou ao de Sargento do Número, da mesma companhia. Casado com dona Ana Joaquina de Jesus.
Fonte: APM, Fundo Casa dos Contos, CC, Cx. 22, doc. 10.456 (24/02/1807).

ANEXO 5

NÚMERO DE FAZENDAS ESTABELECIDAS NO TERMO DA VILA DE SÃO BENTO DO TAMANDUÁ, COM O TAMANHO DE SEUS PLANTÉIS DE ESCRAVIZADOS, POR FREGUESIA E DISTRITO DE ORDENANÇAS, EM 1818

	Distrito	Fazenda (n.º)	%	Escravo (n.º)	%	Escravo por faz.
	1. Freguesia da Vila de São Bento do Tamanduá e seus Distritos					
1.1	Matriz e Rosário	9	1,4	83	2,2	9,22
1.2	Arraial Velho	20	3,2	82	2,1	4,10
1.3	Pântano	10	1,6	166	4,3	16,6
1.4	São José do Partidário	18	2,8	111	2,9	6,17
1.5	Curral	9	1,4	80	2,1	8,89
1.6	São Francisco de Paula	26	4,1	108	2,8	4,15
1.7	N. Sra. do Desterro	8	1,3	46	1,2	5,75
1.8	Serra Negra	17	2,7	65	1,7	3,82
1.9	Sr. Bom Jesus da Pedra do Indaiá	8	1,3	175	4,6	21,87
1.10	Água Limpa do Indaiá	16	2,5	40	1,0	2,50
1.11	Santo Antônio do Monte	17	2,7	92	2,4	5,41
1.12	São Lázaro do Miranda	17	2,7	118	3,1	6,94
1.13	Diamante Abaixo	17	2,7	57	1,5	3,35
1.14	São Vicente Ferrer da Formiga	17	2,7	83	2,2	4,88
1.15	Pouso Alegre	26	4,1	102	2,7	3,92
1.16	Sra. Conceição do Pouso Alegre	11	1,7	37	1,0	3,36

	Distrito	Fazenda (n.º)	%	Escravo (n.º)	%	Escravo por faz.
1. Freguesia da Vila de São Bento do Tamanduá e seus Distritos						
1.17	São Julião	30	4,7	167	4,4	5,57
1.18	N. Sra. das Candeias	11	1,7	59	1,5	5,36
1.19	Sete Lagoas das Candeias	11	1,7	48	1,3	4,36
1.20	Córrego do Cavalo das Candeias	9	1,4	62	1,6	6,89
1.21	Matozinhos das Candeias	15	2,4	79	2,1	5,27
1.22	N. Sra. do Carmo da Mata	14	2,2	227	5,9	16,21
1.23	Sr. Bom Jesus do Campo Belo	41	6,5	304	7,9	7,41
1.24	Sra. da Conceição do Campo Belo	20	3,2	124	3,2	6,20
1.25	N. Sra. da Ajuda dos Cristais	17	2,7	64	1,7	3,76
1.26	Ajuda dos Cristais do Rio Grande	14	2,2	40	1,0	2,86
1.27	Santana do Jacaré	20	3,2	88	2,3	4,40
	Subtotal 1	**448**	**70,8**	**2.707**	**70,7**	**6,15**
2. Freguesia de Santana do Bambuí e seus Distritos						
2.1.	Matriz de Santana do Bambuí	25	3,9	100	2,6	4,00
2.2.	Sto. Antº. de Santana do Bambuí	18	2,8	40	1,0	2,22
2.3.	Boas Vistas de Santana do Bambuí	19	3,0	80	2,1	4,21
2.4.	N. Sra. de Nazaré dos Esteios	11	1,7	49	1,3	4,45
2.5.	Rio de São Francisco Acima	9	1,4	61	1,6	6,78
2.6.	N. Sra. da Luz do Aterrado	13	2,1	126	3,3	9,69
2.7.	São Roque da Serra da Canastra	14	2,2	46	1,2	3,29
	Subtotal 2	**109**	**17,2**	**502**	**13,1**	**4,61**
3. Freguesia de Nossa Senhora do Livramento do Piumhi e seus Distritos						
3.1.	Matriz de N. Sra. do Livramento	19	3,0	152	4,0	8,00
3.2.	Santo Antônio da Capetinga (*)	34	5,4	363	9,5	10,68
3.3.	N. Sra. da Luz da Confusão	23	3,6	104	2,7	4,52

Distrito	Fazenda (n.º)	%	Escravo (n.º)	%	Escravo por faz.
3. Freguesia de Nossa Senhora do Livramento do Piumhi e seus Distritos					
Subtotal 3	76	12,0	619	16,2	8,14
Total Geral	633	100	3.828	100	6,05

(*) com território dividido entre as freguesias de Piumhi e do Tamanduá.
Fonte: APM, Fundo Casa dos Contos, CC, rolo 526, caixa 84, planilha 20.207 (15/01/1818).

ANEXO 6

RELAÇÃO DAS FAZENDAS ARROLADAS NOS DISTRITOS DE SANTO ANTÔNIO DO MONTE, DIAMANTE ABAIXO, SÃO LÁZARO DO MIRANDA E NAZARÉ DOS ESTEIOS, EM 1818, COM NOME DO PROPRIETÁRIO, ÁREA, NÚMERO DE ESCRAVOS E FORMA DE AQUISIÇÃO

	Nome da fazenda e seu proprietário	Área (alq. m.)	Escravos (n.º)	Forma de aquisição da faz.
	1. Distrito de Santo Antônio do Monte			
1.1	Barreiras, de Ana Gomes de Carvalho	689,1	6	Herança e compra
1.2	Buritis, de Maria de Araújo Lima	900,0	2	Herança e compra
1.3	Cachoeira, de Joaquim da Costa Paes	29,8	5	Compra
1.4	Cachoeira, de José Martins de Araújo	1,3	0	Dádiva
1.5	Diamante, de Ana Francisca de Jesus	45,0	8	Herança
1.6	Diamante, de Antônio Martins dos Santos	16,4	3	Herança
1.7	Diamante, de Francisco Luís Brandão	29,8	5	Herança
1.8	Diamante, de João Martins Borges	900,0	12	Herança e compra
1.9	Diamante, de João Martins dos Santos	37,8	5	Herança
1.10	Diamante, Mateus Gonçalves Leonardo	56,0	8	Compra
1.11	Forquilha, de Manoel Fernandes Lopes	1.125,0	13	Herança
1.12	Grotadas, de Alexandre Corrêa de Lacerda	506,2	7	Compra
1.13	Palmital, de Manoel Fernandes Vieira e herdeiros de José da Silva Fayal	56,2	7	Herança e compra

Nome da fazenda e seu proprietário	Área (alq. m.)	Escravos (n.º)	Forma de aquisição da faz.
1. Distrito de Santo Antônio do Monte			
1.14 Palmital, de Manoel José de Andrade (I)	11,2	3	Compra
1.15 Palmital, de Manoel José de Andrade (II)	30,2	0	Compra
1.16 Palmital, de Simplício Trajano	52,2	5	Compra
1.17 Pântano, de Antônio da Costa Pimentel	6,0	3	Herança
Total do Distrito	**4.492,6**	**92**	
2. Distrito do Diamante Abaixo			
2.1 Boa Vista, de Isabel Maria de Jesus	225,0	3	Compra
2.2 Cachoeira, de Domingos José de Moura	49,0	4	Herança e compra
2.3 Corgo da Laje, de Ana Rosa	1,0	1	Compra
2.4 Diamante, de Inácio Joaquim de Camargo	900,0	11	Herança
2.5 Jaboticabeira, de João Teixeira da Cunha	8,0	0	Compra
2.6 Lambari, de Severino Rodrigues da Costa	100,0	7	Herança e compra
2.7 Pataratá, de Manoel Joaquim da Silva	462,2	0	Compra
2.8 Pedras de Amolar, de José Rodrigues da Silva	121,0	2	Compra
2.9 Ribeirão Amoreiras, de José Francisco de Magalhães	225,0	4	Compra
2.10 Ribeirão de S. Pedro, de João José do Amaral	48,0	1	Compra
2.11 Ribeirão de S. Pedro, de Manoel Gomes	56,2	1	Herança e compra
2.12 Ribeirão de S. Pedro, de Manoel Gonçalves de Souza	63,0	1	Compra
2.13 Ribeirão dos Patos, de João Barbosa da Silva	15,0	0	Compra
2.14 Ribeirão dos Patos, de José da Rosa	56,2	0	Herança
2.15 Ribeirão dos Patos, de Vicente Cabral de Melo	225,0	10	Herança e compra

Nome da fazenda e seu proprietário	Área (alq. m.)	Escravos (n.º)	Forma de aquisição da faz.
2. Distrito do Diamante Abaixo			
2.16 Santa Clara, de Antônio Gonçalves Leonardo	225,0	7	Compra
2.17 Santa Clara, de João Francisco de Araújo	8,0	5	Herança e compra
Total do Distrito	**2.787,5**	**57**	
3. Distrito de São Lázaro do Miranda			
3.1 Barra do São Simão, de Bernardo Teixeira Basto	900,0	5	Sesmaria e compra
3.2 Bom Sucesso, de José Cotta Pacheco	900,0	12	Compra
3.3 Cachoeira, de Antônio Caetano de Oliveira	225,0	3	Compra
3.4 Cachoeira, de Antônio de Miranda da Silva	126,6	6	Compra
3.5 Cachoeira, de Serafim Simões Senteio	9,0	1	Compra
3.6 Cachoeira, de Silvestre Antônio de Miranda	56,2	3	Herança
3.7 Estiva, de Euzébio Antônio de Mesquita	225,0	12	Herança
3.8 Forquilha, de Zeferino José de Mesquita	506,2	8	Herança e compra
3.9 Fundão, de Antônia Maria de Freitas	900,0	16	Compra
3.10 Montevidéu, de Domingos Antônio de Miranda	225,0	5	Herança e compra
3.11 Montevidéu, de Geraldo José da Silveira	900,0	8	Herança
3.12 Pântano, de Manoel José Vieira	900,0	1	Herança
3.13 Retiro, de Manoel Caetano de Almeida	900,0	20	Compra
3.14 São Simão, de Francisco José de Mesquita	506,2	6	Herança
3.15 São Simão, de Manoel Dias de Carvalho	900,0	3	Herança
3.16 Três Barras, de Francisca Romeira	225,0	9	Compra
3.17 Três Barras, de Vicente Rodrigues	56,2	0	Herança
Total do Distrito	**8.460,6**	**118**	

Nome da fazenda e seu proprietário	Área (alq. m.)	Escravos (n.º)	Forma de aquisição da faz.
4. Distrito de Nazaré dos Esteios			
3.1 Boa Vista, de Sebastião José Cordeiro	625,0	15	Herança e compra
3.2 Bom Jardim, de Antônio Xavier Borges	900,0	0	Compra
3.3 Esteios, de Leonarda Rodrigues	900,0	2	Compra
3.4 Estiva, de Antônio José da Costa	225,0	6	Herança
3.5 Estreito, de Francisco Xavier Rodrigues	56,2	2	Compra
3.6 Maravilha, de Maria Angélica	225,0	1	Compra
3.7 Mata das Canoas, de João Gaspar Rodrigues Esteves	225,0	0	Patrimônio
3.8 Noruega, de Antônia Clara de Marim	900,0	2	Compra
3.9 Olho D'Água, de Euzébio Antônio de Mesquita	900,0	0	Compra
3.10 Olho D'Água, de José Simões de Oliveira	900,0	17	Herança
3.11 Olho D'Água, de Mariana Rosa de Jesus	25,0	2	Compra
Total do Distrito	**5.881,2**	**47**	

Fonte: APM, Fundo Casa dos Contos, CC, rolo 526, caixa 84, planilha 20.207 (15/01/1818).

ANEXO 7

ORGANIZAÇÃO TERRITORIAL DO TERMO DA VILA DE SÃO BENTO DO TAMANDUÁ, VIGENTE NO ANO DE 1823

"Termo da Vila do Tamanduá. Confina, ao norte, com os termos de Pitangui e Paracatu; ao sul, com os de São João del Rei e Jacuí; a leste, com o de São José [del Rei]; e a oeste com os julgados do Araxá e Desemboque. A sua superfície está calculada em 486 léguas quadradas, correspondendo a cada cerca de 56 almas"
"População calculada: 27.216 [almas]"[*].

	Distrito	Fogos (n.º)	%	Almas (n.º)	%	Almas pôr fogo
1. Freguesia de São Bento do Tamanduá e seus Distritos de Ordenanças							
1.1	Matriz [de São Bento] e Rosário	117	2,7	680	2,4	5,8
1.2	Campo das Hortas	161	3,7	694	2,5	4,3
1.3	Arraial Velho	121	2,8	595	2,1	4,9
1.4	Arraial do Pântano	65	1,5	536	1,9	8,2
1.5	Arraial de São José do Partidário	67	1,5	684	2,4	10,2
1.6	Arraial do Curral	88	2,0	514	1,8	5,8
1.7	Arraial de N. Senhora do Desterro	111	2,6	581	2,1	5,2
1.8	Arraial da Serra Negra	106	2,4	732	2,6	6,9
1.9	Pedra do Indaiá	94	2,2	808	2,9	8,6
1.10	Água Limpa [do Indaiá]	100	2,3	583	2,1	5,8
1.11	[Arraial de] S. Antônio do Monte	101	2,3	834	3,0	8,3
1.12	São Lázaro do Miranda	103	2,4	765	2,7	7,4
1.13	Diamante Abaixo	74	1,7	589	2,1	8,0

	Distrito	Fogos (n.º)	%	Almas (n.º)	%	Almas pôr fogo
\multicolumn{7}{	l	}{1. Freguesia de São Bento do Tamanduá e seus Distritos de Ordenanças}
1.14	Arraial de S. Vicente Ferrer da Formiga	278	6,4	1.678	6,0	6,0
1.15	Arraial do Pouso Alegre (1º Distr.)	95	2,2	684	2,4	7,2
1.16	Arraial do Pouso Alegre (2º Distr.)	78	1,8	585	2,1	7,5
1.17	São Julião	158	3,7	1.175	4,2	7,4
1.18	Arraial da Capetinga	10	0,2	217	0,8	21,7
1.19	Boa Vista [do Carmo da Mata]	88	2,0	633	2,3	7,2
	Subtotal 1	2.015	46,7	13.567	48,4	6,7
\multicolumn{7}{	l	}{2. Freguesia do Senhor Bom Jesus do Campo Belo e seus Distritos de Ordenanças}
2.1	[Matriz do arraial do] Campo Belo	214	5,0	1.241	4,4	5,8
2.2	Conceição do Campo Belo	115	2,7	568	2,0	4,9
2.3	Córrego do Cavalo	38	0,9	296	1,1	7,8
2.4	Santa Ana do Jacaré	89	2,1	559	2,0	6,3
2.5	São Francisco de Paula	170	3,9	918	3,3	5,4
2.6	N. Sra. das Candeias (1º Distr.)	81	1,9	476	1,7	5,9
2.7	Aplicação de Matozinhos (2º Distrito)	79	1,8	590	2,1	7,5
2.8	Ajuda dos Cristais	105	2,4	691	2,5	6,6
2.9	Capela dos Cristais	97	2,2	590	2,1	6,1
2.10	Sete Lagoas de Candeias	19	0,4	345	1,2	18,2
2.11	Matozinhos do Jacaré	181	4,2	722	2,6	4,0
	Subtotal 2	1.188	27,5	6.996	25,0	5,9
\multicolumn{7}{	l	}{3. Freguesia da Senhora Santana do Bambuí e seus Distritos de Ordenanças}
3.1.	Matriz [do arraial] do Bambuí	125	2,9	884	3,1	7,1
3.2.	Santo Antônio (2º. arraial)	126	2,9	693	2,5	5,5
3.3.	Boas Vistas [do Bambuí]	115	2,7	758	2,7	6,6
3.4.	N. Sra. de Nazaré [dos Esteios]	98	2,3	554	2,0	5,6

Distrito	Fogos (n.º)	%	Almas (n.º)	%	Almas pôr fogo
3. Freguesia da Senhora Santana do Bambuí e seus Distritos de Ordenanças					
3.5. Rio de São Francisco Acima	77	1,8	524	1,9	6,8
3.6. Senhora da Luz do Aterrado	111	2,6	718	2,6	6,5
3.7. Arraial de S. Roque da S. Canastra	30	0,7	254	0,9	8,5
Subtotal 3	**682**	**15,8**	**4.385**	**15,6**	**6,4**
4. Freguesia de Nossa Senhora do Livramento do Piumhi e seus Distritos de Ordenanças					
4.1. [Matriz do arraial do] Piumhi	222	5,2	1.353	4,8	4,8
4.2. Santo Antônio da Capetinga	126	2,9	1.112	4,0	8,8
4.3. N. Senhora da Luz da Confusão	84	1,9	616	2,2	7,3
Subtotal 4	**432**	**10,0**	**3.081**	**11,0**	**7,1**
Total Geral do Termo	**4.317**	**100**	**28.029**	**100**	**6,5**

(*) A "população calculada", informada por Cunha Matos no preâmbulo do "Resumo Estatístico do Termo de Tamanduá", não confere com a soma das populações dos distritos do mesmo Termo, por ele mesmo discriminadas, que chega a 28.029.
Fonte: MATOS, 1979.

ANEXO 8

PLANO DE NOVA ORGANIZAÇÃO CIVIL E ECLESIÁSTICA DA PROVÍNCIA DE MINAS GERAIS

Apresentado, em 1826, pelo secretário de governo, Luís Maria da Silva Pinto (parte referente ao atual Centro-Oeste mineiro)

Estrutura vigente		Distrito de Ordenanças	Dados de 1823		Estrutura proposta	
Termo	Freguesia		Nº. de Fogos	População	Freguesia	Termo
São Bento do Tamanduá	São Bento do Tamanduá	Matriz e Rosário	117	680	São Bento do Tamanduá	São Bento do Tamanduá
		Arraial Velho	121	595		
		Boa Vista ou Barreto	88	633		
		Campo das Hortas	161	694		
		Curral	88	514		
		Pântano	65	536		
		Partidário	67	648		
		São Francisco de Paula	170	918		
		Formiga	278	1.678	São Vicente Ferrer da Formiga	
		Candeias (1º)	81	476		
		Matosinhos (2º)	79	586		
		Pouso Alegre (1º)	95	684		
		Pouso Alegre (2º)	78	545		
		Sete Lagoas	49	345		

Estrutura vigente		Distrito de Ordenanças	Dados de 1823		Estrutura proposta	
Termo	Freguesia		Nº. de Fogos	População	Freguesia	Termo
São Bento do Tamanduá	São Bento do Tamanduá	Santo Antônio do Monte	101	834	Santo Antônio do Monte	São Bento do Tamanduá (continuação)
		Água Limpa	100	586		
		Desterro (1º)	111	581		
		Desterro e Serra Negra (2º)	106	732		
		Diamante Abaixo	74	589		
		Pedra do Indaiá	94	808		
		São Julião	158	1.175	São Julião	
		Santo Antônio da Capetinga	136	1.329		
		São Lázaro do Miranda	103	765		
	N. Sra. do Livramento do Piumhi	Piumhi	222	1.353	N. Sra. do Livramento do Piumhi	
		N. Sra. da Luz da Confusão	81	616		
		São Roque da Serra da Canastra	30	254		
	Santana do Bambuí	Santana do Bambuí (1º)	125	884	Santana do Bambuí	São Bento do Tamanduá (continuação)
		Santo Antônio (2º)	126	693		
		Rio São Francisco Acima	77	524		
		Nazaré dos Esteios	98	554		
		Boas Vistas	115	758		
		N. Sra. da Luz do Aterrado	111	778		

| Estrutura vigente || Distrito de Ordenanças | Dados de 1823 || Estrutura proposta ||
Termo	Freguesia		Nº. de Fogos	População	Freguesia	Termo
São Bento do Tamanduá	Bom Jesus do Campo Belo	Campo Belo (1º)	214	1.241	Bom Jesus do Campo Belo	Bom Jesus do Campo Belo
		Conceição (2º)	115	568		
		Córrego do Cavalo	38	296		
		Cristais (1º)	97	590		
		Cristais (2º)	105	691		
		Matosinhos do Jacaré	181	722		
		Santana do Jacaré	89	559		
		Bom Jesus dos Perdões	270	1.567		
São José del Rei	Santo Antônio da Vila de São José	Oliveira (1º)	229	1.176	N. Sra. de Oliveira ou N. Sra. Aparecida do Cláudio	Bom Jesus do Campo Belo (continuação)
		Oliveira (2º)	156	1.211		
		Cláudio (1º)	198	1.441		
		Cláudio (2º)	174	1.081		
Total			5.353	34.369		

Fonte: CARVALHO, 1916, p. 71-96.

ANEXO 9

RELAÇÃO DOS DISTRITOS DE PAZ DO TERMO DA VILA DE SÃO BENTO DO TAMANDUÁ, SEUS RESPECTIVOS JUÍZES E POPULAÇÃO, NA PRIMEIRA METADE DA DÉCADA DE 1830

	Distrito e Juiz	População	Ano ref.
1.	Bambuí: *Luís Antônio Cardoso de Lima*	3.540	1831/32
2.	Bom Jesus da Pedra do Indaiá: *João de Oliveira Bastos*	1.089	1831/32
3.	Campo Belo (1º Distrito): *Claudino Francisco da Costa*	1.985	1833/35
4.	Campo Belo (2º Distrito): *João Martins Cardoso*	1.422	1833/35
5.	Candeias: *Alexandre José de Carvalho*	1.275	1831/32
6.	Cristais: *José Rodrigues Peixoto*	1.281	1826
7.	Desterro: *Bernardo José de Oliveira Barreto*	2.221	1831/32
8.	Formiga: *Francisco Teixeira de Carvalho*	6.026	1831/32
9.	Piumhi (1º Distrito): *João José dos Santos*	4.731	1833/35
10.	Santo Antônio da Capetinga (2º Distrito): *José Rodrigues da Costa*	1.179	1833/35
11.	Santo Antônio do Monte: *Antônio Martins de Souza*	3.150	1831/32
12.	São Francisco de Paula: *Antônio Joaquim da Costa* (Sup.te)	1.797	1833/35
13.	São Bento do Tamanduá (1º Distrito) [*]: *Joaquim da Silva Cardoso*	1.374	1826
14.	São Bento do Tamanduá (2º Distrito) [**]: *Joaquim Manoel Teixeira*	1.815	1826
	Total do Termo	32.885	

[*] O primeiro distrito de Paz de São Bento do Tamanduá compreendia os antigos distritos de ordenanças próprios da Vila, quais sejam, da Matriz e Rosário e do Campo das Hortas.
[**] O segundo distrito de Paz abrangia os extintos distritos de ordenanças do Pântano (distante uma légua da Vila), do Arraial Velho (a uma légua e meia) e de São José do Partidário (a três léguas).
Fontes: MARTINS, 2002; MATOS, 1979; GODOY, 2019.

ANEXO 10

QUADRO SINTÉTICO DO ORDENAMENTO TERRITORIAL CIVIL, ECLESIÁSTICO E JUDICIÁRIO DO CENTRO-OESTE DE MINAS GERAIS, EM 1850

Comarca	Município (Termo)	Freguesia	Distrito de Paz
Rio Grande [1839]	Vila de São Bento do Tamanduá [1789]	São Bento do Tamanduá [1757]	Tamanduá [1]
			Santo Antônio do Monte
			São Francisco de Paula
			N. Sra. do Desterro [2]
		Senhor Bom Jesus do Campo Belo [1818]	Campo Belo
			N. Sra. das Candeias
			N. Sra. da Ajuda dos Cristais
		Espírito Santo do Itapecerica [1839]	Espírito St°. do Itapecerica [3]
	Vila Nova da Formiga [1839]	São Vicente Ferrer da Formiga [1832]	Formiga
			Arcos
			N. Sra. da Abadia do Porto [4]
		Sant'Ana do Bambuí [1768]	Bambuí
			Luz do Aterrado
	Vila de Piumhi [1841]	N. Sra. do Livramento do Piumhi [1758]	Piumhi
			São Roque
			S. João Batista do Glória
			N. Sra. Rosário da Estiva [5]

Comarca	Município (Termo)	Freguesia	Distrito de Paz
Rio das Mortes [1713]	Vila da Oliveira [1839]	N. Sra. de Oliveira [1832]	Oliveira
			Carmo da Mata
			Aparecida do Cláudio
		N. Sra. da Glória do Passa Tempo [1832]	Santana do Jacaré
			Passa Tempo
			Carmo do Japão [6]
			São João Batista [7]
		Santo Antônio do Amparo [1832]	Santo Antônio do Amparo
			Bom Jesus dos Perdões
			Cana Verde
	Vila de São José [1718]	N. Sra. do Bom Sucesso [1825]	Bom Sucesso
			São Tiago

Obs.: os números entre colchetes após os topônimos de comarcas, termos e freguesias correspondem ao ano de instituição deles.
1 – Atual Itapecerica.
2 – Atual Marilândia, distrito do município de Itapecerica.
3 – Atual Divinópolis.
4 – Atual Iguatama.
5 – Atual Pimenta.
6 – Atual Carmópolis.
7 – Atual Morro do Ferro, distrito do município de Oliveira.
Fontes: 1) *Relação nominal de comarcas, cidades, vilas, distritos e freguesias da Província de Minas Gerais*, inclusa na "Fala dirigida à Assembleia Legislativa da Província de Minas Gerais na sessão ordinária do ano de 1846, pelo Presidente da Província Quintiliano José da Silva". 2) "Livro da Lei Mineira" [volumes de 1835 a 1850, disponíveis no *site* do APM].

ANEXO 11

QUADRO SINTÉTICO DO ORDENAMENTO TERRITORIAL CIVIL, ECLESIÁSTICO E JUDICIÁRIO DO CENTRO-OESTE DE MINAS GERAIS, EM 1860

Comarca	Município (Termo)	Freguesia	Distrito de Paz
Rio Grande [1839]	Vila de São Bento do Tamanduá [1789]	São Bento do Tamanduá [1757]	Tamanduá[1]
			N. Sra. do Desterro[2]
			São Francisco de Paula
			São Sebastião do Curral[3]
		Senhor Bom Jesus do Campo Belo [1818]	Campo Belo
			N. Sra. das Candeias
			N. Sra. da Ajuda dos Cristais
	Cidade da Formiga [1839 / 1858]	Espírito Santo do Itapecerica [1839]	Espírito St°. do Itapecerica[4]
		São Vicente Ferrer da Formiga [1832]	Formiga
			Pains
		Sant'Ana do Bambu [1768]	Bambui
		N. Sra. do Carmo dos Arcos [1859]	Arcos
			Porto Real do São Francisco[5]
	Vila de Piumhi [1841]	N. Sra. do Livramento do Piumhi [1758]	Piumhi
			N. Sra. Rosário da Estiva[6]
		S. João Batista do Glória [1857]	S. João Batista do Glória
		São Roque [1858]	São Roque

359

Comarca	Município (Termo)	Freguesia	Distrito de Paz
Rio Grande [1839]	Vila de Santo Antônio do Monte [1859]	Santo Antônio do Monte [1854]	Santo Antônio do Monte
			Pedra do Indaiá
			Saúde[7]
		N. Sra. da Luz do Aterrado [1856]	Luz do Aterrado
Rio das Mortes [1713]	Vila da Oliveira [1839]	N. Sra. da Oliveira [1832]	Oliveira
			Carmo da Mata
			Santana do Jacaré
		N. Sra. Aparecida do Cláudio [1858]	Aparecida do Cláudio
		N. Sra. da Glória do Passa Tempo [1832]	Passa Tempo
			Carmo do Japão[8]
			São João Batista[9]
		Santo Antônio do Amparo [1832]	Santo Antônio do Amparo
		Bom Jesus dos Perdões [1855]	Perdões
			Cana Verde
		N. Sra. do Bom Sucesso [1825]	Bom Sucesso
			São Tiago

Obs.: os números entre colchetes após os topônimos de comarcas, termos e freguesias correspondem ao ano de instituição deles.

1 – Atual Itapecerica.
2 – Atual Marilândia, distrito do município de Itapecerica.
3 – Atual São Sebastião do Oeste.
4 – Atual Divinópolis.
5 – Atual Iguatama.
6 – Atual Pimenta.
7 – Atual Perdigão.
8 – Atual Carmópolis de Minas.
9 – Atual Morro do Ferro, distrito do município de Oliveira.

Fontes: 1) *Mapa do movimento da população da Província de Minas Gerais [...], desde o ano de 1836 até 1846*; e *Freguesias da Província de Minas Gerais, distribuídas pelas dioceses a que pertencem*; ambos os documentos anexos ao "Relatório do Presidente da Província apresentado à Assembleia Legislativa da Província de Minas Gerais na 2ª sessão ordinária da 10ª legislatura de 1855 o presidente da Província, Francisco Diogo Pereira de Vasconcellos". 2) *Organização judiciária da Província de Minas Gerais*, anexo ao "Relatório que à Assembleia Legislativa Provincial de Minas Gerais apresentou na abertura da sessão ordinária de 1858 o conselheiro Carlos Carneiro de Campos, presidente da mesma Província". 3) "Livro da Lei Mineira" [volumes de 1835 a 1860, disponíveis no *site* do APM].

NOTAS DE FIM

[1] A zona geográfica em estudo corresponde, em linhas gerais, aos territórios dos atuais municípios de Aguanil, Arcos, Bambuí, Camacho, Campo Belo, Cana Verde, Candeias, Capitólio, Carmo da Mata, Cláudio, Córrego Danta, Córrego Fundo, Cristais, Divinópolis, Doresópolis, Formiga, Iguatama, Itapecerica, Japaraíba, Lagoa da Prata, Luz, Medeiros, Moema, Oliveira, Pains, Pedra do Indaiá, Pimenta, Piumhi, Santana do Jacaré, Santo Antônio do Monte, São Francisco de Paula, São Roque de Minas, São Sebastião do Oeste, Tapiraí e Vargem Bonita.

[2] BARBOSA, Waldemar de Almeida. **A decadência das minas e a fuga da mineração.** Belo Horizonte: Editora da UFMG, 1971.

[3] DORNAS FILHO, João. Povoamento do Alto São Francisco. **Sociologia**, São Paulo: Escola de Sociologia e Política, v. XVIII, n. 1. 1956; BARBOSA, 1971.

[4] FONSECA, Cláudia Damasceno. **Arraiais e Vilas Del Rei.** Belo Horizonte: Editora da UFMG, 2011. p. 124.

[5] GUIMARÃES, Carlos Magno. Escravidão, quilombos e seguro no Códice Costa Matoso. **Varia História**, Belo Horizonte: FAFICH-UFMG, n. 21, p. , jul. 1999. p. 248-249.

[6] Segundo Fonseca (2011, p. 76), "quando um pequeno agrupamento humano se formava ao lado de um ribeiro aurífero, o lugar das explorações – assim como o sertão circunvizinho, pouco conhecido e explorado – era, com frequência, chamado de 'descoberto' ou 'descobrimento'".

[7] ESCHWEGE, Wilhelm Ludwig von. **Pluto Brasiliensis.** São Paulo: Cia. Editora Nacional, 1944. p. 241-242. Para Eschwege, a visão que os mineiros tinham das causas da decadência da mineração era incompleta. A região continuava rica nas profundezas, e apenas a riqueza aurífera de superfície havia sido explorada, mas isso, segundo ele, não sabiam os mineiros, posto que ignorantes em matéria de mineração, adotando métodos os "mais inoportunos".

[8] *Ibidem.*

[9] COELHO, José João Teixeira. **Instrução para o Governo da Capitania de Minas Gerais.** Belo Horizonte: Fundação João Pinheiro, 1994.

[10] SIQUEIRA, João Manoel de. Memória sobre a decadência das três Capitanias de Minas e os meios de repará-la. *In*: BARBOSA, Waldemar de Almeida. **A decadência das minas e a fuga da mineração.** Belo Horizonte: Editora da UFMG, 1971, p. 23.

[11] MARTINS, Roberto Borges. **Crescendo em silêncio:** a incrível economia escravista de Minas Gerais no século XIX. Belo Horizonte: ICAM/ABPHE, 2018. p. 38-39. Importante referência para Martins nesse tema foi Daniel de Carvalho, para quem, "o flagelo da fome nos derradeiros anos do século XVII e nos primeiros do século XVIII valeu por uma advertência e muitos mineradores e comerciantes trataram de procurar terras para se estabelecerem com fazendas" não muito distantes das áreas de mineração, proporcionando "aos mineradores os meios de subsistência" (CARVALHO, Daniel de. Formação histórica das Minas Gerais. PRIMEIRO SEMINÁRIO DE ESTUDOS MINEIROS. Universidade de Minas Gerais, 1957. **Anais** [...]. Belo Horizonte: Imprensa da UMG, 1957. p. 24).

[12] VASCONCELOS, Diogo Pereira Ribeiro de. Questão dos limites. **Revista do APM**, XVI/1, p. 109, 1911.

[13] LOURENÇO, Luís Augusto Bustamante. **A Oeste das Minas:** escravos, índios e homens livres numa fronteira oitocentista – Triângulo Mineiro (1750-1861). Uberlândia: EDUFU, 2005. p. 107.

[14] PRADO JÚNIOR, Caio. **Formação do Brasil contemporâneo:** colônia. São Paulo: Brasiliense; Publifolha, 2000. p. 70.

[15] No princípio do século XVIII, a capitania de Minas Gerais foi dividida em quatro comarcas: Vila Rica, Rio das Velhas, Rio das Mortes e Serro Frio. Apesar da imprecisão das divisas, melhor definidas apenas no final da centúria, é certo que a comarca do Rio das Mortes (CRM) ocupava cerca de um quinto do território da então capitania. Até o final da década de 1780, a CRM era composta por apenas dois termos: São João del Rei e São José del Rei (atual Tiradentes). Termo era o que hoje chamamos de município. A vila de São João del Rei, instituída em 1713, era a "cabeça" da CRM, e seu vasto termo incluía tanto o hoje chamado Sul de Minas quanto boa parte do Sudeste mineiro (hoje intitulada de Zona da Mata). O outro termo, o da vila de São José, criado em 1718, também era bastante extenso, incluindo, além das áreas circunvizinhas à vila, os vastos sertões do Centro-Oeste mineiro. Naquela época, "a maior parte do território do Termo da Vila de São José era o sertão" (PINTO, Francisco Eduardo. **A hidra de sete bocas**: sesmeiros e posseiros em conflito no povoamento das Minas Gerais. Juiz de Fora: Editora da UFJF, 2014. p. 64).

[16] **Arquivo Histórico Ultramarino – AHU** (Lisboa): Documentos Avulsos da Capitania de Minas Gerais. Cx. 182, Doc. 60.

[17] **Arquivo Público Mineiro – APM**: SC, Cod. 229, f. 5v a 7v. "Capela da Laje" é a atual cidade de Resende Costa. Segundo Waldemar de Almeida Barbosa, "a primitiva capela de N. Sra. da Penha de França, no 'lugar da Laje', filial da Matriz de São José [del Rei], foi erguida por provisão de 12 de dezembro de 1749"(BARBOSA, Waldemar de Almeida. **Dicionário Histórico-Geográfico de Minas Gerais**. 2. ed. Belo Horizonte: Itatiaia, 1995. p. 279).

[18] "Carta da Câmara do Tamanduá à Rainha Maria I acerca dos limites de Minas Gerais com Goiás"(**Revista do APM**, II/2, 1897, p. 372-388).

[19] BARBOSA, 1995, p. 73.

[20] COUTO, José Vieira. **Memória sobre as minas da capitania de Minas Gerais**: suas descrições, ensaios e domicílio próprios, à maneira de itinerário. Rio de Janeiro: Editores Eduardo e Henrique Laemmert, 1842. p. 111.

[21] SAINT-HILAIRE, Auguste. **Viagem pelas províncias do Rio de Janeiro e Minas Gerais**. Belo Horizonte: Ed. Itatiaia; São Paulo: Editora da USP, 1975a. p. 307.

[22] *Ibidem*.

[23] SAINT-HILAIRE, Auguste. **Viagem às nascentes do rio São Francisco**. Belo Horizonte: Ed. Itatiaia; São Paulo: Editora da USP, 1975b. p. 73.

[24] SAINT-HILAIRE, 1975a, p. 307.

[25] ESCHWEGE, Wilhelm Ludwig von. **Brasil, novo mundo**. Belo Horizonte: Fundação João Pinheiro, 1996. p. 94.

[26] ESCHWEGE, Wilhelm Ludwig von. **Jornal do Brasil, 1811-1817**; ou relatos diversos do Brasil, coletados durante expedições científicas. Belo Horizonte: Fundação João Pinheiro, 2002. p. 41.

[27] SAINT-HILAIRE, 1975b, p. 84.

[28] *Ibidem*, p. 92.

[29] **AHU – Projeto Resgate**, Minas Gerais (1680-1832), Cx.47, Doc. 177. No citado mapa de população, são discriminadas as seguintes igrejas localizadas no sertão do Campo Grande: as matrizes de São Bento do Tamanduá, de Santa Ana do Bambuí e de N. Sra. do Livramento do Piumhi; e as capelas de São Francisco de Paula, de N. Sra. do Desterro [atual Marilândia], do Bom Jesus da Pedra do Indaiá, de São Vicente Ferrer da Formiga, de N. Sra. das Candeias, do Divino Espírito Santo e São Francisco de Paula [atual Divinópolis] e de Santo Antônio do Monte (todas estas sete, filiais da matriz do Tamanduá); ademais, as capelas de N. Sra. de Oliveira, de N. Sra. do Bom Sucesso, de N. Sra. do Monte do Carmo do Japão [atual Carmópolis], de

N. Sra. Aparecida do Cláudio, de Santo Antônio do Amparo, da Senhora Santa Ana das Margens do Jacaré [atual Santana do Jacaré] e do Senhor Bom Jesus dos Perdões da Mata do Rio Grande (estas sete últimas, filiais da matriz de Santo Antônio da vila de São José del Rei).

[30] FERREIRA, Jurandyr Pires (coord.). **Enciclopédia dos municípios brasileiros**. Vol 9. (Grande Região Leste: o São Francisco). Rio de Janeiro: IBGE, 1960. p. 11-13.

[31] *Ibidem.*

[32] CASTILHO, Alice Silva de. **Rede hidrometeorologia e caracterização física da bacia do Alto São Francisco**: sub bacia 40. Belo Horizonte: CPRM, 1996. p. 5; CETEC. Fundação Centro Tecnológico de Minas Gerais. **Estudos integrados de recursos naturais**: bacia do Alto São Francisco e parte central da Área Mineira da Sudene: relatório final. Belo Horizonte: CETEC, 1983. Esses dois estudos são as principais fontes utilizadas para a caracterização física da zona em estudo.

[33] ESCHWEGE, 1996, p. 93.

[34] GERBER, Henrique. **Noções geográficas e administrativas da Província de Minas Gerais**. Belo Horizonte: Fundação João Pinheiro, 2013. p. 67.

[35] *Ibidem*, p. 69.

[36] CASAL, Manuel Aires de. **Corografia brasílica ou Relação histórico-geográfica do Reino do Brasil**. Belo Horizonte: Ed. Itatiaia; São Paulo: Ed. da USP, 1976. p. 174-175.

[37] *Ibidem.* Houve evidente engano de Aires de Casal, ocorrido também com outros autores de memórias e mapas da época colonial, pois o rio Lambari é afluente do rio Pará, e não do São Francisco.

[38] FERREIRA, 1960, p. 12.

[39] Ambas as lagoas destacadas se localizam no atual município de Lagoa da Prata. Gerber (2013, p. 80), cuja edição original é de 1863, assim a elas se refere: "[há] várias lagoas [notáveis] à margem direita do Rio de São Francisco, no município de Santo Antônio do Monte, dentre elas as lagoas Feia e Verde, cada uma de légua quadrada de superfície". A lagoa da Inhuma é outro exemplar notável de lagoa marginal, localizada no atual município de Iguatama.

[40] SILVA, José Joaquim. **Tratado de geografia descritiva especial da província de Minas Gerais**. Belo Horizonte: Fundação João Pinheiro, 1997. p. 46.

[41] HALFELD, Henrique G. F.; TSCHUDI, Johann J. von. **A província brasileira de Minas Gerais**. Belo Horizonte: Fundação João Pinheiro, 1998. p. 78.

[42] Os ribeirões Santana, Pouso Alegre e Formiga, até a construção da represa de Furnas, convergiam em direção ao rio Grande, formando, antes deste, um confluente que levava o repetido nome de rio Lambari. Agora o rio Lambari está submerso, e os três ribeirões que o formavam desaguam, cada um, em pontos distintos do lago de Furnas.

[43] SAINT-HILAIRE, Auguste de. **Quadro geográfico da vegetação primitiva na província de Minas Gerais**. Belo Horizonte: Fino Traço, 2011. p. 19.

[44] *Ibidem.*

[45] *Ibidem.*

[46] Traduzido para o português somente em 2011, foi editado inicialmente em francês no ano de 1831. O naturalista viajou por oito províncias do Brasil entre 1816 e 1822, entre elas Minas Gerais (incluindo uma viagem pelo Oeste mineiro, em 1819).

[47] GOMES, Maria do Carmo Andrade (org.). **A canção das palmeiras**: Eugenius Warming, um jovem botânico no Brasil. Belo Horizonte: Fundação João Pinheiro, 2006. p. 85-86. Warming viveu em Lagoa Santa (MG), entre 1863 e 1865, trabalhando como secretário do paleontólogo Peter Lund e desenvolvendo também suas próprias pesquisas sobre a vegetação brasileira, especialmente sobre o cerrado.

[48] *Ibidem.*

[49] AB'SÁBER, Aziz Nacib. **Os domínios da natureza no Brasil**: potencialidades paisagísticas. São Paulo: Ateliê Editorial, 2003. p. 18.

[50] *Ibidem.*

[51] Floresta estacional é um tipo de vegetação florestal com estação seca bem demarcada. Divide-se em duas categorias: semidecidual e decidual. A primeira apresenta um padrão de perda de folhas intermediário, entre 20% e 70% da massa foliar na época mais fria/seca. A segunda perde mais de 70% da massa foliar na mesma época. A floresta semidecidual é a tipologia predominante no bioma mata atlântica, e no cerrado ocorre na forma de encraves e florestas associadas a corpos d'água permanentes ou intermitentes. Já a floresta decidual está presente nos domínios do cerrado e da mata atlântica como encraves, também conhecidos como mata seca. (www.inventarioflorestal.mg.gov.br).

[52] RESENDE, Maria Efigênia Lage de. Itinerários e interditos na territorização das Gerais. *In*: LAGE DE RESENDE, Maria Efigênia; VILALTA, Luiz Carlos (org.). **História de Minas Gerais**: As Minas Setecentistas, 1 e 2. Belo Horizonte: Autêntica; Companhia do Tempo, 2007. p. 25-53.

[53] REVISTA do Instituto Histórico e Geográfico de São Paulo, São Paulo, v. 4, 1898/1899. p. 338.

[54] *Ibidem.*

[55] MAGALHÃES, Basílio. **Expansão geográfica do Brasil Central**. São Paulo: Cia. Editora Nacional, 1935. p. 87.

[56] DINIZ, Sílvio Gabriel. **Apontamentos para a história de Pitangui**. Belo Horizonte: Imprensa Oficial, 1965. p. 9.

[57] *Ibidem*, p. 8.

[58] *Ibidem*, p. 69.

[59] ROMEIRO, Adriana; BOTELHO, A. Vianna. **Dicionário histórico das Minas Gerais**: período colonial. Belo Horizonte: Autêntica Editora, 2013. No verbete "Guerra dos Emboabas", Romeiro esclarece que o termo "emboaba" deriva da palavra de origem tupi Mbuãb, empregada pelos indígenas para se referir às aves com penas até os pés. Como os reinóis usavam calças ou polainas que lhes cobriam o peito dos pés, ao contrário dos paulistas, que costumavam andar descalços, estes passaram a utilizar o termo "emboaba" para ridicularizar os portugueses e seus aliados, associando-os, de forma pejorativa, a "pinto calçudo".

[60] ROMEIRO, Adriana. Pitangui em chamas: rebeldia e cultura política no século XVIII. *In*: CATÃO, Leandro Pena. **Pitangui colonial**: história e memória. Belo Horizonte: Crisálida, 2011. p. 38.

[61] BARBOSA, 1971.

[62] *Ibidem.*

[63] **AHU/MG**, Cx. 70, Doc. 41.

[64] O instituto jurídico da sesmaria foi a "base sobre a qual assentava a distribuição de terras e, consequentemente, toda a política portuguesa de povoamento", no dizer de Bolívar Lamounier. Para Manuel Diegues Junior, "a sesmaria representava a concessão de terras para implantação de uma atividade agrária ou pastoril, o veículo pelo qual a terra foi ocupada, o meio de fixar o colonizador, de integrá-lo à terra e desenvolver o povoamento". Vide: LAMOUNIER, Bolívar. **Moinho, esmola, moeda, limão**: conversa em família. São Paulo: Augurium Editora, 2004. p. 289-311.

65 FONSECA, Cláudia Damasceno. **Arraiais e Vilas Del Rei**. Belo Horizonte: Editora da UFMG, 2011.

66 BARBOSA, 1995, p. 258-260.

67 CARVALHO FRANCO, Francisco de Assis. **Dicionário de Bandeirantes e Sertanistas do Brasil, Séculos XVI-XVII-XVIII**. São Paulo: Comissão do IV Centenário da Cidade de São Paulo, Serviço de Comemorações Culturais, 1954. p. 234.

68 TAUNAY, Afonso de E. **Relatos Sertanistas**. Belo Horizonte: Editora Itatiaia, 1981. p. 168-170.

69 *Ibidem*.

70 *Ibidem*.

71 *Ibidem*.

72 ALENCASTRE, José Martins p. de. Anais da Província de Goiás. **Revista do Instituo Histórico e Geográfico Brasileiro**, Rio de Janeiro: B. L. Garnier Livreiros 1864. tomo XXVII, parte 2. p. 72-73.

73 *Ibidem*.

74 *Ibidem*.

75 TAUNAY, 1981, p. 168.

76 **Catálogo de Sesmarias do APM** - SC 42, p. 99.

77 *Ibidem*, p. 100.

78 Documentação oficial manuscrita, principalmente ofícios enviados ao governador da Capitania, produzida por representantes das câmaras de Pitangui e Tamanduá em defesa de seus argumentos nas questões conflituosas de divisas entre seus termos, e fielmente transcrita. (Revista do APM, vol. 17, p. 226-242).

79 No longo arrazoado, os camaristas da vila do Tamanduá confundiram o pequeno ribeirão São Simão, afluente do ribeirão São Domingos, que, por sua vez, é tributário do hoje chamado rio Preto, este com foz no São Francisco, bem próxima da barra do rio Santana. Importante registrar que as imensas glebas que constituíram as duas citadas fazendas espalham-se hoje pelos territórios dos municípios de Iguatama, Luz, Japaraíba e Lagoa da Prata, vizinhos das barras dos citados afluentes do São Francisco.

80 O capitão Antônio Rodrigues Velho, por alcunha o "Velho da Taipa", nasceu em Curitiba, filho de Garcia Rodrigues Velho e Isabel Bicudo. Foi um dos primeiros habitantes de Pitangui. Casado com dona Margarida de Campos, nascida em Pitangui, com grande descendência. Dentre as filhas, dona Gertrudes de Campos foi casada, em primeiras núpcias, com o capitão-mor João Veloso de Carvalho. Desse casamento, tiveram 10 filhos, sendo sete mulheres, quatro casadas e três religiosas. Ficando viúva em 1747, dona Gertrudes logo se casa com João Pedro de Carvalho, que também ocupou o posto de capitão-mor de Ordenanças de Pitangui, a partir de 1769, "por ser pessoa benemérita". No inventário dos bens que ficaram do defunto João Veloso de Carvalho, consta, dentre muitos outros, "uma fazenda de roças de criar no rio de São Francisco, neste Termo, chamada o Bambuí [...]". Por ter a viúva, ao contrair segundo casamento, mais de 50 anos de idade, o dito João Pedro de Carvalho (que veio a ser assassinado em 1787) não teve meação nos bens deixados pelo falecido Veloso de Carvalho. Antônio Rodrigues Velho, pai de dona Gertrudes, também possuidor de fazenda de gado nas barras dos rios Bambuí e Santana, de um e outro lado do São Francisco, faleceu em Pitangui, em 1766, com a avançadíssima idade para a época, de mais de 80 anos. Certamente, algum tempo depois, pelo menos parte dessas fazendas deve ter sido logo repassada, certamente por venda, ao rico capitão Antônio Joaquim, morador de São Bento do Tamanduá. As fontes principais dessas informações são o inventário de dona Gertrudes de Campos, depositado no Arquivo Histórico de Pitangui (Cx. 23, Doc. 04, 1790) *apud* BARBOSA, Faber Clayton. **Pitangui entre Impérios**: conquistas e disputas de poder nos sertões Oeste das Minas Gerais, 1720-1765. 2015. Dissertação (Mestrado em História) – UFOP, Ouro Preto, 2015; DINIZ, 1965.

[81] Vide: ROCHA, José Joaquim da (1778). "Mapa da Comarca do Rio das Mortes pertencente à Capitania de Minas Gerais, que mandou descrever o Ilmo. e Exmo. Senhor Dom Antônio de Noronha, Governador e Capitão General da mesma Capitania, segundo as mais exatas informações". Arquivo Histórico do Exército (AHEx). Vide, ainda: ROCHA, José Joaquim da (1780). "Mapa da Capitania de Minas Gerais com a Divisa de suas Comarcas". **APM**, Cod. 085, Doc. 01; e ANÔNIMO (1746-1759). "Carta Geográfica de Minas Gerais"; dentre outras cartas geográficas espalhadas por diferentes arquivos.

[82] BARBOSA, 1971, p. 29.

[83] **Biblioteca Nacional, Seção de Manuscritos**, Arquivo Conde de Valadares, códice 18, 2, 6, doc. 7. O nobre português José Luís de Meneses Castelo Branco e Abranches, sexto conde de Valadares, foi governador e capitão general da capitania de Minas Gerais, de 1768 a 1773.

[84] "Carta da Câmara do Tamanduá [...]". **Revista do APM**, II/2, 1897, p. 372-388.

[85] BARBOSA, 1971, p. 29.

[86] Nativos do Brasil Central, os indígenas chamados caiapó migraram, ainda no século XVII, para terras mais a leste de seu habitat original, devido às guerras havidas com outras etnias e, depois, à pressão que lhes faziam os desbravadores dos "sertões goianos". Assim, difundiram-se pelas atuais regiões do Triângulo Mineiro e Alto Paranaíba, estendendo sua presença até as nascentes do rio São Francisco, nos primórdios do século XVIII. (OILIAM, José. Indígenas de Minas Gerais, 1965 *apud* VENÂNCIO, Renato Pinto. "Antes de Minas: fronteiras coloniais e populações indígenas". *In*: LAGE DE RESENDE, 2007, p. 87-102).

[87] Todo o vasto "sertão dos confins da Comarca do Rio das Mortes", nas franjas Oeste e Sudoeste desta, era chamado à época de "Campo Grande", sem delimitação precisa de seus limites. Conforme FONSECA, 2011, p. 121.

[88] *Ibidem*, p. 74.

[89] Segundo FONSECA (2011, p. 55), o geógrafo francês Pierre Monbeig escreveu que a palavra "sertão" se aplicava no Brasil "a toda região pouco conhecida, pouco povoada, distante e algo misteriosa". Por outro lado, a noção de "fronteira", introduzida na historiografia norte-americana por Frederick Jackson Turner, deve ser compreendida como o "limite movente que separa as regiões povoadas das que ainda não o são, que marca a extremidade do avanço da sociedade civilizada", conforme a mesma autora.

[90] Contratadores eram os arrematantes de arrecadações de impostos em pregão público, os quais pagavam uma quantia fixa à Coroa portuguesa e se encarregavam da arrecadação junto à população. Com efeito, no Antigo Regime, a arrecadação tributária era, geralmente, explorada como um negócio por meio de concessão a particular, mediante contrato. O lucro do negócio era a diferença entre a quantia que o contratador conseguia arrecadar e o montante que ele pagava à Real Fazenda pela outorga do contrato.

[91] LOURENÇO, 2005, p. 108.

[92] ANDRADE, Francisco Eduardo. Fronteiras e instituições de capelas nas Minas, América portuguesa. **América Latina em la História Económica**, n. 35, p., jan./jun. 2011.

[93] REVISTA do APM, II/2, 1897, p. 372-388 ("Carta da Câmara do Tamanduá [...]").

[94] VASCONCELOS, Diogo de. **História média das Minas Gerais**. Belo Horizonte: Editora Itatiaia, 1974. p. 171.

[95] MELLO E SOUZA, Laura de. Formas provisórias de existência: a vida cotidiana nos caminhos, nas fronteiras e nas fortificações. *In*: MELLO E SOUZA, Laura de (org.). **História da vida privada no Brasil**: cotidiano e vida privada na América portuguesa - 1. São Paulo: Companhia das Letras, 1997.

[96] "Quilombola", ou "calhambola" (como se lê em muitos documentos da época colonial), designava o escravo fugido, morador em um quilombo. Por sua vez, "quilombo" era uma povoação constituída, na sua maior parte, por escravos fugidos, sendo, sem dúvida, expressiva maneira de protesto contra a escravidão. Além do mais famoso, maior e duradouro de Minas Gerais, o quilombo do Ambrósio, destruído duas vezes – em 1746 e 1759, outros quilombos maiores, destruídos no Campo Grande durante o século XVIII, foram os

do Bambuí, da Marcela, do Indaiá, da Pedra Menina e Abaeté, do Careca, do Paranaíba, da Boa Vista, do Queimado etc. No século XVIII, por "vadio", designava-se "todas as pessoas que não tiver fazendas suas, ou alheia (sic), que não tiver ofício em que trabalhe, ou amo, ou amo a que sirva". MELLO E SOUZA, Laura de. **Desclassificados do ouro**: a pobreza mineira no século XVIII. Rio de Janeiro: Edições Graal. 2004. p. 177.

[97] APM, SC Cod. 90, p. 37v.

[98] APM, SC Cod. 106, p. 140.

[99] Como exposto em "**Requerimento do Cel. Inácio Correia Pamplona, pedindo remuneração com mercês pelos distintos serviços. Em anexo, vários documentos**". Arquivo Histórico Ultramarino (AHU), Lisboa, Doc. 47, Cx.177.

[100] **Carta de Inácio Correia Pamplona ao Conde de Valadares**, s/l, s/d. Biblioteca Nacional do Rio de Janeiro, Seção de Manuscritos. Arquivo Conde de Valadares, Códice MS 571(1), Doc. 7.

[101] PINTO, 2014, p. 101.

[102] MELLO E SOUZA, Laura de. **Norma e Conflito**: aspectos da história de Minas no século XVIII. Belo Horizonte: Editora UFMG, 1999. p. 112.

[103] *Ibidem*.

[104] **AHU/Avulsos MG**: Cx. 155, Doc. 7 09/12/A800.

[105] Bartolomeu Bueno do Prado, nascido em São Paulo, filho de Domingos Rodrigues do Prado, que foi capitão-mor da vila de Pitangui, e de dona Leonor Bueno da Silva, filha do segundo Anhanguera – Bartolomeu Bueno da Silva. Casado com sua prima Isabel Bueno da Fonseca, filha de Francisco Bueno Luís da Fonseca e Maria Jorge Velho. Antes da campanha do Campo Grande, em 1759, morava no Palmital, sertão do Rio Grande, onde também residia seu sogro. Seguiu para o front em 18 de junho de 1759, partindo do arraial dos Buenos, sito na aplicação de Lavras do Funil. Faleceu em 1768, sendo sepultado no povoado de Rosário da Cachoeira, entre as atuais cidades de Lavras e Itumirim. Conforme: CARVALHO FRANCO, 1954.

[106] Conforme "Auto de Posse" conservado na Biblioteca Municipal Batista Caetano de Almeida, em São João del Rei (**CSJR-PAP 144**, fls. 90-90v).

[107] Conforme "Auto de posse dos quilombos das serras da Marcela, Canastra, etc. 1759", transcrito em: **Documentos interessantes para a história e costumes de S. Paulo**, vol. XI – Divisas de São Paulo e Minas Gerais, 1896, p. 61-62.

[108] Conforme "Auto de posse do sertão do Campo Grande, 1759", transcrito em: **Documentos Interessantes** [...], vol. XI, 1896, p. 60-61.

[109] VASCONCELOS, 1974, p. 190.

[110] APM, SC, Cod. 129, p. 99.

[111] Chamava-se "descoberto" qualquer novo afloramento de ouro "descoberto em terras que nunca foram possuídas, nem examinadas, nem concedidas, e que de novo se examinam e, depois, se repartem", como definido no Manual do Guarda-Mor. BARBOSA, Waldemar de Almeida. **Dicionário da terra e da gente de Minas**. Belo Horizonte: Imprensa Oficial, 1985. p. 79-80.

[112] APM, SC, Cod. 76; apud BARBOSA, 1971, p. 34.

[113] VELLOSO, Herculano. **Ligeiras memórias da vila de São José nos tempos coloniais**. Belo Horizonte: Imprensa Oficial, 1955. p. 29.

[114] *Ibidem*, p. 38.

[115] *Ibidem*.

[116] BARBOSA, 1971, p. 36.

[117] MELLO E SOUZA, 1999, p. 114.

[118] O estudo pioneiro no qual se baseia Laura de Mello e Souza para tratar da "invasão dos ilhéus" no Centro--Oeste mineiro é BARBOSA, 1971, p. 97-108. A frase citada, sobre o aproveitamento de mestiços e índios civilizados no povoamento das áreas de fronteira no período colonial, encontra-se numa carta do duque de Silva Tarouca ao primeiro-ministro português, escrita em inglês, no ano de 1752, e traduzida e apresentada em MELLO E SOUZA, 1999, p. 114.

[119] **AHU (Arquivo Histórico Ultramarino)**, Lisboa, Doc. 47, Cx. 177 (Projeto "Resgate", documentação da capitania de Minas Gerais).

[120] VASCONCELOS, 1974, p. 174.

[121] *Ibidem*, p. 199-200; BARBOSA, 1995, p. 112-114 (verbete "Desemboque").

[122] TRINDADE, Cônego Raimundo. **Instituições de igrejas no bispado de Mariana**. Rio de Janeiro: Ministério da Educação e Saúde/SPHAN, 1945. p. 226.

[123] **AHU (Arquivo Histórico Ultramarino)**, Lisboa, Doc. 9, Cx. 131 (Projeto "Resgate", documentação da capitania de Minas Gerais).

[124] **Acervo Curt Lange – UFMG**: Série 9 – Documentos Raros, Subsérie 9.2, Dossiê 9.2.17, Item Documental 9.2.17.20 – Sinopse: O Juiz dos Feitos da Fazenda Doutor Tomás Antônio Gonzaga informa ao Senhor [Governador] Luiz da Cunha Menezes acerca das petições dos Padres Gaspar Alves Gondim e Carlos Correa Toledo, enviando junto uma cópia da ordem, expedida pela Mesa de Consciência e Ordens em 1782, na qual Dona Maria, Rainha de Portugal e Algarves pede ao Governador e Capitão Geral de Minas Gerais que lhe informe acerca de tais petições. 1782-1784.

[125] BARBOSA, 1971, p. 39. Por Rio das Mortes, entende-se as duas vilas del Rei – São João e São José (hoje, Tiradentes) e os arraiais a elas circunvizinhos: Prados, Lagoa Dourada, Laje (hoje, Resende Costa), etc.

[126] **Acervo Curt Lange – UFMG**: Série 9 – Documentos Raros, Subsérie 9.2, Dossiê 9.2.17, Item Documental 9.2.17.20.

[127] BARBOSA, 1995, p. 40.

[128] TRINDADE, Jose da Santíssima, dom Frei. **Visitas pastorais de dom Frei José da Santíssima Trindade (1821-1825)**. Belo Horizonte: Fundação João Pinheiro, 1995. p. 275.

[129] SAINT-HILAIRE, 1975a, p. 101.

[130] TRINDADE, 1945.

[131] ANDRADE, Francisco Eduardo. A conversão do sertão: capelas e "governamentalidade" nas Minas Gerais. **Varia História**, Belo Horizonte, v. 23, n. 37, p. 151-166, 2007. p. 152.

[132] MATA Sergio da. **Chão de Deus**: catolicismo popular, espaço e proto-urbanização em Minas Gerais, Brasil – Séculos XVIII-XIX. Berlin: Wiss. Verl. Berlin, 2002. p. 141 e 144-145.

[133] CORRÊA, Leopoldo. **Achegas à História do Oeste de Minas**. 2. ed. Belo Horizonte: CMC, 1993. p. 45.

[134] BARBOSA, 1995, p. 134.

[135] MORAES, Dilma. **Santo Antônio do Monte**: doces namoradas, políticos famosos. Belo Horizonte: Minas Gráfica Editora, 1983. p. 12-15; CORRÊA, 1993, p. 207. Leopoldo Corrêa lista os aplicados que testemunharam a escritura de doação do patrimônio da capela de Santo Antônio do Monte: Manoel José da Silveira, padre José Albergaria de Melo, André Nunes Faleiros, João da Silva Camargos, Pedro José Serra, José do Couto Rosa, Manoel de Ávila da Silveira, Francisco da Costa de Azevedo, [?] José de Mesquita, Inácio José Pedroso e Antônio Joaquim da Costa.

[136] Consulte "**Brasil, Minas Gerais, Registros da Igreja Católica, 1709-1999**". Images. *FamilySearch*. http://FamilySearch.org : 15 March 2017. Paróquias Católicas, Minas Gerais (*Catholic Church parishes, Minas Gerais*).

[137] "**Requerimento do Cel. Inácio Correia Pamplona, pedindo remuneração com mercês pelos distintos serviços. Em anexo, vários documentos**". Arquivo Histórico Ultramarino (AHU), Doc. 47, Cx.177.

[138] LOURENÇO, 2005, p. 113.

[139] Em algumas cartas geográficas antigas, a exemplo do "**Mappa Topográfico e Idrográfico da Capitania**" e da versão do "**Mapa da Comarca do Rio das Mortes**" (1778), de José Joaquim da Rocha, que se encontram sob a guarda do Arquivo Histórico do Exército (RJ), não há registro de fazenda com o nome de "*Bom Sucesso*" na freguesia do Tamanduá (como aparece na versão do mesmo mapa de Rocha custodiado pela Biblioteca Nacional), embora, em idêntico local daquelas cartas, haja o símbolo de fazenda e a inscrição "*Diogo Lopes*". O furriel Diogo Lopes [Diniz] foi um dos pioneiros registrados na "*Lista de todos os moradores que se acham dentro do âmbito da Freguesia de São Bento do Tamanduá [...]*", aparecendo como um dos "*aplicados* [da capela] *do Senhor Bom Jesus da Pedra do Indaiá [...]*" (**AHU**, Doc. 47, Cx. 177). Na dita lista, Diogo Lopes é registrado como "homem casado", com seis filhos e possuidor de sete escravos; já o seu assento de sepultamento, feito na capela da Pedra do Indaiá, em 1806, qualifica-o como "homem branco, solteiro". Não conhecemos documentos que possam comprovar ter pertencido a Diogo Lopes a fazenda do Bom Sucesso, que foi de Manoel José da Silveira e descendentes das últimas décadas do século XVIII até, pelo menos, a quarta do século XIX. Na carta de sesmaria da fazenda no Bom Sucesso, concedida em 1785 a Manoel José da Silveira, está dito que Silveira a adquiriu "*por título de compra que fez a José Pinto Viseu*" (**APM**, SC, Cód. 234, p. 166).

[140] Fazenda fundada ainda na primeira metade do século XVIII, por Antônio Rodrigues Velho (o Velho da Taipa), que, como dito em outra nota, além de desbravador dos sertões, minerador e político em Pitangui, foi, juntamente com seu genro, o capitão-mor João Veloso de Carvalho, criador de gado no entorno das barras opostas dos rios Bambuí e Santana no rio São Francisco. Tempos depois, esta fazenda passou a pertencer ao rico capitão Antônio Joaquim, morador do Tamanduá.

[141] O padre Agostinho Pereira de Melo nasceu no arraial de Prados, em 1734. Foi ordenado sacerdote por dom Frei Manoel da Cruz, primeiro bispo de Mariana, em 1761. Não se tem notícia de sua atividade pastoral até 1772, nem mesmo se a exerceu; apenas se sabe que estava estabelecido com fazenda junto ao córrego da Extrema, pequeno afluente da margem direita do rio São Francisco, abaixo da passagem da Piraquara. Em 1772, assumiu as funções de capelão da aplicação de *Nossa Senhora do Bom Despacho do Picão*, com provisão episcopal do ano anterior. Nessa capelania, não permaneceu por muito tempo, pois, em documentos de 1780, o padre Agostinho já é dado como falecido. Aqui, a referência principal é: RODRIGUES, Laércio. **História de Bom Despacho**. Belo Horizonte: Imprensa Oficial, 1968.

[142] Paragem também chamada de "Chapada do caminho do Tamanduá" em documentos coevos. Situava no atual município de Moema, próxima à divisa deste com o de Santo Antônio do Monte.

[143] ALMEIDA, Carla Maria Carvalho de. **Ricos e pobres em Minas Gerais**: produção e hierarquização social no mundo colonial, 1750-1822. Belo Horizonte: Argumentum, 2010. p. 88-89.

[144] *Ibidem*.

[145] VASCONCELOS, 1974, p. 196-197.

[146] *Ibidem*.

[147] Como o escrivão da jornada deixou registrado em nótula acrescida em exemplar da "*Carta Geográfica que compreende toda a Comarca do Rio das Mortes, Vila Rica e parte da Cidade de Mariana do Governo de Minas Gerais*", especialmente preparada para orientar a excursão de Luís Diogo pelos sertões e reproduzida em: ADONIAS, Isa; FURRER, Bruno (org.). **Mapa**: imagens da formação territorial brasileira. Rio: Fundação N. Odebrecht, 1993. p. 224.

[148] VASCONCELOS, 1974, p. 196.

[149] FONSECA, 2011, p. 224.

[150] MELLO E SOUZA, 1999, p. 114.

[151] BARBOSA, 1971, p. 124.

[152] TESTAMENTO e INVENTÁRIO *post mortem* do mestre de campo e regente Inácio Correa Pamplona, 1810/1821, Arquivo do Escritório Técnico do IPHAN em São João del Rei, caixa 100.

[153] BARBOSA, 1971, p. 125.

[154] APM, Documentos Avulsos; *apud* BARBOSA, 1971, p. 36.

[155] "NOTÍCIA DIÁRIA e individual das marchas e acontecimentos mais condignos da jornada que fez o Senhor mestre de campo, regente e guarda-mor Inácio Corrêa Pamplona, desde que saiu de sua casa e fazenda do Capote à conquista do Sertão (1769)", integralmente transcrita em: **Anais da Biblioteca Nacional**, v. 108, Rio de Janeiro, 1988, p. 47-113.

[156] Dentre eles: Antônio Affonso (**APM**, SC 156, p. 57), Antônio José Basto (**APM**, SC 156, p. 71 v), Antônio Afonso Lamounier (**APM**, SC 156, p. 58 v), Domingos Antônio da Silveira (**APM**, SC 156, p. 73 v), Inácio Bernardes de Souza (**APM**, SC 156, p. 59 v), Jacinto de Medeiros (**APM**, SC 156, p. 70 v), João Rodrigues de Souza (**APM**, SC 156, p. 58), José Álvares Denis (**APM**, SC 156, p. 56), José Antônio Basto (**APM**, SC 156, p. 60 v), José Fernandes Lima (**APM**, SC 156, p. 66 v), José Rodrigues de Souza (**APM**, SC 156, p. 69 v), Leonardo Lopes (**APM**, SC 156, p. 74 v), Manoel Coelho Pereira (**APM**, SC 156, p. 67 v), Manoel de Medeiros (**APM**, SC 156, p. 72 v), Pedro Vieira de Faria (**APM**, SC 156, p. 75 v) e Simão Rodrigues de Souza (**APM**, SC 156, p. 68 v). A informação entre parênteses indica o códice do Arquivo Público Mineiro (**APM**) em que se encontra a respectiva carta de sesmaria.

[157] Carta de sesmaria concedida a Antônio Afonso Lamounier (**APM**, SC 156, p. 58 v).

[158] PINTO, 2014, p. 108-111. Importa notar que, pesquisando a situação dos 234 "entrantes" arrolados no anexo da *"Notícia Diária"*, para elaboração de sua tese de doutoramento, Francisco Eduardo Pinto só conseguiu localizar um terço desses como recebedores da "mercê de sesmarias". Para o autor de *A Hidra de Sete Bocas*, a explicação mais provável é que a grande maioria dos que se estabeleceram no Campo Grande naquela ocasião não requereram carta de sesmaria, principalmente pelo "interesse em [posteriormente] dispor da terra com o menor controle possível".

[159] NOTÍCIA DIÁRIA [...], 1988, p. 47-113.

[160] **APM,** SC códice 117.

[161] **APM,** SC códice 293, p. 57.

[162] **APM,** SC códice 286, p. 237.

[163] **APM,** SC códice 156, p. 177 v.

[164] **APM,** SC códice 293, p. 111 v.

[165] **APM,** SC códice 206, p. 41.

[166] **APM,** SC códice 234, p. 166.

[167] **APM,** SC códice 129, p. 149.

[168] MARTINS, Tarcísio José. **Moema**: as origens do Doce. 2. ed. Belo Horizonte: Imprensa Oficial, 2012. p. 159-160.

[169] **APM,** SC códice 172, p. 57.

[170] O manuscrito original da citada *"Notícia Diária [...]"* integra o Arquivo do Conde de Valadares, custodiado pela Biblioteca Nacional (RJ).

[171] MELLO E SOUZA, 1999, p. 118.

[172] NOTÍCIA DIÁRIA [...], 1988, p. 47-113.

[173] Ibidem.

[174] **AHU (Arquivo Histórico Ultramarino)**, Doc. 47, Cx.177.

[175] NOTÍCIA DIÁRIA [...], 1988, p. 47-113.

[176] Todas as citações no parágrafo provêm de MELLO E SOUZA, 1999, p. 119 e 121.

[177] Sumarizado em TRINDADE, 1945, p. 31.

[178] Certificado apenso ao "**Requerimento do Cel. Inácio Correia Pamplona, pedindo remuneração com mercês pelos distintos serviços**". AHU (Arquivo Histórico Ultramarino), Doc. 47, Cx. 177.

[179] PINTO, 2014, p. 74.

[180] Registra-se que o referido ribeirão Noruega se localiza no atual distrito de Esteios, do município de Luz, enquanto a Piraquara era um antigo ponto de travessia do rio São Francisco, posicionado na divisa dos atuais municípios de Bom Despacho e Dores do Indaiá.

[181] BARBOSA, 1971, p. 127.

[182] "*Mappa da Conquista do Mestre de Campo(s) [e] Regente Chefe da Legião, Ignacio Correya Pamplona*". In: COSTA, Antônio Gilberto (org.). **Cartografia da conquista do território das Minas**. Belo Horizonte: Editora UFMG; Lisboa: Kapa Editorial, 2004. p. 62 e 184.

[183] A chamada "literatura de viagem", produzida principalmente naturalistas estrangeiros, que percorreram diferentes regiões de Minas, inclusive o alto São Francisco, realça a presença necessária e significativa da atividade de ferreiro junto às estradas e aos caminhos. Segundo Douglas Cole Libby, além do setor agrícola, o de transporte, com suas tropas e carretas, era os consumidores principais dos serviços e produtos desses profissionais especializados (vide LIBBY, D. C. **Transformação e trabalho em uma economia escravista**: Minas Gerais no século XIX. São Paulo: Brasiliense, 1988. p. 146). A Guarda dos Ferreiros, que se localizava em território do atual município de São Gotardo, foi um notável ponto de parada e apoio aos viajantes que percorriam a picada de Goiás, além de sediar um dos destacamentos militares distribuídos pela então faixa fronteiriça. Está assinalado em vários mapas coevos e é citado em obras da "literatura de viagem".

[184] Verdadeiramente, na área destacada, fazem barra no rio São Francisco, bem próxima uma das outras, quatro cursos d'água, três deles na margem direita e o quarto na esquerda do referido rio. Na margem direita deságua primeiro o São Miguel, que, vertendo da mata de Pains, deságua no São Francisco na antiga sesmaria das Perdizes (hoje município de Iguatama). O segundo, à direita, é o rio Preto, que, muito provavelmente, corresponde ao chamado, no "*Mappa da Conquista*", ribeirão *São Julião* (por atravessar a sesmaria de igual nome). Este Preto, antes de desaguar no São Francisco (acima da barra do rio Santana), recebe pela direita o córrego dos Arcos (intitulado no "*Mappa*" de *ribeirão do Arco* e, em seguida, o ribeirão São Domingos, que no "*Mappa*" tem o nome de *ribeirão do Paraíso* (por atravessar uma grande fazenda que existia à época com este nome). Este São Domingos, por sua vez, recebe, pela direita, o *ribeirão São Simão*, no atual município de Japaraíba. O terceiro rio afluente da margem direita do São Francisco é o Santana (no "*Mappa*", chamado de *Santa Ana*), cujas cabeceiras ficam na tríplice divisa dos atuais municípios de Santo Antônio do Monte, Formiga e Pedra do Indaiá. Descendo pelo rumo noroeste, o Santana serve de divisa entre os atuais municípios de Santo Antônio do Monte, de um lado, e Arcos e Japaraíba, de outro, e, depois, corre no sentido leste-oeste, divisando os atuais municípios de Lagoa da Prata (margem direita) e Japaraíba (margem esquerda). Possui um único tributário de destaque, o ribeirão do Bonifácio, que nasce e morre no atual município de Japaraíba. Na margem esquerda do São Francisco é que faz barra o quarto afluente, o rio Bambuí, à pouca distância das barras dos rios Preto e Santana, mas no lado oposto. Uma evidência importante, a reforçar a hipótese de ser o ribeirão chamado de "*Paraíso*", no "*Mappa da Conquista*", aquele que hoje se chama "*São Domingos*", é um documento de delimitação de divisas de fazendas, transcrito por Leopoldo Corrêa (1993, p. 71). Segundo este autor, a fazenda chamada do *Ribeirão de São Domingos* foi vendida, com esta denominação, ao capitão

[185] José Teixeira da Mota, em meados da primeira metade do século XIX, tendo seus vendedores a recebido por herança de seus pais e sogros, os quais também a receberam por herança, como parte da fazenda então chamada de *Paraíso*.

[185] Nas imediações desta propriedade, foi construída, nos últimos anos do século XVIII, uma capela dedicada à Nossa Senhora do Patrocínio, junto da qual se desenvolveu a povoação que, em 1807, era conhecida por *arraial de Nossa Senhora do Patrocínio*, embrião da atual cidade de Patrocínio. Para maiores informações sobre esta expedição de Inácio de Oliveira Campos e a origem de Patrocínio, vide BARBOSA, 1995, p. 244-245.

[186] BARBOSA, 1971, p. 48-60.

[187] RODRIGUES, 1968, p. 29. Os autos de medição da sesmaria a que se refere Rodrigues, concedida em 1770 para legalizar posse bem anterior, datam de 1784.

[188] MARTINS, 2012, p. 150-164.

[189] As referências entre aspas constam da parte expositiva inicial de uma petição que fez Antônio Rodrigues da Rocha, em 1763, reclamando da invasão de sua fazenda por terceiro – o capitão Inácio de Oliveira Campos. Essa petição se encontra parcialmente transcrita em: RODRIGUES, 1968, p. 36.

[190] **APM** – SC, Códice 129, f.149.

[191] MARTINS, 2012, p. 152.

[192] Vale relembrar que o "Velho da Taipa", avô de Inácio de Oliveira Campos, possuíra grande fazenda de criar gado junto às barras dos rios Bambuí e Santana no São Francisco, vizinha à de seu genro, capitão João Veloso de Carvalho, tio-afim de Inácio de Oliveira Campos. Apesar das grandes extensões dessas duas propriedades, não há elementos para afirmar que as terras apossadas por Inácio Campos tivessem sido, de fato, parte da referida propriedade de seu avô. Em linha reta, a distância entre as barras do Bambuí e Santana e do Jacaré, no São Francisco, é da ordem de 30 quilômetros, aproximadamente, cinco léguas em medida da época. Se a fazenda do "Velho da Taipa" estivesse toda ela situada abaixo das barras dos rios Bambuí e Santana e possuísse sua maior extensão – cerca de três léguas – no sentido sul-norte, ainda assim não alcançava as terras apossadas por Inácio de Oliveira Campos, em 1762, junto ao ribeirão Santo Antônio e rio Jacaré.

[193] **APM** – SC, códice 129, f.216. A expressão "na chapada do caminho do Tamanduá", como reza a referida carta de sesmaria, parece remeter-nos à fazenda da Chapada, já referida, que corresponde hoje a áreas rurais situadas a leste de Moema e ao norte de Santo Antônio do Monte.

[194] Conforme auto de demarcação de sesmaria existente no Arquivo Judiciário de Pitangui e parcialmente transcrito em: MARTINS, 2012, p. 155-156.

[195] *Ibidem*. Para se ter ideia acerca da dimensão territorial de uma sesmaria como a de Antônio Rodrigues Rocha, considerando as medidas feitas em braças (e devidamente transformadas para o sistema métrico-decimal), sua área era de, aproximadamente, 155 km2, correspondendo a cerca de 75% da área do atual município de Moema ou a 35% do de Lagoa da Prata.

[196] A fonte para o itinerário de vida do casal Inácio e Joaquina é: NORONHA, Gilberto Cesar de. **Joaquina do Pompeu**: tramas de memórias e histórias nos sertões do São Francisco. Uberlândia: EdUFU, 2007.

[197] VELLOSO, 1955, p. 38.

[198] *Ibidem*, p. 50.

[199] **Revista do APM**, v. 2, 1897, p. 382-383.

[200] VELLOSO, 1955, p. 49.

[201] *Pedra Menina* é a denominação de um morro que se destaca sobranceiro ao meio do chapadão que se estende entre as atuais cidades de Abaeté e Cedro do Abaeté, próximo às nascentes do ribeirão Marmelada. "A 'fazenda da Babilônia' e as vizinhas fazendas '*dos Aragoens*' e '*da Onça*" ficavam às margens da picada de Goiás, no sertão do alto Paranaíba, em terras hoje pertencentes aos municípios de Lagoa Formosa e Patos de

Minas. As nascentes do rio da Prata, que corre rumo ao Paracatu, eram relativamente próximas da *fazenda da Babilônia*. Como se pode ver, os camaristas da Vila de São José (atual Tiradentes), de fato, "foi longe demais" com seus marcos de posse!

[202] **Revista do APM**, v. 17, p. 226-242.

[203] VELLOSO, 1955, p. 49. *Calhau de Cima* é um robusto afloramento rochoso, de formas arredondadas, junto à margem direita do rio Pará (hoje se encontra às margens do lago formado pela usina hidroelétrica de Cajurú), 14 quilômetros ao sul da atual cidade de Carmo do Cajurú.

[204] *Ibidem*, p. 51.

[205] *Ibidem*. Nas terras da *Serra Negra*, também às vezes chamada de *Serra Negra da Itapecerica*, há registros de sesmarias concedidas a entrantes que vinham tanto do Rio das Mortes quanto de Pitangui. Há notícias de recorrentes conflitos de jurisdição naquela zona entre as câmaras de São José (depois de 1789, substituída pela câmara da nova vila de São Bento do Tamanduá) e de Pitangui. A então paragem da *Serra Negra* corresponde hoje à porção Oeste do atual município de Divinópolis, estendendo-se até além da divisa com o de Santo Antônio do Monte, além de grande parte do município de São Sebastião do Oeste. *Itapecerica* foi uma das denominações pretéritas da povoação que deu origem à atual cidade de Divinópolis.

[206] *Ibidem*, p. 53.

[207] *Ibidem*, p. 52.

[208] Como transcrito em: *Ibidem*, p. 51-54.

[209] Segundo BARBOSA, 1995, p. 204, esta instituição de vila deu-se de modo bastante esdrúxulo, pois, sujeita judicialmente à comarca do Serro Frio, se subordinava nas esferas administrativa e militar ao governo da capitania da Bahia. Apenas em 1757, o Conselho Ultramarino português determinou a completa incorporação do termo da vila de Minas Novas à capitania de Minas Gerais.

[210] FONSECA, 2011, p. 33.

[211] **Revista do APM**, v. 6, fasc.1, 1901, p. 192.

[212] Ainda no período colonial, mais precisamente em 1814, por alvará régio de 19 de julho, foram erigidas mais duas vilas em Minas Gerais: a de São Carlos do Jacuí (atual Jacuí) e a de Santa Maria do Baependi (atual Baependi), ambas na antiga comarca do Rio das Mortes.

[213] FONSECA, 2011, p. 212; FURTADO, João Pinto. **O manto de Penélope**: história, mito e memória da Inconfidência Mineira de 1788-9. São Paulo: Companhia das Letras, 2002. p. 158-160. João Pinto Furtado (2002, p. 159) nos chama a atenção, na obra citada, para a relevância, naquele contexto histórico, de uma povoação ser alçada à condição de vila: "isso lhe conferia o direito, não desprezível na ordem setecentista, de constituir Câmara e, portanto, de passar a possuir melhor representação 'dos povos' ou 'das gentes', inclusive com eventual acesso direto à metrópole na forma de petições e requerimentos que pudessem ser apresentados à revelia dos governadores".

[214] Na Ordem remetida pelo visconde de Barbacena ao ouvidor geral e corregedor da comarca do Rio das Mortes, para que este procedesse à instalação da nova vila do Tamanduá, ele o adverte que, tendo "encarregado [o mestre de campo Inácio Corrêa Pamplona] de algumas averiguações e diligências tendentes à criação da nova vila, é conveniente que Vossa Mercê espere seu aviso [do Pamplona] para se proceder a ela [a instalação], mas tanto que Vossa Mercê o receber, partirá logo ao dito arraial [do Tamanduá] e criará a Vila na conformidade da Instrução que lhe remeto [...]", em: **Revista do APM**, v. 6, fasc.1, 1901, p. 192.

[215] Em ofício escrito em Lisboa, datado de 29 de setembro de 1790 e destinado ao visconde de Barbacena, governador da capitania de Minas Gerais, o ministro Martinho de Melo e Castro, da Marinha e do Ultramar, dizia ter informação segura de que o vigário de São José del Rei "se considerava o mais poderoso [dentre os conjurados] em ter grande número de habitantes do Rio das Mortes à sua devoção [...]" e se asseverava "nas assembleias e conventículos que, assim ele, como seu irmão, o sargento mor Luís Vaz de Toledo [Piza], haviam

falado a muita gente da freguesia de São José, da Borda do Campo e do distrito do Tamanduá [grifo nosso], e que toda estava pronta a entrar no levante". Na inquirição feita ao coronel Alvarenga Peixoto, no Rio de Janeiro, em 14 de janeiro de 1790, este confessou ter sido informado que o vigário Toledo, seu irmão Luís Vaz de Toledo e o coronel Joaquim Silvério dos Reis "tinham falado a muita gente por São José, pela Borda do Campo, e pelo Tamanduá" [também grifo nosso]. Tanto o citado ofício quanto a inquirição a Alvarenga Peixoto estão transcritos em Autos da **Devassa da Inconfidência Mineira (ADIM)**, vol.8, edição de 2016.

[216] **Revista do APM**, v. 6, fasc.1, 1901, p. 192.

[217] VASCONCELOS, Diogo Pereira Ribeiro de. **Breve descrição geográfica, física e política da capitania de Minas Gerais**. Belo Horizonte: Fundação João Pinheiro, 1994. p. 84. O manuscrito dessa "memória" é datado de 1807.

[218] FONSECA, 2011, p. 219-220.

[219] Na década seguinte à instalação da nova vila do Tamanduá, seus camaristas não cansavam de peticionar à Coroa reclamando e pedindo providências para a defesa da fronteira oeste da capitania de Minas, que era também o limite ocidental de seu termo. Vide: carta de 1793 dos camaristas de Tamanduá à rainha Dona Maria acerca dos limites de Minas Gerais com a capitania de Goiás, em: **Revista do APM**, v. 2, fasc. 1, 1897, p. 372-373; e outra da mesma câmara, datada de 1798, com idêntica motivação, em: **APM, SC**, avulsos, cx.41, doc. 27.

[220] BARBOSA, 1995, p. 40 (verbete "Bambuí").

[221] **Revista do APM**, v. 2, fasc.1, 1897, p. 95-96.

[222] "*Auto de Levantamento e Criação da Vila de São Bento do Tamanduá*", em: **Revista do APM**, v. 2, fasc.1, 1897, p. 101-102.

[223] **Revista do APM**, v. 17, p. 226-242.

[224] *Ibidem.*

[225] *Ibidem.*

[226] *Ibidem.*

[227] A ideia de serem agentes civilizadores que procuraram, por seu próprio esforço, "dilatar o seu termo, e semear a religião no centro de sertões incógnitos, e ocupados de gentios [...]", não abandonou os moradores da vila de São José, que sempre a utilizaram a seu favor, mesmo quando não mais tinham domínio sobre os sertões do alto São Francisco, após a criação da vila do Tamanduá. Assim, em 1806, ainda ressaltavam que "os nossos Maiores foram rebatendo as fúrias desta gente intratável [negros fugidos e gentios bravos e ferozes, segundo eles], até que, com muito custo, conquistaram a Picada de Goiás e Campo Grande, assolando vários quilombos de negros fugidos, que agregados a outros facinorosos, levavam o terror por toda a parte". *In*: "Ofício dos camaristas de São José solicitando um posto de juiz de fora para seu termo" [AHU, Cx. 182, Doc. 60], *apud* FONSECA, 2011, p. 347-348.

[228] FONSECA, 2011, p. 278-283.

[229] **Revista do APM**, v. 17, p. 226-242.

[230] *Ibidem.*

[231] BARBOSA, 1971, p. 60-61.

[232] "Termo de declaração dos aplicados da capela de Nossa Senhora de Oliveira", em: **Revista do APM**, v. 2, fasc.1, 1897, p. 99-101.

[233] BARBOSA, 1995, p. 32 (verbete "Araxá"), tendo por referência a **Revista do APM**, v. 9, p. 875-882.

[234] Vide: verbete "Organização Militar", em: ROMEIRO; BOTELHO, 2013, p. 297-304.

235 VASCONCELOS, 1994, p. 153.

236 BARBOSA, 1985, p. 139 (verbete "Ordenanças"). Sua referência é o códice SC 211, SG, fl.1-12, do Arquivo Público Mineiro (APM). As companhias de Ordenanças, uma das duas categorias de tropa auxiliar, existiram até 1831, já no Brasil Império, quando foram extintas pela mesma lei que instituiu a Guarda Nacional.

237 PRADO JÚNIOR, 2000, p. 320-321 e 330-331.

238 **APM** – SC, Cód. 277, f.256.

239 Arquivo Histórico Ultramarino (AHU), Lisboa – Projeto Resgate - Minas Gerais (1680-1832), Documento 47.

240 **APM** –SG, Caixa 44, Doc. 30.

241 Arquivo Histórico Ultramarino (AHU), Lisboa – Projeto Resgate - Minas Gerais (1680-1832), Cx. 167, Doc. 24, anexo n.º 2, Código 12.513.

242 Arquivo Histórico Ultramarino (AHU), Lisboa – Projeto Resgate - Minas Gerais (1680-1832), Cx. 167, Doc. 24, anexo n.º 3, código 12.513.

243 Todas as citações contidas no parágrafo têm por fonte Arquivo Histórico Ultramarino (AHU), Lisboa – Projeto Resgate - Minas Gerais (1680-1832), Cx. 167, Doc. 24, anexo n.º 5, código 12.513.

244 João Quintino de Oliveira nasceu no termo de Vila Rica, em 1767, onde, ainda jovem, foi vereador; faleceu em 1842, na vila do Tamanduá. Casado com dona Rosa Angélica Barbosa, natural de Jacuí, dela se enviuvou em 1806. Lavrador e criador abastado, o capitão-mor possuía, por volta de 1818, conforme consta da Relação das pessoas que se acham estabelecidas com fazendas no termo da vila de São Bento do Tamanduá, Bambuí e Piumhi (APM, Casa dos Contos, Cx.84, planilha 20.207), três grandes propriedades no termo da vila do Tamanduá: a citada Cachoeirinha, onde residia, com extensão de três léguas de terra; a fazenda da Barra, localizada na serra da Canastra, também com três léguas de extensão; e a da Babilônia, com duas léguas e meia de extensão, na freguesia de Piumhi. Em 1818, este potentado acumulava um plantel de 54 escravos. Além do exercício do posto de capitão-mor das companhias de ordenanças do termo da vila de São Bento do Tamanduá, liderou e patrocinou com seus próprios recursos pecuniários o movimento de recrutamento de praças, havido neste termo em 1823, como contribuição ao reforço das tropas militares que se deslocaram da Corte para lutar na Bahia pela Independência do Brasil. Mais tarde, recebeu do Imperador o título de comendador da Ordem de Cristo, pelos serviços prestados ao País.

245 Despacho imperial publicado no Diário Fluminense, v. 12, n. 89, de 15 de outubro de 1828.

246 Arquivo Histórico Ultramarino (AHU), Lisboa – Projeto Resgate - Minas Gerais (1680-1832), Cx.156, Doc. 20.

247 Vide: NIZZA DA SILVA, Maria Beatriz. "A Coroa e a remuneração dos vassalos". *In*: LAGE DE RESENDE; VILALTA, 2007, p. 191-219.

248 Arquivo Histórico Ultramarino (AHU), Lisboa – Projeto Resgate - Minas Gerais (1680-1832), Cx.156, Doc. 20.

249 PAGANO DE MELLO, Christiane Figueiredo. A centralização política e os poderes locais ultramarinos: as câmaras municipais e os corpos militares. **História Social**, Campinas, n. 11, p. 153-172, 2005. p. 163. A publicação coeva citada por Pagano de Mello é "Das honras e dos privilégios", um dos capítulos da "Collecção systematica das leis militares de Portugal - vol.3" (1816).

250 PRADO JÚNIOR, 2000, p. 349.

251 A fonte das citações é SAINT-HILAIRE, 1975, p. 74-75 e p. 86-87. Esta situação é bem ilustrada em MARTINS, Helena Teixeira. **Sedes de fazendas mineiras**: Campos das Vertentes, séculos 18 e 19. Belo Horizonte: BDMG Cultural, 1998. p. 25. Segunda a autora, em breve síntese a respeito de antigas fazendas da comarca do Rio das Mortes, qualquer fazendeiro, mesmo quando senhor de altos cabedais ou camarista ou oficial de Ordenanças, "levava vida rude, trabalhava lado a lado com escravos e camaradas, cuidava de animais, supervisionava as diversas atividades da fazenda e delas participava também com seu trabalho

braçal, enquanto a mulher se entregava às atividades domésticas". Esta, "além de cuidar da criação da prole e manutenção da casa, tinha a seu cargo tarefas relacionadas com a transformação de matéria-prima para alimentação e vestuário, além de receber hóspedes no precário conforto doméstico".

[252] Todas as citações têm por fonte MATOS, Raimundo José da Cunha. **Itinerário do Rio de Janeiro ao Pará e Maranhão pelas províncias de Minas Gerais e Goiás**. Belo Horizonte: ICAM, 2004. p. 41-43.

[253] A fonte das citações nesse parágrafo é MATOS, 2004, p. 41-43.

[254] *Ibidem*, p. 48.

[255] VASCONCELOS, 1994, p. 142.

[256] MATOS, 2004, p. 48.

[257] SALGADO, Graça (org.). **Fiscais e meirinhos**: a administração no Brasil colonial. Rio de Janeiro: Nova Fronteira, 1985.

[258] PRADO JÚNIOR, 2000, p. 334.

[259] WEHLING, Arno; WHELING, Maria José. Exército, milícias e ordenanças na Corte Joanina: permanências e modificações. **Revista DaCultura**, ano VIII, n. 14, p. 26-32, 2008. p. 26-32.

[260] O termo distrito, no século XVIII e início do século XIX, podia ter sentido vago, nada preciso, designando simplesmente uma região povoada, ou que começava a se povoar, não indicando, necessariamente, uma subdivisão político-administrativa stricto sensu de um município, conforme explicou BARBOSA, 1985.

[261] A fonte das citações desse parágrafo é APM – SC, SG, caixa 56, doc. 51.

[262] No Brasil colonial, o termo aplicação designava o território (e seus habitantes) vinculado a uma capela curada, provida de capelão próprio, o cura, que se encarregava do "pasto espiritual" dos moradores da povoação e arredores, chamados de aplicados (BARBOSA, 1985, p. 23). Por seu caráter público, a capela diferia da chamada ermida, esta, pequeno templo de uso particular, geralmente construído por um fazendeiro próximo à sede de sua fazenda, sem possuir "patrimônio" doado esse ou por vizinhos.

[263] APM – SG, Cx. 56, Doc. 51. Grosso modo, o então "distrito da aplicação da Capela do Indaiá" correspondia ao hoje município de Pedra do Indaiá; os distritos "da Capela de Santo Antônio do Monte" e "do Diamante [Abaixo]", juntos, correspondiam ao atual município de Santo Antônio do Monte; o "distrito da Ermida do Miranda do Rio de São Francisco", denominação depois simplificada para "São Lázaro do Miranda", ao atuais municípios de Lagoa da Prata e Japaraíba (deste, apenas parte), além de pequena parcela do de Santo Antônio do Monte; o "distrito da Ermida de São Julião" corresponde a quase totalidade do atual município de Arcos e a outra parte do de Japaraíba; o "distrito do Rio de São Francisco Acima", parcialmente ao atual município de Iguatama; o "distrito da Boa Vista do Bambuí" correspondia a partes dos atuais municípios de Luz e Córrego Danta; e, finalmente, o "distrito da Ermida de Nossa Senhora de Nazaré" ao atual distrito de paz de Esteios (do município de Luz). O distrito de ordenanças que veio a se chamar de "N. Sra. da Luz [do Aterrado]" seria criado anos mais tarde, em 22 de novembro de 1816, por carta patente do governador e capitão general da Capitania, Manoel de Portugal e Castro, a pedido do capitão-mor e de oficiais da câmara da Vila de São Bento do Tamanduá (conforme APM – SC 371, f.79). Para comandar a respectiva companhia de ordenanças, pela mesma carta patente, foi nomeado Francisco Antônio de Moraes, sesmeiro estabelecido na serra da Marcela, junto ao ribeirão do Mateus. Esse capitão Moraes, tendo se transferido pouco depois, em meados da década de 1820, para a zona da Mata da Corda, fundou, em 1835, junto ao tenente coronel Elias de Deus Vieira, o arraial que deu origem à atual cidade de Carmo do Paranaíba (conf. REZENDE, Hélio H. de. Cem anos de Carmo do Arraial Novo: história de Carmo do Paranaíba. Uberlândia: Noroeste Propaganda, 1992).

[264] APM – SG, Cx. 58, Doc. 41.

[265] **APM** – SG, Cx. 58, Doc. 41. A partir desse ofício e em todos os documentos subsequentes a respeito das Ordenanças do termo da vila do Tamanduá, o "distrito da Ermida do Miranda do Rio de São Francisco" tem o seu nome simplificado para "distrito de São Lázaro do Miranda".

[266] *Ibidem.*

[267] Nesse parágrafo, a fonte das citações é sempre APM – SG, Cx. 57, Doc. 96.

[268] *Ibidem.*

[269] *Ibidem.*

[270] *Ibidem.*

[271] A fazenda do Bom Sucesso, estabelecida ainda no século XVIII, situava-se em território que, grosso modo, corresponde hoje à maior parte do distrito de paz de Martins Guimarães, no atual município de Lagoa da Prata.

[272] GERBER, 2013, p. 109.

[273] Revista do APM, Ano XXXVII, v. 1 (Catálogo de Sesmarias). Belo Horizonte: Arquivo Público Mineiro, 1988. p. 7-13.

[274] SILVA, Flávio Marcus da. Estratégias de mercado e abastecimento alimentar em Minas Gerais no século XVIII. *In*: **20 anos do Seminário sobre a Economia Mineira – 1982-2002**: coletânea de trabalhos, 1982-2000. Belo Horizonte: UFMG/FACE/CEDEPLAR, 2002. p. 343-365.

[275] ABREU, Maurício de Almeida. A apropriação do território no Brasil colonial. *In*: CASTRO, Iná Elias de *et al.* (org.). **Explorações geográficas**: percursos no fim do Século. Rio de Janeiro: Bertrand Brasil, 1997. p. 232-233.

[276] BARBOSA, 1971, p. 31.

[277] Os dados disponíveis não nos permitiram identificar a precisa localização geográfica das 32 sesmarias concedidas aos abridores da Picada de Goiás, sendo essa nossa maior dificuldade no procedimento de georreferenciamento de 348 sesmarias concedidas na zona do Campo Grande entre 1737 e 1820.

[278] FONSECA, 2011, p. 281.

[279] Em estatística espacial, o "centro médio" é a medida descritiva de centralidade em uma distribuição de pontos num dado espaço geográfico (como são as glebas de sesmaria). Para dados de pontos, as coordenadas x e y do centro médio são determinadas como as médias geograficamente ponderadas da distância espacial euclidiana das coordenadas x e y, respectivamente, representativas da localização de cada ponto (em nosso caso, de cada sesmaria).

[280] BARBOSA, 1995, p. 163-164.

[281] TRINDADE, 1945, p. 226.

[282] RODRIGUES, 1968, p. 28-29 e 34-35; MORAES, Dilma. **Famílias que construíram a história de Santo Antônio do Monte**. Belo Horizonte: Imprensa Oficial, 1994. v. 2, p. 339-340.

[283] APM, Fundo Casa dos Contos (CC), Cx. 84, rolo 526, planilha 20.207, 15/01/1818.

[284] LIBBY, 1988, p. 14.

[285] CARRARA, Ângelo Alves. A pecuária: rebanhos e distribuição geográfica. *In*: LAGE DE RESENDE, Maria Efigênia; VILALTA, Luiz Carlos (org.). **História de Minas Gerais**: A Província de Minas, 1 e 2. Belo Horizonte: Autêntica; Companhia do Tempo, 2013. p. 317.

[286] Vide notas n.º 79 e 80.

[287] PRADO JÚNIOR, 2000, p. 157.

[288] LOURENÇO, 2005, p. 173-175 e 179.

[289] Para acesso ao Rio de Janeiro, até a primeira década do século XIX, a rota usual era a do Caminho Novo, a partir de Barbacena, passando pelo registro do Paraibuna. Com a crescente demanda de produtos da agropecuária oriundos do alto rio Grande e dos sertões do Oeste mineiro, principalmente depois da chegada da Corte portuguesa, tratou o governo, em 1811, de mandar abrir uma variante carroçável que, partindo da baixada fluminense, rumasse para o vale do rio Preto e dali se estendesse até a vila de São João del Rei, cabeça da vasta comarca do Rio das Mortes. Na década de 1820, já conhecida como Caminho do Comércio, essa variante foi objeto de contínuos melhoramentos. Grosso modo, entre Iguaçu Velho (no recôncavo da baia da Guanabara) e São João, em Minas, ela cruzava os atuais municípios de Valença (RJ), Rio Preto, Bom Jardim, Andrelândia e Madre de Deus; os dois primeiros no vale do rio Preto e os demais no alto rio Grande.

[290] RODARTE, Mario Marcos Sampaio. **O trabalho do fogo**: domicílios ou famílias do passado – Minas Gerais, 1830. Belo Horizonte: Editora UFMG, 2012. p. 68.

[291] BERGARD, Laird W. **Escravidão e história econômica**: demografia de Minas Gerais – 1720-1880. Bauru, SP: EDUSC, 2004. p. 78.

[292] RAPM, v. 2, fasc.1, 1897, p. 59-66.

[293] *Ibidem*.

[294] Todas as citações do parágrafo encontram-se em RAPM, v. 2, fasc.1, 1897, p. 59-66.

[295] As duas citações são de LENHARO, Alcir. **As tropas da moderação**: o abastecimento da Corte na formação política do Brasil – 1808-1842. Rio de Janeiro: Secretaria Municipal de Cultura, Turismo e Esportes (Biblioteca Carioca, v. 25), 1993. p. 43.

[296] PINTO, 2014, p. 116.

[297] Adotamos o critério de classificação dos plantéis escravistas em quatro classes de tamanho, como proposto em: PAIVA, Clotilde Andrade. **População e economia nas Minas Gerais do século XIX**. Tese (Doutorado em História) –Universidade de São Paulo, São Paulo, 1996. p. 103.

[298] LIBBY, 1988, p. 98.

[299] Todas as citações feitas no parágrafo são de BERGARD, 2004, p. 56-57 e 125-126.

[300] SAINT-HILAIRE, 1975, p. 313-314.

[301] Relembrando que, grosso modo, os antigos distritos de ordenanças de Santo Antônio do Monte e Diamante Abaixo coincidiam territorialmente com a maior parte do atual município de Santo Antônio do Monte; o de São Lázaro do Miranda com o atual município de Lagoa da Prata, acrescido de partes menores dos atuais municípios de Japaraíba e Santo Antônio do Monte; e o de Nazaré dos Esteios coincide com o atual distrito de paz de Esteios, uma subdivisão administrativa do atual município de Luz.

[302] PINTO, 2014, p. 121.

[303] BERGAD, 2004, p. 57-58.

[304] ESCHWEGE, 1996.

[305] PINTO, 2014, p. 117 e 124-125.

[306] CARRARA, Ângelo Alves. **Minas e currais**: produção rural e mercado interno em Minas Gerais, 1674/1807. Juiz de Fora: Editora de UFJF, 2007. p. 162.

[307] PRADO JÚNIOR, 2000, p. 203.

[308] Vide, dentre outros: COELHO, Pedro H. Leão. **Terra e trabalho no sul de Minas**: produção de alimentos e mercado interno no século XIX. 2015. Dissertação (Mestrado em História) – UFJF, Juiz de Fora, 2015; LIMA, Filipe Moreira Alves. **Elites econômicas e atividades agropastoris de abastecimento**: São João e São José del Rei, 1750-1808. 2017. Dissertação (Mestrado em História) – UFSJ, São João del Rei, 2017.

[309] ANDRADE, Francisco Eduardo de. **Entre a roça e o engenho**: roceiros e fazendeiros em Minas Gerais na primeira metade do século XIX. Viçosa: Editora UFV, 2008. p. 211.

[310] Conforme testamento custodiado no Arquivo do IPHAN, em São João del Rei; caixa 30, 1828.

[311] Manoel José da Silveira nasceu em 7 de maio de 1748, na vila das Lages, bispado de Angra, na ilha do Pico, Açores. Filho de Manoel Vieira Goulart e de Maria da Silveira, embarcou para o Brasil em 3 de janeiro de 1769, chegando ao Rio de Janeiro em 17 de março do mesmo ano. Depois de algum tempo trabalhando no comércio da capital do Vice-Reino, passou às Minas, onde se casou com dona Antônia Maria de Freitas (ato realizado no arraial de Lagoa Dourada, em 1776). Adquiriu parte da sesmaria do Bom Sucesso, na freguesia do Tamanduá, onde estabeleceu sua fazenda. Faleceu em 5 de janeiro de 1817, "com todos os sacramentos e com solene testamento" (SJT-00734-IPHAN, Cx. 132, 1825). Foi sepultado "dentro da capela de Santo Antônio do Monte, do adro para cima", sendo "acompanhado e encomendado por dois sacerdotes e o reverendo capelão". Deixou descendência e vultosa herança.

[312] Joaquim José da Silveira, filho de Manoel José da Silveira e de dona Antônia Maria de Freitas, nasceu em 20 de maio de 1780, em Lagoa Dourada, freguesia de Prados, termo da vila de São José. Ainda criança, mudou com seus pais para a sesmaria do Bom Sucesso, aplicação de Santo Antônio do Monte. Em 1801, matriculado no seminário de Mariana, suplicou à autoridade diocesana "que, para melhor servir a Deus e mostrar a limpeza de seu sangue, fosse servido de lhe fazer mercê de submeter-se às diligências de habilitação ao sacerdócio", desdobradas em duas fases processuais, uma no bispado de Angra, nos Açores (concluída em 1803), e outra na freguesia de São Bento do Tamanduá, bispado de Mariana. Ainda cursando os estudos eclesiásticos, Joaquim se transferiu de Mariana para o seminário episcopal de São Paulo. Devidamente habilitado de genere, patrimonio e moribus, foi ordenado presbítero por dom Matheus de Abreu Pereira, bispo de São Paulo, no segundo semestre de 1806 (SP, SP ACMSP, parte A, 1805 e seguintes, Estante 2, Gaveta 9, n.º 792, do Arquivo da Cúria Metropolitana de São Paulo). Porém, sua ordenação foi considerada "ilícita" pelo bispo de Mariana, dom Frei Cipriano, crítico ferrenho das ordenações "em massa" que ocorriam no bispado paulista. Em 1816, segundo consta do testamento de seu pai, o padre Joaquim José da Silveira ainda não estava habilitado para o pastoreio na diocese de Mariana. Em ofício sem data (APM, SG, Cx. 125, Doc. 68), o vigário da freguesia do Tamanduá informou ao bispo de Mariana (provavelmente, dom Frei José da Santíssima Trindade, empossado em 1820, depois de quase quatro anos de sede vacante) que o padre Joaquim José da Silveira era "morador desta Freguesia, às margens do rio de São Francisco, distante desta matriz 14 léguas". Dizia ser um "lugar onde se faz muito útil aos Povos daquele Continente a assistência do mesmo Padre [Joaquim] [...]", por ser distante "da Capela Filial [de Santo Antônio do Monte], onde reside o Capelão, quase cinco léguas, o lugar onde se acha arranchado e estabelecido o dito Padre, por isso se faz útil enquanto é difícil recorrer ao Capelão para o Sacramento de necessidade". Por vários indícios, é bem provável que o lugar às margens do São Francisco a que se refere o vigário do Tamanduá estivesse localizado no território do atual município de Lagoa da Prata (talvez na fazenda do Pântano, em parte de posse, à época, do pai do Padre Silveira). Testemunhou, ainda, o vigário de Tamanduá, que, "no tempo em que esteve interditada a capela de Santo Antônio do Monte por V.Exa. [o bispo de Mariana], quase o tempo de um ano, que sendo em um ano epidêmico, supriu com o sacramento da Penitência todo aquele tempo o dito Padre [Silveira], só por força da caridade, que muitas vezes foi louvada pelo [seu] defunto Antecessor [...]". Concluindo, rogava ao Sr. Bispo que fosse despachada a habilitação do padre Silveira, "a fim de ajudar no Sacro Ministério, principalmente naquele lugar onde reside [...]". Não sabemos o desenlace do requerimento, mas é certo que Joaquim José da Silveira é citado como padrinho em vários assentos de batismos celebrados na capela de Santo Antônio do Monte durante toda a década de 1820, quase sempre fazendo par com sua mãe e sócia na fazenda do Fundão – dona Antônia – e sempre chamado de "reverendo padre". Em 1835, quando da morte de sua mãe, o padre Silveira já era falecido.

[313] Foram herdeiros do alferes Manoel Caetano de Almeida, a viúva dona Vitória Maria da Silva e os seguintes filhos do casal: Ana Luiza de Almeida, cc. Severino Mendes de Carvalho; Francisca Caetano de São Camilo, cc. Inácio Mendes de Carvalho; Maria Vitória de Almeida, cc. Francisco Antônio de Oliveira; Rosa Vitória de Almeida, cc. Serafim Mendonça Ribeiro; ajudante Joaquim Caetano de Novais, cc. Maria Leocádia de São José (Azevedo); alferes José Caetano de Almeida, cc. Francisca Esméria dos Santos; além de Rosa Emerenciana Francisca do Carmo e seus filhos (ela, viúva do falecido capitão Manoel Caetano de Almeida Júnior). Fonte: arquivo do Cartório do 2º Ofício de Santo Antônio do Monte – Cxa. 310/1840.

[314] Manoel da Costa de Azevedo era filho dos portugueses Bento da Costa de Azevedo e dona Antônia Maria, que migraram para o Brasil ainda na primeira metade do século XVIII e se estabeleceram inicialmente em Ouro Branco (comarca de Vila Rica), onde Bento foi minerador. Em 1738, Bento da Costa de Azevedo recebeu carta de sesmaria de terras nos "campos gerais" (APM, SC 42, p. 138v.). Desde as últimas décadas do Setecentos, seu filho Manoel, casado inicialmente com Tereza Maria de Jesus (ou da Silveira), encontrava-se estabelecido na fazenda do Pântano (também chamada de Pântano da Lagoa Verde), aplicação da capela de Santo Antônio do Monte e termo da vila de São Bento do Tamanduá. Após a morte de sua primeira esposa, casou-se em segundas núpcias com dona Maria Vitória da Silveira (em data não sabida, mas certamente depois de 1810), filha de Manoel da Silveira Goulart e de Gerônima Maria da Luz, ambos açorianos do Fayal. Não muito distantes da fazenda do Pântano, encontravam-se estabelecidos dois irmãos de Manoel: na fazenda do Ribeirão Santa Luzia, Francisco da Costa de Azevedo, casado com dona Francisca Maria de Mesquita e falecido em 1812; e Nicolau da Costa de Azevedo, que ficou viúvo em 1790 de dona Maria Teixeira (sepultada na capela de Santo Antônio do Monte) e veio a se casar, por volta de 1795, com dona Rosa Maria da Conceição. Do primeiro casamento de Manoel da Costa de Azevedo, sabemos dos seguintes filhos: Antônio José da Silveira, cc. dona Maria Leonor da Trindade; Manoel Antônio de Azevedo, cc. dona Maria Vieira de Jesus; dona Francisca Maria Rosa, cc. Geraldo José da Silveira (inicialmente estabelecidos no Montevideo e, depois, no Escorropicho/Bom Jardim); Cláudio José de Azevedo, cc. dona Joaquina Josefa da Siqueira; e, Bento José de Azevedo. Do casal Antônio José da Silveira e Maria Leonor, nasceram os seguintes filhos (portanto netos de Manoel da Costa de Azevedo): alferes Tomás Francisco de Aquino (* 1794, + 1842, no Pântano), cc. a prima Isabel Maria de São José (+ 1830) em primeiras núpcias e, depois de viúvo, com a cunhada, dona Ana Guilhermina de São José (* 1807, + 1885, no Pântano); Belarmino José da Silveira, cc. Maria José do Espírito Santo Gontijo; dona Maria Justina da Trindade, cc. sargento Inácio Cotta Pacheco; dona Ana Benedita da Silveira, cc. alferes Florentino Cotta Pacheco; e dona Cândida Rufina de Jesus, cc. João Gomes Duarte. Todos esses também estabelecidos no Pântano. Do casal Manoel Antônio de Azevedo e Maria Vieira de Jesus nasceram, dentre outros, Isabel Maria de São José e Ana Guilhermina de São José (antes citadas); Bárbara Cândida, cc. alferes Jacinto Pinto Ribeiro (comerciante no arraial de Santo Antônio do Monte); Maria Leocadia, cc. capitão Joaquim Caetano de Novaes (estabelecido de início no Pântano e Retiro e, depois, transferido para São Francisco das Chagas do Campo Grande); e Francisco Antônio de Azevedo, cc. sua sobrinha Umbelina Cândida de São José, filha de Florentino Cotta Pacheco e dona Ana Benedita da Silveira. Se a estes acrescentarmos os descendentes do genro Geraldo José da Silveira e do filho Cláudio José de Azevedo, tem-se uma grande parentela, entrelaçada com muitas outras famílias da aplicação da capela de Santo Antônio do Monte, vivendo no antigo distrito de ordenanças de São Lázaro do Miranda (fazendas do Montevideo/Fundão, Retiro, Pântano, Capão Vermelho etc.) e formando grande clã familiar.

[315] Conforme consta de cópia de ofício encaminhado em 1822 por filhos e herdeiros de Manoel da Costa de Azevedo ao provedor de defuntos e ausentes da comarca do Rio das Mortes, que era o doutor Antônio Paulino Limpo de Abreu (futuro visconde de Abaeté), e que se encontra anexado ao testamento e inventário dos bens de Manoel José da Silveira (processo SJT-00734-IPHAN, Cx. 132, 1825, custodiado no Arquivo do IPHAN em São João del Rei).

[316] Conforme consta do processo SJT-00734-IPHAN, Cx. 132, 1825, custodiado no Arquivo do IPHAN em São João del Rei. O testamento de Manoel José da Silveira foi redigido em 11 de novembro de 1816, em sua fazenda do Bom Sucesso, aplicação da capela de Santo Antônio do Monte, tendo sido redigido pelo alferes Francisco Gomes do Carmo, devido achar-se gravemente enfermo o testador e lhe faltar a visão.

[317] Cópia de ofício encaminhado em 1822 por filhos e outros herdeiros de Manoel da Costa Azevedo ao provedor Limpo de Abreu.

[318] Conforme consta do processo SJT-00734-IPHAN, Cx. 132, 1825.

[319] Conforme petição assinada pelo capitão José Cotta Pacheco, testamenteiro, e anexada ao processo SJT--00734-IPHAN, Cx. 132, 1825.

[320] Cópia de ofício encaminhado em 1822 ao provedor Limpo de Abreu.

[321] Vide: CASAL, 1976, p. 175. A primeira edição desta obra é de 1817, impressa no Rio de Janeiro.

[322] Na "Lista das cobranças dos dízimos da freguesia de Tamanduá, pertinentes à Real Fazenda, feita pelo sargento-mor Tomás Joaquim de Almeida Trant" (APM SG, Cx. 56, Doc. 23), Euzébio Antônio de Mesquita está incluído no rol dos devedores referente ao triênio de 1790 a 1792. Também são arrolados os fazendeiros Manoel da Costa de Azevedo, que foi proprietário da fazenda do Pântano, e Manoel Dias de Carvalho, possuidor da fazenda de São Simão, todos estabelecidos no que, alguns anos depois, se tornou o distrito de ordenanças de São Lázaro do Miranda.

[323] Arquivo do IPHAN, SJDR – SJI-02616, Cx. 09, 1814; e, SJI-04293, Cx. 389, 1817). Francisca Maria de Mesquita, natural de São José de Rei (atual Tiradentes), era filha de Manoel Correa de Mesquita Pimentel e Ana Pedrosa de Mendonça. Seus avós paternos – Tomé Lopes Velasco e Ceziléia de Mesquita Pimentel, eram portugueses; o avô materno – José de Crasto Picão, espanhol, natural de Madrid, e a avó materna – Maria de Andrade Mendonça, brasileira, natural de Guaratinguetá. Dona Francisca foi casada com Francisco da Costa de Azevedo, nascido em Vila Rica (Ouro Preto) e filho de Bento da Costa Azevedo e Antônia Maria. O casal se estabeleceu com fazenda junto ao ribeirão Santa Luzia, no distrito de Santo Antônio do Monte, e não deixou descendência. Francisco (irmão de Manoel da Costa de Azevedo, que foi um dos proprietários da fazenda do Pântano) faleceu em 1812, sendo sepultado na capela do arraial, "do arco para baixo". Um ano antes de falecer, fez testamento, no qual instituiu como herdeiro seu cunhado e afilhado Euzébio Antônio de Mesquita, que "por falecimento de ambos [o casal], entrará nesta herança [...]". A viúva, dona Francisca, morreu em 11 de julho de 1816, "com todos os sacramentos e foi acompanhada por três sacerdotes e encomendada pelo reverendo capelão [de Santo Antônio do Monte]". Também deixou testamento, feito duas semanas antes de sua morte, tendo como testemunha, e assinante a rogo, o seu vizinho da fazenda do Ribeirão Santo Antônio, capitão Manoel da Costa Gontijo. Francisca nomeou como testamenteiros, em primeiro lugar, seu irmão Euzébio (proprietário da fazenda da Estiva), instituído seu único e universal herdeiro; em segundo, o sobrinho Zeferino José de Mesquita (estabelecido na Forquilha); em terceiro, seu outro irmão, Manoel Antônio Pimentel; e, em quarto lugar, o cunhado e vizinho Alexandre Correa de Lacerda (fazendeiro nas Grotadas).

[324] Conforme consta do "caderno de serventia" de Zeferino José de Mesquita, parcialmente transcrito em OLIVEIRA, Silvério Rocha. **Lagoa da Prata**; Retiro do Pântano. Belo Horizonte: Armazém de Ideias, 1998. p. 348.

[325] *Ibidem.*

[326] Assim identificado, como testemunha, na diligência de Vita et Moribus a favor do habilitando ao sacerdócio, Joaquim José da Silveira, conduzida no arraial de Santo Antônio do Monte, em 26 de março de 1806. Em: SP, SP ACMSP, parte A, 1805 (e seguintes), Estante 2, Gaveta 9, n.º 792 (Arquivo da Cúria Metropolitana de São Paulo).

[327] Nos Autos da Devassa há registro da inquirição feita em 15 de junho de 1789 ao coronel Francisco Antônio de Oliveira Lopes, rico fazendeiro estabelecido na Ponta do Morro (freguesia de Prados) e preso em Vila Rica, na ocasião. Este inconfidente confessou que o vigário da vila de São José, padre Toledo (também preso como conjurado), dissera-lhe que tinha falado sobre o pretendido levante com Francisco José de Mesquita, "morador para as partes do Curralinho [no atual município de Resende Costa] – e lhe parece que também casado", e que este lhe assegurou "que estava pronto para o mesmo levante, e que, quando não pudesse ir, aprontava trezentos ou quatrocentos mil réis [...]" (ADIM, vol.2, ed. 2016, p. 62). No mês seguinte,

precisamente em 23 de julho de 1789, em acareação do mesmo Francisco Antônio de Oliveira Lopes com o sargento mor Luís Vaz de Toledo Piza, também prisioneiro e irmão do vigário Toledo, foi perguntado a Toledo Piza "se conhece a um fulano Mesquita, morador no Curralinho [...]", se o dito tinha amizade com o vigário de São José e se este o havia convidado para o premeditado levante. Respondeu o interrogado que conhecia Francisco José de Mesquita, que ele tinha "conhecimento com seu irmão vigário [Toledo]", mas que ignorava totalmente se o dito Mesquita fora convidado por seu irmão para intervir no levante (ADIM, vol.2, ed. 2016, p. 118).

[328] Inventário dos bens deixados por Francisco José de Mesquita, em: Arquivo do IPHAN em São João del Rei – SJI-04267, Cx. 386, 1827 (inventariante: Nicésio José de Mesquita). A literatura especializada tem considerado valores de monte-mor entre cinco e 10 contos de réis, nas três primeiras décadas do século XIX, como indicativos de um padrão de riqueza média.

[329] Antônio de Miranda Varela, filho de Domingos de Miranda Varela e Maria Paes [de Miranda], nasceu na ilha Graciosa, bispado de Angra, arquipélago dos Açores. Em seu testamento, redigido em 1798, declarou ser morador na paragem denominada "Novo Pouso Alegre", situada na aplicação da capela de Santo Antônio do Monte, filial de São Bento do Tamanduá (SJT-00947, Cx. 143, 1816). Casado com dona Ana Maria da Silva, Miranda Varela "faleceu da vida presente, confortado com todos os sacramentos", em 4 de março de 1802, sendo encomendado pelo reverendo capelão e sepultado na dita capela, para a qual deixou um legado de 30 mil réis. A viúva Ana Maria, nascida e batizada na aplicação de Santa Rita (atual município de Ritápolis), filial da freguesia da vila de São José, veio a falecer no Novo Pouso Alegre, em 1803, sendo seu "corpo defunto amortalhado com o hábito de Nossa Senhora do Monte do Carmo", de quem era "indigna filha" (como consta de seu testamento), e sepultado na capela de Santo Antônio do Monte. Ela nomeou como seu testamenteiro o vizinho Manoel José da Silveira, em primeiro lugar, e, na falta deste, seu filho Antônio de Miranda da Silva. Três filhos lhes sobreviveram: Antônio, Domingos e Silvestre; um quarto – Francisco – havia falecido em 1795, ainda jovem.

[330] Dona Rita Joaquina da Silveira, natural da vila de São José Del Rei (atual Tiradentes), era filha de Alexandre Correa da Silveira e dona Inês da Glória. Embora falecida repentinamente e, "por isso, sem os sacramentos", deixou testamento, no qual declara ser "filha da Santa Igreja [...] católica romana, em cuja fé pretendo viver e morrer". Pedia e rogava a "Maria Santíssima, minha Senhora, interceder por mim a seu amado Filho, meu Senhor Jesus Cristo, para que me olhe agora e sempre e na última hora de minha morte, para que minha alma possa gozar da Bem-Aventurança para que fui criada". Foi "solenemente encomendada" e sepultada no interior da capela de Santo Antônio do Monte.

[331] Anexada ao testamento de Antônio de Miranda Varela, custodiado no Arquivo do IPHAN em São João del Rei (SJT-00947, Cx. 143, 1816), encontra-se a seguinte nótula: "Diz o alferes Antônio de Miranda da Silva, morador na aplicação de Santo Antônio do Monte, termo da vila do Tamanduá, desta comarca, que no testamento com que faleceu Antônio de Miranda Varela, deixou por um legado [...] uma imagem de São Lázaro, para se colocar em uma ermida de sua casa [...]". Em outra nótula, também anexa ao referido testamento, o capelão Felipe de Souza Macedo certifica que, em 1825, na capela de Santo Antônio do Monte, "se acham colocadas duas imagens de São Lázaro e de Nossa Senhora das Dores, pelo alferes Antônio de Miranda da Silva, testamenteiro de seu falecido pai, Antônio de Miranda Varela [...]".

[332] A presença desta ermida e a devoção ao dito santo por parte do pioneiro Antônio de Miranda Varella é a justificativa para a denominação de distrito de São Lázaro do Miranda, dada à circunscrição territorial da 13ª companhia de ordenanças do Termo do Tamanduá, inicialmente intitulado de "Distrito da Ermida do Miranda do Rio de São Francisco".

[333] APM, PP 1/10, Cx. 46, Doc. 05 – Lista nominativa dos habitantes do distrito de paz da Formiga.

[334] STUMPF, Roberta Giannubilo. Minas contada em números – a capitania de Minas Gerais e as fontes demográficas (1776-1821). **Revista Brasileira de Estudos Populacionais**, Belo Horizonte, v. 34, n. 3, p. 529-548, set./dez. 2017. p. 538-539.

[335] *Ibidem*, p. 541-543; MAXWELL, Kenneth R. **A devassa da devassa**: a Inconfidência Mineira, Brasil – Portugal – 1750-1808. 2. ed. Rio de Janeiro: Editora Paz e Terra, 1978. p. 110.

336 ESCHWEGE, Barão de. Notícias e reflexões estatísticas sobre a Província de Minas Gerais. **Revista do APM**, v. 4, n. 4, p. 732-762, 1899.

337 COELHO, 1994, p. 79.

338 *Ibidem*; ROCHA, José Joaquim da. **Geografia histórica da capitania de Minas Gerais**. Belo Horizonte: Fundação João Pinheiro, 1995. p. 177.

339 De fato, em 1776, ainda não havia o termo de São Bento do Tamanduá. A população nesse ano, da área geográfica a ele correspondente, foi calculada com base no "Mapa dos números de pessoas [...]" estabelecidas na "Conquista do Campo Grande e Picada de Goiás", preparado por Inácio Correa Pamplona. Neste, a população de então estava dividida entre as aplicações de três matrizes e 14 capelas filiais (AHU/Avulsos Minas Gerais: Cx. 177, Doc. 47). Para o referido cálculo, foram desconsideradas as capelas daquela "Conquista" que não faziam parte do termo do Tamanduá por ocasião de sua instalação em 1790.

340 CASAL, 1976, p. 173.

341 Segundo Saint-Hilaire que ali esteve no ano de 1819, "ainda se veem nos arredores de Tamanduá algumas lavras de extensão considerável, que hoje estão inteiramente abandonadas". Vide: SAINT-HILAIRE, 1975, p. 87.

342 VASCONCELOS, 1994, p. 84 e 142.

343 MATOS, 1981, p. 134.

344 *Ibidem*.

345 *Ibidem*, p. 134-139.

346 *Ibidem*.

347 TRINDADE, 1995. p. 287. A população de 2.300 habitantes, anotada pelo bispo, em 1825, é muito próxima da soma das populações dos três distritos que compunham a aplicação da capela de Santo Antônio do Monte (2.188 habitantes), fornecidas por Cunha Matos em sua Corografia e referentes ao ano de 1823.

348 SCHWARCZ, Lília M. "Cultura". *In:* COSTA E SILVA, Alberto da (coord.). **Crise colonial e independência**: 1808-1830. Rio de Janeiro: Editora Objetiva, em coedição com Fundación Mapfre (Madrid), 2011. p. 235-243.

349 Para aquilatar a relevância da abertura do Brasil colonial ao olhar estrangeiro, basta lembrar que, no final do século XVIII, não se permitiu entrar na América portuguesa o célebre naturalista alemão Alexander von Humboldt, um dos primeiros cientistas estrangeiros a visitar e explorar o continente americano. Sua pretendida expedição científica à Amazônia brasileira foi considerada suspeita e prejudicial aos interesses políticos de Portugal.

350 ESCHWEGE, 1996.

351 *Ibidem*, p. 62.

352 *Ibidem*, p. 72.

353 O Itinerário de Cunha Matos foi publicado no Rio de Janeiro, em 1836, pela tipografia de J. Villeneuve & Cia. A única reedição é de 2004, importante iniciativa do Instituto Cultural Amílcar Martins (ICAM), de Belo Horizonte.

354 MATOS, 2004, p. 39-40.

355 POHL, Johann Emanuel. **Viagem no interior do Brasil**. Belo Horizonte: Ed. Itatiaia; São Paulo: Editora da USP, 1976. Johann Emanuel Pohl, médico, mineralogista e botânico, enfim, um naturalista, esteve no Brasil entre 1817 e 1821. Integrou a missão científica austríaca que veio ao país por ocasião do casamento da arquiduquesa Leopoldina, filha do imperador da Áustria, com o príncipe herdeiro Dom Pedro de Alcantara (futuro D. Pedro I). Por quatro anos, Pohl viajou pelas capitanias do Rio de Janeiro, Minas Gerais e Goiás. A primeira edição de seu amplo relato de viagem saiu em Viena, no ano de 1832.

356 Todas as citações do parágrafo são de POHL, 1976. p. 90.

357 SAINT-HILAIRE, 1975a. O botânico Saint-Hilaire chegou ao Brasil em 1816 e aqui permaneceu até 1822. Durante seis anos, viajou pelo Rio de Janeiro, Minas Gerais, Espírito Santo, Goiás, São Paulo, Santa Catarina e Rio Grande do Sul. O relato de sua viagem do Rio de Janeiro às nascentes do São Francisco, no Centro-Oeste mineiro, é a terceira parte da obra original em dois tomos – Voyages dans l'Intérieur du Brésil, com o título Voyage aux sources du Rio S. Francisco, publicados em Paris, no ano de 1847.

358 Todas as citações do parágrafo são de SAINT-HILAIRE, 1975a. p. 85-86.

359 *Ibidem.*

360 Todas as citações do parágrafo são de *Ibidem*, p. 84-91.

361 Certamente, "Vicente Fialho", como assinalou Eschwege, ao lado do símbolo de fazenda, junto à estrada de Oliveira para Tamanduá, em seu mapa da capitania de Minas Gerais, publicado na Alemanha em 1821.

362 A fonte das citações desse parágrafo é ESCHWEGE, 1996, p. 75-79.

363 POHL, 1976, p. 91.

364 Esta fazenda, citada em nota anterior, pertencia ao capitão-mor do Tamanduá, comendador João Quintino de Oliveira (*1767, +1842). Com três léguas de extensão, em 1818, abrigava 42 escravizados. A Cachoeirinha confrontava, pela testada, com outro grande estabelecimento, de duas léguas de extensão, a fazenda Santana, de dona Ana Luiza e seus filhos, e, pelos fundos, com outra bem menor, a fazenda da Lagoa, de Joaquim Alves Rosa, com apenas um quarto de légua (APM – CC, Rolo 526 – Cx. 84, planilha 20.207).

365 ESCHWEGE, 1996, p. 77-78.

366 SAINT-HILAIRE, 1975a, p. 87-88.

367 As fontes das citações desse parágrafo são SAINT-HILAIRE, 1975a, p. 87-88 e ESCHWEGE, 1996, p. 76-78.

368 MATOS, 2004, p. 48-49.

369 SAINT-HILAIRE, 1975a, p. 90.

370 MATOS, 2004, p. 65-67.

371 ESCHWEGE, 1996. p. 78.

372 *Ibidem*, p. 81.

373 Na verdade, o nome correto do clérigo e fazendeiro era Manoel Bernardes da Silveira (e não Bernardo). Filho de Manoel da Silva Porto e Ana Felícia da Silveira, nasceu em 1773 e foi batizado na ermida de São João Batista (atual Morro do Ferro, distrito do município de Oliveira). Sua mãe era filha de um dos pioneiros do povoamento do Campo Grande, o açoriano Bernardo Homem da Silveira (* 1725, +1798). O reverendo Silveira residia, então, no arraial da Formiga. Em sua fazenda, de uma légua de extensão, contava, em 1818, com um plantel de 11 escravos (APM - CC - Rolo 526 – Cx. 84, planilha 20.207).

374 POHL, 1976, p. 92.

375 Conforme APM - Códice 277, SG, p. 77v *apud* BARBOSA, Waldemar de Almeida. História de Minas. Vol. 3 (Formação Histórica). Belo Horizonte: Editora Comunicação, 1979. p. 537.

376 FONSECA, Thais Nívia de Lima e. **O ensino régio na Capitania de Minas Gerais**: 1772-1814. Belo Horizonte: Autêntica Editora, 2010; BARBOSA, 1979, p. 546.

377 Um pouco menor que as vizinhas, a fazenda do Quilombo, com três quartos de légua de extensão, pertencia então a Manoel Ribeiro da Silva, que a adquiriu do sesmeiro Antônio José da Silva (APM - SC 125, p. 17, 1759). Vindo de São João del Rei para Formiga, em 1779, este Manoel logo adquiriu a fazenda do Quilombo, em sociedade com seu cunhado e compadre, o reverendo Salvador Paes Godói dos Passos (por apelido,

"Padre Doutor"), antigo capelão de São Vicente Ferrer e juiz de Sesmarias do termo do Tamanduá, falecido em 1814. Quatro anos após a morte desse clérigo, Manoel Ribeiro da Silva cultivava a fazenda do Quilombo com o concurso de um pequeno plantel de três escravos (APM – CC, Rolo 526 – Cx. 84, planilha 20.207). Faleceu no arraial da Formiga, em 1830, com a avançada idade de 90 anos.

[378] A fazenda do padre Barnabé Ribeiro da Silva, denominada Santa Rita, ficava no distrito de ordenanças de São Julião (atual município de Arcos). Bem maior que a do Quilombo, do mano e vizinho Manoel Ribeiro da Silva, Santa Rita perfazia duas léguas e três quartos de extensão. O reverendo Barnabé nela empregava, no ano de 1818, 14 escravizados. Confrontava pelos fundos com a fazenda Corgo das Almas, do alferes João Francisco da Silva (APM – CC, Rolo 526 – Cx. 84, planilha 20.207). Ao falecer em Formiga, no ano de 1822, o padre Barnabé deixou aos seus herdeiros, além da Santa Rita, duas outras propriedades rurais, o sítio chamado Retiro da Mata e a fazenda Quilombinho, conforme testamento aberto em 1º de abril de 1822 e que se encontra hoje no Arquivo do IPHAN em São João del Rei (Cx. 124, f.64 e seguintes).

[379] A vasta área que se estende do atual município de Doresópolis, passando pelas imediações de Formiga, até alguns poucos quilômetros além da barra do rio Santana na margem direita no rio São Francisco (já no atual município de Lagoa da Prata), caracteriza-se por apresentar um tipo particular de relevo, o carste, com afloramentos de rocha carbonática que proporcionam a formação de paisagens típicas, como cavernas, dolinas, maciços residuais, paredões e fendas no terreno, com cobertura vegetal composta por um mosaico fitofisionômico representado por áreas florestadas e áreas abertas. Trata-se da área com a maior concentração de cavernas do Brasil e cerca de duas centenas de sítios arqueológicos conhecidos. Para detalhes, vide: MELO, Pablo Hendrigo Alves et al. Composição florística de angiospermas no carste do Alto São Francisco, Minas Gerais, Brasil. **Rodriguésia**, v. 64, n. 1, p. 29-36, 2013.

[380] O nitrato de potássio, subproduto da decomposição de materiais orgânicos encontrados no interior de cavernas, é o composto responsável pela formação do salitre, então principal componente da pólvora. Era, à época, de grande importância estratégica para a indústria bélica e utilizada em demolições e na mineração, mormente quando o ouro de aluvião se esgotava e se iniciava a abertura de minas profundas.

[381] Com quatro léguas de área, São Julião era a maior dentre as 30 fazendas arroladas em 1818 no distrito de ordenanças de igual denominação (correspondente ao atual município de Arcos). Com o rio São Francisco passando aos fundos, confrontava pela frente com outra grande fazenda, a dos Cristais, do capitão José Teixeira da Motta (APM, CC - rolo 526 – Cx. 84, planilha 20.207).

[382] MATOS, 2004, p. 45-66.

[383] Confrontando, pela testada, com terras do padre Barnabé e, pelos fundos, com a fazenda de duas léguas do rico capitão Antônio Ribeiro de Morais (comandante do distrito de São Julião), o estabelecimento do alferes João Francisco da Silva era bem menor. Possuía apenas um quarto de légua de área, mas, muito provavelmente, era bem ativa, pois seu proprietário empregava oito cativos na lida diária (APM, CC - rolo 526 – Cx. 84, planilha 20.207).

[384] POHL, 1976, p. 92.

[385] De fato, Pohl havia chegado à grande sesmaria da Tapada, mais precisamente à fazenda de dona Bernardina Francisca Corrêa Pamplona (e não Bernarda, como o viajante a ela se referiu) e seu marido e primo, João José Correa Pamplona, com légua e meia de área, à época. Dona Bernardina era filha do mestre de campo Inácio Correa Pamplona. Por ocasião da passagem de Dr. Pohl pela Tapada, "que eleva pelo rio de São Francisco abaixo até a barra do São Miguel, por este acima encontrando com a sesmaria de São Julião", o consorte João José vivia isolado no arraial de Formiga, por se encontrar "gravemente enfermo com padecimento de morfeia [...]", conforme reza um atestado médico transcrito em: CORRÊA, 1993, p. 37. No final de vida, João José estava sob a curatela de seu vizinho, capitão Manoel de Carvalho Brandão. Faleceu na Formiga em 1823. A outra metade da sesmaria da Tapada, originalmente de três léguas, era composta pelos estabelecimentos de Antônio da Silva Coutinho, que, antes de falecer, solteiro e sem filhos, declarou ser "morador nas Perdizes Velha, da sesmaria da Tapada", e de João Bernardes da Silveira. Este último, filho do já citado pioneiro Bernardo Homem da Silveira (*1725, +1798), empregava em sua fazenda um plantel de 20 cativos (APM, CC - rolo 526 – Cx. 84, planilha 20.207).

[386] POHL, 1976, p. 92.

[387] MATOS, 2004, p. 44.

[388] José Teixeira Basto, primeiro do nome, foi um dos pioneiros da ocupação dos sertões do alto São Francisco. Participou da entrada de 1769, comandada por Inácio Correa Pamplona. Formou sua fazenda da Barra de São Simão, entre as margens esquerda do rio Santana e direita do São Francisco (no atual município de Japaraíba). Por ter falecido em 1781, certamente Cunha Matos se referia, em seu diário de viagem, ao filho homônimo, nascido em 1748. O primeiro José Teixeira também foi pai de Bernardo Teixeira Basto, sesmeiro de São Simão, no então distrito de ordenanças de São Lázaro do Miranda (também em terras do atual município de Japaraíba). Vide: CORRÊA, 1993, p. 64; APM, CC - rolo 526 – Cx. 84, planilha 20.207.

[389] A fazenda dos Arcos originou-se de uma sesmaria de meia légua de igual denominação, uma das oito concedidas ao mestre de campo Inácio Correa Pamplona e à sua parentela, em 1767, mais precisamente ao sobrinho e genro João José Correa Pamplona. Suas confrontantes eram a fazenda de São Julião e as de Antônio Ribeiro de Morais, de Jacinto Martins de Carvalho, de João Fortes da Costa e de Antônio Tomás da Fonseca (APM, CC, códice 265, p. 141), todas no atual município de Arcos. Quanto à fazenda de São Julião, possivelmente estivesse "abandonada" na ocasião da passagem de Cunha Matos por lá. Seu proprietário absenteísta, o padre Inácio Pamplona Corte Real (filho do mestre de campo), que residia no arraial de Prados, havia falecido em 1820.

[390] Todas as citações são de MATOS, 2004, p. 45-47.

[391] ESCHWEGE, 1996, p. 87-88.

[392] MATOS, 2004, p. 48.

[393] *Ibidem*, p. 48-49.

[394] Trata-se da fazenda do Aranha, propriedade do capitão Manoel [Gonçalves] de Carvalho Brandão [filho], situada no distrito de ordenanças do Rio de São Francisco Acima (correspondente, em parte, ao atual município de Iguatama), freguesia de Santana do Bambuí. Em 1818, essa fazenda, com três léguas de área, era cultivada e servida por um plantel de nove escravos. Confrontava com a fazenda de São Cornélio, de Gabriel Gonçalves Gontijo e sua mulher, dona Maria Joaquina da Silveira (*1779, + 1833); esta senhora era filha do pioneiro Bernardo Homem da Silveira e irmã do padre Manoel Bernardes da Silveira. O capitão Carvalho, como era conhecido, também possuía a fazenda do Capoeirão, bem menor, de meia légua, situada às margens do rio São Francisco, no distrito de São Julião (APM, CC - rolo 526 – Cx. 84, planilha 20.207). Natural de Barbacena (*1777), Manoel de Carvalho Brandão foi casado com Joana Maria de Jesus. Faleceram sem descendência. Herdou-lhes os bens a irmã e cunhada dona Francisca Angélica de Carvalho, casada com o capitão Domingos Gonçalves Campos, comandante da companhia de ordenanças de Bambuí. Esse segundo casal deixou grande descendência na região, incluindo o futuro tenente coronel José do Egito Campos (*1809, +1879), liderança política em Bambuí na segunda metade do século XIX.

[395] POHL, 1976, p. 93.

[396] As grandes distâncias até os principais centros de consumo oneravam o transporte e geravam grande risco de perdas aos produtores/atravessadores. Era esse o principal desestímulo à produção e comercialização de queijos pelos criadores do sertão Oeste de Minas, ao contrário do que ocorria nos campos do alto Rio Grande, que os produziam em escala para comercialização no mercado do Rio de Janeiro, mais próximo geograficamente, passando pelo então recém-aberto Caminho do Comércio.

[397] MATOS, 2004, p. 50.

[398] POHL, 1976, p. 95.

[399] ESCHWEGE, 1996, p. 91.

[400] Dona Maria Alves de Souza e seu falecido marido, Alexandre Ferreira, foram os pais de Maria de Souza Ferreira, esposa do sesmeiro Bernardo Teixeira Basto, proprietário da fazenda da Barra de São Simão em 1818 (APM, CC - rolo 526 – Cx. 84, planilha 20.207). A extensão do estabelecimento de Bernardo Teixeira, localizado no então distrito de ordenanças de São Lázaro do Miranda, era de uma légua, confrontando, pela testada, com a fazenda de Francisco José de Mesquita (esta, às margens do rio Santana) e pelos fundos com o rio São Francisco. Dela originou, mais tarde, a fazenda chamada "da Souza", na divisa dos atuais municípios de Lagoa da Prata e Japaraíba.

[401] ESCHWEGE, 1996, p. 91.

[402] A principal das seis grandes fazendas possuídas pelo coronel Manoel da Silva Brandão (* 1754, + 1838) na zona do Campo Grande. Somando as áreas das seis, chega-se a, aproximadamente, 200 mil hectares de terra (ou cerca de 40 mil alqueires de terras!). Em 1818, sua escravaria somava 40 cativos (PINTO, 2014, p. 118; APM, CC - rolo 526 – Cx. 84, planilha 20.207). Na ocasião da visita de Eschwege, além de produtor agropastoril, o coronel Brandão comandava (desde 1809) o regimento de infantaria das Milícias do termo do Tamanduá (uma tropa auxiliar de segunda linha). Antes de se transferir para os sertões do Bambuí, em 1798, Manoel da Silva Brandão havia sido oficial da tropa paga da Capitania – os chamados Dragões. Implicado na Inconfidência, Brandão dela desertou ao ser cooptado pelo visconde de Barbacena – governador da Capitania –, que o nomeou para o importante e lucrativo posto de comandante de Santo Antônio, no Distrito Diamantino. Tal iniciativa era parte do plano mais amplo de neutralizar os Dragões naquele momento de turbulência política, substituindo oficiais portugueses por brasileiros natos (MAXWELL, 1978, p. 175). Passada a tormenta que assolou Minas, provocada pela conjuração, Manoel da Silva Brandão foi promovido na carreira militar e transferido para Vila Rica, onde se casou, em 1797, com Thomásia Joaquina da Silva, filha do veterano e importante secretário da Junta da Fazenda Real em Minas Gerais, o português Carlos José da Silva (* 1741, + 1808). Este burocrata se uniu, no ano de 1768, em primeiras núpcias, à dona Inácia Rosa Angélica, que veio a falecer em 1790; em segundas núpcias, com dona Maria Angélica de Sá e Menezes, um ano depois da morte da primeira esposa. Tanto Brandão, reformado na tropa paga, quanto seu sogro, Carlos José da Silva, aposentado do serviço público colonial, receberam suas cartas de sesmaria na Glória e no Urubu, respectivamente, e se estabeleceram, em 1798, como fazendeiros nos sertões do Bambuí, entre o São Francisco e a Serra da Marcela. O coronel Manoel da Silva Brandão e sua mulher, dona Thomásia, deixaram 10 filhos, sendo cinco homens e cinco mulheres.

[403] ESCHWEGE, 1996, p. 91.

[404] Francisco de Assis Mascarenhas, conde de Palma, exerceu na América portuguesa os cargos de governador das capitanias de Goiás (1804-1809) e de Minas Gerais (1810-1814).

[405] ESCHWEGE, 1996, p. 93.

[406] POHL, 1976, p. 93-94.

[407] *Ibidem*, p. 94.

[408] MATOS, 2004, p. 64-65.

[409] *Ibidem*.

[410] ESCHWEGE, 1996, p. 94.

[411] Na Relação das pessoas que se acham estabelecidas com fazendas no Termo da Vila de S. B. do Tamanduá (APM, CC - rolo 526 – Cx. 84, planilha 20.207, 1818), não há qualquer registro de fazenda denominada precisamente de "Córrego Danta". Dentre os grandes estabelecimentos nela arrolados, localizados no território que veio a ser o atual município de Córrego Danta, destacam-se a fazenda da Cachoeirinha, de três léguas, do padre Anastásio Francisco Vieira; a fazenda da Estalagem do Vigário, de duas léguas, propriedade de Sudário Hipólito e seus sócios (situada próxima do entroncamento das atuais rodovias BR 262 e BR 354); a fazenda de dona Maria Angélica de Sá e Menezes [da Silva], viúva do ex-secretário da Junta da Fazenda Real em Minas Gerais, Carlos José da Silva, também de três léguas e intitulada fazenda da Arara; e a fazenda de dona Cecília Maria do Espírito Santo "e seus sócios" (ela, provavelmente viúva, com filhos como parceiros),

de duas léguas, confrontante, pela testada, com a Cachoeirinha. É bem provável que o barão de Eschwege tenha se hospedado no estabelecimento de dona Cecília, que aparece como "fazenda do Ribeirão das Antas", e não "do Córrego Danta", na referida Relação [...].

[412] ESCHWEGE, 1996, p. 98.

[413] ESCHWEGE, 1996, p. 95. Os dois notáveis acidentes geográficos, referidos pelo mineralogista, localizam-se no atual município de Estrela do Indaiá.

[414] Localizada no então distrito de ordenanças de Nossa Senhora da Luz do Aterrado, freguesia de Bambuí, a fazenda de Manoel Martins Ferraz, chamada "Santo Antônio do Baú", embora com área de légua e meia, empregava apenas quatro escravizados (APM, CC - rolo 526 – Cx. 84, planilha 20.207, 1818). Embora mais voltada à cultura do algodão, havia no Baú um engenho de açúcar recém-construído, mas ainda inoperante (talvez, por carência de mão de obra), por ocasião da visita de Eschwege.

[415] ESCHWEGE, 1996, p. 96.

[416] *Ibidem*.

[417] Dá-se o nome de galena ao mineral composto de sulfeto de chumbo. Trata-se do minério primário do chumbo e praticamente o único. Dele também pode extrair-se prata. A jazida conhecida por "mina da Galena", na então capitania de Minas Gerais, localizava-se junto ao rio Areado, afluente da margem esquerda do Abaeté (no atual município de Patos de Minas). Fora descoberta por garimpeiros de diamantes que agiam nos sertões dos rios Abaeté e Indaiá por volta de 1777 ou 1778. Seu primeiro registro se deve ao naturalista José Joaquim Veloso, que, por ordem régia, entrou a explorar os sertões do Abaeté e Indaiá no ano de 1798. Outro mineralogista, José Vieira Couto, a explorou em 1800 e dela deu notícia em sua memória acerca das atividades minerárias na capitania de Minas Gerais. Encarregado pela Coroa portuguesa de explorá-la, Eschwege esteve na Galena pela primeira vez em 1812. Esse mineralogista realizou recorrentes visitas anuais à mina da Galena, até deixar o Brasil em 1821. Segundo o engenheiro Francisco de Paula Oliveira (1881), da Escola de Minas de Ouro Preto, "depois de trabalho assíduo [em quase dez anos de supervisão daquele estabelecimento], pode [Eschwege] extrair algumas toneladas de minério, mas não lhe foi possível fazer o tratamento metalúrgico, por terem-lhe sido negados os capitais para a construção de máquinas e fornos para este fim". Depois do retorno do barão de Eschwege à Europa, a Galena ficou abandonada por um bom tempo. Em 1825, o mineralogista francês Jean de Monlevade lá esteve, comissionado pelo governo imperial para tratar o minério extraído por Eschwege e fazer novo estudo completo da jazida. Depois dessa iniciativa, frustrada, o estabelecimento foi definitivamente abandonado. Vide: OLIVEIRA, Francisco de Paula. Exploração das minas de galena do ribeirão do Chumbo, afluente do Abaeté e estudo da zona percorrida de Ouro Preto até esse lugar. **ANNAES da Escola de Minas de Ouro Preto**, Rio de Janeiro: Tipografia Nacional, n. 1, p. 35-94, 1881. p. 35-94.

[418] Fazenda formada por Domingos Antônio da Silveira, açoriano da Ilha do Pico e companheiro de Pamplona na expedição à margem esquerda do São Francisco, feita em 1765. As terras do Córrego Fundo, próximas de Formiga, foram adquiridas de Manoel Gonçalves Gondim por Domingos Antônio, que, para legitimar essa compra, recebeu carta de sesmaria em 1777. Vide: CORRÊA, 1993, p. 67. Por ocasião da passagem de Saint-Hilaire pelo Córrego Fundo, tanto Domingos Antônio da Silveira, quanto sua mulher, dona Ana Rosa de Faria, já estavam mortos (ele faleceu em 1804, e ela, em 1811). O estabelecimento, de duas léguas, pertencia então à Dona Mariana Francisca e a seus sócios, que nela empregavam expressivo plantel de 31 cativos (conf. APM, CC - rolo 526 – Cx. 84, planilha 20.207).

[419] A formação da fazenda da Ponte Alta ocorreu em meados do século XVIII. Em 1767, Alexandre Rodrigues Gondim requereu carta de sesmaria para legitimar a posse de um "sítio que cultivava com dois escravos, no córrego da Capetinga, perto da Ponte Alta" (APM, SC 156, p. 161, 04.02.1767). Dez anos depois, foi a vez de Manoel Álvares Gondim receber carta de sesmaria de terras adquiridas na mesma paragem (APM, SC 206, p. 116 v, 18.07.1777). Por ocasião da visita de Saint-Hilaire, em 1819, a Ponte Alta estava dividida entre cinco proprietários (sendo quatro deles da família Rodrigues Nunes). Três partes eram de meia légua,

e duas, de um quarto de légua, cada uma. O estabelecimento de Antônio Rodrigues Nunes, de meia légua e servido por 22 escravizados, o maior dos cinco ali existentes (conf. APM, CC - rolo 526 – Cx. 84, planilha 20.207), deve ter sido o local de pouso do naturalista francês.

[420] SAINT-HILAIRE, 1975a, p. 94-95.

[421] A fazenda chamada Capetinga, de uma légua em quadra, pertencia, em 1818, ao alferes Francisco de Paula Teixeira [Alves], que nela empregava 14 cativos. Ao seu redor, existiam outros notáveis estabelecimentos, todos da mesma parentela – os Teixeira Alves. Eram a fazenda do Engenho Novo, do capitão Joaquim Teixeira Alves, de uma légua e 20 escravizados; a da Mata, do mesmo capitão, também de uma légua e com outros 10 cativos; a do Campo Alegre, do capitão Antônio Luís Teixeira Alves [filho], também de uma légua e com 13 escravizados; a da Lagoa dos Patos, de João Teixeira Alves, menor, de meia légua, mas servida por 13 cativos; outra também chamada da Mata, do mesmo João Teixeira, de meia légua e desprovida do elemento servil; e, por fim, a fazenda da Mata Nova, de Vicente Teixeira Alves, de três quartos de légua e servida por 17 escravizados. Esses proprietários receberam suas fazendas em herança, conforme consta do arrolamento feito em 1818 (APM, CC - rolo 526 – Cx. 84, planilha 20.207). Anteriormente, elas formavam a grande fazenda da Capetinga, estabelecida pelo furriel mor Antônio Luís Teixeira Alves, por alcunha, o Capetinga, que legalizou suas posses por título de sesmaria recebido em 1796 (APM, SC 265, p. 133 e 136). Vide: CORRÊA, 1993, p. 79.

[422] O barão de Eschwege permaneceu na mina da Galena até 20 de setembro de 1816, quando, então, iniciou sua viagem de volta a Vila Rica. Seu plano inicial era voltar pelo mesmo roteiro da ida. Contudo, quando se encontrava no Quartel-Geral do Indaiá, recebeu "ordem do governador para que visitasse imediatamente os distritos de Araxá e Desemboque e definisse os [novos] limites entre Minas e Goiás", pois o que chamamos hoje de Triângulo Mineiro acabara de ser anexado a Minas Gerais por decreto do príncipe regente, o futuro D. João VI. Cumprida a missão que lhe fora confiada, Eschwege retomou a viagem de volta em 28 de outubro, partindo do julgado do Desemboque. Optou, então, por seguir pelo primitivo itinerário da Picada de Goiás, passando pela Serra da Canastra e Piumhi e, depois, novamente, pelo arraial da Formiga, onde retomou, para seguir para Vila Rica, o roteiro feito no percurso de ida para a Galena.

[423] SAINT-HILAIRE, 1975a, p. 94-95.

[424] Na ocasião, era a maior fazenda do termo da vila do Tamanduá: seis léguas ou 12 mil braças de terras em quadra, correspondentes a pouco mais de 14 mil alqueires mineiros. Situada no antigo distrito de ordenanças de Santo Antônio da Capetinga (no atual município de Pimenta), São Miguel e Almas pertencia aos herdeiros do falecido capitão José Rodrigues da Costa e abrigava o maior plantel escravista de toda a zona em estudo: nada menos que 70 cativos (APM, CC - rolo 526 – Cx. 84, planilha 20.207). Este José Rodrigues recebeu carta de sesmaria em 1785, legalizando assim a posse que antes fizera daquela vasta gleba (APM, SC 234, p. 127). Em 1818, o plantel escravista dessa fazenda era quase 12 vezes maior que o plantel médio das fazendas do termo do Tamanduá, então da ordem de 6 cativos por fazenda (cálculo feito por mim com base em APM, CC - rolo 526 – Cx. 84, planilha 20.207).

[425] SAINT-HILAIRE, 1975a, p. 95-96.

[426] *Ibidem*, p. 96.

[427] FAUSTO, Boris. **História do Brasil**. 2. ed. São Paulo: Editora da Universidade de São Paulo, 1995. p. 129.

[428] NASCIMENTO, Helvécio Pinto do. "O poder local e a articulação política mineira em 1822". *In*: LAGE DE RESENDE; VILALTA, 2013, p. 28.

[429] AS CÂMARAS MUNICIPAIS e a Independência. Rio de Janeiro: Arquivo Nacional / Conselho Federal de Cultura. Comemorações ao Sesquicentenário da Independência, 1973. v. 2, p. 125-126.

[430] VILALTA, Luiz Carlos. "O Antigo Regime e a Independência do Brasil (1808-1822)". *In*: LAGE DE RESENDE; VILALTA, 2013, p. 33 e 37.

[431] *Ibidem*.

[432] FAUSTO, 1995, p. 132.

[433] AS CÂMARAS MUNICIPAIS, 1973, v. 2, p. 126-128.

[434] *Ibidem*.

[435] *Ibidem*.

[436] *Ibidem*, p. 128-129.

[437] VILALTA, 2013, p. 37.

[438] BITTENCOURT, Vera Lúcia Nagib. **De Alteza Real a Imperador**: o governo do príncipe D. Pedro, de abril de 1821 a outubro de 1822. 2006. Tese (Doutorado em História Social). São Paulo: Universidade de São Paulo, 2006. Para uma ampla e analítica abordagem da viagem de d. Pedro a Minas Gerais em 1822, vide capítulo III da referida tese.

[439] AS CÂMARAS MUNICIPAIS, 1973, v. 2, p. 129.

[440] *Ibidem*.

[441] Filho de Salvador Correa da Siqueira e de dona Maria Moreira da Siqueira, João Antunes Correa da Costa, nasceu em Taubaté em 1778. Ordenado sacerdote em Mariana, esteve à frente da freguesia de São Bento do Tamanduá, como pároco colado, de 1819 a 1854. Em paralelo à atividade pastoral, foi proprietário da fazenda do Barreiro (situada nos arredores da vila do Tamanduá) e, em sociedade com seu irmão Miguel Correa da Siqueira (morador no distrito de São Tiago, termo da vila de São João del Rei), possuiu negócio de compra e venda de escravizados, "que durou bastante tempo [...]", como consta do inventário dos bens de sua falecida cunhada (Arquivo do IPHAN em São João del Rei – SJI, Cx. 265, ano de 1834, transcrito no site do Projeto Compartilhar). Na política, além de vereador no Tamanduá e membro do Conselheiro Geral da Província, foi deputado provincial em quatro legislaturas (1835-1837, 1838-1839, 1850-1851 e 1852-1853) e deputado geral por Minas Gerais (em 1840 e 1841, como suplente em exercício, e na legislatura de 1843-1844 como deputado eleito e empossado). Tendo sido reeleito deputado provincial na legislatura de 1854-1855, não chegou a tomar posse por já se encontrar gravemente enfermo. Começou sua carreira política liderando o processo da Independência no Centro-Oeste mineiro. Durante sua longa vivência parlamentar, seu posicionamento político foi se modificando. De pronto, integrou o bloco dos parlamentares liberais moderados, participando, inclusive, da Sociedade Defensora da Liberdade e da Independência Nacional e apoiando os governos da Regência. Porém, a partir da fragmentação desse bloco político, tendeu-se, cada vez mais, a cerrar fileiras com o "regresso", corrente conservadora desejosa do retorno à centralização política e do reforço da autoridade, que começou a tomar corpo ao final do período regencial. Encerrou sua carreira parlamentar no Partido Conservador, já agraciado com a comenda da Ordem de Cristo. Vigário Antunes faleceu em 27 de março de 1854, na vila do Tamanduá, sendo sepultado, dois dias depois, no cemitério da Ordem Terceira de São Francisco, com a assistência de sete sacerdotes. Acerca de seu falecimento, vide nota publicada em O Bom Senso, ano 3 (1854), n.º 229, p. 7. Da longa união com dona Rita Maria de Jesus, residente na fazenda do Barreiro, deixou larga descendência. Sobre a atuação política de Antunes Correa e de outros clérigos parlamentares da mesma época, vide: LAZZARINI, Júlia L. V. **O clero para além do sagrado**: atuação política dos padres – Minas Gerais, 1833-1837. 2020. Dissertação (Mestrado em História) – Universidade Federal de São João del Rei (UFSJ), São João del Rei, 2020.

[442] "Primeiras Administrações Electivas em Minas Geraes", em: RAPM, v. 1, n.1, jan./jun. 1896, p. 101-117.

[443] NEVES, Lúcia Bastos Pereira das. "A Vida Política". *In*: COSTA E SILVA, 2011, p. 95.

[444] AS CÂMARAS MUNICIPAIS, 1973, v. 2, p. 134-135.

[445] *Ibidem*.

[446] *Ibidem*.

[447] *Ibidem*, p. 132-133.

[448] Discurso publica na íntegra no jornal O Espelho, n.º 106, de 22.11.1822, editado no Rio de Janeiro pela Imprensa Nacional.

[449] O Espelho, n.º 106, de 22.11.1822.

[450] Ibidem.

[451] AS CÂMARAS MUNICIPAIS, 1973, v. 2, p. 132-133.

[452] Ibidem, p. 133-134.

[453] Ibidem.

[454] Por ocasião da Aclamação do Imperador Pedro I, o sargento mor José Ferreira Gomes ocupava o cargo de juiz ordinário na câmara do Tamanduá. Proprietário da Água Limpa, fazenda com 3 mil braças de terras em quadra e um plantel de 34 escravizados, situada a uma légua da Vila. Desde a criação do termo do Tamanduá, em 1790, José Ferreira Gomes fora sucessivamente eleito vereador. O alferes Olivério Ferreira Pedrosa, outro camarista naquela ocasião, era proprietário no distrito de Santana do Jacaré da grande fazenda da Cachoeira (de uma légua e meia). Outro mais, o jovem camarista Manoel José de Araújo e Oliveira, com 22 anos de idade, também alferes de ordenanças, residia no distrito da Vila. Antônio José da Costa, também camarista, era fazendeiro estabelecido no distrito de Nazaré dos Esteios, da freguesia de Bambuí.

[455] Por ocasião da Independência, o padre Francisco Ferreira Lemos, natural de Congonhas do Campo, era vigário da Vara no Centro-Oeste mineiro (hoje se diz vigário forâneo). Antes, entre 1812 e 1819, havia sido o sexto pároco da freguesia do Tamanduá. Foi também fazendeiro no Lambari, distrito da Água Limpa do Indaiá, a seis léguas e meia da Vila, com propriedade de médio porte e um plantel de cinco cativos. O reverendo Lemos faleceu em 1846.

[456] AS CÂMARAS MUNICIPAIS, 1973, v. 2, p. 136-137.

[457] Ibidem, p. 137-138.

[458] Ibidem, p. 139.

[459] Ibidem, p. 143.

[460] BARBOSA, 1979, p. 638-639.

[461] AS CÂMARAS MUNICIPAIS, 1973, v. 2, p. 141-142.

[462] Ofício transcrito na íntegra no jornal Diário do Governo do Império do Brasil, n.º 29, p. 1-2, de 07.02.1824, publicado no Rio de Janeiro [acervo memoria.bn.br].

[463] Diário do Governo do Império do Brasil, n.º 29, p. 1-2, de 07.02.1824.

[464] Manoel de Souza Resende, capitão de ordenanças do distrito de São Francisco de Paula desde 1806, era possuidor de uma fazenda de uma légua em quadra no Morro dos Lençóis e de um plantel de 16 cativos.

[465] Diário do Governo do Império do Brasil, n.º 29, p. 1-2, de 07.02.1824.

[466] AS JUNTAS GOVERNATIVAS e a Independência. Rio de Janeiro: Arquivo Nacional / Conselho Federal de Cultura. Comemorações ao Sesquicentenário da Independência, 1973. v. 2, p. 866. O grifo na citação é de minha iniciativa.

[467] Para desenvolvimento do tema, ver FERNANDES, Renata Silva. Unir e dividir: as controvérsias em torno da organização político-administrativa do território da Província de Minas Gerais (1825-1834). **Revista de História Regional**, Ponta Grossa, v. 22, n. 2, p. 289-308, 2017.

[468] "Relatórios [dos Presidentes] ao Conselho Geral da Província – 1828-1833", transcritos em RAPM, v. 17, 1912, p. 103-104.

[469] CARVALHO, Theophilo Feu de. **Comarcas e Termos**: criações, supressões, restaurações e desmembramentos de comarcas e termos em Minas Gerais (1719-1915). Belo Horizonte: Imprensa Oficial, 1916.

[470] VELLASCO, Ivan de Andrade. A justiça imperial em São João del Rei. *In*: VENÂNCIO, Renato Pinto; ARAÚJO, Maria Marta (org.). São João del Rei, uma cidade no Império. Belo Horizonte: Secretaria de Estado de Cultura, Arquivo Público Mineiro, 2007. p. 71.

[471] *Ibidem*.

[472] MARTINS, Maria do Carmo Salazar. Revisitando a Província: comarcas, termos, distritos e população de Minas Gerais em 1833-35. *In*: **20 anos do Seminário sobre a Economia Mineira – 1982-2002**: coletânea de trabalhos. Belo Horizonte: UFMG/FACE/Cedeplar, 2002. p. 51-90.

[473] "Fala dirigida à Assembleia Legislativa Provincial de Minas Gerais na sessão ordinária do ano de 1837, pelo Presidente da Província, Antônio da Costa Pinto", Ouro Preto: Tipografia do Universal, 1837.

[474] *Ibidem*.

[475] RODARTE, 2012, p. 87-88.

[476] As listas nominativas elaboradas em 1831 e 1832 correspondem a 240 distritos de paz; os mapas de população de 1833-1835, a 140 distritos; as demais listas nominativas, preparadas entre 1838 e 1841, a outros 21 distritos. Toda essa valiosa documentação censitária encontra-se no Arquivo Público Mineiro (APM). As 261 listas nominativas distritais estão organizadas em um banco de dados informatizado do Núcleo de Pesquisa em História Econômica e Demografia do Cedeplar / UFMG.

[477] RODARTE, 2012, p. 102 e 133.

[478] *Ibidem*, p. 88-92.

[479] PAIVA, Clotilde A.; LIBBY, Douglas C. Caminhos alternativos: escravidão e reprodução em Minas Gerais no século XIX. **Estudos econômicos**, São Paulo, v. 25, n. 2, p. 203-233, 1995. p. 203-233.

[480] Na literatura especializada, o termo "fogo", usual no passado, é sinônimo de domicílio, porém no sentido de um "agrupamento plurifuncional de pessoas, uma vez que considera a função econômica que possuíam, ao lado, é claro, da função procriativa". Para Rodarte (2012, p. 28), as "evidências apontam que as unidades residenciais se confundiam com unidades produtivas identificadas, via de regra, com o desenvolvimento de uma ou mais atividades econômicas. Nesse sentido, a hierarquia domiciliar correspondia-se com a hierarquia ocupacional de um estabelecimento produtivo".

[481] Na Revista do Arquivo Público Mineiro (RAPM, 1897, p. 18-28), foi publicada uma "Relação das cidades, vilas e povoações da Província de Minas Gerais com declaração do número de fogos de cada uma (1830)", de autoria presumida de Luís Maria da Silva Pinto. Para o arraial de Santo Antônio do Monte, do termo da vila de São Bento do Tamanduá, esta "Relação" registra 51 fogos, "na povoação". Contudo, tal quantitativo, além de preceder a contagem populacional de 1831-1832, não resiste a uma análise minuciosa da respectiva lista nominativa do distrito de paz de Santo Antônio do Monte. Nela, os dados descritivos dos domicílios localizados nos quatro primeiros quarteirões, somando 100 fogos (o dobro do número inscrito na dita "Relação"), bem caracterizam uma população que, hoje, chamaríamos de "urbana". Portanto, considera-se, neste livro, que o arraial de Santo Antônio do Monte compunha-se, em 1832, de quatro quarteirões, com 100 fogos (ou domicílios), nos quais viviam 528 habitantes, entre livres e escravos.

[482] RODARTE, 2012, p. 133.

[483] A preponderância masculina nos plantéis escravistas devia-se, quase sempre, à maior proporção de homens negros vindos da África, já que o tráfico atlântico se caracterizava pela desequilibrada oferta de suas "peças" no tocante ao sexo, como vem mostrando a literatura especializada.

[484] Segundo Douglas Cole Libby e Zephyr Frank, "de modo geral, o termo pardo/parda correspondia a mulato(a), embora também pudesse ser usado para classificar pessoas de pele mais clara ou mais escura que o mulato 'clássico' [...]. Embora o termo pudesse ter representado 'um tipo de condição social', como querem

alguns, nas Minas, a referência principal tratava da miscigenação de origens africanas e europeias". Para os mesmos autores, "a definição de 'crioulo' era bastante clara [...]: referia-se aos negros nascidos no Brasil, independente da origem dos pais – africana, nativa ou ambas – e sem implicações quanto à condição legal". Quanto ao termo "cabra", "constituía uma terceira designação de ascendência africana, usada com certa frequência nas Minas do século XVIII e nas décadas iniciais do XIX. Referia-se à prole de pais de origens mistas: um pardo (ou, mais precisamente, um mulato) e o outro crioulo ou africano". Por "africano", eram, por certo, rotulados os negros chegados ao Brasil pela via do tráfico atlântico, originários de diferentes partes da África, às vezes, também chamados de "pretos". Para informações mais detalhadas, vide: LIBBY, Douglas Cole; FRANK, Zephyr. Voltando aos registros paroquiais de Minas colonial: etnicidade em São José do Rio das Mortes, 1780-1810. Revista Brasileira de História. São Paulo, v. 29, n. 58, p. 383-415, 2009.

[485] Ao analisar as listas nominativas de quatro distritos de ordenanças localizados no termo do Tamanduá: i) Matriz e Rosário (correspondente à vila de São Bento do Tamanduá); ii) Santana do Bambuí; iii) N. Sra. da Ajuda dos Cristais; e, iv) Santo Antônio da Capetinga; datadas de 1808, Douglas Libby e Márcia Grimaldi concluem que "a razão de masculinidade entre os escravos de origem africana indica que neste hinterland mineiro chegavam, via o tráfico, quase seis homens para cada mulher, confirmando a tendência já detectada no mapa provincial de 1823". Vide LIBBY, Douglas Cole; GRIMALDI, Márcia. Equilíbrio e estabilidade: economia e comportamento demográfico num regime escravista, Minas Gerais no século XIX. Anais do VI Encontro Nacional de Estudos Populacionais, v. 3, 1988. p. 412-442.

[486] As referências aqui são: LIBBY, 1988; PAIVA, 1996.

[487] No distrito de paz de Santo Antônio do Monte, a proporção de domicílios não escravistas era de 58%, em 1832, quase 10 pontos percentuais abaixo da média válida para Minas Gerais na mesma ocasião. Trabalhando com uma amostra de 20 mil domicílios mineiros, Libby chegou ao número de 66,7%, enquanto Paiva, avaliando, alguns anos depois, todo o universo de fontes localizadas para 1831-1832, calculou em 67,5% a proporção dos fogos não escravistas em Minas Gerais. A condição "mais escravista" desse distrito se explica, ao menos em parte, por sua localização numa região de maior nível de desenvolvimento, onde a proporção de fogos escravistas era sempre igual ou superior à média geral da Província. Vide: LIBBY, 1988, p. 97; PAIVA, 1996, p. 103, 136 e 218.

[488] PAIVA, 1996.

[489] LOURENÇO, 2005, p. 279.

[490] LIBBY, 1988, p. 117.

[491] MARTINS, Roberto Borges. A indústria têxtil doméstica de Minas Gerais no século XIX. In: SEMINÁRIO SOBRE A ECONOMIA MINEIRA, 2., 1983, Belo Horizonte. Anais [...]. Belo Horizonte: CEDEPLAR/ FACE/ UFMG, 1983. p. 77-94.

[492] LIBBY, 1988, p. 201.

[493] *Ibidem*, p. 202.

[494] LOURENÇO, 2005, p. 208-209.

[495] SAINT-HILAIRE, 1975, p. 91 e 95.

[496] A lista nominativa de habitantes do distrito de paz de Santo Antônio do Monte, no ano de 1832, não registra explicitamente a ocupação da mão de obra escravizada de cada fogo. Assim, não é possível determinar e quantificar o número de cativos que se dedicavam à atividade têxtil nos fogos cujos respectivos chefes não tinham esta como ocupação principal.

[497] LIBBY, 1988, p. 199 e 250 (nota 31).

[498] *Ibidem*, p. 250 (nota 31).

[499] Na década de 1830, Florentino Cotta Pacheco era um dos sete membros da Sociedade Defensora da Liberdade e da Independência Nacional de São João del Rei, que residiam no distrito de Santo Antônio do Monte, termo da Vila do Tamanduá (Série 38 CC – Cx. Amarela, rolo 32 – Biblioteca do campus Dom Bosco da UFSJ, apud FALCO, Cláudia M. dos S., 2021, p. 111).

[500] A média de Formiga foi obtida da lista nominativa do distrito de paz de São Vicente Ferrer da Formiga em 1832, em: APM PP 1/10, Cx.40, doc.5. Para o caso de Formiga como entreposto comercial do Centro-Oeste mineiro, a citação é: de PAIVA, 1996, p. 117.

[501] O comerciante Jacinto Pinto Ribeiro, nascido em 1801, era filho de Ângelo Pinto Ribeiro e de Maria Joaquina de São José. Casou-se, por volta de 1840, com Bárbara Cândida de São José, filha de Manoel Antônio de Azevedo e de Maria Vieira de Jesus (proprietários no Pântano, fazenda situada na aplicação da capela de Santo Antônio do Monte).

[502] Joaquim Luiz Brandão, filho de João Luiz Brandão e Leonor Antônia dos Santos, nascido em Pitangui, no ano de 1806, se estabeleceu, ainda solteiro, no arraial de Santo Antônio do Monte, por volta de 1830, com loja de "fazendas secas e molhados do Reino". Foi casado com Tereza Angélica de Jesus, também natural de Pitangui, filha do tenente Miguel Rodrigues Braga e de Angélica Maria da Silva Capanema. Faleceu em 1841, com descendência.

[503] Manoel Joaquim Ferreira Coutinho, português de nascimento e comerciante estabelecido no arraial de Santo Antônio do Monte, era filho de José Joaquim Ferreira e de Maria Vitória Coutinho. Foi casado com Teresa de Amorim Coelho, filha do capitão David de Amorim Coelho e de dona Maria da Conceição de Moraes, fazendeiros estabelecidos no Capão Vermelho.

[504] Os ramos de negócio a que se dedicavam os comerciantes discriminados neste e no parágrafo anterior foram levantados na "Lista dos negócios de fazenda seca e molhados do Reino e do País", redigida pelo juiz de paz suplente do distrito de paz de Santo Antônio do Monte – sr. José Rodrigues Soares em 1836 e hoje custodiada pelo Arquivo Público Mineiro – APM, SPPP1/6, Cx. 5, Doc. 21.

[505] Joaquim Caetano de Novaes era filho do alferes Manoel Caetano de Almeida e de dona Vitória Maria da Silva, proprietários da fazenda do Retiro, na aplicação da capela de Santo Antônio do Monte. Foi oficial ajudante de Ordenanças e, mais tarde, capitão da Guarda Nacional; também foi juiz de Paz do distrito. Na década de 1830, era membro da Sociedade Defensora da Independência e Liberdade Nacional, seção de São João del Rei. Em 1832, já estava casado com Maria Leocádia de São José, filha de Manoel Antônio de Azevedo e de Maria Vieira de Jesus. Seus sogros foram proprietários de parte da fazenda do Pântano, situada na mesma aplicação e distrito de Santo Antônio do Monte. Transferiu-se com a família, mais tarde, para os sertões de São Francisco das Chagas do Campo Grande (atual município de Rio Paranaíba), onde faleceu.

[506] Sobre as instituições de matrizes e capelas nos sertões do Campo Grande, as principais referências são: BARBOSA, 1995; TRINDADE, 1945.

[507] Importa relembrar que a capela do Divino Espírito Santo e seu arraial da Itapecerica (hoje, Divinópolis) foram transferidos para a jurisdição da freguesia e do termo da vila de Pitangui logo após a criação da vila do Tamanduá, ao se encerrarem os conflitos de jurisdição que persistiam nas franjas fronteiriças do novo termo com o de Pitangui. Vide: BARBOSA, 1995, p. 116-118.

[508] Para assessorar o monarca português em decisões de assuntos eclesiásticos, criou-se, em 1532, um colegiado régio próprio, a Mesa da Consciência e Ordens, composta por cinco juízes mais um presidente, escolhidos entre clérigos e leigos. Além de conhecer e julgar quaisquer processos de cunho eclesiástico ou civil que envolvessem religiosos com privilégio de foro, essa Mesa tinha funções consultivas na provisão dos cargos eclesiásticos, na criação de dioceses e paróquias, em assuntos ligados a estabelecimentos pios de caridade e ordens religiosas etc. Com a transferência da Família Real portuguesa para o Brasil, em 1808, com ela também veio imensa máquina burocrática, inclusive a Mesa da Consciência e Ordens. Para detalhes, vide: ARQUIVO NACIONAL (Brasil). **Fiscais e meirinhos**: a administração no Brasil colonial. Rio de Janeiro: Nova Fronteira, 1985. p. 113-121.

509 Conforme Decisão N.38 – REINO – Resolução de consulta da Mesa de Consciência e Ordens em 14 de novembro de 1816 – Erige em freguezia a capella do Senhor Bom-Jesus do Campo Bello do Bispado de Mariana, em Collecção das Decisões do Governo de 1816 [...]: Decisão N.38 – Reino – Resolução de consulta da Mesa de Consciência e Ordens em 14 de novembro de 1816 – Erige em freguezia a capella do Senhor Bom-Jesus do Campo Bello do Bispado de Mariana. p. 33. Disponível em: www2.camara.leg.br/atividade-legislativa/legislação/doimperio/colecao1.html.

510 Todas as citações contidas no parágrafo têm por fonte a Collecção das Decisões do Governo de 1816 [...]: Decisão N.38 – Reino – Resolução de consulta da Mesa de Consciência e Ordens em 14 de novembro de 1816.

511 Transcrições de documentos integrantes do Códice 27 – v. 10, fls. 30 a 87v, do Arquivo Nacional (Rio de Janeiro), apud BORGES, José Gomide. O sertão de Nossa Senhora das Candeias da Picada de Goiás. Belo Horizonte: Consórcio Mineiro de Comunicação, 1992. p. 191-205.

512 Apud BORGES, 1992, p. 191-205.

513 Ibidem.

514 TRINDADE, 1995, p. 275 e 280.

515 Ibidem.

516 Ibidem, p. 50.

517 Ibidem, p. 282.

518 CORREA, 1993, p. 214-215.

519 BARBOSA, 1995, p. 151.

520 Ibidem, p. 35.

521 RAPM, v. 4, 1899, p. 135-153.

522 Ibidem.

523 Ibidem.

524 Ibidem.

525 A fonte de todas as citações do parágrafo é RAPM, v. 4, 1899, p. 135-153.

526 Collecção das Leis do Império do Brazil de 1832 – Parte Primeira [...], p. 31-33. Disponível em: www2.camara.leg.br/ atividade-legislativa /legislação /doimperio /colecao3. html.

527 Livro da Lei Mineira – 1839, Tomo V, p. 61 (disponível em: siaapm.cultura.mg.gov.br/ modules/leis_mineiras/brtacervo.php?cid=667) e Livro da Lei Mineira – 1847, Tomo XIII, p. 69 (disponível em: siaapm.cultura.mg.gov.br/modules/leis_mineiras/brtacervo.php?cid=877).

528 O vocábulo "município", em seu sentido atual, só se tornou de uso corrente no jargão jurídico-administrativo do Brasil após a Independência. Importante marco referencial foi a Lei Geral de 1º de outubro de 1828, que deu nova regulamentação às câmaras, definindo suas atribuições e o processo para eleição dos vereadores e juízes de paz. Então, a base territorial sob a jurisdição de uma câmara de vereança intitulava-se "termo". Até quase o final do Império, esses dois vocábulos, termo e município, seguiram convivendo como sinônimos, tanto na linguagem jurídica quanto na popular.

529 Com base em listas nominativas da década de 1830, de uma amostra de 236 distritos de paz, Mário Rodarte elaborou um estudo da hierarquia da então rede urbana de Minas Gerais, classificando as sedes desses distritos em quatro níveis de centralidade urbana. No nível 1, superior, posicionavam-se isolados Ouro Preto e o Serro; no nível 2, de alta centralidade, classificaram-se oito outros núcleos; no nível 3, de posição intermediária no conjunto de povoações estudado, ficaram 49 localidades com menor grau de polarização; e, no nível 4, o mais baixo de centralidade urbana, as demais 177 localidades pesquisadas. Entre as situadas

no Centro-Oeste mineiro que entraram no referido estudo, nenhuma se posicionava nos níveis 1 e 2 de centralidade urbana; apenas sete se enquadraram no nível 3, intermediário: Bambuí, Bom Sucesso, Carmo do Japão (Carmópolis, atual), Cláudio, Formiga, Oliveira e Perdões. Desta mesma zona, foram classificadas no nível 4, de menor centralidade urbana, as povoações de Candeias, Desterro (atual Marilândia), Pedra do Indaiá e Santo Antônio do Monte. Vale destacar a ausência no citado estudo da vila do Tamanduá (atual Itapecerica), então a única sede municipal do Centro-Oeste mineiro. A explicação é a inexistência no Arquivo Público Mineiro de uma lista nominativa de habitantes e ocupações daquela localidade, impossibilitando àquele pesquisador incluí-la na amostra de distritos analisados. Vide RODARTE, 2012, p. 75-78.

530 RAPM, v. 4, 1899, p. 135-153.

531 APM. SP CGP14, Cx.01, Doc.19.

532 Ibidem.

533 APM.SP CGP, Cxa. 07.

534 CORREA, 1993, p. 216-218.

535 Ibidem.

536 Ibidem.

537 APM – Lista Nominativa – MP Cx. 13, Doc. 20.

538 Pela citada lei n.º 134, de 16 de março de 1839, foram elevadas à categoria de vila (ou seja, sede de município) as povoações de Bonfim, Santa Bárbara, São João Batista do Presídio (atual Visconde do Rio Branco), Caldas, Oliveira e Formiga. O município de Formiga desmembrou-se do de Tamanduá (atual Itapecerica), e o de Oliveira, do município de São José del Rei (atual Tiradentes).

539 João Caetano de Souza, natural de Mariana, em 1788, e falecido em Formiga, em 1852, exercia o cargo de juiz de paz quando o arraial de Formiga foi elevado à categoria de vila, em 1839. Eleito vereador para a primeira câmara do novo município, assumiu, por ser o mais votado, a sua presidência. Politicamente, era um liberal moderado. Também abastado fazendeiro e homem de negócios, João Caetano era genro do comendador João Quintino de Oliveira, capitão-mor do termo do Tamanduá, por seu casamento com dona Maria Francisca de Oliveira. Vide: CORRÊA, 1993, p. 83-85.

540 Pela Lei Provincial n.º 472, de 31 de maio de 1850, foi suprimido o distrito de Nossa Senhora da Abadia do Porto do São Francisco e incorporado seu território ao do distrito de Arcos. Porém, essa iniciativa foi revista pela Lei n.º 533, no ano seguinte, restaurando aquele distrito no âmbito da freguesia da Formiga.

541 Considerando as divisas do distrito de paz do Carmo do Jatobá, estabelecidas pela Lei Provincial n.º 239, de 30 de novembro de 1842, que o criou, infere-se que seu território correspondia, grosso modo, a partes dos atuais municípios de Doresópolis, Iguatama e Pains. Foi, contudo, distrito de vida curta, suprimido pela Lei Provincial n.º 288, de 12 de março de 1846, e seu território repartido entre os distritos de paz de Nossa Senhora da Abadia do Porto (atual Iguatama) e Nossa Senhora do Rosário da Estiva (atual Pimenta), ambos do então município de Formiga.

542 Em 1846, pela Lei Provincial n.º 288, de 3 de abril, foi o distrito de paz de São Francisco de Paula desmembrado da freguesia e município do Tamanduá e incorporado à freguesia e ao município Oliveira. Não tardou, porém, a Assembleia Legislativa rever tal decisão, reincorporando-o ao Tamanduá, conforme a Resolução n.º 352, de 27 de setembro de 1848.

543 O distrito de São João Batista do Glória pertenceu ao município da Vila de Piumhi por cinco anos. Pela Lei Provincial n.º 334, de 3 de abril de 1847, foi dele desmembrado e incorporado à paróquia de Passos, no eclesiástico, e ao município de Jacuí, no cível. Esta foi uma situação efêmera, pois logo foi reincorporado ao município e à freguesia de Piumhi, pela Resolução Provincial n.º 353, de 27 de setembro de 1848.

544 Frustrada a primeira iniciativa de criação do município, a freguesia do Senhor Bom Jesus do Campo Belo somente seria elevada, em definitivo, à categoria de município em 13 de junho de 1876, pela Lei Provincial n.º 2.221. Desmembrado do Tamanduá, a instalação solene da nova municipalidade deu-se em 28 de setembro de 1878.

545 BARBOSA, 1995, p. 330. São Sebastião do Curral é a atual cidade e município de São Sebastião do Oeste, bem próxima de Divinópolis.

546 Foram elas: Santo Antônio do Monte, Bom Jesus dos Perdões, N. Sra. da Luz do Aterrado, São João Batista do Glória, São Roque, N. Sra. da Aparecida do Cláudio e N. Sra. do Carmo dos Arcos.

547 Francisco Cyrillo Ribeiro de Souza nasceu em Itatiaiuçu, no ano de 1814. Graduado em Medicina no ano de 1841, pela faculdade do Rio de Janeiro. Formado, foi residir em Formiga, onde se casou com Thomásia Carolina Belo e exerceu sua atividade clínica por muitos anos. Foi membro do Partido Liberal, elegendo-se deputado provincial em cinco legislaturas (1850-1851, 1852-1853, 1854-1855, 1856-1857 e 1858-1859), bem como deputado geral nas legislaturas de 1857-1860 e 1861-1863. Em Formiga, foi também suplente de juiz municipal, subdelegado de polícia, diretor do 15º Círculo Literário da Província, além de capitão cirurgião-mor do comando superior da Guarda Nacional dos municípios de Formiga e Piumhi. Faleceu em 2 de novembro de 1890.

548 "ANAIS da Assembleia Legislativa Provincial de Minas Gerais", em O Bom Senso, ano 3, n.º 231, p. 4-5. Este era um jornal particular, então editado em Ouro Preto, que publicava em suas edições ordinárias, por contrato com o governo, os anais das seções da Assembleia Provincial.

549 Ibidem.

550 Francisco Alexandrino da Silva, nascido em 1821, foi sacerdote e político. Primeiro vigário encomendado da freguesia de Santo Antônio do Monte. Pelo Partido Conservador, elegeu-se deputado provincial em duas legislaturas (1858-1859 e 1862-1863). Na Assembleia mineira, integrou as comissões de Finanças Municipais, 2ª da Fazenda Provincial e de Negócios Eclesiásticos. No início da década de 1860, compunha, junto de outros 17 cidadãos, o colégio de eleitores da freguesia de Santo Antônio do Monte, pertencente ao 4º distrito eleitoral da Província, com sede em Formiga. Antes de ser parlamentar, foi suplente de juiz municipal e inspetor da Instrução no termo do Tamanduá. Faleceu, com 58 anos de idade, após longa enfermidade, em 12 de novembro de 1879. Foi sucedido em seu múnus paroquial pelo padre Octaviano José de Araújo, vigário coadjutor da freguesia desde 1877.

551 "ANAIS da Assembleia Legislativa Provincial de Minas Gerais", em O Bom Senso, ano 5, n.º 395, p. 3.

552 Manuel Martins Ferraz, ordenado em Mariana, em 1849, foi o primeiro vigário encomendado da freguesia de Nossa Senhora da Luz do Aterrado. Abastado senhor de terras e escravos, foi estabelecido na fazenda de Santo Antônio do Baú (no atual município de Estrela do Indaiá). A propriedade herdou de seu avô homônimo, um dos responsáveis pela construção da primeira capela de Nossa Senhora da Luz. Na década de 1870, o reverendo Martins Ferraz ainda se encontrava à frente da freguesia do Aterrado.

553 José Florêncio Rodrigues foi outro sacerdote e político atuante no Centro-Oeste mineiro. Vigário colado da freguesia de Piumhi, de 1849 até a sua morte. Na década de 1860, acumulou o múnus paroquial com o de vigário da vara da comarca eclesiástica composta pelas freguesias de Formiga, Piumhi, Bambuí, Luz do Aterrado, São Roque, Arcos e São João Batista do Glória. Foi deputado provincial na legislatura de 1858-1859. Comandou o diretório do Partido Liberal em Piumhi até a extinção deste com a Proclamação da República. Faleceu em 1897.

554 "ANAIS da Assembleia Legislativa Provincial de Minas Gerais", em Correio Official de Minas, ano II, nos. 124 a 148 (este era, como o título indica, um jornal oficial editado na capital Ouro Preto; os números referidos foram publicados entre 1º de abril e 7 de junho de 1858).

555 Ibidem.

556 Ibidem.

[557] *Ibidem.*

[558] *Ibidem.*

[559] *Ibidem.*

[560] *Ibidem.*

[561] "ANAIS da Assembleia Legislativa Provincial de Minas Gerais", em Correio Official de Minas, ano III, n.º 247, p. 5. 1859.

[562] *Ibidem.*

[563] *Ibidem.*

[564] *Ibidem.*

[565] *Ibidem.*

[566] Antônio Augusto da Silva Canedo, advogado, magistrado e político, nasceu em Barbacena, em 1828, e faleceu em 1883, na mesma cidade. Bacharel em Direito pela faculdade de Olinda, formado em 1853. Foi deputado provincial em Minas de 1856 a 1865, além de deputado geral no parlamento imperial durante a legislatura de 1869-1872, sempre pelo Partido Conservador. Na Assembleia mineira, exerceu tanto a presidência quanto a secretaria da mesa diretora. Também foi chefe da polícia da Província; juiz municipal e de órfãos em Barbacena, juiz de direito das comarcas do Paraibuna (Juiz de Fora) e de Muriaé (nesta, por 18 anos), além de desembargador do Tribunal da Relação de Goiás (de 1878 a 1883). Agraciado com a comenda da Ordem da Rosa, foi abastado cafeicultor em Muriaé (ao falecer, deixou bens no montante de 507 contos de réis). O doutor Antônio Augusto era filho de Manoel José da Silva Canedo, que, quando jovem, fora alferes de ordenanças no distrito de Pedra do Indaiá, e de dona Balbina Honória Severina Augusta Carneiro Leão. Esse casal residiu no arraial de Santo Antônio do Monte nas duas primeiras décadas do século XIX, transferindo-se, depois, para Barbacena, onde residia o pai de dona Balbina. Pelo lado materno, o doutor Antônio Augusto era sobrinho do Marquês de Paraná (Honório Hermeto Carneiro Leão), que foi presidente do Conselho de Ministros. A avó paterna do deputado Canedo, dona Angélica Carneiro Leão, natural de Paracatu, também viveu alguns anos em Santo Antônio do Monte, onde faleceu em 1817. Três tias paternas também viveram e se casaram no dito arraial: Angélica, c.c. Pedro do Couto Pereira (o casal mudou-se depois para Bom Despacho); Margarida, c.c. Francisco Fernandes Lopes; e, Ana Maria, c.c. Januário do Couto Pereira.

[567] "ANAIS da Assembleia Legislativa Provincial de Minas Gerais", em "Correio Official de Minas", ano III, n.º 247, p. 5, 1859.

[568] *Ibidem.*

[569] *Ibidem.*

[570] Todas as citações contidas no parágrafo têm por fonte os "ANAIS da Assembleia Legislativa Provincial de Minas Gerais", em "Correio Official de Minas", ano III, n.º 275, p. 2-3, 1859.

[571] "RELATÓRIO que à Assembleia Legislativa Provincial de Minas Gerais, apresentou no ato da abertura da Sessão Ordinária de 1862 o coronel Joaquim Camilo Teixeira da Mota, 3º Vice-Presidente da mesma Província", Ouro Preto, 1862, p. 8.

[572] Pouco tempo após a sua instalação, foi o município de São Antônio do Monte suprimido em 17 de novembro de 1865, por força da Lei Provincial n.º 1.248, cujo artigo 1º estabelecia que "fica revogada a Lei n.º 981, de 3 de junho de 1859, menos na parte que estabeleceu os limites da povoação da Cachoeira Bonita e a incorporou ao distrito e freguesia de Santo Antônio [do Monte], ficando a povoação da Cachoeira Bonita reincorporada ao Município de Pitangui". O projeto de lei dessa supressão partiu do deputado liberal Hygino Álvares de Abreu e Silva, eleito pelo círculo eleitoral de Pitangui. Na legislatura de 1870/1871, com o Partido Conservador retomando o controle do legislativo provincial, o deputado Inácio Antônio de Assis Martins apresentou o primeiro de muitos projetos de lei que buscaram recompor a divisão civil, eclesiástica e judiciária vigente em Minas antes da hegemonia liberal, que marcou as legislaturas de 1864 a 1869. O

projeto de lei de n.º 06, apresentado na sessão de 6 de agosto de 1870, determinava a criação de três novos municípios, de São Sebastião do Paraíso, Rio Preto e Monte Alegre; a recriação do município de Santo Antônio do Monte; a supressão de sete municípios, Sete Lagoas, Ouro Fino, Araçuaí, Jacuí, Turvo, Prata e São Francisco das Chagas (todos estes de criação liberal); além da redivisão da Província em 25 comarcas. Foi aprovado na sessão de 6 de setembro de 1870. Vide "ANAIS da Assembleia Legislativa Provincial", em Noticiador de Minas, ano III, n.º 223, p. 1, e n.º 236, p. 4 (publicados em Ouro Preto em 19 de agosto de 1870 e 22 de setembro de 1870, respectivamente). Do referido projeto resultou a Lei Provincial n.º 1.636, de 13 de setembro de 1870, que, em curto artigo único, estabeleceu: "Fica em seu inteiro vigor a Lei n.º 981, de 3 de junho de 1859, que criou o município de Santo Antônio do Monte, revogadas as disposições em contrário". Foi então reinstalada a vila de Santo Antônio do Monte, em 21 de outubro de 1871. Sete vereadores tomaram posse nessa data, eleitos em 12 de fevereiro, próximo passado: Manoel Pacheco de Araújo, presidente da Câmara; Antônio dos Santos Ferreira; Argemiro da Costa Guimarães; Carlos José Bernardes Sobrinho; João Batista dos Santos; João Francisco Bolina; Mizael Pinto Ribeiro.

[573] Todas as transcrições estão contidas no avulso APM. AL61. Cx.23, Doc.01.

[574] Ibidem.

[575] A fonte das transcrições é o avulso APM. AL61. Cx.23, Doc.40.

[576] A freguesia de Nossa Senhora do Desterro, do termo do Tamanduá, só veio a ser instituída em 1870, nos termos da Lei n.º 1.667, de 16 de setembro; a da Saúde, mais tarde ainda, em 1º de dezembro de 1873, pelo artigo 7º da Lei n.º 2.041, com a condição de seus habitantes construírem uma casa para a escola pública de instrução primária.

[577] A estimativa é de Roberto Borges Martins, feita a partir de "centenas de documentos manuscritos inéditos existentes no Arquivo Público Mineiro, gerados por autoridades municipais, paroquiais e distritais em resposta às tentativas de recenseamento feitas pelo governo provincial nos anos 1854-1857". O montante estimado é 1.302.152 habitantes. Vide: MARTINS, Roberto Borges. **Minas e o tráfico de escravos no século XIX, outra vez**. Belo Horizonte: Belo Horizonte: CEDEPLAR/FACE/UFMG, 1994. p. 8.

[578] Para uma abordagem mais ampla e regionalizada do crescimento da população mineira entre as décadas de 1830 e 1870 e seus desdobramentos econômicos, vide: RODARTE, 2012, p. 88-100.

[579] Tributo incidente sobre os "frutos da terra", ou seja, ad-valorem sobre a produção agrária, o dízimo tinha alíquota nominal de 10%. Contudo, não incidia sobre a pequena produção de autossustento, apenas sobre aquela comercializada e de produção escravista. De origem eclesiástica, a Coroa portuguesa recebeu, no início do século XVI, como doação da Santa Sé, o direito da arrecadação e administração dos dízimos no Brasil e, em contrapartida, o dever do sustento dos clérigos. Após a Independência, o dízimo se manteve no sistema tributário brasileiro até 1835, quando foi extinto.

[580] CARRARA, Ângelo Alves. **Contribuição para a história agrária de Minas Gerais** – Séculos XVIII-XIX. Mariana: UFOP, 1991. p. 70-95.

[581] Ibidem.

[582] ABREU, Marcelo de Paiva. **O Brasil Império e a economia mundial** (Texto para Discussão n.º 662). Rio de Janeiro: PUC Rio, Departamento de Economia, s/d. p. 1.

[583] MARTINS, 2018, p. 199-200.

[584] Ibidem.

[585] "RELATÓRIO que à Assembleia Legislativa Provincial de Minas Gerais apresentou na 2ª Sessão ordinária da 10ª Legislatura de 1855 o presidente da Província – Francisco Diogo Pereira de Vasconcellos". Ouro Preto: Tipografia de O Bom Senso, 1855.

[586] "FALA dirigida à Assembleia Legislativa Provincial de Minas Gerais, na sessão ordinária do ano de 1846, pelo presidente da Província, Quintiliano José da Silva". Ouro Preto, 3 de fevereiro de 1846, p. 50, 53-55 e 66.

587 O Bom Senso (jornal). Ouro Preto, ano 4, n.º 354, p. 2-3. 1855.

588 Ambas as citações provêm de "FALA dirigida à Assembleia Legislativa Provincial [...]". 1846.

589 *Ibidem* para todas as citações contidas no parágrafo.

590 *Ibidem*.

591 "FALA dirigida à Assembleia Legislativa [...] pelo presidente da Província, Quintiliano José da Silva". Ouro Preto, 3 de fevereiro de 1846, p. 50, 53-55 e 66.

592 O atual município do Prata (antiga povoação de Carmo de Morrinhos, elevada à vila em 1848) desmembrou-se do município de Uberaba. Em meados do século XIX, foi o centro da maior zona de criação de gado da província de Minas, exportando cerca de 10 mil cabeças por ano para o Rio de Janeiro, segundo: BERGARD, 2004, p. 115.

593 "FALA dirigida à Assembleia Legislativa [...]". 1846. Note-se que uma filial do Banco do Brasil somente seria aberta em Minas, na cidade de Ouro Preto, no final do ano de 1854.

594 *Ibidem*.

595 BERGARD, 2004, p. 117-118.

596 Todas as citações no parágrafo são do "RELATÓRIO que à Assembleia Legislativa Provincial [...]". 1855.

597 A presença de madeira de lei tinha singular importância naquele meio, por seu largo uso na construção, marcenaria, imaginária, feitura de pontes e cercas, fabricação de canoas etc.

598 Conforme "RELATÓRIO que à Assembleia Legislativa Provincial [...] apresentou [...] o presidente da Província – Francisco Diogo Pereira de Vasconcellos". Ouro Preto: Tipografia de O Bom Senso, 1855.

599 *Ibidem*.

600 *Ibidem* para todas as citações contidas no parágrafo.

601 *Ibidem*.

602 *Ibidem*.

603 O Bom Senso (jornal). Ouro Preto, ano 4, n.º 354, 1855, p. 2-3.

604 "RELATÓRIO que à Assembleia Legislativa Provincial [...] apresentou [...] o presidente da Província – Francisco Diogo Pereira de Vasconcellos". Ouro Preto: Tipografia de O Bom Senso, 1855.

605 *Ibidem*.

606 Todas as citações feitas no parágrafo têm por fonte HALFELD; TSCHUDI, 1998, p. 166-167.

607 RAMOS, José Ildefonso de Souza. Fala dirigida à Assembleia Legislativa, 31.07.1849. Ouro Preto, Tip. Imparcial, 1849, p. 15-16.

608 REGO, José Ricardo de Sá. Relatório que à Assembleia Legislativa apresentou o [...], Presidente, 02.08.1851. Ouro Preto, Tip. Social, 1851, p. 14-16.

609 *Ibidem*.

610 APM. SP: OP 3/6 - Cx. 28.

611 APM. SP: Cod. SP 655.

612 APM. SP: Cod. SP 590.

613 PENA, Herculano Ferreira. Relatório que à Assembleia Legislativa apresentou o Conselheiro [...], Presidente da mesma Província, 28.04.1857. Ouro Preto: Tipografia Provincial, 1857.

[614] *Ibidem.*

[615] *Ibidem.*

[616] ABREU, Antônio Paulino Limpo de. Fala à Assembleia Legislativa, 01.02.1835. Ouro Preto, Tipografia de O Universal, 1835.

[617] VEIGA, Bernardo Jacinto da. Fala dirigida à Assembleia Legislativa, 01.02.1840. Ouro Preto, Tip. do Correio de Minas, 1840.

[618] É a mesma que, mais tarde, seria reclamada pela câmara de Piumhi para substituir a travessia feita por barca no porto do Mota, rio São Francisco, próximo à foz do rio Santo Antônio.

[619] Nos autos do inventário e da partilha dos bens deixados pelo tenente coronel Francisco José Bernardes, após a sua morte, em 1867, consta como ficou a composição societária da empresa da Ponte do Escorropicho, com rendimentos avaliados em 15 contos de réis (equivalentes, então, ao valor de um plantel de 17 escravizados): i) a viúva e os filhos de Francisco José Bernardes, com 72,0%; ii) Dona Maria Josefa das Chagas Lobato, 12%; iii) Coronel Manoel Justino da Silva, 9,5%; iv) Francisco Pereira Cardoso, 5,0%; e v) João Alves da Silveira, 1,5% (conf. pública forma do segundo tabelionato da comarca da Formiga, datada de 1894, hoje arquivada na Biblioteca Pública de Lagoa da Prata). A sócia dona Maria Josefa das Chagas Lobato, moradora em Oliveira, era viúva do comendador Cândido de Faria Lobato, antigo mercador de escravos e um dos homens mais ricos de Minas ao seu tempo. Manoel Justino da Silva, então com 69 anos de idade, era abastado fazendeiro e capitalista estabelecido no distrito de Arcos, município de Formiga. Francisco Pereira Cardoso, de família originária de Oliveira e entroncada com os Corrêa de Lacerda, fazendeiros nas Grotadas (distrito de Santo Antônio do Monte), era fazendeiro no Bom Jardim, próximo ao porto do Escorropicho. João Alves da Silveira, casado com Maria Teodora de Nazaré e neto de Geraldo José da Silveira, era também fazendeiro estabelecido nas imediações do antigo porto do Escorropicho, pouco abaixo das barras dos rios Santana e Bambuí, em terras que foram de seu avô, obtidas por carta de sesmaria. Esses quatro se tornaram sócios como compensação pelos créditos que tinham com o falecido empreendedor da referida ponte.

[620] Ofício da Câmara Municipal da Vila do Tamanduá ao Vice-presidente da Província, em exercício. *In*: APM – SP: OP 3/6 – Cxa. 27.

[621] "ANAIS da Assembleia Legislativa Provincial de Minas Gerais", em "Correio Official de Minas", ano II, publicado em Ouro Preto em 8 de julho de 1858, p. 1 e 2.

[622] *Ibidem.*

[623] OLIVEIRA, 1998, p. 54.

[624] *Ibidem.*

[625] A então vila de São Francisco das Chagas do Campo Grande é a atual cidade sede do município de Rio Paranaíba. O primitivo município foi criado em 1848, desmembrado do de Araxá. Dois anos depois, foi suprimido, voltando seu território a fazer parte do município de Araxá. Pela Lei n.º 999, de 30 de junho de 1859, foi restaurado o município, sendo novamente elevada à categoria de vila a povoação de São Francisco das Chagas (BARBOSA, 1995, p. 284). A serra do Urubu se desenvolve entre os atuais municípios de Tapiraí e Campos Altos, sendo denominação local da extensa cadeia montanhosa que separa o Centro-Oeste mineiro da zona do alto Paranaíba.

[626] "RELATÓRIO que à Assembleia Legislativa Provincial de Minas Gerais apresentou o Dr. Luís Antônio Barbosa, presidente da mesma Província, na abertura da Sessão Ordinária de 1853". Ouro Preto: Tipografia do Bom Senso, 1853, p. 33.

[627] *Ibidem.*

[628] "RELATÓRIO que ao Ilmo. e Exmo. Sr. Comendador Manoel Teixeira de Souza, 2º Vice-Presidente da Província de Minas Gerais apresentou no ato de passar-lhe a Administração em 22 de abril de 1860 o Conselheiro Carlos Carneiro de Campos". Ouro Preto: Tipografia Provincial, 1860. Em março de 1857,

na repartição das Obras Públicas da Província, estavam empregados sete engenheiros, além do geógrafo e desenhista-técnico Frederico Wagner, número considerado reduzido para inúmeras atribuições. Devido aos pedidos de exoneração e às demissões decorrentes de imperativo orçamentário, em novembro de 1857, o quadro funcional dessa repartição estava reduzido a três engenheiros, além do referido desenhista-técnico.

[629] A Lei n.º 869, que fixou a despesa provincial para o exercício de 1º de julho de 1859 a 30 de junho de 1860, foi sancionada em 5 de junho de 1858 pelo presidente da Província, Conselheiro Carlos Carneiro de Campos. A emenda proposta pelo deputado Alexandrino, com a dotação de seis contos de réis para construção ou reparos de pontes na estrada do Escorropicho, foi apresentada em sessão ordinária da Assembleia, realizada em 13 de abril de 1858.

[630] Conforme avulso contido em APM – SP: OP 3/6 – Cxa. 27.

[631] Esta decisão presidencial foi legalmente amparada por despacho da Mesa das Rendas Provinciais em dois de agosto de 1860, assinalando que sendo "certo que as obras de que trata o orçamento [...] fazem parte da estrada de São João a Goiás, entende que em vista do atual estado dos cofres provinciais, convém aproveitar-se a quota que para esta empresa foi votada na Lei do Orçamento Geral [do Império]". Conf. APM – SP: OP 3/6 – Cxa. 27.

[632] Tendo em vista as restrições de pessoal de engenharia, resolveu o governo provincial encarregar a uma comissão, formada por três cidadãos probos, de examinar e orçar as obras das pontes e de melhorias na estrada que passava pelo Escorropicho. Em 2 de junho de 1859, por portaria assinada pelo vice-presidente da Província, em exercício, foram nomeados "para membros que devem compor a supracitada Comissão o Revo. Vigário Francisco Alexandrino da Silva e os cidadãos Francisco José Bernardes e José Caetano de Almeida". Em 12 de abril de 1860, também por portaria da Presidência da Província, foi a referida comissão autorizada a executar as obras das pontes sobre os rios Bambuí, Lambari, Limoeiro, Samburá e d'Anta, bem como fazer os consertos de que necessitava a estrada na serra do Urubu. Nos termos dessa segunda portaria, deveriam ser obedecidos os orçamentos feitos e entregues em 28 de dezembro de 1859 e, "para que a Comissão possa dar imediatamente começo aos respectivos trabalhos, e aproveitar a estação favorável que principia, receberá na Tesouraria da Fazenda por adiantamento, e procedendo fiança competente, a dita quantia de Rs. 11:196$500, tirada da quota de Rs. 30.000$000, posta a disposição desta Presidência no corrente exercício para ser empregada nas obras da Província". Os comissionados deveriam dar início às obras 30 dias depois do recebimento dos recursos financeiros e concluí-las no prazo de 18 meses. Conf. portarias arquivadas em APM-SP: OP 3/6 – Cxa.27.

[633] APM-SP: OP 3/6 – Cxa.27.

[634] *Ibidem*.

[635] Sobre as obras que ficaram a cargo da comissão formada pelo vigário Alexandrino, tenente coronel Francisco José Bernardes e alferes José Caetano de Almeida, a fonte é o ofício datado de 22 de abril de 1860 e seus anexos, incluídos em APM – SP: OP 3/6 – Cxa. 27. Quanto à ponte sobre o rio São Miguel, cuja reconstrução foi contratada com o empreiteiro Francisco de Paula Negreiros de Macedo, vide "RELATÓRIO que à Assembleia Legislativa apresentou no ato de abertura da sessão ordinária de 1863 o Conselheiro João Crispiniano Soares". Ouro Preto, Tipografia do Minas Gerais, 1863.

[636] Ofício datado de 27 de março de 1860 e arquivado em APM-SP: OP 3/6 – Cxa.27. Apesar dessa expectativa de "inteira comunicação com a Província de Goiás" devido às melhorias viárias em andamento, no ano de 1861, a câmara municipal de São Bento do Tamanduá reivindicou e conseguiu levantar, nos cofres da Província, 5 contos de réis adicionais para aplicar em novas melhorias na estrada que, daquela vila, seguia para a ponte do Escorropicho, incluindo consertos no morro do Calado, na saída do Tamanduá, e a construção de pontes sobre os ribeirões da Cachoeira, Santa Bárbara e Buritis. Para isso, a câmara nomeou "uma comissão de três cidadãos inteligentes e probos a fim de que examinassem a mesma estrada e dessem o seu parecer e orçamento [...]", composta pelo sargento Fidélis Antônio de Miranda, tenente coronel Francisco José Bernardes e alferes José Caetano de Almeida (também conf. APM-SP: OP 3/6 – Cxa. 27). Alguns anos depois, em 22 de agosto de 1864, foi sancionada a Lei n.º 1.215, que autorizou a Presidência da Província a mandar construir as seguintes pontes: uma sobre o rio Santana, próxima ao porto do Escorropicho, e outra

sobre o rio Jorge Grande, na freguesia de Luz do Aterrado, então no novo município de Santo Antônio do Monte, "podendo despender com esta e [com] a que fica mencionada sobre o rio Santana, até três contos de réis" (conf. Coleção de Leis Mineiras (1835/1889)).

[637] Em 19 de maio de 1864, a câmara do recém-instalado município de Santo Antônio do Monte, reunida em sessão extraordinária, decidiu pelo envio de ofício ao presidente da Província, informando-lhe que a "estrada principal que vem da província de Goiás e [de] municípios do centro desta Província, entrando pela serra do Urubu, a saber, para as cidades de Formiga, Tamanduá e Oliveira [...], na parte que ela passa dentro deste município, existe em bom estado e atravessa o mesmo em distância de 12 léguas [...]". Ademais, o dito ofício informava que "existe uma outra estrada de grande importância para este município e o de Dores do Indaiá, que depende da feitura de uma ponte no Jorge Grande, direção que das Dores, passando pelo Aterrado, entra na estrada comercial na ponte do Escorropicho, atravessando este município em distância de 12 léguas, segue para a cidade de Formiga [...]", não sendo menos necessária "uma ponte no rio Santana para economizar não menos de quatro léguas para os viajantes que do Centro seguem para Formiga [...]". Os camaristas finalizavam o ofício ressaltando aguardar o "bom acolhimento de V. Excia." para o "favorável êxito de nossas vias de comércio, por ser, sem dúvida, um dos melhoramentos mais salientes de nosso país [...]". A partir dessa reivindicação, a Assembleia Provincial votou a Lei n.º 1.215, autorizando o governo a mandar construir as pontes sobre o rio Santana e sobre o rio Jorge Grande (conf. documento arquivado em: APM-SP: OP 3/6 – Cxa.27).

[638] APM – SP, Cod. SP 1.157.

[639] Ibidem.

[640] "RELATÓRIO apresentado à Assembleia Legislativa da Província de Minas Gerais, na sessão extraordinária de 2 de março de 1871, pelo Presidente, o Ilmo. e Exmo. Sr. Dr. Antônio Luiz Affonso de Carvalho". Ouro Preto: Tipografia de J. F. de Paula Castro, 1871.

[641] "RELATÓRIO apresentado à Assembleia Legislativa da Província de Minas Gerais, na sessão ordinária de 1869, pelo presidente da mesma Província, Dr. José Maria Correa de Sá e Benevides". Rio de Janeiro: Laemmert Tipografia, 1870.

[642] "RELATÓRIO apresentado [...] pelo Presidente [...] Antônio Luiz Affonso de Carvalho. 1871.

[643] "RELATÓRIO que à Assembleia Legislativa Provincial apresentou, no ato de abertura da sessão ordinária de 1870, o vice-presidente da Província de Minas Gerais, Dr. Agostinho José Ferreira Bretas". Ouro Preto: Tipografia Provincial, 1870.

[644] "RELATÓRIO do Diretor de Obras Públicas, Apenso n.º 7 (p.4-5 e p. 9) ao Relatório que à Ass. Leg. Prov. apresentou, no ato de abertura da sessão ordinária de 1870, o vice-presidente [...]". Ouro Preto, Tipografia Provincial, 1870. Modesto de Faria Bello, engenheiro da Província de Minas Gerais, nasceu em Formiga, no ano de 1834. Graduou-se engenheiro civil pela Escola Central do Rio de Janeiro. Ingressou na Repartição de Obras Públicas em 1862, pouco antes de sua transformação na Diretoria-Geral de Obras Públicas (ocorrida em 1866), ali atuando até a sua aposentadoria, em 1886. Foi chefe da Seção Técnica e engenheiro-chefe do 7º (de 1873 a 1876) e do 4º Distrito de Obras Públicas (de 1876 a 1886). Os municípios de Campo Belo, Formiga, Santo Antônio do Monte e Tamanduá pertenceram inicialmente ao 7º Distrito e foram depois, em 1876, deslocados para o 4º Distrito de Obras Públicas.

[645] Ibidem.

[646] Ibidem.

[647] A operação da Estrada de Ferro D. Pedro II em território mineiro iniciou-se em 27 de junho de 1869, com a inauguração do trecho de Entre Rios (RJ) a Chiador (MG). Entre Rios é hoje o município e a cidade de Três Rios. Em agosto de 1871, a E.F. D. Pedro II chegou a Porto Novo do Cunha, margeando o leito do rio Paraíba do Sul, e, no final de 1875, a Juiz de Fora. Em Barbacena, a E.F. D. Pedro II chegou em 1880 e em

Ouro Preto, então capital, apenas em 1889, pouco antes da Proclamação da República e da troca de seu nome para E.F. Central do Brasil. Conforme: IGLÉSIAS, Francisco. **Política econômica do governo provincial mineiro (1835-1889)**. Rio de Janeiro: MEC/Instituto Nacional do Livro, 1958. p. 165-167.

[648] "RELATÓRIO com que o Exmo. Sr. Senador Joaquim Floriano de Godoy, no dia 15 de janeiro de 1873, passou a administração da Província de Minas Gerais ao 2º Vice-presidente, Exmo. Sr. Dr. Francisco da Costa Belém, por ocasião de retirar-se para tomar assento na Câmara Vitalícia". Ouro Preto: Tipografia de J. F. de Paula Castro, 1873.

[649] Exemplos de iniciativas de pequena valia foram a determinação legislativa de consertar a estrada da cidade do Tamanduá a Formiga, alocando, para isso, em 1866, a módica quantia de 600$ réis (Lei n.º 1.268); ou aquela datada de 1871, que mandou aplicar os rendimentos cobrados dos transeuntes da ponte de São Gonçalo, localizada na saída da freguesia de Santa Rita do Rio Abaixo (atual Ritápolis), na conservação da estrada que, de São João del Rei, se dirigia a Oliveira (Lei n.º 1.759).

[650] SANTOS, Weber Luiz dos. **A estrada de ferro Oeste de Minas**: São João del Rei (1877/1898). 2009. Dissertação (Mestrado em História) – UFOP, Ouro Preto, 2009. p. 89-90. A EFOM, unida à Rede Sul Mineira e à Estrada de Ferro Paracatu, viria a constituir, bem mais tarde, em 1931, a Rede Mineira de Viação (RMV).